Friedrich U. Mathiak

Technische Mechanik 3

De Gruyter Studium

Weitere empfehlenswerte Titel

Technische Mechanik 1:
Statik mit Maple-Anwendungen
Friedrich U. Mathiak, 2012
ISBN 978-3-486-71285-8, e-ISBN 978-3-486-71491-3

Technische Mechanik 2:
Festigkeitslehre mit Maple-Anwendungen
Helmut Abels, 2011
ISBN 978-3-486-73570-3, e-ISBN 978-3-486-75100-0

Basiswissen Maschinenelemente
Hubert Hinzen, 2014
ISBN 978-3-486-77849-6, e-ISBN 978-3-486-85918-8

Nachgiebige Mechanismen
Lena Zentner, 2014
ISBN 978-3-486-76881-7, e-ISBN 978-3-486-85890-7

Relative Dauerfestigkeit
Josef Köhler, 2014
ISBN 978-3-11-035868-1, e-ISBN 978-3-11-035871-1

Friedrich U. Mathiak

Technische Mechanik 3

Kinematik und Kinetik mit Maple- und MapleSim-Anwendungen

DE GRUYTER
OLDENBOURG

Autor

Prof. em. Dr.-Ing. Friedrich U. Mathiak war Hochschullehrer für die
Fachgebiete Technische Mechanik und Bauinformatik
an der Hochschule Neubrandenburg.
mathiak@mechanik-info.de

ISBN 978-3-11-043804-8
e-ISBN (PDF) 978-3-11-043805-5
e-ISBN (EPUB) 978-3-11-042895-7

Library of Congress Cataloging-in-Publication Data
A CIP catalog record for this book has been applied for at the Library of Congress.

Bibliographic information published by the Deutsche Nationalbibliothek
Die Deutsche Nationalbibliothek verzeichnet diese Publikation in der DeutschenNationalbibliografie; detaillierte bibliografische Daten sind im Internet über http://dnb.dnb.de abrufbar.

Coverabbildung: Marco Richter/iStock/thinkstock
Druck und Bindung: CPI books GmbH, Leck
♾ Gedruckt auf säurefreiem Papier
Printed in Germany

www.degruyter.com

Vorwort

Mit der Kinematik und Kinetik schließt das dreibändige Lehrbuch zur Technischen Mechanik für das Grundstudium ab. Im ersten Band wurden die klassischen Themengebiete der Statik der starren Körper behandelt, und der zweite Band enthält eine Grundlegung der Festigkeitslehre.

Der hier vorliegende dritte Band – in dem ich an einigen Stellen Gebrauch von meinem Buch (Mathiak, 2010) gemacht habe – beschäftigt sich mit den Bewegungen starrer Körper und den sie bewirkenden Kräften. Dazu werden grundlegende Einsichten in die Kinematik, die Kinetik des Massenmittelpunktes und die Kinetik der starren Körper vermittelt. Auch der Inhalt dieses Bandes orientiert sich an den geltenden Vorlesungsplänen der Technischen Mechanik, wie sie in den Ingenieurwissenschaften an deutschsprachigen Hochschulen gelehrt wird. Alle anfallenden Grundgleichungen werden wieder computergerecht in Vektor- und Matrizenschreibweise formuliert, was einer Programmierung in Maple sehr entgegenkommt.

Für die allgemeine didaktische Zielsetzung gilt das im Vorwort zum ersten Band Gesagte. Von allen Naturwissenschaften ist die Mechanik am engsten mit der Mathematik verknüpft. Diese starke Einbettung der Mechanik in die Mathematik erschwert erfahrungsgemäß den Studierenden den Zugang zur Mechanik, denn die Lernenden müssen sich sowohl in die Denkformen der Physik als auch in die der Mathematik einfühlen, wenn sie mechanische Aufgaben erfolgreich lösen wollen.

Die Erfahrung aus den Lehrveranstaltungen zeigt, dass insbesondere der Lehrstoff der Kinetik den Studierenden höhere mathematische Anforderungen abverlangt. Hier können Computeralgebrasysteme (*CAS*) unterstützend wirken. Im Vergleich zur rein zahlenmäßigen Bearbeitung von Ingenieurproblemen sind diese in der Lage, analytische Lösungen zu liefern, mit deren Hilfe der Anwender verstärkt Einblicke in das vorliegende Problem erhält. Unterstützend wirkt hier die Möglichkeit der grafischen Darstellung der Ergebnisse bis hin zur Animation des physikalischen Systems. Rechenintensive und damit fehleranfällige Aufgaben lassen sich mittels Computerunterstützung behandeln. Ist das Problem einmal in der Sprache eines *CAS* abgelegt, dann können recht schnell – ohne großen Mehraufwand – Parameterstudien durchgeführt werden. Weitere Vorteile der Berechnung und grafischen Darstellung zeitabhängiger physikalischer Prozesse bietet das mächtige Programmsystem *MapleSim.* Mit diesem System liegt eine Modellierungsumgebung zur Erzeugung und Simulation komplexer physikalischer Systeme vor. Es erlaubt die Bildung von Komponentendiagrammen zur grafischen Darstellung physikalischer Systeme. Das Programmsystem verwendet symbolische und nummerische Näherungen und erzeugt Modellgleichungen eines Komponentendiagramms, das vom Nutzer baukastenartig am Bildschirm erstellt wird. Dabei werden mathematische Gleichungen in den Modellen automatisch aufgestellt und vereinfacht. *MapleSim* baut auf dem Programmsystem *Maple* auf und verwendet dessen symbolische Berechnungsmethoden. *Maple* und *MapleSim* verfügen über ausgezeichnete Hilfe-Funktionen und Anwendungsbeispiele, die (Maplesoft, 2015) entnommen werden können. Die Maple-Arbeitsblätter und die MapleSim-Modelle zum Buch können unter dem Link

www.degruyter.com

und dort unter dem Namen des Autors oder des Buchtitels als Zusatzmaterial vom Verlagsserver heruntergeladen und in Verbindung mit dem jeweiligen Theorieteil des Buches interaktiv genutzt werden. Sämtliche Rechnungen wurden mit den Programmsystemen *Maple 2015* und *MapleSim 2015* durchgeführt. In einem einführenden Kompaktkurs werden dem Anwender in 11 Lektionen grundlegende Einsichten in das umfangreiche Programmsystem *Maple* vermittelt, wobei sich die Inhalte auf die Erfordernisse der hier behandelten Problemstellungen beschränken und einigen Studienanfängern als Auffrischung des Schulstoffs dienen können. Weitere Teile enthalten auf Maple-Arbeitsblättern im Worksheet Mode und MapleSim-Modellen die Lösungen der im Buch aufgeführten Beispiele. Die dort bereitgestellten Prozeduren lassen sich für ähnlich gelagerte Aufgabenstellungen untereinander kombinieren. Das Lesen und Verstehen fertiger Quellcodes fördert bei den Studierenden das algorithmische Denken und die Technik des Programmierens, deshalb wurde auch hier wieder bewusst auf trickreiches Programmieren verzichtet.

Zur Notationsweise ist noch anzumerken, dass in den symbolischen Darstellungen der Formeln die Vektoren, Matrizen und Tensoren **fett** gedruckt sind. `Maple-Befehle` sind durch die Designschriftart Courant kenntlich gemacht.

Beim Verlag Walter de Gruyter bedanke ich mich für die bereitwillige Aufnahme des vorliegenden Buches in sein Verlagsprogramm.

Berlin, im Juni 2015 Friedrich U. Mathiak

Inhalt

1 Die Kinematik der Punktbewegung

Die Kinematik[1] oder Bewegungslehre hat im Unterschied zur Kinetik und Dynamik die Aufgabe, die Bewegungen von Punktmassen und Körpern zu untersuchen und zu beschreiben ohne Bezug auf deren Ursache, nämlich die sie bewirkenden Kräfte.

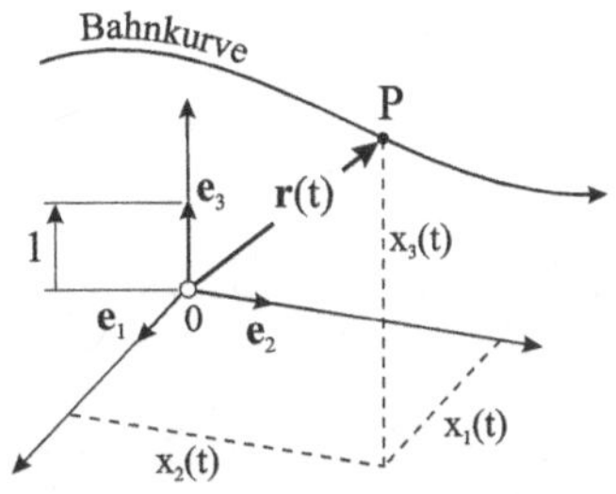

Abb. 1.1 *Bewegung eines Punktes im Raum, Bahnkurve*

Die einfachste Körperstruktur im Bereich der Kinematik ist der Massenpunkt, eine abstrahierte Form eines Volumens ohne räumliche Ausdehnung. Die Beschreibung der Lage eines solchen Punktes P im Raum erfolgt durch einen Vektor, der relativ zu einem festen Punkt 0 gemessen wird (Abb. 1.1). Beim Durchlaufen des Parameters t, der hier die Zeit bedeutet, beschreibt die Spitze des Ortsvektors $\mathbf{r}(t)$ (engl. *position vector*) eine Raumkurve, die Bahnkurve genannt wird. Zur Festlegung des Betrages und der Richtung von $\mathbf{r}(t)$ wird eine Basis benötigt, die rechtwinklig oder auch schiefwinklig sein kann. Im Fall orthogonaler zeitunabhängiger Einheitsvektoren $\mathbf{e}_j$ $(j = 1,2,3)$ sprechen wir von einer kartesischen[2] Basis. Die Lage des Punktes P, und damit auch seine Bewegung, ist für alle Zeiten t bekannt, wenn seine kartesischen Koordinaten $x_j(t)$ bekannt sind. Der Ortsvektor erscheint dann in der Darstellung

---

1 zu griech. kinema ›Bewegung‹

2 René Descartes, franz. Mathematiker, 1596–1650

$$\mathbf{r}(t) = \sum_{j=1}^{3} x_j(t)\,\mathbf{e_j} = x_1(t)\,\mathbf{e}_1 + x_2(t)\,\mathbf{e}_2 + x_3(t)\,\mathbf{e}_3 = [x_1(t), x_2(t), x_3(t)]^T . \tag{1.1}$$

$[\mathbf{r}]$ = Länge Einheit: m.

Den Betrag des Vektors $\mathbf{r}(t)$, also seine zeitabhängige Länge, ermitteln wir im Fall einer orthonormalen Basis zu

$$r(t) = |\mathbf{r}(t)| = \sqrt{\mathbf{r}(t)\cdot\mathbf{r}(t)} = \sqrt{x_1^2(t) + x_2^2(t) + x_3^2(t)}\ .$$

Die Richtung von $\mathbf{r}(t)$ können wir bestimmen, indem wir die zeitabhängigen Winkel $\alpha_j(t)$ angeben, die dieser mit den Basisvektoren $\mathbf{e}_j$ einschließt. Wir erhalten mit

$$\mathbf{r}(t)\cdot\mathbf{e}_j = x_j(t) = r(t)\cos\alpha_j(t)$$

und unter Beachtung von

$$r^2(t) = \mathbf{r}(t)\cdot\mathbf{r}(t) = \sum_{j=1}^{3} x_j^2(t) = r^2(t)\sum_{j=1}^{3}\cos^2\alpha_j(t)$$

die Bedingung $\cos^2\alpha_1(t) + \cos^2\alpha_2(t) + \cos^2\alpha_3(t) = 1$, womit die drei Winkel nicht unabhängig voneinander sind.

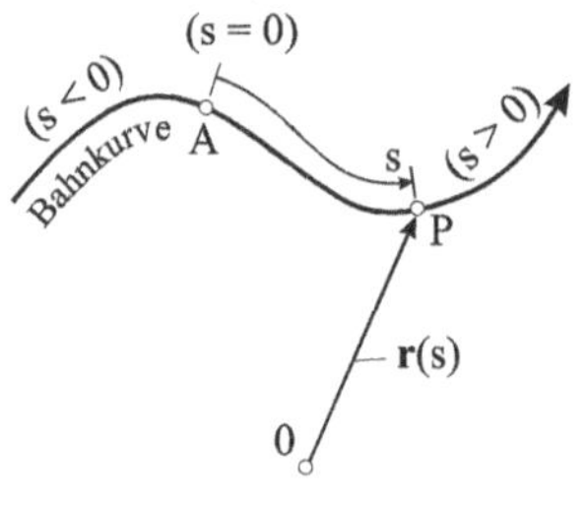

Abb. 1.2 *Die Bogenlänge s*

Eine weitere Möglichkeit zur Beschreibung der Bewegung eines Punktes besteht darin, den Parameter *t* in der Beschreibung der Bahnkurve durch die Bogenlänge *s* zu ersetzen (Abb. 1.2), die von einem beliebigen Anfangspunkt (*A*) gemessen werden kann. Die Bewegung ist dann durch die Vorgabe der Weg-Zeit-Funktion s = s(t) eindeutig festgelegt. Die Herstellung des Zusammenhangs zwischen den Parametern *t* und *s* erfolgt mathematisch durch die Parametertransformation t = t(s), wobei immer $dt/ds \neq 0$ unterstellt wird. Die neue Darstellung der Kurve lautet dann

$$\mathbf{r}(t(s)) = \hat{\mathbf{r}}(s)\,.$$

Die Verbindung des abgeleiteten Vektors $d\hat{\mathbf{r}}(s)/ds = \hat{\mathbf{r}}'(s)$ mit dem Vektor $d\mathbf{r}(t)/dt = \dot{\mathbf{r}}(t)$, der, wie wir im Folgenden sehen werden, die Geschwindigkeit darstellt, gelingt mithilfe der Kettenregel

$$\frac{d\hat{\mathbf{r}}(s)}{ds} = \frac{d\mathbf{r}(t(s))}{ds} = \frac{d\mathbf{r}(t)}{dt}\frac{dt}{ds} = \dot{\mathbf{r}}(t)\frac{dt}{ds}$$

und damit

$$d\hat{\mathbf{r}}(s) = \dot{\mathbf{r}}(t)\,dt = d\mathbf{r}(t)\,.$$

Aus den beiden letzten Beziehungen folgt

$$\dot{\mathbf{r}}^2(t)\,dt^2 = \hat{\mathbf{r}}'^2(s)\,ds^2\,.$$

Der ausgezeichnete Parameter *s*, für den $\hat{\mathbf{r}}'^2(s) = 1$ gilt, heißt Bogenlänge der Bahnkurve. Der Tangentenvektor $\hat{\mathbf{r}}'(s)$ hat demzufolge die feste Länge 1, und für das Quadrat des Bogendifferenzials folgt $ds^2 = \dot{\mathbf{r}}^2(t)\,dt^2$, was

$$ds = |\dot{\mathbf{r}}(t)|\,dt \tag{1.2}$$

bedeutet. Durch Summation aller Bogenelemente *ds* zwischen den Zeitpunkten t_0 und *t* erhalten wir die Länge der Bahnkurve

$$s = \int_{t_0}^{t} |\,\dot{\mathbf{r}}(\tau)\,|\,d\tau\,. \tag{1.3}$$

Der Punkt t_0 bezeichnet den willkürlich festgelegten Anfangspunkt der Kurve (Punkt *A* in Abb. 1.2), womit die Bogenlänge *s* nur bis auf eine additive Konstante bestimmt werden kann. Ist der Vektor $\mathbf{r}(t)$ in einer kartesischen Basis gegeben, dann ist

$$\dot{\mathbf{r}}(t) = \sum_{j=1}^{3} \dot{x}_j(t)\,\mathbf{e}_j = \dot{x}_1(t)\,\mathbf{e}_1 + \dot{x}_2(t)\,\mathbf{e}_2 + \dot{x}_3(t)\,\mathbf{e}_3 = [\dot{x}_1(t), \dot{x}_2(t), \dot{x}_3(t)]^T\,,$$

und für die Bogenlänge folgt

$$s(t) = \int_{t_0}^{t} \sqrt{\dot{x}_1^2(\tau) + \dot{x}_2^2(\tau) + \dot{x}_3^2(\tau)}\;d\tau\,. \tag{1.4}$$

Beispiel 1-1:

Der Ortsvektor $\mathbf{r}(t) = c\,\varphi(t)[\cos\varphi(t)\,\mathbf{e}_1 + \sin\varphi(t)\,\mathbf{e}_2]$ $(c > 0)$ beschreibt die Bahnkurve eines materiellen Punktes in der (x_1, x_2)-Ebene. Berechnen Sie den Weg, den der Punkt *P* zwischen den Zeitpunkten $t = 0$ und $t = \pi/\omega$ $(\omega > 0)$ zurücklegt.

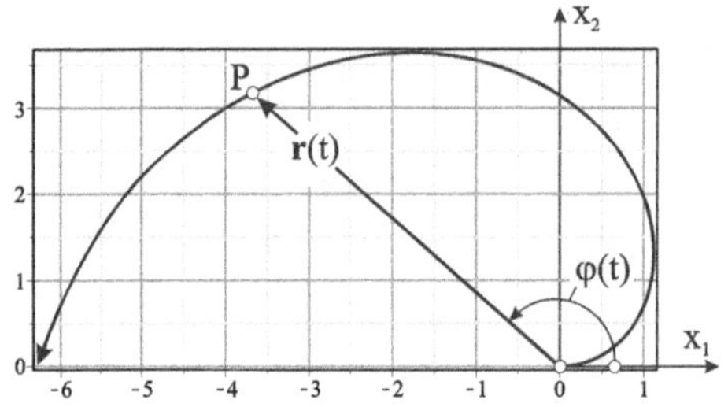

Abb. 1.3 *Bogenlänge einer Archimedischen Spirale ($c = 2,\ \omega = 1$)*

Lösung: $\dot{\mathbf{r}}(t) = c\,\dot{\varphi}\,[(\cos\varphi - \varphi\sin\varphi)\,\mathbf{e}_1 + (\sin\varphi + \varphi\cos\varphi)\,\mathbf{e}_2]\,,\ |\dot{\mathbf{r}}(t)| = c\sqrt{\dot{\varphi}^2(1+\varphi^2)}\,.$

Ist $\varphi(t) = \omega t$, dann wird mit $\mathbf{r}(t)$ eine *Archimedische Spirale* beschrieben, und die Bogenlänge berechnet sich unter Berücksichtigung von $|\dot{\mathbf{r}}(t)| = c\,\omega\sqrt{1+(\omega t)^2}$ zu:

$$s(t) = \int_0^t |\,\dot{\mathbf{r}}(\tau)\,|\,d\tau = c\,\omega\int_0^t \sqrt{1+(\omega\tau)^2}\,d\tau = \frac{1}{2}c\left[\omega t\sqrt{1+(\omega t)^2} + \operatorname{ar\,sinh}(\omega t)\right].$$

Für $\omega t = \pi$ und $c = 2$ erhalten wir: $s = \pi\sqrt{1+\pi^2} + \ln(\pi + \sqrt{1+\pi^2}) = 12{,}22.$

Kontrollieren Sie dieses Ergebnis mit der Maple-Prozedur `ArcLength` aus der Bibliothek `VectorCalculus`. ■

1.1 Geschwindigkeit und Beschleunigung

Im Zeitintervall Δt gelangt der Punkt *P* (Abb. 1.4) von der durch $\mathbf{r}(t)$ gekennzeichneten Stelle zum durch den Ortsvektor $\mathbf{r}(t + \Delta t) = \mathbf{r}(t) + \Delta\mathbf{r}$ beschrieben Punkt *P'*. Der Ortsvektor $\mathbf{r}$ ändert dabei nicht nur seinen Betrag, sondern auch seine Richtung. Der Differenzenquotient

$$\bar{\mathbf{v}} = \frac{\Delta\mathbf{r}}{\Delta t}$$

wird Vektor der mittleren Geschwindigkeit genannt, und der dem Zeitpunkt *t* zugeordnete Geschwindigkeitsvektor $\mathbf{v}$ (engl. *velocity vector*) ist durch den Grenzwert

$$\mathbf{v}(t) = \lim_{\Delta t\to 0}\bar{\mathbf{v}} = \lim_{\Delta t\to 0}\frac{\Delta\mathbf{r}}{\Delta t} = \frac{d\mathbf{r}}{dt} = \dot{\mathbf{r}} \qquad (1.5)$$

definiert, wobei wir die Zeitableitung *d/dt* im Folgenden durch einen aufgesetzten Punkt kennzeichnen.

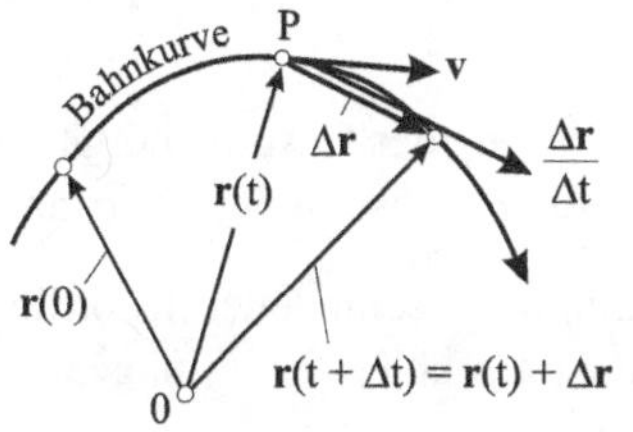

Abb. 1.4 *Der Geschwindigkeitsvektor* ***v***

Der Geschwindigkeitsvektor **v** ist also ein Maß für die zeitliche Lageänderung des Punktes *P*, wobei er die Bahnkurve im Punkt *P* tangiert. Geometrisch ist dann sofort einleuchtend, dass

$$\mathbf{e}_t = \frac{\dot{\mathbf{r}}}{|\dot{\mathbf{r}}|} \tag{1.6}$$

den Tangenten-Einheitsvektor an die Bahnkurve darstellt. Für $v = |\mathbf{v}| = \text{const}$ liegt eine gleichförmige Bewegung vor. Hat der Geschwindigkeitsvektor **v** während des Bewegungsvorganges eine konstante Richtung, so handelt es sich um eine geradlinige Bewegung.

$$[\mathbf{v}] = \frac{\text{Länge}}{\text{Zeit}} \qquad \text{Einheit: m s}^{-1}.$$

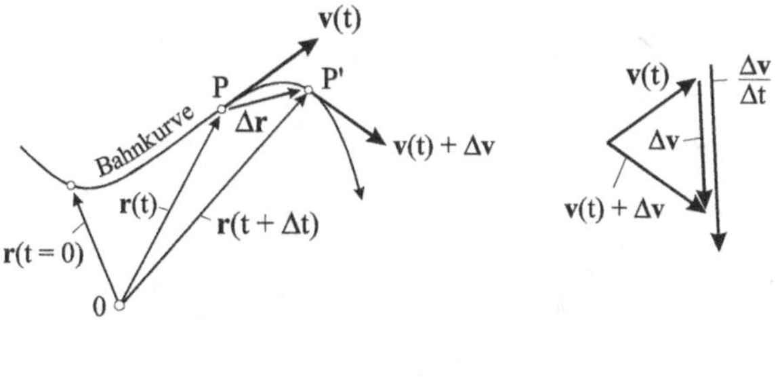

Abb. 1.5 *Der Beschleunigungsvektor* ***a***

Wir definieren den Vektor der mittleren Beschleunigung

$$\bar{\mathbf{a}} = \frac{\Delta\mathbf{v}}{\Delta t}$$

Der Beschleunigungsvektor **a** (engl. *acceleration vector*) selbst folgt aus der mittleren Beschleunigung durch den Grenzübergang

$$\mathbf{a}(t) = \lim_{\Delta t \to 0} \overline{\mathbf{a}} = \lim_{\Delta t \to 0} \frac{\Delta \mathbf{v}}{\Delta t} = \frac{d\mathbf{v}}{dt} = \dot{\mathbf{v}} = \ddot{\mathbf{r}} = \frac{d^2\mathbf{r}}{dt^2} . \tag{1.7}$$

Der Beschleunigungsvektor **a**(t) ist definiert als die zeitliche Änderung des Geschwindigkeitsvektors **v**(t). Er tangiert die Bahnkurve i. Allg. nicht. Ist **r**(t) gegeben, so ist auch **a**(t) bekannt.

Geschwindigkeit und Beschleunigung eines Punktes können nun in verschiedenen Koordinatensystemen dargestellt werden. Dabei ändern sich jeweils nur die Zahlendarstellungen, die physikalischen Sachverhalte bleiben davon unberührt.

1.1.1 Kartesische Koordinaten

Beziehen wir uns auf eine Orthonormalbasis $\mathbf{e}_j$ (j = 1,2,3), deren Einheitsvektoren zeitlich konstant sind, dann gilt für den Ortsvektor

$$\mathbf{r} = x_1(t)\,\mathbf{e}_1 + x_2(t)\,\mathbf{e}_2 + x_3(t)\,\mathbf{e}_3 = [x_1(t), x_2(t), x_3(t)]^T .$$

Geschwindigkeit und Beschleunigung folgen dann durch Ableitung nach der Zeit *t*:

$$\begin{aligned} \mathbf{v} &= \frac{d\mathbf{r}}{dt} = \dot{x}_1\mathbf{e}_1 + \dot{x}_2\mathbf{e}_2 + \dot{x}_3\mathbf{e}_3 = [\dot{x}_1(t), \dot{x}_2(t), \dot{x}_3(t)]^T \\ \mathbf{a} &= \frac{d\mathbf{v}}{dt} = \ddot{x}_1\mathbf{e}_1 + \ddot{x}_2\mathbf{e}_2 + \ddot{x}_3\mathbf{e}_3 = [\ddot{x}_1(t), \ddot{x}_2(t), \ddot{x}_3(t)]^T . \end{aligned} \tag{1.8}$$

1.1.2 Natürliche Koordinaten, das begleitende Dreibein

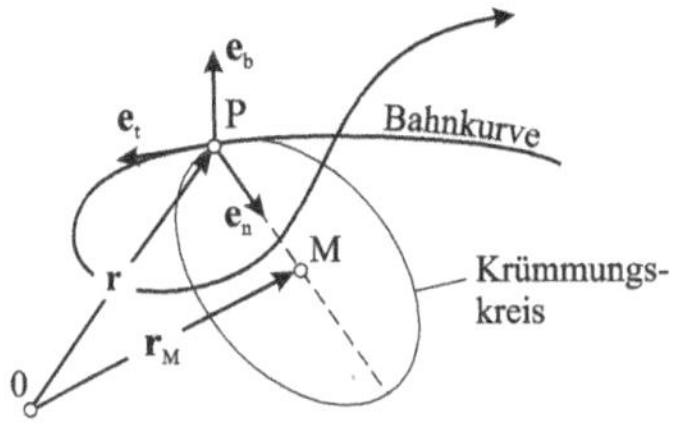

Abb. 1.6 *Natürliche Koordinaten, begleitendes Dreibein*

Um bei einer allgemeinen räumlichen Bewegung eine Vorstellung von der relativen Lage des Beschleunigungsvektors zur Bahnkurve zu bekommen, beziehen wir uns auf die spezielle Orthonormalbasis $\langle \mathbf{e}_t, \mathbf{e}_n, \mathbf{e}_b \rangle$, die auch als begleitendes Dreibein bezeichnet wird. Diese Einheitsvektoren sind mit dem sich auf der Bahnkurve bewegenden Punkt *P* fest verbunden. Wie wir sehen werden, erscheinen dann der Geschwindigkeits- und Beschleunigungsvektor in einer sehr einfachen Form.

Der Geschwindigkeitsvektor $\mathbf{v} = \dot{\mathbf{r}}$ tangiert im Punkt *P* die Bahnkurve. Durch Normierung auf den Betrag eins folgt daraus der Tangenteneinheitsvektor

$$\mathbf{e}_t = \frac{\dot{\mathbf{r}}}{|\dot{\mathbf{r}}|}. \tag{1.9}$$

Unter Beachtung von

$$\frac{d}{dt}\mathbf{e}_t^2 = \frac{d}{dt}1 = 0 = 2\mathbf{e}_t \cdot \dot{\mathbf{e}}_t,$$

was gleichbedeutend ist mit $\dot{\mathbf{e}}_t \perp \mathbf{e}_t$, folgt unmittelbar $d\mathbf{e}_t \perp \mathbf{e}_t\, dt$. Damit ergibt sich wegen $d\mathbf{e}_t = \dot{\mathbf{e}}_t\, dt$ der Hauptnormaleneinheitsvektor zu

$$\mathbf{e}_n = \frac{\dot{\mathbf{e}}_t}{|\dot{\mathbf{e}}_t|}. \tag{1.10}$$

Die Vektoren $\mathbf{e}_t$ und $\mathbf{e}_n$ liegen in der Schmiegungsebene (engl. *osculating plane*). Der Bi-Normaleneinheitsvektor $\mathbf{e}_b$ soll im Sinne eines Rechtssystems senkrecht auf $\mathbf{e}_t$ und $\mathbf{e}_n$ stehen, was durch

$$\mathbf{e}_b = \mathbf{e}_t \times \mathbf{e}_n \tag{1.11}$$

erreicht wird. Aus dem Betrag des Geschwindigkeitsvektors

$$v = |\mathbf{v}| = |\dot{\mathbf{r}}| = \left|\frac{d\mathbf{r}}{dt}\right| = \frac{ds}{dt} = \dot{s}$$

folgt mit der Kenntnis, dass $\mathbf{v}$ die Bahnkurve tangiert:

$$\mathbf{v} = \dot{s}\,\mathbf{e}_t. \tag{1.12}$$

Durch Ableitung nach der Zeit *t* erhalten wir daraus zunächst

$$\mathbf{a} = \dot{\mathbf{v}} = \ddot{s}\,\mathbf{e}_t + \dot{s}\,\dot{\mathbf{e}}_t.$$

Die Darstellung von $\dot{\mathbf{e}}_t$ durch die Einheitsvektoren erfolgt mittels der Frénet*schen*[1] Ableitungsformeln (Bronstein & Semendjajew, 1991)

---

[1] Fréderic-Jean Frénet, frz. Mathematiker, 1816–1900

$$\frac{d\mathbf{e}_t}{ds} = \kappa\mathbf{e}_n, \quad \frac{d\mathbf{e}_n}{ds} = \tau\mathbf{e}_b - \kappa\mathbf{e}_t, \quad \frac{d\mathbf{e}_b}{ds} = -\tau\mathbf{e}_n,$$

mit

$$\kappa = \frac{|\dot{\mathbf{r}} \times \ddot{\mathbf{r}}|}{|\dot{\mathbf{r}}|^3}, \quad \tau = \frac{(\dot{\mathbf{r}} \times \ddot{\mathbf{r}}) \cdot \dddot{\mathbf{r}}}{|\dot{\mathbf{r}} \times \ddot{\mathbf{r}}|^2}. \tag{1.13}$$

Sie beschreiben die Änderungen der Basisvektoren $\mathbf{e}_t, \mathbf{e}_n, \mathbf{e}_b$ mit der Bogenlänge s. Im Einzelnen bedeuten:

κ: Krümmung (engl. *curvature*), ein Maß für die Änderung des Tangentenvektors $\mathbf{e}_t$,

τ: Torsion oder auch Windung, ein Maß für die Änderung des Bi-Normalenvektors $\mathbf{e}_b$.

Damit erhalten wir

$$\dot{\mathbf{e}}_t = \frac{d\mathbf{e}_t}{dt} = \frac{d\mathbf{e}_t}{ds}\frac{ds}{dt} = \dot{s}\,\kappa\mathbf{e}_n,$$

was zur Beschleunigung

$$\mathbf{a} = \ddot{s}\,\mathbf{e}_t + \kappa\,\dot{s}^2\,\mathbf{e}_n \tag{1.14}$$

führt. Während der Geschwindigkeitsvektor $\mathbf{v}$ die Bahnkurve tangiert, liegt der Beschleunigungsvektor $\mathbf{a}$ zwar in der durch die Einheitsvektoren $\mathbf{e}_t$ und $\mathbf{e}_n$ aufgespannten Schmiegungsebene (Abb. 1.7), er tangiert jedoch die Bahnkurve i. Allg. nicht. Man nennt die Komponenten

$\mathbf{a}_t = \ddot{s}\,\mathbf{e}_t = \dot{v}\,\mathbf{e}_t$ Tangentialbeschleunigung,

$\mathbf{a}_n = \kappa\,\dot{s}^2\,\mathbf{e}_n = \kappa\,v^2\,\mathbf{e}_n$ Normal- oder Zentripetalbeschleunigung.

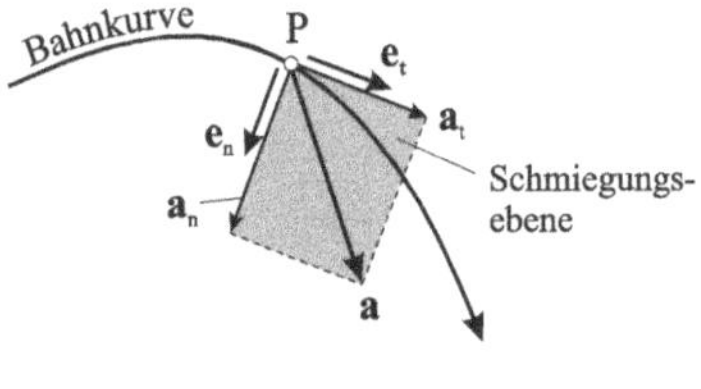

Abb. 1.7 *Der Beschleunigungsvektor* ***a*** *in natürliche Koordinaten*

Da κv^2 stets positiv ist, zeigt der Vektor der Normalbeschleunigung $\mathbf{a}_n$ immer zur konkaven Seite der Bahnkurve (Abb. 1.6), er ist also stets im Sinne von $\mathbf{e}_n$ zum momentanen Krümmungsmittelpunkt M (engl. *center of curvature*) hin gerichtet. Dagegen weist $\mathbf{a}_t$ in Richtung von $\mathbf{e}_t$ oder entgegengesetzt, je nachdem ob $a_t > 0$ oder $a_t < 0$ ist.

Im Sonderfall der Kreisbewegung werden mit $\kappa = 1/r = \text{const}$, $s = r\varphi$ und $\dot{\varphi} = \omega$ Geschwindigkeit und Beschleunigung (s.h. auch Kap. 1.1.4)

$$v = r\dot{\varphi} = r\omega, \quad a_t = \ddot{s} = \dot{v} = r\dot{\omega}, \quad a_n = \kappa v^2 = r\omega^2.$$

Beispiel 1-2:

Ein Massenpunkt *P* mit dem Ortsvektor $\mathbf{r}(t) = x_1(t)\,\mathbf{e}_1 + x_2(t)\,\mathbf{e}_2 + x_3(t)\,\mathbf{e}_3$ bewege sich auf einer Raumkurve. Es soll eine Maple-Prozedur zur automatisierten Berechnung von Geschwindigkeit *v* und Beschleunigung (a_t, a_n) im natürlichen Basissystem $\langle \mathbf{e}_t, \mathbf{e}_n, \mathbf{e}_b \rangle$ bereitgestellt werden. Ermitteln Sie weiterhin den Krümmungsradius *R*, die Krümmung $\kappa = 1/R$ und die Torsion (Windung) τ. Außerdem sind das begleitende Dreibein und der Krümmungskreis in animierter Form längs der Bogenlänge *s* darzustellen.

Geg.: $x_1(t) = a\cos\omega t$, $x_2(t) = a\sin\omega t$, $x_3(t) = b\,\omega t$ mit $\omega = 1$, $a = 1$ und $b = 1/2$.

Kontrollieren sie die Ergebnisse mit den von Maple bereitgestellten Prozeduren aus den Bibliotheken `VectorCalculus` und `Student[VectorCalculus]`. ■

1.1.3 Zylinderkoordinaten

Das Basissystem der Koordinaten (r, φ, x_3) des Punktes *P* besteht aus den drei orthogonalen Einheitsvektoren $(\mathbf{e}_r, \mathbf{e}_\varphi, \mathbf{e}_3)$. Die Koordinaten (r, φ) entsprechen den ebenen Polarkoordinaten des Punktes *P*´, die wir aus der Projektion von *P* in die (x_1, x_2)-Ebene erhalten[1].

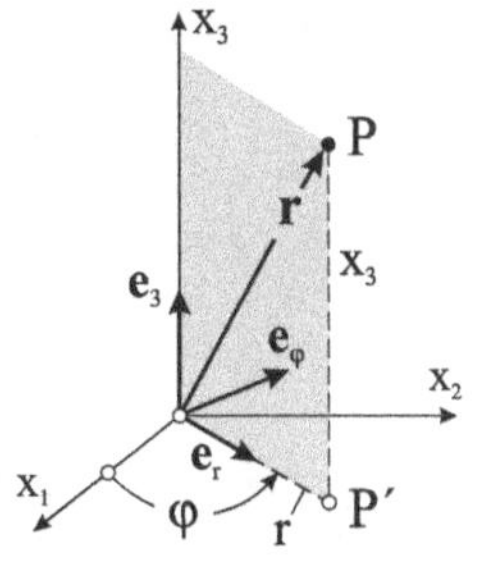

Abb. 1.8 *Zylinderkoordinaten*

Die Flächen r = const sind Kreiszylinder mit einer gemeinsamen Zentralachse x_3. Damit folgt für den Ortsvektor

1 hierbei darf jedoch die ebene Polarkoordinate *r* nicht mit dem Betrag von **r** verwechselt werden

$$\mathbf{r}(t) = r(t)\,\mathbf{e}_r(t) + x_3(t)\,\mathbf{e}_3\,, \tag{1.15}$$

wobei noch $\varphi = \varphi(t)$ zu beachten ist. Formales Differenzieren liefert zunächst

$$\begin{aligned}\mathbf{v} &= \dot{\mathbf{r}} = \dot{r}\,\mathbf{e}_r + r\,\dot{\mathbf{e}}_r + \dot{x}_3\,\mathbf{e}_z + x_3\,\dot{\mathbf{e}}_3\\ \mathbf{a} &= \ddot{\mathbf{r}} = \ddot{r}\,\mathbf{e}_r + 2\,\dot{r}\,\dot{\mathbf{e}}_r + r\,\ddot{\mathbf{e}}_r + \ddot{x}_3\,\mathbf{e}_3 + 2\,\dot{x}_3\,\dot{\mathbf{e}}_3 + x_3\,\ddot{\mathbf{e}}_3\,.\end{aligned}$$

Mit $\dot{\mathbf{e}}_3 = 0$ und $\ddot{\mathbf{e}}_3 = 0$ verbleiben

$$\begin{aligned}\mathbf{v} &= \dot{r}\,\mathbf{e}_r + r\,\dot{\mathbf{e}}_r + \dot{x}_3\,\mathbf{e}_3\\ \mathbf{a} &= \ddot{r}\,\mathbf{e}_r + 2\,\dot{r}\,\dot{\mathbf{e}}_r + r\,\ddot{\mathbf{e}}_r + \ddot{x}_3\,\mathbf{e}_3\,.\end{aligned}$$

Wegen

$$\mathbf{e}_r = \cos\varphi\,\mathbf{e}_1 + \sin\varphi\,\mathbf{e}_2, \quad \mathbf{e}_\varphi = -\sin\varphi\,\mathbf{e}_1 + \cos\varphi\,\mathbf{e}_2$$

und $\varphi = \varphi(t)$ sind diese Einheitsvektoren ebenfalls Funktionen der Zeit, und es gelten die folgenden Differenziationsregeln:

$$\dot{\mathbf{e}}_r = \frac{d\mathbf{e}_r}{dt} = \frac{d\mathbf{e}_r}{d\varphi}\frac{d\varphi}{dt} = \dot{\varphi}(-\sin\varphi\,\mathbf{e}_1 + \cos\varphi\,\mathbf{e}_2) = \dot{\varphi}\mathbf{e}_\varphi$$

$$\dot{\mathbf{e}}_\varphi = \frac{d\mathbf{e}_\varphi}{dt} = \frac{d\mathbf{e}_\varphi}{d\varphi}\frac{d\varphi}{dt} = \dot{\varphi}(-\cos\varphi\,\mathbf{e}_1 - \sin\varphi\,\mathbf{e}_2) = -\dot{\varphi}\mathbf{e}_r$$

$$\ddot{\mathbf{e}}_r = \ddot{\varphi}\,\mathbf{e}_\varphi + \dot{\varphi}\,\dot{\mathbf{e}}_\varphi = \ddot{\varphi}\,\mathbf{e}_\varphi - \dot{\varphi}^2\,\mathbf{e}_r$$

$$\ddot{\mathbf{e}}_\varphi = -\ddot{\varphi}\,\mathbf{e}_r - \dot{\varphi}^2\mathbf{e}_\varphi\,.$$

Mit diesen Ergebnissen erhalten wir

$$\begin{aligned}\mathbf{v} &= \dot{r}\,\mathbf{e}_r + r\,\dot{\varphi}\,\mathbf{e}_\varphi + \dot{x}_3\,\mathbf{e}_3\\ \mathbf{a} &= (\ddot{r} - r\dot{\varphi}^2)\,\mathbf{e}_r + (r\,\ddot{\varphi} + 2\,\dot{r}\dot{\varphi})\,\mathbf{e}_\varphi + \ddot{x}_3\,\mathbf{e}_3\,,\end{aligned} \tag{1.16}$$

und in Komponentendarstellung folgt

$$\begin{aligned}\mathbf{v} &= [v_r, v_\varphi, v_3]^T = [\dot{r},\, r\,\dot{\varphi},\, \dot{x}_3]^T\\ \mathbf{a} &= [a_r, a_\varphi, a_3]^T = [\ddot{r} - r\,\dot{\varphi}^2,\, r\ddot{\varphi} + 2\,\dot{r}\,\dot{\varphi},\, \ddot{x}_3]^T\,.\end{aligned} \tag{1.17}$$

1.1.4 Die Kreisbewegung

Bewegt sich ein Punkt *P* auf einer ebenen Bahn – etwa mit dem Normalenvektor $\mathbf{e}_3$ – und konstanten Werten für x_3 und r, dann handelt es sich um eine Kreisbewegung (Abb. 1.9), für die $\dot{x}_3 = \ddot{x}_3 = 0$ und $\dot{r} = \ddot{r} = 0$ gelten. Die Geschwindigkeit des Punktes *P* ist dann

$$\mathbf{v} = r\,\dot{\varphi}\,\mathbf{e}_\varphi = r\,\omega\,\mathbf{e}_\varphi = v_\varphi \mathbf{e}_\varphi\,.$$

Die zeitliche Änderung des Winkels φ, also $d\varphi/dt = \dot{\varphi}$, heißt Winkelgeschwindigkeit.

$[\dot{\varphi}]$ = 1/Zeit, Einheit: s^{-1}.

Die Größe $v_\varphi = r\,\dot{\varphi} = r\,\omega$ wird Bahngeschwindigkeit des Punktes *P* genannt. Durch Einführung des Winkelgeschwindigkeitsvektors

$$\boldsymbol{\omega} = \dot{\varphi}\,\mathbf{e}_3 = \omega\,\mathbf{e}_3\,, \tag{1.18}$$

der senkrecht auf der Bahnebene steht (Abb. 1.9, links), kann die Geschwindigkeit des Punktes *P* auch in der Form

$$\mathbf{v} = \boldsymbol{\omega} \times \mathbf{r} = \omega\,\mathbf{e}_3 \times (r\,\mathbf{e}_r + x_3\,\mathbf{e}_3) = r\,\omega\,\mathbf{e}_\varphi \tag{1.19}$$

notiert werden. Für die Beschleunigung ergibt sich

$$\mathbf{a} = \dot{\mathbf{v}} = r\,\dot{\omega}\,\mathbf{e}_\varphi + r\,\omega\,\dot{\mathbf{e}}_\varphi = r\,\dot{\omega}\,\mathbf{e}_\varphi - r\,\omega^2\mathbf{e}_r\,. \tag{1.20}$$

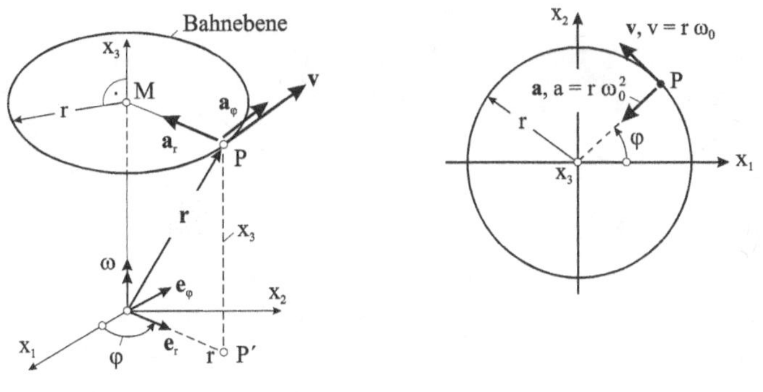

Abb. 1.9 *Kreisbewegung eines Punktes P*

Die zeitliche Änderung der Winkelgeschwindigkeit, also

$$\frac{d\dot{\varphi}}{dt} = \ddot{\varphi} = \dot{\omega}\,,$$

heißt Winkelbeschleunigung

$[\ddot{\varphi}] = 1/(\text{Zeit})^2$ Einheit: s^{-2}.

Im Fall konstanter Winkelgeschwindigkeit $\dot{\varphi} = \omega_0 = \text{const}$, und damit $\ddot{\varphi} = \dot{\omega} = 0$, verbleiben (Abb. 1.9, rechts)

$$\mathbf{v} = r\,\omega_0\,\mathbf{e}_\varphi \text{ und } \mathbf{a} = -r\,\omega_0^2\,\mathbf{e}_r \,.$$

Eine solche Bewegung mit konstantem Geschwindigkeitsbetrag, bei der übrigens die Beschleunigung nicht verschwindet, heißt gleichförmige Kreisbewegung.

Hinweis: Der Quotient aus der Anzahl *n* der Umläufe und der dazu benötigten Zeit *t*, also $f = n/t$, wird Frequenz[1] genannt. Die Umlaufdauer T = t/n einer Kreisbewegung ist der Kehrwert der Frequenz. Für die Bahngeschwindigkeit einer gleichförmigen Kreisbewegung mit dem Radius *r* erhalten wir $v = 2\pi r / T = 2\pi r f$, und für die Winkelgeschwindigkeit gilt: $\omega = 2\pi/T = 2\pi f$. Ist *n* die minütliche Drehzahl, dann können wir dafür auch $\omega = \pi n / 30$ schreiben.

In der Kinematik der Punktbewegung sind zwei Grundaufgaben zu lösen: Entweder ist mit **r**(t) die Bahnkurve gegeben und es sollen daraus Geschwindigkeit und Beschleunigung berechnet werden, oder aber es sind bei bekannten Beschleunigungen **a**(t) die Geschwindigkeiten **v**(t) und die Bahnkurve zu berechnen. Die erste Aufgabenart wird durch Differenziation der Bahnkurve **r**(t) gelöst; Aufgaben der zweiten Art werden unter Berücksichtigung der jeweiligen Anfangsbedingungen (engl. *initial values*) durch Integration gelöst.

1.1.5 Die geradlinige Bewegung

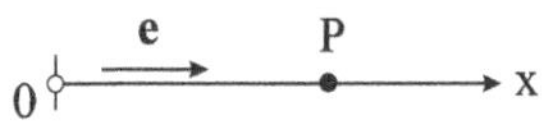

Abb. 1.10 *Geradlinige Bewegung eines Punktes P*

Obwohl die geradlinige Bewegung die einfachste Form der Bewegung darstellt, kommt ihr eine große praktische Bedeutung zu. Bewegt sich ein Punkt auf einer Geraden, beispielsweise der x-Achse (Abb. 1.10), dann hat der Ortsvektor $\mathbf{r} = x(t)\mathbf{e}$ nur eine Komponente, und wir können in diesem Fall auf den Vektorcharakter von Geschwindigkeit und Beschleunigung verzichten. Wir erhalten

$$v(t) = \dot{x}(t), \quad a(t) = \dot{v}(t) = \ddot{x}(t)\,.$$

Ist das Weg-Zeitgesetz x(t) gegeben, dann können mit diesen Beziehungen Geschwindigkeit und Beschleunigung durch Ableitungen nach der Zeit *t* ermittelt werden. Ist umgekehrt das Zeit-Weg-Gesetz t(x) vorgegeben, dann folgt aus der Definition für die Geschwindigkeit

---

[1] lat. ›Häufigkeit‹

$$v = \frac{dx}{dt} = \frac{1}{dt/dx},$$

und für die Beschleunigung errechnen wir

$$a = \frac{dv}{dt} = \frac{dv}{dx}\frac{dx}{dt} = \frac{1}{dt/dx}\left[\frac{d}{dx}\left(\frac{1}{dt/dx}\right)\right].$$

Ist die Beschleunigung vorgegeben, dann lassen sich folgende Grundaufgaben stellen:

1. $\boxed{a = 0}$

Aus $a = 0$ folgt wegen $a = dv/dt = 0$ durch Integration $v = \text{const} = v_0$. Eine geradlinige Bewegung mit konstanter Geschwindigkeit wird gleichförmige Bewegung genannt. Zur Ermittlung des Weges gehen wir aus von

$$\frac{dx}{dt} = v_0 .$$

Diese Differenzialgleichung wird durch Integration gelöst. Dazu benötigen wir Aussagen über den Anfangszustand der Bewegung. Die Anfangsbedingungen werden mit dem Index *0* bezeichnet. So wird beispielsweise zum Zeitpunkt $t = t_0$ der Ort $x = x_0$ festgelegt. Nach Trennung der Veränderlichen erhalten wir aus der obigen Beziehung den Zuwachs $dx = v_0\,dt$, und eine unbestimmte Integration liefert

$$\int dx = \int v_0\,dt \quad \to x = v_0\,t + C_1 .$$

Die Konstante C_1 ermitteln wir aus dem Anfangswert für den Weg *x*

$$x(t = t_0) = x_0 = v_0\,t_0 + C_1 \quad \to C_1 = x_0 - v_0\,t_0$$

Damit folgt der gesuchte Weg: $x = x_0 + v_0(t - t_0)$.

2. $\boxed{a = a_0}$

Eine geradlinige Bewegung mit konstanter Beschleunigung $a = a_0$ wird *gleichmäßig beschleunigte Bewegung* genannt. Wir beginnen die Zeitzählung wieder bei $t = t_0$ und gehen von folgenden Anfangswerten (engl. *initial conditions*) aus: $x(t = 0) = x_0$, $v(t = 0) = v_0$. Eine Trennung der Veränderlichen und anschließende Integration ergibt

$$dv = a_0\,dt \quad \to \int dv = \int a_0\,dt \quad \to v = a_0\,t + C_1 ,$$

und für den Weg erhalten wir

$$dx = v\,dt = (a_0 t + C_1)\,dt \quad \to \int dx = \int (a_0 t + C_1)\,dt \quad \to x = a_0\frac{t^2}{2} + C_1\,t + C_2 .$$

Beachten wir noch die Anfangsbedingungen, dann erhalten wir zusammenfassend

$$a = a_0, \quad v = a_0 t + v_0, \quad x = a_0 \frac{t^2}{2} + v_0 t + x_0 .$$

Beispiel 1-3:

Der freie Fall eines schweren Körpers *K* stellt bei Vernachlässigung des Luftwiderstandes eine gleichmäßig beschleunigte Bewegung dar. Die konstante Beschleunigung ist hier die Erdbeschleunigung *g*. Damit folgt, wenn wir beachten, dass ***g*** in die negative *x*-Richtung zeigt:

$$a = -g, \quad v = -g t + v_0, \quad x = -g \frac{t^2}{2} + v_0 t + x_0 .$$

Wird der Körper *K* zum Zeitpunkt t = 0 aus der Höhe x = h ohne Anfangsgeschwindigkeit losgelassen ($v_0 = 0$), dann gilt: $a = -g, \quad v = -g t, \quad x = -g \frac{t^2}{2} + h$.

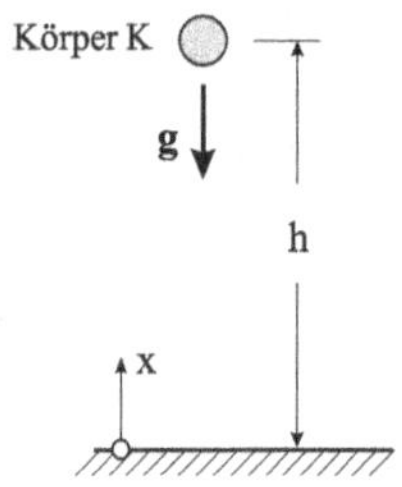

Abb. 1.11 Der freie Fall eines schweren Körpers

Wenn wir zusätzlich die Zeit *T* berechnen wollen, die der Körper zum Durchfallen der Höhe *h* benötigt, dann müssen wir in das Weg-Zeit-Gesetz x = 0 einsetzen, also

$$x = 0 = -\frac{g T^2}{2} + h \quad \rightarrow T = \sqrt{\frac{2 h}{g}} .$$

Zum Zeitpunkt des Aufschlags bei x = 0 hat der Körper dann die Geschwindigkeit

$$v(t = T) = -g T = -\sqrt{2 g h} .$$ ■

3. $\boxed{a = a(t)}$

Ist die Beschleunigung eine Funktion der Zeit, dann lassen sich Geschwindigkeit und Beschleunigung durch bestimmte Integration ermitteln. Mit den Anfangsbedingungen $v(t = t_0) = v_0, \; x(t = t_0) = x_0$ erhalten wir durch Trennung der Veränderlichen

$$dv = a(t)dt \quad \to v = v_0 + \int_{\tau=t_0}^{t} a(\tau)\,d\tau, \quad dx = v(t)\,dt \quad \to x = x_0 + \int_{\tau=t_0}^{t} v(\tau)\,d\tau.$$

4. $\boxed{a = a(v)}$

Ist die Beschleunigung eine Funktion der Geschwindigkeit, dann erfolgt die Lösung durch Trennung der Veränderlichen

$$a(v) = \frac{dv}{dt} \quad \to dt = \frac{dv}{a(v)}.$$

Die bestimmte Integration liefert

$$\int_{\tau=t_0}^{t} d\tau = \int_{\bar{v}=v_0}^{v} \frac{d\bar{v}}{a(\bar{v})} \quad \to t = t_0 + \int_{\bar{v}=v_0}^{v} \frac{d\bar{v}}{a(\bar{v})} = f(v).$$

Damit ist die Zeit t in Abhängigkeit von der Geschwindigkeit v bekannt. Durch Invertierung kann die obige Gleichung nach v aufgelöst werden, was $v = F(t)$ liefert, woraus dann durch Integration

$$x(t) = x_0 + \int_{\tau=t_0}^{t} F(\tau)\,d\tau$$

folgt. Damit ist auch der Weg als Funktion der Zeit bekannt.

Beispiel 1-4:

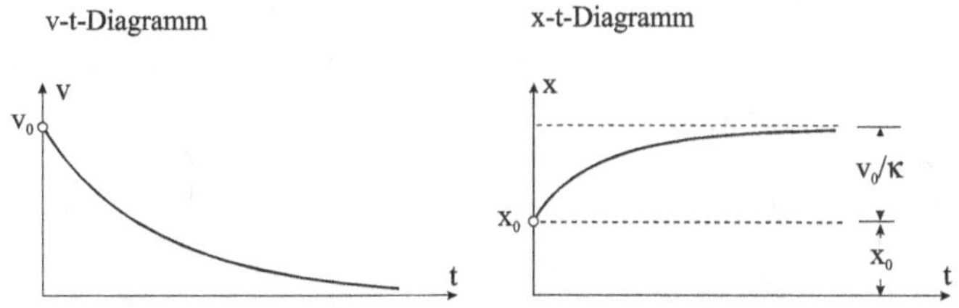

Abb. 1.12 Bewegung eines Körpers in einer viskosen Flüssigkeit

Die Bewegung eines Körpers in einer reibungsbehafteten Flüssigkeit erfolgt nach dem Gesetz $a(v) = -\kappa v$. Die Proportionalitätskonstante κ hängt von der Masse, der Form des Körpers und der Viskosität[1] der Flüssigkeit ab. Wir beginnen die Zeitzählung bei $t_0 = 0$. Als Anfangsbedingungen sollen die Auslenkung $x(0) = x_0$ und die Geschwindigkeit $v(0) = v_0$ vorgegeben sein. Dann gilt

$$t = \int_{v_0}^{v} \frac{d\bar{v}}{a(\bar{v})} = \int_{v_0}^{v} \frac{d\bar{v}}{-\kappa \bar{v}} = -\frac{1}{\kappa} \ln \bar{v} \Big|_{v_0}^{v} = -\frac{1}{\kappa} \ln \frac{v}{v_0} = f(v) .$$

Die Auflösung dieser Gleichung nach der Geschwindigkeit *v* ergibt das Geschwindigkeits-Zeit-Gesetz (Abb. 1.12, links):

$$v(t) = v_0 \exp(-\kappa t) = F(t) ,$$

und für das Weg-Zeit-Gesetz folgt (Abb. 1.12, rechts):

$$x(t) = x_0 + \int_{\tau=t_0}^{t} F(\tau)\, d\tau = x_0 + \int_{\tau=t_0}^{t} v_0 \exp(-\kappa\tau)\, d\tau = x_0 + \frac{v_0}{\kappa}[1 - \exp(-\kappa t)]$$

Für große Werte von *t* nähert sich x(t) asymptotisch dem Grenzwert $x(t) = x_0 + v_0 / \kappa$. ■

5. $\boxed{a = a(x)}$

Ist die Beschleunigung eine Funktion des Ortes, dann folgt mit der Kettenregel

$$a = \frac{dv}{dt} = \frac{dv}{dx}\frac{dx}{dt} = \frac{dv}{dx} v = \frac{1}{2}\frac{d}{dx}(v^2) ,$$

und die Trennung der Veränderlichen ergibt: $v\, dv = a\, dx$. Wir beginnen die Zeitzählung bei $t = t_0$. Unterstellen wir die Anfangsbedingungen $v(t = t_0) = v_0$, $x(t = t_0) = x_0$, dann liefert die Integration

$$\int_{\bar{v}=v_0}^{v} \bar{v}\, d\bar{v} = \int_{\bar{x}=x_0}^{x} a(\bar{x})\, d\bar{x} \quad \rightarrow \frac{1}{2} v^2 = \frac{1}{2} v_0^2 + \int_{\bar{x}=x_0}^{x} a(\bar{x})\, d\bar{x} = f(x) .$$

Damit folgt

$$v(x) = \pm\sqrt{2f(x)} .$$

Wollen wir die Zeit *t* als Funktion des Weges *x* ermitteln, dann ist mit $v = dx/dt$ und Trennung der Veränderlichen

---

1 viskos, spätl. viscosus, ›klebrig‹

$$dt = \frac{dx}{v(x)} = \pm \frac{dx}{\sqrt{2f(x)}} \quad \to t = t_0 \pm \int_{\bar{x}=x_0}^{x} \frac{d\bar{x}}{\sqrt{2f(\bar{x})}} .$$

Beispiel 1-5:

Ein Punkt bewege sich nach dem Beschleunigungsgesetz $a(x) = -\omega^2 x$, wobei ω eine positive Konstante bezeichnet. Wir beginnen die Zeitzählung bei $t_0 = 0$. Die Anfangsbedingungen lauten: $x(t_0 = 0) = x_0$, $v(t_0 = 0) = v_0 = 0$. Mit $x_0 \geq x$ erhalten wir:

$$f(x) = \int_{\bar{x}=x_0}^{x} a(\bar{x})\, d\bar{x} = -\omega^2 \int_{\bar{x}=x_0}^{x} \bar{x}\, d\bar{x} = \frac{1}{2}\omega^2 (x_0^2 - x^2), \quad v(x) = \pm\sqrt{2f(x)} = \pm\omega\sqrt{x_0^2 - x^2} .$$

Maple liefert uns die Zeit-Wegfunktion

$$t = \pm \int_{\bar{x}=x_0}^{x} \frac{d\bar{x}}{\sqrt{2f(\bar{x})}} = \pm\frac{1}{\omega} \int_{\bar{x}=x_0}^{x} \frac{d\bar{x}}{\sqrt{x_0^2 - \bar{x}^2}} = \pm\frac{1}{\omega}\left\{ \arcsin\left[\frac{\operatorname{sgn}(x_0)x}{x_0}\right] - \arcsin[\operatorname{sgn}(x_0)] \right\},$$

$$x_0 > 0: \quad t = \pm\frac{1}{\omega}\left[\arcsin\left(\frac{x}{x_0}\right) - \frac{\pi}{2}\right] = \mp\frac{1}{\omega}\arccos\left(\frac{x}{x_0}\right),$$

$$x_0 < 0: \quad t = \pm\frac{1}{\omega}\left[\arcsin\left(\frac{x}{x_0}\right) + \frac{\pi}{2}\right] = \pm\frac{1}{\omega}\left[\pi - \arccos\left(\frac{x}{x_0}\right)\right].$$

Lösen wir die letzten zwei Beziehungen nach x(t) auf, dann erhalten wir:

$$x_0 > 0: \quad x(t) = x_0 \cos \omega t , \qquad x_0 < 0: \quad x(t) = -x_0 \cos \omega t .$$

Die obigen Weg-Zeit-Gesetze stellen harmonische Schwingungen dar. Beschränken wir uns auf eine Anfangsauslenkung $x_0 > 0$, dann erhalten wir die Geschwindigkeit und Beschleunigung durch Ableitung nach der Zeit:

$$v(t) = \dot{x}(t) = -\omega x_0 \sin \omega t, \quad a(t) = \ddot{x}(t) = -\omega^2 x_0 \cos \omega t = -\omega^2 x(t) .$$

In der Beziehung $v(x) = \pm\sqrt{2f(x)} = \pm\omega\sqrt{x_0^2 - x^2}$, oder umgeformt in impliziter Form

$$\left(\frac{x}{x_0}\right)^2 + \left(\frac{v}{\omega x_0}\right)^2 = 1,$$

erscheint die Geschwindigkeit als Funktion des Weges. Diese Darstellung wird *Phasenkurve* einer harmonischen Schwingung genannt. Die Phasenkurve (Abb. 1.13, rechts) ist in unserem Fall eine Ellipse mit den Halbachsen x_0 und ωx_0. In der Phasenebene erscheint die Zeit *t* nicht mehr explizit, sondern lediglich als Bahnparameter. Da bei positiver Geschwindigkeit *v* die Auslenkung *x* zunehmen muss, verläuft die Phasenkurve im oberen Bereich von links nach rechts und im unteren Bereich von rechts nach links.

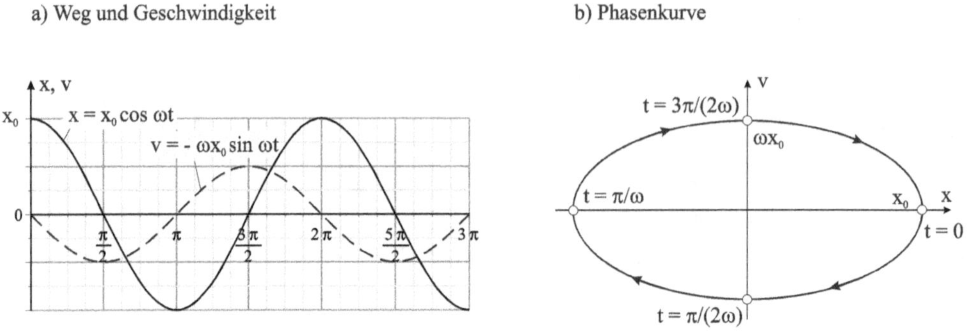

Abb. 1.13 *Weg und Geschwindigkeit als Funktion der Zeit, Phasenkurve einer harmonischen Schwingung*

Wegen v = 0 und

$$\frac{dv}{dx} = \frac{dv}{dt}\frac{dt}{dx} = \frac{\dot{v}}{v}$$

schneidet die Phasenkurve die *x*-Achse immer senkrecht. ■

Ist die Geschwindigkeit als Funktion des Ortes vorgegeben, dann folgt durch Differenziation nach der Zeit *t* die Beschleunigung

$$a(x) = \frac{dv(x)}{dt} = \frac{dv(x)}{dx}\frac{dx}{dt} = \frac{dv(x)}{dx}v(x)\,.$$

Das Zeit-Weg-Gesetz *t*(x) erhalten wir aus der Geschwindigkeit v(x) durch Trennung der Veränderlichen und anschließender Integration wie folgt:

$$\frac{dx}{dt} = v(x) \quad \to dt = \frac{dx}{v(x)} \quad \to \int_{\tau=t_0}^{t} d\tau = \underbrace{\int_{\bar{x}=x_0}^{x} \frac{d\bar{x}}{v(\bar{x})}}_{=g(x)} \quad \to t(x) = t_0 + g(x)\,,$$

und durch Invertierung erhalten wir

$$x(t) = h(t)\,.$$

Einsetzen von x(t) in v(x) und a(x) oder Ableitung von x(t) nach der Zeit liefert dann v(t) und a(t). Eliminieren wir noch *x* oder *t*, dann folgen abschließend a(v) und v(a).

2 Die Bewegung des starren Körpers

Die Zahl der Koordinatenangaben, die benötigt werden, um die Lage eines Punktes P zu einer bestimmten Zeit t festzulegen, ist die Zahl seiner Freiheitsgrade (engl. *degrees of freedom*). Ein Punkt hat n Freiheitsgrade, wenn seine Lage durch n voneinander unabhängige skalare Angaben (beispielsweise Koordinatendifferenzen, Winkel usw.) festgelegt ist. Demzufolge ist die Lage eines frei im Raum beweglichen Punktes durch drei Koordinaten festgelegt. Der frei im Raum bewegliche Punkt hat daher $n = 3$ Freiheitsgrade. Werden die Bewegungsmöglichkeiten eines Punktes eingeschränkt, so reduziert sich die Anzahl der Freiheitsgrade auf $n < 3$. Wir sprechen in diesen Fällen von geführten Bewegungen.

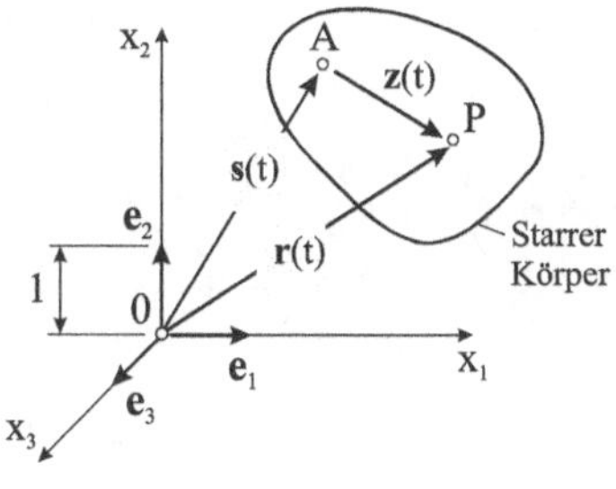

Abb. 2.1 *Die räumliche Bewegung eines starren Körpers*

Ein starrer Körper[1] (engl. *rigid body*) ist ein idealisiertes Gebilde, bei dem für alle Zeiten t der Abstand zweier beliebiger Körperpunkte, etwa derjenige der Punkte A und P in Abb. 2.1, konstant sein soll, also

$$\frac{d|\mathbf{z}(t)|}{dt} = 0\,. \tag{2.1}$$

---

[1] Die Modellvorstellung des starren Körpers als Spezialfall eines Festkörpers besitzt in der gesamten Technischen Mechanik eine herausragende Bedeutung

Mit dieser Einschränkung besitzt ein starrer Körper im Raum noch $n = 6$ Freiheitsgrade, das sind drei Translationsfreiheitsgrade in Richtung der Koordinatenachsen und drei Rotationsfreiheitsgrade um diese Achsen.

2.1 Räumliche Bewegungen

Bei der räumlichen Bewegung beschreibt jeder Punkt des Körpers[1] eine Raumkurve, wobei jedem Punkt ein Geschwindigkeits- und Beschleunigungsvektor zugeordnet werden kann. Der Bewegungsvorgang eines Körpers ist dann bekannt, wenn die Bewegung jedes einzelnen Körperpunktes P bekannt ist. Unterstellen wir, dass die Geschwindigkeit eines beliebigen Punktes A des Körpers bekannt ist, das kann beispielsweise der Volumenmittelpunkt bzw. Schwerpunkt des Körpers sein, dann stellt sich die Frage, welche zusätzlichen Informationen erforderlich sind, um die Bewegung eines beliebigen anderen Körperpunktes festlegen zu können. Diese Frage werden wir im Folgenden beantworten.

Bezeichnet $\mathbf{r}(t)$ den Ortsvektor zum Körperpunkt P und $\mathbf{z}(t)$ die Lage von P relativ zum Punkt A (Abb. 2.1), dann ist

$$\mathbf{r}(t) = \mathbf{s}(t) + \mathbf{z}(t)\,,$$

und damit zunächst

$$\mathbf{v}(t) = \dot{\mathbf{r}}(t) = \dot{\mathbf{s}}(t) + \dot{\mathbf{z}}(t) = \mathbf{v}_A(t) + \dot{\mathbf{z}}(t)\;.$$

Wegen $d|\mathbf{z}(t)|/dt = 0$ kann die zeitliche Änderung $\dot{\mathbf{z}}(t)$ des Verbindungsvektors $\mathbf{z}(t)$ beim starren Körper nur aus einer reinen Drehung um A herrühren. Unter Beachtung von

$$\frac{d}{dt}\mathbf{z}^2 = 0 = 2\mathbf{z}\cdot\dot{\mathbf{z}} \qquad \text{folgt} \qquad \mathbf{z}\perp\dot{\mathbf{z}}\,.$$

Der Vektor $\dot{\mathbf{z}}$ steht also senkrecht auf $\mathbf{z}$, und es ist es deshalb sinnvoll, für dessen zeitliche Änderung

$$\dot{\mathbf{z}}(t) = \boldsymbol{\omega}(t)\times\mathbf{z}(t) \tag{2.2}$$

zu schreiben. Dabei ist $\boldsymbol{\omega}(t) = \omega(t)\mathbf{e}_\omega(t)$ der Vektor der momentanen[2] Winkelgeschwindigkeit des starren Körpers, der zwar zu jedem Zeitpunkt ein anderer sein kann, aber für alle Körperpunkte denselben Wert hat. Damit ist $\boldsymbol{\omega}(t)$ am starren Körper ein *freier Vektor*. Diesen Sachverhalt können wir uns auch wie folgt klarmachen: Für einen anderen Punkt A' statt A mit dem Winkelgeschwindigkeitsvektor $\boldsymbol{\omega}'$ hätten wir nämlich die Geschwindigkeit des Punktes

1 Als Körper wird im Sinne der Kontinuumsmechanik eine Struktur bezeichnet, die zu jedem Zeitpunkt t einen Bereich beliebig dicht liegender (verschmierter) Punkte endlicher Volumina V(t) bedeckt.

2 deshalb momentan, weil zu jedem Zeitpunkt der Winkelgeschwindigkeitsvektor $\boldsymbol{\omega}$ ein anderer sein kann

P zu $\mathbf{v} = \mathbf{v}_{A'} + \boldsymbol{\omega}' \times \mathbf{z}'$ errechnet, die selbstverständlich unabhängig vom Bezugspunkt sein muss, was einerseits

$$\mathbf{v}_{A'} + \boldsymbol{\omega}' \times \mathbf{z}' = \mathbf{v}_A + \boldsymbol{\omega} \times \mathbf{z}\,, \quad \rightarrow \; \mathbf{v}_{A'} - \mathbf{v}_A = \boldsymbol{\omega} \times \mathbf{z} - \boldsymbol{\omega}' \times \mathbf{z}'$$

und andererseits

$$\mathbf{v}_{A'} = \mathbf{v}_A + \boldsymbol{\omega} \times (\mathbf{z} - \mathbf{z}')\,, \qquad \rightarrow \mathbf{v}_{A'} - \mathbf{v}_A = \boldsymbol{\omega} \times \mathbf{z} - \boldsymbol{\omega} \times \mathbf{z}'$$

bedingt. Ein Vergleich beider Ausdrücke zeigt $\boldsymbol{\omega}' = \boldsymbol{\omega}$.

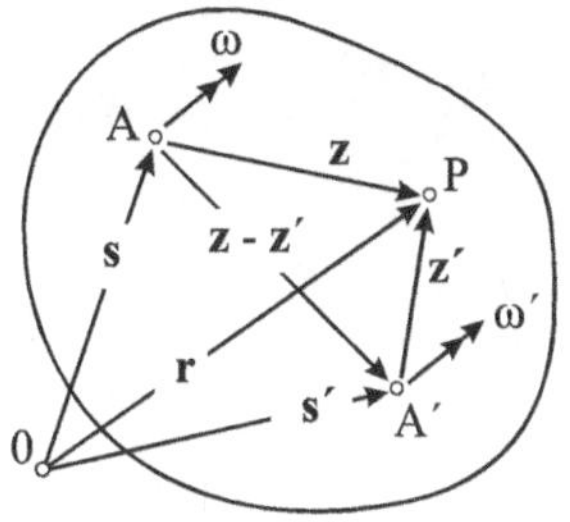

Abb. 2.2 *Der Winkelgeschwindigkeitsvektor* $\boldsymbol{\omega}$ *am starren Körper als freier Vektor*

<u>Hinweis</u>: Es ist zu beachten, dass die Winkelgeschwindigkeit $\boldsymbol{\omega}(t)$ i. Allg. <u>nicht</u> zu einem Vektor mit der Bedeutung einer Winkeldrehung integriert werden kann. Damit kann umgekehrt auch $\boldsymbol{\omega}(t)$ i. Allg. <u>nicht</u> durch Differenziation eines *Winkelvektors* gewonnen werden.

Die Geschwindigkeit des Punktes *P* ermitteln wir damit letztlich zu

$$\mathbf{v}(t) = \dot{\mathbf{r}}(t) = \dot{\mathbf{s}}(t) + \dot{\mathbf{z}}(t) = \mathbf{v}_A(t) + \boldsymbol{\omega}(t) \times \mathbf{z}(t)\,. \tag{2.3}$$

Sie setzt sich zusammen aus der Geschwindigkeit $\mathbf{v}_A(t) = \dot{\mathbf{s}}(t)$ eines anderen beliebig gewählten Körperpunktes *A* und einem zusätzlichen Anteil $\boldsymbol{\omega}(t) \times \mathbf{z}(t)$, der einer reinen Drehung des starren Körpers um *A* entspricht. Die Orientierung der momentanen Drehachse ist durch den Winkelgeschwindigkeitsvektor $\boldsymbol{\omega}(t)$ festgelegt. Um den Bewegungszustand vollständig beschreiben zu können, sind also sechs Koordinatenangaben erforderlich.

Zerlegen wir den Vektor $\mathbf{z}$ gemäß $\mathbf{z} = \mathbf{z}_\perp + \mathbf{z}_\parallel$ in Komponenten senkrecht und parallel zum momentanen Winkelgeschwindigkeitsvektor $\boldsymbol{\omega}$ (Abb. 2.3), also

$$\mathbf{z}_\parallel = \frac{1}{\omega^2}(\mathbf{z} \cdot \boldsymbol{\omega})\boldsymbol{\omega}\,, \qquad \mathbf{z}_\perp = \mathbf{z} - \frac{1}{\omega^2}(\mathbf{z} \cdot \boldsymbol{\omega})\boldsymbol{\omega}\,,$$

dann können wir die Geschwindigkeit des Punktes *P* auch wie folgt notieren:

$$\mathbf{v} = \mathbf{v}_A + \boldsymbol{\omega} \times (\mathbf{z}_\perp + \mathbf{z}_\|) = \mathbf{v}_A + \boldsymbol{\omega} \times \mathbf{z}_\perp .$$

Diese Formel für die Geschwindigkeit eines starren Körpers geht auf d'Alembert[1] und Euler[2] zurück.

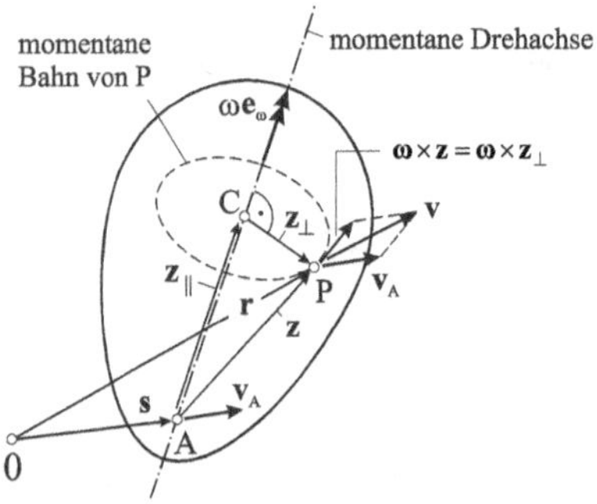

Abb. 2.3 Die Geschwindigkeit des Punktes P eines starren Körpers

Aus der Beziehung (2.3) erhalten wir unter Beachtung von $\boldsymbol{\omega}(t) = \dot{\varphi}(t)\mathbf{e}_\omega(t)$ sowie nach Multiplikation mit *dt* die durch die Elementarverschiebungen ausgedrückte Form der Eulerschen Geschwindigkeitsformel

$$d\mathbf{r} = d\mathbf{s} + d\varphi\, \mathbf{e}_\omega \times \mathbf{z} , \tag{2.4}$$

die besagt, dass sich die infinitesimale Lageänderung eines starren Körpers additiv aus einer Translation $d\mathbf{r}_A$ und einer Drehung mit $d\varphi\, \mathbf{e}_\omega \times \mathbf{z}$ um die durch $\mathbf{e}_\omega$ festgelegte momentane Drehachse zusammensetzt.

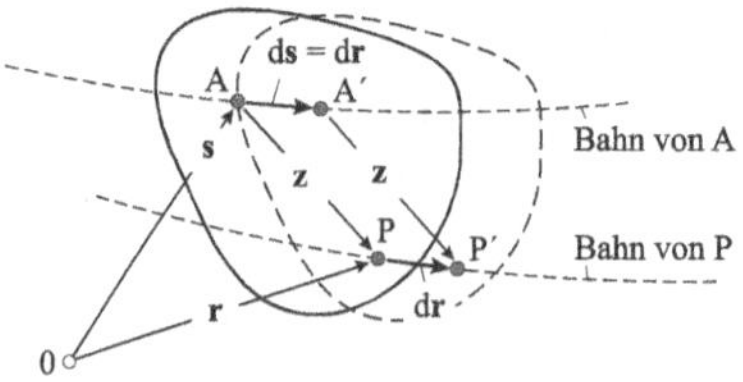

Abb. 2.4 Translationsbewegung eines starren Körpers

---

1 Jean Le Ronde d'Alembert, franz. Philosoph, Mathematiker und Literat, 1717–1783

2 Leonhard Euler, schweiz. Mathematiker, 1707–1783

Eine reine Translationsbewegung (Abb. 2.4) zeichnet sich demzufolge dadurch aus, dass der Verbindungsvektor **z** während der Bewegung seine Orientierung nicht verändert. Als Beispiel sei hierzu die Bewegung der Gondel eines Riesenrades genannt. Alle Punkte des starren Körpers erfahren in der Zeiteinheit *dt* die gleiche Verschiebung d**s** = d**r**. Alle Punkte des starren Körpers erfahren in der Zeiteinheit *dt* die gleiche Verschiebung d**r**.

Die Beschleunigung **a** folgt durch Differenziation der Geschwindigkeit nach der Zeit *t* zu

$$\mathbf{a} = \dot{\mathbf{v}} = \dot{\mathbf{v}}_A + \frac{d}{dt}(\boldsymbol{\omega}\times\mathbf{z}) = \dot{\mathbf{v}}_A + \dot{\boldsymbol{\omega}}\times\mathbf{z} + \boldsymbol{\omega}\times\dot{\mathbf{z}}$$

und damit zusammengefasst

$$\mathbf{a} = \dot{\mathbf{v}}_A + \dot{\boldsymbol{\omega}}\times\mathbf{z} + \boldsymbol{\omega}\times(\boldsymbol{\omega}\times\mathbf{z})\,. \tag{2.5}$$

Der mittlere Term

$$\dot{\boldsymbol{\omega}}\times\mathbf{z} = \frac{d}{dt}(\omega\mathbf{e}_\omega)\times\mathbf{z} = (\dot{\omega}\mathbf{e}_\omega + \omega\dot{\mathbf{e}}_\omega)\times\mathbf{z}$$

enthält mit $\dot{\omega}\mathbf{e}_\omega \times \mathbf{z}$ die Tangentialbeschleunigung der Kreisbewegung (s.h. Kapitel 1.1.4) des Punktes *P* um eine Achse durch den Punkt *A* mit dem Richtungsvektor $\mathbf{e}_\omega$, und das zweite Glied berücksichtigt mit $\dot{\mathbf{e}}_\omega$ die zeitliche Änderung der Drehachse.

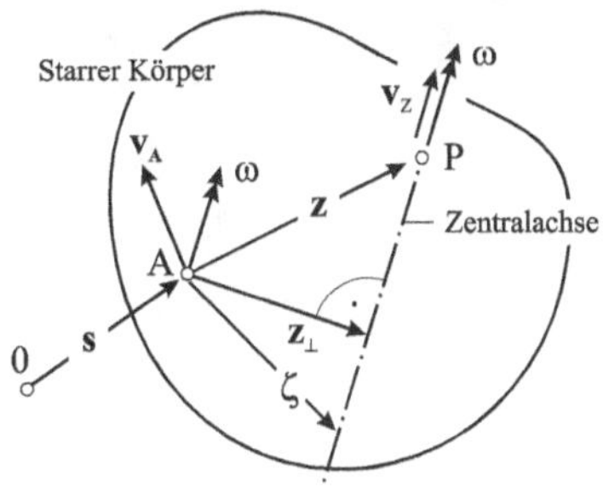

Abb. 2.5 *Zentralachse und Bewegungsschraube (ω, v_Z)*

Wir können noch die Frage anschließen, ob für den starren Körper eine ausgezeichnete Achse existiert, zu der momentan der Geschwindigkeitsvektor **v** und Winkelgeschwindigkeitsvektor **ω** parallel sind. In der Kinematik wird diese Achse als *Zentralachse* bezeichnet. Dann muss gelten: $\boldsymbol{\omega}\times\mathbf{v} = \mathbf{0} = \boldsymbol{\omega}\times(\mathbf{v}_A + \boldsymbol{\omega}\times\mathbf{z}_\perp)$. Die Auflösung dieser Beziehung nach $\mathbf{z}_\perp$ ergibt

$$\mathbf{0} = \boldsymbol{\omega}\times\mathbf{v}_A + \boldsymbol{\omega}\times(\boldsymbol{\omega}\times\mathbf{z}_\perp) = \boldsymbol{\omega}\times\mathbf{v}_A + \boldsymbol{\omega}\underbrace{(\boldsymbol{\omega}\cdot\mathbf{z}_\perp)}_{=0} - \mathbf{z}_\perp\underbrace{(\boldsymbol{\omega}\cdot\boldsymbol{\omega})}_{=\omega^2}\,,$$

womit durch den Vektor

$$\mathbf{z}_\perp = \frac{\boldsymbol{\omega} \times \mathbf{v}_A}{\omega^2} \tag{2.6}$$

ein Punkt derjenigen Achse festgelegt ist, deren Punkte nur eine Geschwindigkeit in Richtung dieser Achse aufweisen. Die Bewegung des starren Körpers lässt sich somit als inkrementelle Abfolge einer Drehung um die Zentralachse und einer Verschiebung in Richtung dieser Achse darstellen. Diese spezielle räumliche Bewegung wird in der Kinematik als *Schraubung* bezeichnet. Die Geschwindigkeit eines Punktes der Zentralachse folgt unter Verwendung der Rechenregel $(\mathbf{a} \otimes \mathbf{b})\cdot\mathbf{c} = \mathbf{a}\,(\mathbf{b}\cdot\mathbf{c})$ nach kurzer Rechnung zu

$$\mathbf{v}_Z = \mathbf{v}_A + \boldsymbol{\omega}\times\mathbf{z}_\perp = \frac{\mathbf{v}_A \cdot \boldsymbol{\omega}}{\omega^2}\boldsymbol{\omega} = (\mathbf{e}_\omega \otimes \mathbf{e}_\omega)\cdot\mathbf{v}_A\,, \qquad \mathbf{e}_\omega = \frac{\boldsymbol{\omega}}{|\boldsymbol{\omega}|}\,. \tag{2.7}$$

Das Paar $(\boldsymbol{\omega}, \mathbf{v}_Z)$ wird *Bewegungsschraube* genannt. Die Gleichung der Zentralachse lautet dann (Abb. 2.5)

$$\boldsymbol{\zeta} = \mathbf{z}_\perp + \lambda(\mathbf{z} - \mathbf{z}_\perp) \qquad (\lambda \in \mathbb{R}). \tag{2.8}$$

Hinweis: Die im Ausdruck (2.7) auftretende lineare Dyade $\mathbf{e}_\omega \otimes \mathbf{e}_\omega$ ist nicht weiter zerlegbar. Allgemein ergibt sich im räumlichen Fall die Komponentenmatrix des dyadischen Produktes $\mathbf{a}\otimes\mathbf{b}$ bei Bezugnahme auf ein kartesisches Basissystem als Matrixprodukt des Spaltenvektors $\mathbf{a}$ mit dem Zeilenvektor $\mathbf{b}$ als (3×3)-Matrix zu

$\mathbf{a}\otimes\mathbf{b}$ =

	b_1	b_2	b_3
a_1	a_1b_1	a_1b_2	a_1b_3
a_2	a_2b_1	a_2b_2	a_2b_3
a_3	a_3b_1	a_3b_2	a_3b_3

= $\mathbf{a}\mathbf{b}^T$.

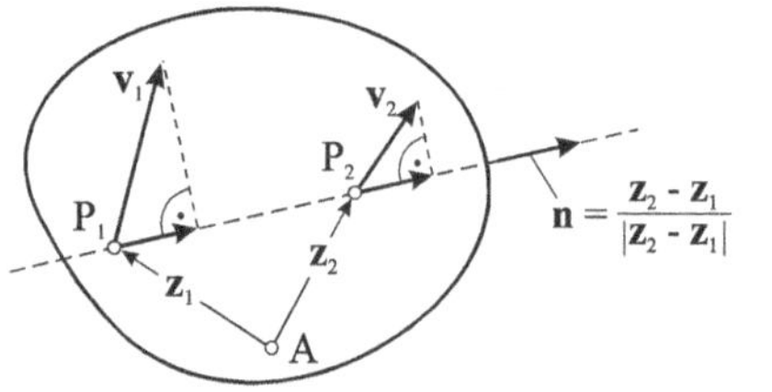

Abb. 2.6 Geschwindigkeiten zweier Punkte am starren Körper

Für den starren Körper kann noch folgende nützliche Beziehung hergeleitet werden (Abb. 2.6). Dazu notieren wir die Geschwindigkeiten der Punkte P_1 und P_2 und erhalten

$$\mathbf{v}_1 = \mathbf{v}_A + \boldsymbol{\omega}\times\mathbf{z}_1, \quad \mathbf{v}_2 = \mathbf{v}_A + \boldsymbol{\omega}\times\mathbf{z}_2 \quad \rightarrow \mathbf{v}_2 - \mathbf{v}_1 = \boldsymbol{\omega}\times(\mathbf{z}_2 - \mathbf{z}_1).$$

Damit folgt: $(\mathbf{v}_2 - \mathbf{v}_1)\cdot\mathbf{n} = [\boldsymbol{\omega}\times(\mathbf{z}_2 - \mathbf{z}_1)]\cdot\mathbf{n} = \boldsymbol{\omega}\cdot[(\mathbf{z}_2 - \mathbf{z}_1)\times\mathbf{n}] = 0$. Es ist also

$$\mathbf{v}_1\cdot\mathbf{n} = \mathbf{v}_2\cdot\mathbf{n},$$

was die Starrheit des Körpers ausdrückt. Sind die Geschwindigkeiten zweier Körperpunkte bekannt, dann ist auch der Winkelgeschwindigkeitsvektor $\boldsymbol{\omega}$ bekannt, denn wir erhalten aus der Beziehung $\mathbf{v}_2 - \mathbf{v}_1 = \boldsymbol{\omega}\times(\mathbf{z}_2 - \mathbf{z}_1)$ mit $\mathbf{n} = (\mathbf{z}_2 - \mathbf{z}_1)/|\mathbf{z}_2 - \mathbf{z}_1|$

$$\mathbf{n}\times(\mathbf{v}_2 - \mathbf{v}_1) = \mathbf{n}\times(\boldsymbol{\omega}\times\mathbf{n})\,|\mathbf{z}_2 - \mathbf{z}_1| \quad \rightarrow \boldsymbol{\omega} = \frac{(\mathbf{z}_2 - \mathbf{z}_1)\times(\mathbf{v}_2 - \mathbf{v}_1)}{|\mathbf{z}_2 - \mathbf{z}_1|^2}.$$

Wir können hier noch zwei Sonderfälle der räumlichen Bewegung eines starren Körpers betrachten, nämlich die Rotation um eine raumfeste Achse (Abb. 2.7, links) sowie die Bewegung um einen raumfesten Punkt (Abb. 2.7, rechts). Rotiert der Körper um eine raumfeste Achse mit dem Richtungsvektor $\mathbf{e}_\omega$ und dem Drehwinkel $\varphi(t)$, dann beschreibt jeder Punkt P eine Kreisbahn, und daher gilt das zur Kreisbewegung Gesagte. Der starre Körper besitzt in diesem Fall nur einen Freiheitsgrad, nämlich den Drehwinkel $\varphi(t)$. Wegen $\mathbf{v}_A = \mathbf{0}$ verbleiben mit der Zerlegung $\mathbf{z} = \mathbf{z}_\perp + \mathbf{z}_\parallel$ unter Berücksichtigung von $\mathbf{z}_\perp = \mathbf{z} - (\mathbf{z}\cdot\mathbf{e}_\omega)\mathbf{e}_\omega$ die Geschwindigkeit

$$\mathbf{v} = \boldsymbol{\omega}\times\mathbf{z} = \boldsymbol{\omega}\times(\mathbf{z}_\perp + \mathbf{z}_\parallel) = \boldsymbol{\omega}\times\mathbf{z}_\perp$$

sowie die Beschleunigung

$$\mathbf{a} = \dot{\boldsymbol{\omega}}\times\mathbf{z} + \boldsymbol{\omega}\times(\boldsymbol{\omega}\times\mathbf{z}) = \dot{\omega}\,\mathbf{e}_\omega\times\mathbf{z}_\perp - \omega^2\,\mathbf{z}_\perp.$$

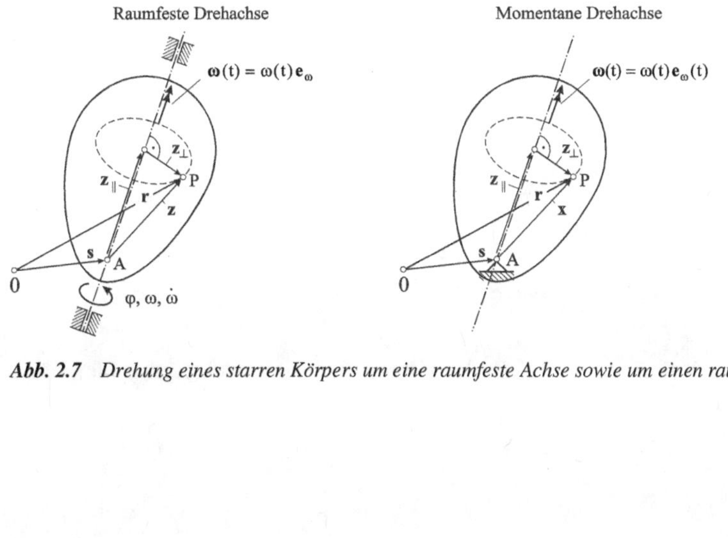

Abb. 2.7 Drehung eines starren Körpers um eine raumfeste Achse sowie um einen raumfesten Punkt

Bei der Rotation eines starren Körpers um ein raumfesten Punkt (hier der Punkt A in Abb. 2.7, rechts) sind wegen $\mathbf{v}_A = \mathbf{0}$ die drei Translationsfreiheitsgrade unterbunden, und der Körper besitzt nur noch drei Freiheitsgrade. Die durch A verlaufende Drehachse ist mit $\mathbf{e}_\omega(t)$ nun i. Allg. nicht mehr raumfest. Damit wird $\boldsymbol{\omega}(t) = \omega(t)\mathbf{e}_\omega(t)$ und für die Geschwindigkeit folgt

$$\mathbf{v} = \boldsymbol{\omega} \times \mathbf{z} = \boldsymbol{\omega} \times (\mathbf{z}_\perp + \mathbf{z}_\parallel) = \boldsymbol{\omega} \times \mathbf{z}_\perp \,.$$

Für die Beschleunigung des Punktes P erhalten wir

$$\mathbf{a} = \dot{\boldsymbol{\omega}} \times \mathbf{z} + \boldsymbol{\omega} \times (\boldsymbol{\omega} \times \mathbf{z}) = (\dot{\omega}\,\mathbf{e}_\omega + \omega \dot{\mathbf{e}}_\omega) \times \mathbf{z}_\perp - \omega^2\,\mathbf{z}_\perp \,,$$

und der gesamte Bewegungsvorgang ist durch den Winkelgeschwindigkeitsvektor $\boldsymbol{\omega}(t)$ allein festgelegt.

2.1.1 Der Versor (Drehtensor)

Wird ein starrer Körper gedreht (Abb. 2.8), dann geht ein in der Ausgangslage gegebener Vektor

$$\mathbf{a}^{(0)} = \sum_{j=1}^{3} a_j^{(0)}\,\mathbf{e}_j^{(0)} = \sum_{j=1}^{3} \left(\mathbf{a}^{(0)} \cdot \mathbf{e}_j^{(0)}\right) \mathbf{e}_j^{(0)} \tag{2.9}$$

über in einen Vektor

$$\mathbf{a}^{(1)} = \sum_{j=1}^{3} a_j^{(1)}\,\mathbf{e}_j^{(1)} = \sum_{j=1}^{3} \left(\mathbf{a}^{(1)} \cdot \mathbf{e}_j^{(1)}\right) \mathbf{e}_j^{(1)} \tag{2.10}$$

wobei die gegenseitige Zuordnung beider Koordinatensysteme $\left\langle \mathbf{e}_j^{(1)} \right\rangle$ und $\left\langle \mathbf{e}_j^{(0)} \right\rangle$ als bekannt vorausgesetzt wird.

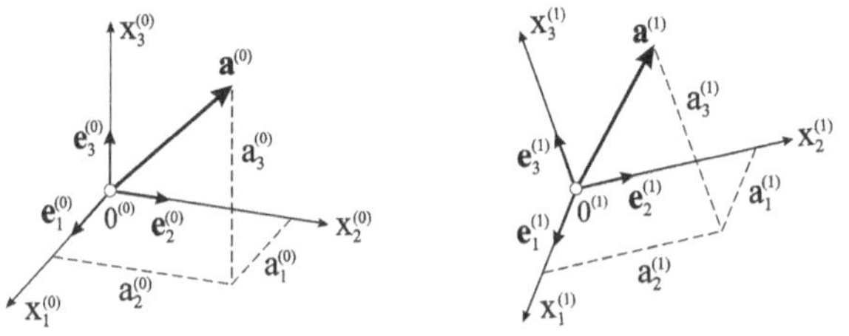

*Abb. 2.8 Drehung der Basis einschließlich des Vektors **a***

Da die Komponenten des Vektors $\mathbf{a}$ bezüglich der mitgedrehten Basisvektoren zahlenmäßig gleichgeblieben sind, muss gelten:

$$\mathbf{a}^{(1)} \cdot \mathbf{e}_j^{(1)} = \mathbf{a}^{(0)} \cdot \mathbf{e}_j^{(0)}. \tag{2.11}$$

Einsetzen von (2.11) in (2.10) liefert mit $\mathbf{a} \cdot (\mathbf{b} \otimes \mathbf{c}) = (\mathbf{a} \cdot \mathbf{b})\, \mathbf{c}$:

$$\begin{aligned} \mathbf{a}^{(1)} &= \sum_{j=1}^{3} \left(\mathbf{a}^{(1)} \cdot \mathbf{e}_j^{(1)}\right) \mathbf{e}_j^{(1)} = \sum_{j=1}^{3} \left(\mathbf{a}^{(0)} \cdot \mathbf{e}_j^{(0)}\right) \mathbf{e}_j^{(1)} = \left(\sum_{j=1}^{3} \mathbf{e}_j^{(1)} \otimes \mathbf{e}_j^{(0)}\right) \cdot \mathbf{a}^{(0)} \\ &= \mathbf{R} \cdot \mathbf{a}^{(0)}. \end{aligned} \tag{2.12}$$

Andererseits gilt mit (2.9)

$$\begin{aligned} \mathbf{a}^{(0)} &= \sum_{j=1}^{3} \left(\mathbf{a}^{(0)} \cdot \mathbf{e}_j^{(0)}\right) \mathbf{e}_j^{(0)} = \sum_{j=1}^{3} \left(\mathbf{a}^{(1)} \cdot \mathbf{e}_j^{(1)}\right) \mathbf{e}_j^{(0)} = \left(\sum_{j=1}^{3} \mathbf{e}_j^{(0)} \otimes \mathbf{e}_j^{(1)}\right) \cdot \mathbf{a}^{(1)} \\ &= \mathbf{R}^{\mathrm{T}} \cdot \mathbf{a}^{(1)}. \end{aligned} \tag{2.13}$$

Der *Versor*[1]

$$\mathbf{R} = \sum_{j=1}^{3} \mathbf{e}_j^{(1)} \otimes \mathbf{e}_j^{(0)} \tag{2.14}$$

der auch *Drehtensor* genannt wird, liegt hier in einer gemischten Darstellung vor (Trostel, 1993). Aus der Forderung, dass die Beträge der Vektoren $\mathbf{a}^{(0)}$ und $\mathbf{a}^{(1)}$ infolge einer reinen Drehung gleichbleiben, folgt

$$\begin{aligned} \mathbf{a}^{(1)} \cdot \mathbf{a}^{(1)} &= (\mathbf{R} \cdot \mathbf{a}^{(0)}) \cdot (\mathbf{R} \cdot \mathbf{a}^{(0)}) = \mathbf{a}^{(0)} \cdot \mathbf{R}^{\mathrm{T}} \cdot \mathbf{R} \cdot \mathbf{a}^{(0)} \\ &= \mathbf{a}^{(0)} \cdot \mathbf{1} \cdot \mathbf{a}^{(0)} = \mathbf{a}^{(0)} \cdot \mathbf{a}^{(0)}, \end{aligned}$$

womit wir

$$\mathbf{R}^{\mathrm{T}} \cdot \mathbf{R} = \mathbf{1}, \ \mathbf{R}^{\mathrm{T}} = \mathbf{R}^{-1}, \ \mathbf{R} \cdot \mathbf{R}^{\mathrm{T}} = \mathbf{1}$$

feststellen. Tensoren mit dieser Eigenschaft werden *orthogonale Tensoren* genannt. Wegen

$$\det\,(\mathbf{R} \cdot \mathbf{R}^{-1}) = \det(\mathbf{1}) = 1 = \det(\mathbf{R} \cdot \mathbf{R}^{\mathrm{T}}) = \det(\mathbf{R})^2 \ \text{ und damit } \det(\mathbf{R}) = \pm 1$$

gehört der Versor zur Gruppe der *unimodularen Tensoren*. Beachten wir, dass mittels des Versors $\mathbf{R}$ ein orientiertes Rechtssystem infolge einer reinen Drehung wieder in ein solches überführt wird, dann muss die dritte Invariante $R_3 = \det(\mathbf{R}) = +1$ eines Versors positiv sein (Lagally, 1956).

---

[1] jede lineare Dyade, die eine reine Drehung vermittelt, wird *Versor* genannt

2.1.2 Komponentendarstellung von Versoren

Wird eine Komponentendarstellung des in gemischter Darstellung erscheinenden Drehtensors **R** in einheitlichen Basen $\langle \mathbf{e}_j^{(1)} \rangle$ oder $\langle \mathbf{e}_j^{(0)} \rangle$ gewünscht, dann setzen wir mit

$$r_{jk} = \mathbf{e}_j^{(0)} \cdot \mathbf{e}_k^{(1)} = \cos\angle(\mathbf{e}_j^{(0)}, \mathbf{e}_k^{(1)})$$

im ersten Fall

$$\mathbf{e}_j^{(0)} = \sum_{k=1}^{3} (\mathbf{e}_j^{(0)} \cdot \mathbf{e}_k^{(1)}) \mathbf{e}_k^{(1)} = \sum_{k=1}^{3} r_{jk} \, \mathbf{e}_k^{(1)},$$

und mit (2.14) folgt

$$\mathbf{R} = \sum_{j=1}^{3} \mathbf{e}_j^{(1)} \otimes \left(\sum_{k=1}^{3} r_{jk} \, \mathbf{e}_k^{(1)} \right) = \sum_{j,k=1}^{3} r_{jk} \, \mathbf{e}_j^{(1)} \otimes \mathbf{e}_k^{(1)} \mathrel{\hat{=}} \begin{bmatrix} r_{11} & r_{12} & r_{13} \\ r_{21} & r_{22} & r_{23} \\ r_{31} & r_{32} & r_{33} \end{bmatrix}_{\langle \mathbf{e}_j^{(1)} \rangle} . \qquad (2.15)$$

Im zweiten Fall notieren wir für die gedrehte Basis

$$\mathbf{e}_j^{(1)} = \sum_{k=1}^{3} (\mathbf{e}_j^{(1)} \cdot \mathbf{e}_k^{(0)}) \mathbf{e}_k^{(0)} = \sum_{k=1}^{3} r_{kj} \, \mathbf{e}_k^{(0)}, \qquad r_{kj} = \mathbf{e}_j^{(1)} \cdot \mathbf{e}_k^{(0)} = \cos\angle(\mathbf{e}_j^{(1)}, \mathbf{e}_k^{(0)}),$$

und mit (2.14) folgt jetzt

$$\mathbf{R} = \sum_{j=1}^{3} \left(\sum_{k=1}^{3} r_{kj} \, \mathbf{e}_k^{(0)} \right) \otimes \mathbf{e}_j^{(0)} = \sum_{j,k=1}^{3} r_{jk} \, \mathbf{e}_j^{(0)} \otimes \mathbf{e}_k^{(0)} \mathrel{\hat{=}} \begin{bmatrix} r_{11} & r_{12} & r_{13} \\ r_{21} & r_{22} & r_{23} \\ r_{31} & r_{32} & r_{33} \end{bmatrix}_{\langle \mathbf{e}_j^{(0)} \rangle} . \qquad (2.16)$$

Damit ergeben sich für beide Basissysteme identische Komponentendarstellungen des Versors **R**. In der *k*-ten Spalte stehen die Skalarprodukte (*Richtungskosinusse*) der Basisvektoren $\langle \mathbf{e}_j^{(0)} \rangle$ mit dem Basisvektor $\mathbf{e}_k^{(1)}$, und in der *j*-ten Zeile finden wir die Skalarprodukte des Basisvektors $\mathbf{e}_j^{(0)}$ mit den Basisvektoren $\langle \mathbf{e}_k^{(1)} \rangle$.

Hinweis: In Verformungsberechnungen der Kontinuumsmechanik wird gezeigt, dass ein Tensor (dort der Deformationsgradient **F**) immer auf die beiden Arten $\mathbf{F} = \mathbf{R} \cdot \mathbf{U} = \mathbf{V} \cdot \mathbf{R}$ multiplikativ zerlegt werden kann (Mathiak, 2013). In beiden Darstellungen ist **R** ein Versor, und **U** und **V** werden Streckungstensoren genannt.

Beispiel 2-1:

Die Abb. 2.9 zeigt die relative Lage zweier Koordinatensysteme zueinander. Das 1-System (gedrehte Basis) ist gegenüber dem 0-System (Ausgangssystem) mit dem Winkel $\gamma = 30°$ um die 3-Achse gedreht. Gesucht wird die Komponentendarstellung des Versors **R**.

Lösung: Mit $r_{jk} = \mathbf{e}_j^{(0)} \cdot \mathbf{e}_k^{(1)} = \cos\angle(\mathbf{e}_j^{(0)}, \mathbf{e}_k^{(1)})$ erhalten wir

$$\mathbf{R} \equiv \mathbf{R}_3^{(\gamma)} = \begin{bmatrix} \cos\gamma & -\sin\gamma & 0 \\ \sin\gamma & \cos\gamma & 0 \\ 0 & 0 & 1 \end{bmatrix} = \begin{bmatrix} 1/2\sqrt{3} & -1/2 & 0 \\ 1/2 & 1/2\sqrt{3} & 0 \\ 0 & 0 & 1 \end{bmatrix}.$$

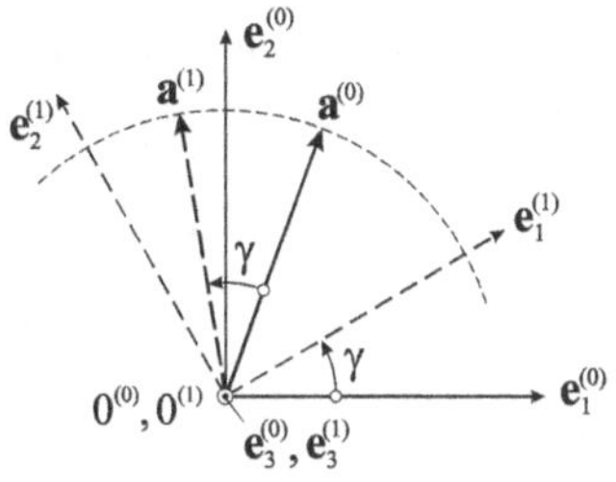

Abb. 2.9 *Ebene Drehung des Vektors $\boldsymbol{a}^{(0)}$ um die 3-Achse mit dem Winkel γ in den Vektor $\boldsymbol{a}^{(1)}$*

Die Abb. 2.9 zeigt einen im 0-System (Ausgangsbasissystem) gegebenen Vektor, der einschließlich seiner Basis in den Vektor $\mathbf{a}^{(1)}$ gedreht wurde. Wählen wir speziell

$$\mathbf{a}^{(0)} = a_1^{(0)}\mathbf{e}_1^{(0)} + a_2^{(0)}\mathbf{e}_2^{(0)} + a_3^{(0)}\mathbf{e}_3^{(0)} = 3\mathbf{e}_1^{(0)} + 6\mathbf{e}_2^{(0)} + 2\mathbf{e}_3^{(0)},$$

dann folgt für den gedrehten Vektor im Ausgangsbasissystem

$$\mathbf{a}^{(1)} = \mathbf{R} \cdot \mathbf{a}^{(0)} = \begin{bmatrix} 1/2\sqrt{3} & -1/2 & 0 \\ 1/2 & 1/2\sqrt{3} & 0 \\ 0 & 0 & 1 \end{bmatrix}_{\langle \mathbf{e}_j^{(0)} \rangle} \cdot \begin{bmatrix} 3 \\ 6 \\ 2 \end{bmatrix}_{\langle \mathbf{e}_j^{(0)} \rangle} = \begin{bmatrix} 3/2\sqrt{3} - 3 \\ 3/2 + 3\sqrt{3} \\ 2 \end{bmatrix}_{\langle \mathbf{e}_j^{(0)} \rangle} = \begin{bmatrix} -0{,}402 \\ 6{,}696 \\ 2 \end{bmatrix}_{\langle \mathbf{e}_j^{(0)} \rangle}.$$

■

2.1.3 Aufstellung eines Versors

Zur Aufstellung eines Versors **R** mit vorgegebener Drehachse **n** und vorgegebenem Drehwinkel φ beachten wir, dass die Drehung eines starren Körpers eindeutig durch den Drehvektor

$$\boldsymbol{\varphi} = \varphi\,\mathbf{n} \quad (\varphi\text{: Drehwinkelbetrag, } \mathbf{n}\text{: Einheitsvektor der Drehachse})$$

festgelegt ist. Der Versor besitzt genau drei unabhängige Parameter, das sind der Drehwinkel φ und wegen $|\mathbf{n}|^2 = 1$ noch zwei der drei Koordinaten der Drehachse **n**.

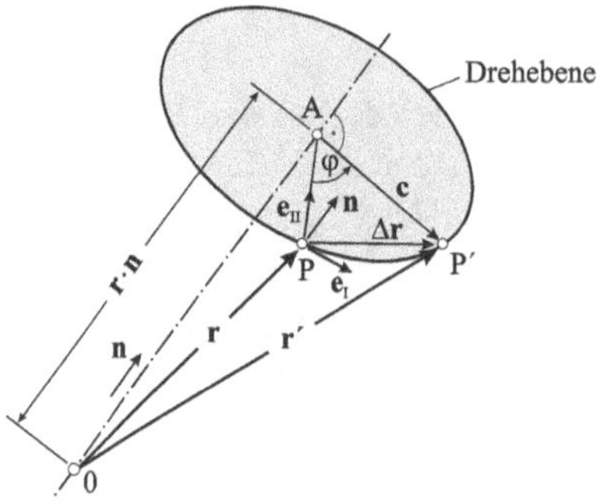

Abb. 2.10 Drehung des Punktes P eines starren Körpers um eine Raumachse ***n*** *mit dem Winkel φ*

In Abb. 2.10 ist die Drehung des Punktes *P* eines starren Körpers skizziert. Infolge dieser Drehung wandert der Körperpunkt *P* mit dem Ortsvektor **r** auf einer Kreisbahn mit dem Radius $c = |\mathbf{c}|$ von *P* nach *P´*. Der Ortsvektor des Punktes *P´* ist **r´**. Die Drehachse verläuft durch den raumfesten Punkt *0* und ihre Orientierung wird durch den Einheitsvektor **n** festgelegt, der senkrecht auf der Drehebene steht. Die beiden Einheitsvektoren

$$\mathbf{e}_I = \frac{\mathbf{n}\times\mathbf{r}}{|\mathbf{n}\times\mathbf{r}|}, \qquad \mathbf{e}_{II} = \mathbf{n}\times\mathbf{e}_I = \frac{\mathbf{n}\times(\mathbf{n}\times\mathbf{r})}{|\mathbf{n}\times\mathbf{r}|}, \quad |\mathbf{n}| = 1$$

liegen in der Drehebene (Trostel, 1993). Der Abb. 2.10 entnehmen wir

$$\mathbf{r}' = (\mathbf{r}\cdot\mathbf{n})\mathbf{n} + \mathbf{c}\,, \tag{2.17}$$

und mit $c = |\mathbf{c}| = \sqrt{\mathbf{r}^2 - (\mathbf{r}\cdot\mathbf{n})^2} = \sqrt{(\mathbf{n}\times\mathbf{r})^2} = |\mathbf{n}\times\mathbf{r}|$ erhalten wir

$$\begin{aligned}\mathbf{c} &= c\,(\mathbf{e}_I \sin\varphi - \mathbf{e}_{II}\cos\varphi) = \mathbf{n}\times\mathbf{r}\,\sin\varphi - \mathbf{n}\times(\mathbf{n}\times\mathbf{r})\,\cos\varphi \\ &= \mathbf{n}\times\mathbf{r}\,\sin\varphi - [\mathbf{n}\,(\mathbf{n}\cdot\mathbf{r}) - \mathbf{r}]\cos\varphi.\end{aligned}$$

Einsetzen des Vektors **c** in (2.17) liefert unter Beachtung von $\mathbf{r} = \mathbf{1}\cdot\mathbf{r}$ (**1**: Einheitstensor) sowie

$$(\mathbf{r}\cdot\mathbf{n})\mathbf{n} = (\mathbf{n}\otimes\mathbf{n})\cdot\mathbf{r}, \quad \mathbf{n}\times\mathbf{r} = \mathbf{n}\times(\mathbf{1}\cdot\mathbf{r}) = (\mathbf{n}\times\mathbf{1})\cdot\mathbf{r}$$

den gedrehten Vektor

$$\begin{aligned}\mathbf{r}' &= (\mathbf{r}\cdot\mathbf{n})\mathbf{n} + \mathbf{n}\times\mathbf{r}\,\sin\varphi - [\mathbf{n}\,(\mathbf{n}\cdot\mathbf{r}) - \mathbf{r}]\cos\varphi \\ &= [\mathbf{n}\otimes\mathbf{n} + (\mathbf{1} - \mathbf{n}\otimes\mathbf{n})\cos\varphi + \mathbf{n}\times\mathbf{1}\,\sin\varphi]\cdot\mathbf{r}.\end{aligned}$$

Die Komponentenmatrix der Dyade $\mathbf{n}\times\mathbf{1} = \mathbf{1}\times\mathbf{n}$ errechnen wir zu

$$\mathbf{n}\times\mathbf{1} = n_j\,\mathbf{e}_j\times\mathbf{e}_k\otimes\mathbf{e}_k = n_j\varepsilon_{jkm}\,\mathbf{e}_m\otimes\mathbf{e}_k\,.$$

Dabei steht ε_{jkm} für das dreifach indizierte Permutationssymbol

$$\varepsilon_{jkm} = \begin{cases} +1 & \text{für } (j,k,m) \in \{(1,2,3),(2,3,1),(3,1,2)\}, \\ -1 & \text{für } (j,k,m) \in \{(1,3,2),(3,2,1),(2,1,3)\}, \\ 0 & \text{für } j=k,\ j=m \quad \text{oder} \quad k=m. \end{cases}$$

Maple ermöglicht uns mit der Prozedur `Physics[LeviCivita]` die nummerische Berechnung des Permutationssymbols[1], und in einer Orthonormalbasis erhalten wir damit die Komponentenmatrix

$$\mathbf{n}\times\mathbf{1} = \begin{bmatrix} 0 & -n_3 & n_2 \\ n_3 & 0 & -n_1 \\ -n_2 & n_1 & 0 \end{bmatrix} = \mathbf{1}\times\mathbf{n}\,.$$

Mit dem Tensor zweiter Stufe

$$\mathbf{R}(\mathbf{n},\varphi) = \mathbf{n}\otimes\mathbf{n} + (\mathbf{1}-\mathbf{n}\otimes\mathbf{n})\cos\varphi + \mathbf{n}\times\mathbf{1}\sin\varphi\,, \tag{2.18}$$

können wir dann kürzer

$$\mathbf{r}' = \mathbf{R}\cdot\mathbf{r} \tag{2.19}$$

schreiben. Das Ausrechnen von **R** liefert bei Zugrundelegung einer Orthonormalbasis folgende Komponentenmatrix, die in Maple mit dem Befehl `Student[LinearAlgebra][RotationMatrix]` erzeugt wird

$$\mathbf{R} = \begin{bmatrix} n_1^2(1-\cos\varphi)+\cos\varphi & n_1 n_2(1-\cos\varphi)-n_3\sin\varphi & n_1 n_3(1-\cos\varphi)+n_2\sin\varphi \\ n_1 n_2(1-\cos\varphi)+n_3\sin\varphi & n_2^2(1-\cos\varphi)+\cos\varphi & n_2 n_3(1-\cos\varphi)-n_1\sin\varphi \\ n_1 n_3(1-\cos\varphi)-n_2\sin\varphi & n_2 n_3(1-\cos\varphi)+n_1\sin\varphi & n_3^2(1-\cos\varphi)+\cos\varphi \end{bmatrix}.$$

Der Tensor **R** und der transponierte (inverse) Tensor $\mathbf{R}^T$ besitzen folgende Eigenschaften:

1. $\mathbf{R}(\mathbf{n},\varphi) = \mathbf{R}(-\mathbf{n},-\varphi)$,
2. $\mathbf{R}^T(\mathbf{n},\varphi) = \mathbf{R}(-\mathbf{n},\varphi) = \mathbf{R}(\mathbf{n},-\varphi)$,
3. $\mathbf{R}(\mathbf{n},\varphi)\cdot\mathbf{n} = \mathbf{n}$.

Seine drei Hauptinvarianten sind:

[1] Tullio Levi-Civita, italien. Mathematiker, 1873–1941

$$R_1(\varphi) = \mathrm{Sp}(\mathbf{R}) = 1 + 2\cos\varphi\,, \qquad R_2(\varphi) = \frac{1}{2}[\mathrm{Sp}^2(\mathbf{R}) - \mathrm{Sp}(\mathbf{R}^2)] = 1 + 2\cos\varphi\,,$$

$$R_3 = \det(\mathbf{R}) = +1\,.$$

Die Summe der Hauptdiagonalglieder desTensors **R** wird Spur von **R** (engl. *trace*) oder kurz Sp(**R**) genannt. Zur Berechnung der Spur einer quadratischen Matrix stellt Maple die Prozedur LinearAlgebra[Trace] zur Verfügung.

Zu den Eigenwerten und Eigenvektoren des Versors **R** ist folgendes zu sagen: Von den drei Eigenwerten des Eigenwertproblems

$$(\mathbf{R} - \lambda\mathbf{1}) \cdot \mathbf{n} = \mathbf{0}$$

sind i. Allg. zwei Eigenwerte konjugiert komplex, und ein Eigenwert ist mit $\lambda = 1$ immer reell. Diesem Eigenwert ist als Eigenvektor die Drehachse **n** zugeordnet, die ihre Lage infolge der reinen Drehung natürlich nicht verändert, was $\mathbf{R}\cdot\mathbf{n} = \mathbf{n}$ erfordert.

Für kleine Drehwinkel $\varphi = \mathrm{d}\varphi$ erhalten wir mit $\cos\mathrm{d}\varphi \approx 1$ und $\sin\mathrm{d}\varphi \approx \mathrm{d}\varphi$ folgende Näherung, wobei infinitesimal kleine Winkeländerungen als Vektoren $\mathrm{d}\boldsymbol{\varphi} = \mathrm{d}\varphi\,\mathbf{n}$ aufgefasst werden dürfen:

$$\mathbf{R}_{\mathrm{lin}} = \mathbf{1} + \mathbf{n} \times \mathbf{1}\,\mathrm{d}\varphi = \mathbf{1} + \mathrm{d}\boldsymbol{\varphi} \times \mathbf{1}\,. \tag{2.20}$$

In der Matrixdarstellung hinsichtlich einer orthonormierten Basis erhalten wir

$$\mathbf{R}_{\mathrm{lin}} = \begin{bmatrix} 1 & -n_3\,\mathrm{d}\varphi & n_2\,\mathrm{d}\varphi \\ n_3\,\mathrm{d}\varphi & 1 & -n_1\,\mathrm{d}\varphi \\ -n_2\,\mathrm{d}\varphi & n_1\,\mathrm{d}\varphi & 1 \end{bmatrix}.$$

Damit können Lageänderungen $\Delta\mathbf{r} = \mathbf{r}' - \mathbf{r} = (\mathbf{R}_{\mathrm{lin}} - \mathbf{1}) \cdot \mathbf{r} = (\mathrm{d}\boldsymbol{\varphi} \times \mathbf{1}) \cdot \mathbf{r}$ als Folge kleiner Drehungen immer als Kreuzprodukt

$$\Delta\mathbf{r} = \mathrm{d}\boldsymbol{\varphi} \times \mathbf{r}$$

geschrieben werden (s.h. Abb. 2.10).

Sollen nun umgekehrt aus dem Versor **R** die Drehachse **n** und der Drehwinkel φ gefunden werden, dann benötigen wir dazu den *Vektor des Versors*, den wir mit $\mathbf{R}_x$ bezeichnen. Wir erhalten ihn, indem wir in der Definition für den Versor **R** den Operator „⊗" durch „×" ersetzen. In einem orthonormalen Basissystem errechnet sich der Vektor $\mathbf{R}_x$ zu

$$\mathbf{R} = \sum_{j,k=1}^{3} r_{jk}\,\mathbf{e}_j \otimes \mathbf{e}_k \qquad \to \mathbf{R}_x = \sum_{j,k=1}^{3} r_{jk}\,\mathbf{e}_j \times \mathbf{e}_k = \sum_{j,k,m=1}^{3} r_{jk}\,\varepsilon_{jkm}\,\mathbf{e}_m = \begin{bmatrix} r_{23} - r_{32} \\ r_{31} - r_{13} \\ r_{12} - r_{21} \end{bmatrix}.$$

Andererseits folgt mit **n** als Einheitsvektor unter Beachtung von $\mathbf{1}_x = \mathbf{0}$

$$\mathbf{R}_\mathbf{x} = \mathbf{n}\times\mathbf{n} + (\mathbf{1}_\mathbf{x} - \mathbf{n}\times\mathbf{n})\cos\varphi + (\mathbf{n}\times\mathbf{1})_\mathbf{x}\sin\varphi = (\mathbf{n}\times\mathbf{1})_\mathbf{x}\sin\varphi = -2\,\mathbf{n}\sin\varphi\,,$$

womit der Vektor des Tensors nur vom antimetrischen Anteil des Tensors **R** abhängt. Wird anstelle von **n** der Drehvektor

$$\mathbf{w} = \tan\frac{\varphi}{2}\mathbf{n} = \mathrm{w}\,\mathbf{n} = \frac{1-\cos\varphi}{\sin\varphi}\mathbf{n}\,, \tag{2.21}$$

eingeführt (Lagally, 1956), dann erhalten wir unter Beachtung von $\sin^2\varphi + \cos^2\varphi = 1$:

$$\sin\varphi = \frac{2\mathrm{w}}{1+\mathrm{w}^2}, \quad \cos\varphi = \frac{1-\mathrm{w}^2}{1+\mathrm{w}^2}, \qquad \mathrm{w} = |\mathbf{w}|\,,$$

und für den Versor folgt

$$\mathbf{R}(\mathbf{w}) = \frac{2\,\mathbf{w}\otimes\mathbf{w} + (1-\mathrm{w}^2)\mathbf{1} + 2\,\mathbf{w}\times\mathbf{1}}{1+\mathrm{w}^2}\,, \tag{2.22}$$

und somit eine Darstellung, die frei ist von trigonometrischen Funktionen. Beachten wir weiterhin

$$\mathrm{R}_1 = \mathrm{Sp}(\mathbf{R}) = 1 + 2\cos\varphi = \frac{3-\mathrm{w}^2}{1+\mathrm{w}^2}, \quad \mathbf{R}_\mathbf{x} = -2\,\mathbf{n}\sin\varphi = -\frac{4\mathbf{w}}{1+\mathrm{w}^2}\,,$$

dann kommt für den Drehvektor

$$\mathbf{w} = -\frac{\mathbf{R}_\mathbf{x}}{1+\mathrm{R}_1}\,. \tag{2.23}$$

Der Einheitsvektor **n** in Richtung der Drehachse ergibt sich zu $\mathbf{n} = \mathbf{w}/|\mathbf{w}|$. Bringen wir in der Gleichung (2.22) den Nenner auf die linke Seite und beachten $\mathbf{r}' = \mathbf{R}\cdot\mathbf{r}$, dann erhalten wir

$$(1+\mathrm{w}^2)\cdot\mathbf{r}' = [2\,\mathbf{w}\otimes\mathbf{w} + (1-\mathrm{w}^2)\mathbf{1} + 2\,\mathbf{w}\times\mathbf{1}]\cdot\mathbf{r}\,.$$

Stellen wir den Drehvektor in der Form $\mathbf{w} = \mathrm{w}_1\mathbf{e}_1 + \mathrm{w}_2\mathbf{e}_2 + \mathrm{w}_3\mathbf{e}_3$ dar, dann folgen die berühmten *Cayleyschen*[1] *Formeln* der Drehtransformation

$$\begin{aligned}
(1+\mathrm{w}_1^2+\mathrm{w}_2^2+\mathrm{w}_3^2)\mathrm{x}_1' &= (1+\mathrm{w}_1^2-\mathrm{w}_2^2-\mathrm{w}_3^2)\mathrm{x}_1 + 2(\mathrm{w}_1\mathrm{w}_2-\mathrm{w}_3)\mathrm{x}_2 + 2(\mathrm{w}_1\mathrm{w}_3+\mathrm{w}_2)\mathrm{x}_3\\
(1+\mathrm{w}_1^2+\mathrm{w}_2^2+\mathrm{w}_3^2)\mathrm{x}_2' &= 2(\mathrm{w}_1\mathrm{w}_2+\mathrm{w}_3)\mathrm{x}_1 + (1-\mathrm{w}_1^2+\mathrm{w}_2^2-\mathrm{w}_3^2)\mathrm{x}_2 + 2(\mathrm{w}_2\mathrm{w}_3-\mathrm{w}_1)\mathrm{x}_3\\
(1+\mathrm{w}_1^2+\mathrm{w}_2^2+\mathrm{w}_3^2)\mathrm{x}_3' &= 2(\mathrm{w}_1\mathrm{w}_3-\mathrm{w}_2)\mathrm{x}_1 + 2(\mathrm{w}_2\mathrm{w}_3+\mathrm{w}_1)\mathrm{x}_2 + (1-\mathrm{w}_1^2-\mathrm{w}_2^2+\mathrm{w}_3^2)\mathrm{x}_3.
\end{aligned}$$

[1] Arthur Cayley, brit. Mathematiker, 1821–1895

Beispiel 2-2:

Stellen Sie eine Maple-Prozedur zur Verfügung, die bei Vorgabe des Drehwinkels φ und der Drehachse **n** die Komponentendarstellung des Versors

$$\mathbf{R} = \mathbf{n} \otimes \mathbf{n} + (\mathbf{1} - \mathbf{n} \otimes \mathbf{n}) \cos\varphi + \mathbf{n} \times \mathbf{1} \sin\varphi$$

in einer orthonormierten Basis liefert. Untersuchen Sie folgende Spezialfälle, die auch als *Elementardrehungen* bezeichnet werden:

1. Drehung mit dem Winkel $\varphi = \alpha$ um die raumfeste 1-Achse

2. Drehung mit dem Winkel $\varphi = \beta$ um die raumfeste 2-Achse

3. Drehung mit dem Winkel $\varphi = \gamma$ um die raumfeste 3-Achse.

Wählen Sie in einem weiteren Schritt die Raumdiagonale $\mathbf{n}^T = 1/\sqrt{3}\begin{bmatrix}1 & 1 & 1\end{bmatrix}$ als Drehachse Berechnen Sie dazu den Versor **R** für die Drehungen mit $\varphi = \pi/2$ sowie für die Umklappung mit $\varphi = \pi$, und ermitteln Sie dazu jeweils die Eigenwerte Λ und Eigenvektoren $\mathbf{\Phi}$. Bestimmen Sie für kleine Drehwinkel φ durch Linearisierung den Versor $\mathbf{R}_{\text{lin}} = \mathbf{1} + \mathbf{n} \times \mathbf{1}\, d\varphi$.

Lösung: Wir beziehen alle Tensoren und Vektoren auf die raumfeste Basis $\langle \mathbf{e}_j \rangle$:

1. Drehung mit $\varphi = \alpha$ um die raumfeste Achse $\mathbf{n} = \mathbf{e}_1$

$$\mathbf{R}_1^{(\alpha)} = \begin{bmatrix} 1 & 0 & 0 \\ 0 & \cos\alpha & -\sin\alpha \\ 0 & \sin\alpha & \cos\alpha \end{bmatrix}.$$

2. Drehung mit $\varphi = \beta$ um die raumfeste Achse $\mathbf{n} = \mathbf{e}_2$

$$\mathbf{R}_2^{(\beta)} = \begin{bmatrix} \cos\beta & 0 & \sin\beta \\ 0 & 1 & 0 \\ -\sin\beta & 0 & \cos\beta \end{bmatrix}.$$

3. Drehung mit $\varphi = \gamma$ um die raumfeste Achse $\mathbf{n} = \mathbf{e}_3$

$$\mathbf{R}_3^{(\gamma)} = \begin{bmatrix} \cos\gamma & -\sin\gamma & 0 \\ \sin\gamma & \cos\gamma & 0 \\ 0 & 0 & 1 \end{bmatrix}.$$

Ist die Raumdiagonale die Drehachse, dann liefert uns Maple

$$\mathbf{R}(\varphi) = \frac{1}{3}\begin{bmatrix} 1+2\cos\varphi & 1-\cos\varphi-\sqrt{3}\sin\varphi & 1-\cos\varphi+\sqrt{3}\sin\varphi \\ 1-\cos\varphi+\sqrt{3}\sin\varphi & 1+2\cos\varphi & 1-\cos\varphi-\sqrt{3}\sin\varphi \\ 1-\cos\varphi-\sqrt{3}\sin\varphi & 1-\cos\varphi+\sqrt{3}\sin\varphi & 1+2\cos\varphi \end{bmatrix},$$

und für die Drehung mit $\varphi = \pi/2$ erhalten wir ($i^2 = -1$):

$$\mathbf{R}(\pi/2) = \frac{1}{3}\begin{bmatrix} 1 & 1-\sqrt{3} & 1+\sqrt{3} \\ 1+\sqrt{3} & 1 & 1-\sqrt{3} \\ 1-\sqrt{3} & 1+\sqrt{3} & 1 \end{bmatrix}, \ \mathbf{\Lambda} = \begin{bmatrix} i \\ -i \\ 1 \end{bmatrix}, \ \mathbf{\Phi} = \begin{bmatrix} -1/2 & -1/2(1-i\sqrt{3}) & 1 \\ -1/2 & -1/2(1+i\sqrt{3}) & 1 \\ 1 & 1 & 1 \end{bmatrix},$$

und für die Umklappung ($\varphi = \pi$) folgt

$$\mathbf{\Psi} = \mathbf{R}(\pi) = \frac{1}{3}\begin{bmatrix} -1 & 2 & 2 \\ 2 & -1 & 2 \\ 2 & 2 & -1 \end{bmatrix}, \ \mathbf{\Lambda} = \begin{bmatrix} -1 \\ -1 \\ 1 \end{bmatrix}, \ \mathbf{\Phi} = \begin{bmatrix} -1 & -1/2 & 1 \\ 0 & 1 & 1 \\ 1 & -1/2 & 1 \end{bmatrix}.$$

Für kleine Drehwinkel $d\varphi$ gilt mit der Raumdiagonalen als Drehachse:

$$\mathbf{R}_{\text{lin}}(d\varphi) = \begin{bmatrix} 1 & -1/\sqrt{3}\,d\varphi & 1/\sqrt{3}\,d\varphi \\ 1/\sqrt{3}\,d\varphi & 1 & -1/\sqrt{3}\,d\varphi \\ -1/\sqrt{3}\,d\varphi & 1/\sqrt{3}\,d\varphi & 1 \end{bmatrix} = \begin{bmatrix} 1 & 0 & 0 \\ 0 & 1 & 0 \\ 0 & 0 & 1 \end{bmatrix} + \frac{d\varphi}{\sqrt{3}}\begin{bmatrix} 0 & -1 & 1 \\ 1 & 0 & -1 \\ -1 & 1 & 0 \end{bmatrix}.$$

Beispiel 2-3:

Das in Abb. 2.11 skizzierte starre Rechteck Π soll durch Drehung um die Achse **n** mit dem Winkel $\varphi = 2/3\pi$ (120°) in eine benachbarte Lage gebracht werden.

Berechnen Sie die Komponenten des Versors **R** und die Koordinaten der Eckpunkte des Rechtecks in der gedrehten Lage Π'.

Geg.: $\mathbf{n} = \frac{1}{\sqrt{3}}\begin{bmatrix} -1 \\ -1 \\ 1 \end{bmatrix}, \ \mathbf{r}_A = \begin{bmatrix} 2 \\ 0 \\ 0 \end{bmatrix}, \ \mathbf{r}_B = \begin{bmatrix} 2 \\ 1 \\ 0 \end{bmatrix}, \ \mathbf{r}_C = \begin{bmatrix} 0 \\ 1 \\ 0 \end{bmatrix}.$

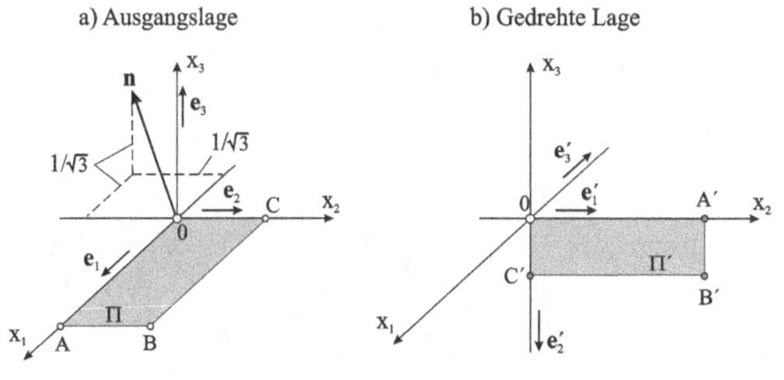

Abb. 2.11 Drehung des Rechtecks Π in die Lage Π' mit dem Winkel φ um die Drehachse ***n***

Lösung: Mit $\cos\varphi = -1/2, \sin\varphi = 1/2\sqrt{3}$ errechnen wir die Komponenten des Versors

$$\mathbf{R} = (1-\cos\varphi)\mathbf{n}\otimes\mathbf{n} + \cos\varphi\ \mathbf{1} + \sin\varphi\ \mathbf{n}\times\mathbf{1}$$

$$= \frac{3}{2}\frac{1}{\sqrt{3}}\frac{1}{\sqrt{3}}\begin{bmatrix} 1 & 1 & -1 \\ 1 & 1 & -1 \\ -1 & -1 & 1 \end{bmatrix} - \frac{1}{2}\begin{bmatrix} 1 & 0 & 0 \\ 0 & 1 & 0 \\ 0 & 1 & 0 \end{bmatrix} + \frac{\sqrt{3}}{2}\frac{1}{\sqrt{3}}\begin{bmatrix} 0 & -1 & -1 \\ 1 & 0 & 1 \\ 1 & -1 & 0 \end{bmatrix} = \begin{bmatrix} 0 & 0 & -1 \\ 1 & 0 & 0 \\ 0 & -1 & 0 \end{bmatrix}.$$

Die Ortsvektoren der Eckpunkte in der gedrehten Lage sind dann: $\mathbf{r}_{A'} = \mathbf{R}\cdot\mathbf{r}_A$, $\mathbf{r}_{B'} = \mathbf{R}\cdot\mathbf{r}_B$ und $\mathbf{r}_{C'} = \mathbf{R}\cdot\mathbf{r}_C$. Maple liefert uns mit der in Beispiel 2-2 bereitgestellten Maple-Prozedur:

$$\mathbf{r}_{A'} = \begin{bmatrix} 0 & 0 & -1 \\ 1 & 0 & 0 \\ 0 & -1 & 0 \end{bmatrix}\cdot\begin{bmatrix} 2 \\ 0 \\ 0 \end{bmatrix} = \begin{bmatrix} 0 \\ 2 \\ 0 \end{bmatrix},\ \mathbf{r}_{B'} = \begin{bmatrix} 0 & 0 & -1 \\ 1 & 0 & 0 \\ 0 & -1 & 0 \end{bmatrix}\cdot\begin{bmatrix} 2 \\ 1 \\ 0 \end{bmatrix} = \begin{bmatrix} 0 \\ 2 \\ -1 \end{bmatrix},\ \mathbf{r}_{C'} = \begin{bmatrix} 0 & 0 & -1 \\ 1 & 0 & 0 \\ 0 & -1 & 0 \end{bmatrix}\cdot\begin{bmatrix} 0 \\ 1 \\ 0 \end{bmatrix} = \begin{bmatrix} 0 \\ 0 \\ -1 \end{bmatrix},$$

und die Koordinaten der Einheitsvektoren des gedrehten körperfesten Koordinatensystems ergeben sich zu

$$\mathbf{e}_{1'} = \begin{bmatrix} 0 & 0 & -1 \\ 1 & 0 & 0 \\ 0 & -1 & 0 \end{bmatrix}\cdot\begin{bmatrix} 1 \\ 0 \\ 0 \end{bmatrix} = \begin{bmatrix} 0 \\ 1 \\ 0 \end{bmatrix},\ \mathbf{e}_{2'} = \begin{bmatrix} 0 & 0 & -1 \\ 1 & 0 & 0 \\ 0 & -1 & 0 \end{bmatrix}\cdot\begin{bmatrix} 0 \\ 1 \\ 0 \end{bmatrix} = \begin{bmatrix} 0 \\ 0 \\ -1 \end{bmatrix},\ \mathbf{e}_{3'} = \begin{bmatrix} 0 & 0 & -1 \\ 1 & 0 & 0 \\ 0 & -1 & 0 \end{bmatrix}\cdot\begin{bmatrix} 0 \\ 0 \\ 1 \end{bmatrix} = \begin{bmatrix} -1 \\ 0 \\ 0 \end{bmatrix}.$$

Nach der Drehung liegt das Rechteck Π' in der (2,3)-Ebene. Die Animation der Drehbewegung kann dem entsprechenden Maple-Arbeitsblatt entnommen werden.

Beispiel 2-4:

Zur automatisierten Berechnung des Drehwinkels φ und der Drehachse $\mathbf{n}$ eines Versors $\mathbf{R}$ soll eine Maple-Prozedur entworfen werden. Prüfen Sie zunächst, ob es sich bei den in einer Orthonormalbasis vorgegebenen Tensoren

$$\text{a) } \mathbf{R} = \frac{1}{9}\begin{bmatrix} 1 & -4 & 8 \\ 8 & 4 & 1 \\ -4 & 7 & 4 \end{bmatrix} \qquad \text{b) } \mathbf{R} = \begin{bmatrix} 0 & 0 & 1 \\ 1 & 0 & 0 \\ 0 & 1 & 0 \end{bmatrix}$$

tatsächlich um Versoren handelt. Berechnen Sie die Eigenwerte und Eigenvektoren zu jedem Versor. Zeigen Sie, dass die Eigenvektoren zu den Eigenwerten +1 die Richtungen der Drehachsen festlegen.

Lösung: Maple liefert uns für beide Tensoren $\mathbf{R}\cdot\mathbf{R}^{\mathrm{T}} = \mathbf{1}$ und $R_3 = 1$, die sich damit als Versoren erweisen. Im nächsten Schritt beschaffen wir uns die Eigenwerte Λ und Eigenvektoren Φ beider Versoren und deren Vektoren $\mathbf{R}_x$.

Zu a) $\quad \boldsymbol{\Lambda} = \begin{bmatrix} i \\ -i \\ 1 \end{bmatrix}, \quad \boldsymbol{\Phi} = \begin{bmatrix} -\frac{2}{5}-\frac{6}{5}i & -\frac{2}{5}+\frac{6}{5}i & \frac{1}{2} \\ -\frac{4}{5}+\frac{3}{5}i & -\frac{4}{5}-\frac{3}{5}i & 1 \\ 1 & 1 & 1 \end{bmatrix}, \quad \mathbf{n} = \frac{1}{3}\begin{bmatrix} 1 \\ 2 \\ 2 \end{bmatrix}, \quad \mathbf{R}_x = \begin{bmatrix} r_{23}-r_{32} \\ r_{31}-r_{13} \\ r_{12}-r_{21} \end{bmatrix} = -\frac{2}{3}\begin{bmatrix} 1 \\ 2 \\ 2 \end{bmatrix}.$

Der oben angegebene Eigenvektor **n** zum Eigenwert $\lambda_3 = 1$ folgt aus der Normierung des in der 3. Spalte von $\boldsymbol{\Phi}$ stehenden Eigenvektors; er legt die Richtung der Drehachse fest. Weiterhin erhalten wir mit $R_1 = \mathrm{Sp}(\mathbf{R}) = 1$:

$$\mathbf{w} = -\frac{\mathbf{R}_x}{1+R_1} = \frac{1}{3}\begin{bmatrix} 1 \\ 2 \\ 2 \end{bmatrix}, \quad w = |\mathbf{w}| = 1, \quad \mathbf{n} = \frac{\mathbf{w}}{w} = \mathbf{w}, \quad \sin\varphi = \frac{2w}{1+w^2} = 1, \quad \cos\varphi = \frac{1-w^2}{1+w^2} = 0.$$

Damit sind $\varphi = \frac{\pi}{2}$ und $\boldsymbol{\varphi} = \varphi\,\mathbf{n} = \frac{\pi}{6}\begin{bmatrix} 1 \\ 2 \\ 2 \end{bmatrix} = \begin{bmatrix} 0{,}524 \\ 1{,}047 \\ 1{,}047 \end{bmatrix}$.

Zu b) $\quad \boldsymbol{\Lambda} = \begin{bmatrix} -\frac{1}{2}+i\frac{1}{2}\sqrt{3} \\ -\frac{1}{2}-i\frac{1}{2}\sqrt{3} \\ 1 \end{bmatrix}, \quad \boldsymbol{\Phi} = \begin{bmatrix} -\frac{1}{2}-\frac{1}{2}i\sqrt{3} & -\frac{1}{2}+\frac{1}{2}i\sqrt{3} & 1 \\ -\frac{1}{2}+\frac{1}{2}i\sqrt{3} & -\frac{1}{2}-\frac{1}{2}i\sqrt{3} & 1 \\ 1 & 1 & 1 \end{bmatrix}, \quad \mathbf{n} = \frac{1}{\sqrt{3}}\begin{bmatrix} 1 \\ 1 \\ 1 \end{bmatrix}, \quad \mathbf{R}_x = -\begin{bmatrix} 1 \\ 1 \\ 1 \end{bmatrix}.$

Mit $R_1 = \mathrm{Sp}(\mathbf{R}) = 0$ erhalten wir

$$\mathbf{w} = -\frac{\mathbf{R}_x}{1+R_1} = \begin{bmatrix} 1 \\ 1 \\ 1 \end{bmatrix}, \quad w = \sqrt{3}, \quad \mathbf{n} = \frac{1}{\sqrt{3}}\begin{bmatrix} 1 \\ 1 \\ 1 \end{bmatrix}, \quad \sin\varphi = \frac{2w}{1+w^2} = \frac{1}{2}\sqrt{3},$$

$$\cos\varphi = \frac{1-w^2}{1+w^2} = -\frac{1}{2}$$

und damit $\varphi = \frac{2}{3}\pi$ (120°) und $\mathbf{d} = \varphi\,\mathbf{n} = \frac{2\pi}{3\sqrt{3}}\begin{bmatrix} 1 \\ 1 \\ 1 \end{bmatrix} = \begin{bmatrix} 1{,}209 \\ 1{,}209 \\ 1{,}209 \end{bmatrix}$. ■

2.1.4 Zeitableitung des Versors

Die Drehung eines starren Körpers um einen raumfesten Punkt wird mit (2.19) durch die Beziehung

$$\mathbf{r}'(P,t) = \mathbf{R}(t) \cdot \mathbf{r}(P)$$

beschrieben. Dabei ist $\mathbf{r}'(P,t)$ der aus einer Drehung des Vektors $\mathbf{r}(P)$ mit dem Versor $\mathbf{R}$ hervorgehende Vektor. Für den Versor gilt (2.18).

Der Richtungsvektor $\mathbf{n}$ der Drehachse und der Drehwinkel φ sind jetzt Funktionen der Zeit *t*. Als Geschwindigkeit des Punktes *P* erhalten wir

$$\mathbf{v}(P,t) = \dot{\mathbf{r}}'(P,t) = \dot{\mathbf{R}}(t) \cdot \mathbf{r}(P) . \tag{2.24}$$

Andererseits liefert nach Kap. 2.1 die Eulersche Geschwindigkeitsformel mit dem Vektor der Winkelgeschwindigkeit $\boldsymbol{\omega}(t)$ auch

$$\mathbf{v}(P,t) = \boldsymbol{\omega}(t) \times \mathbf{r}'(P,t) = \boldsymbol{\omega}(t) \times [\mathbf{R}(t) \cdot \mathbf{r}(P)] = \boldsymbol{\omega}(t) \times \mathbf{R}(t) \cdot \mathbf{r}(P) . \tag{2.25}$$

Ein Vergleich von (2.25) mit (2.24) zeigt

$$\dot{\mathbf{R}}(t) = \boldsymbol{\omega}(t) \times \mathbf{R}(t) = [\mathbf{1} \times \boldsymbol{\omega}(t)] \cdot \mathbf{R}(t) = \boldsymbol{\Omega}(t) \cdot \mathbf{R}(t) .$$

Der antimetrische Tensor

$$\boldsymbol{\Omega}(t) = \mathbf{1} \times \boldsymbol{\omega}(t) = \boldsymbol{\omega}(t) \times \mathbf{1}$$

wird *Winkelgeschwindigkeitstensor* genannt. Da der Versor $\mathbf{R}$ ein orthogonaler Tensor ist, erhalten wir

$$\dot{\mathbf{R}} \cdot \mathbf{R}^{-1} = \dot{\mathbf{R}} \cdot \mathbf{R}^{T} = \boldsymbol{\Omega}(t) . \tag{2.26}$$

Die Ableitung des Versors (2.18) nach der Zeit *t* ergibt

$$\dot{\mathbf{R}} = \dot{\varphi}[\sin\varphi(\mathbf{n} \otimes \mathbf{n} - \mathbf{1}) + \cos\varphi\,\mathbf{n} \times \mathbf{1}] + (1 - \cos\varphi)(\dot{\mathbf{n}} \otimes \mathbf{n} + \mathbf{n} \otimes \dot{\mathbf{n}}) + \sin\varphi\,\dot{\mathbf{n}} \times \mathbf{1} .$$

Damit folgt nach kurzer Rechnung der Vektor der Winkelgeschwindigkeit

$$\boldsymbol{\omega} = \dot{\varphi}\mathbf{n} + \sin\varphi\,\dot{\mathbf{n}} + (1 - \cos\varphi)\,\mathbf{n} \times \dot{\mathbf{n}} .$$

Die Matrixdarstellung des Tensors der Winkelgeschwindigkeit $\boldsymbol{\Omega}$ in einer Orthonormalbasis kann dem entsprechenden Maple-Arbeitsblatt entnommen werden.

Mit der von trigonometrischen Funktionen freien Darstellung (2.22) des Versors $\mathbf{R}$ errechnen wir mit (2.26)

$$\boldsymbol{\omega} = \frac{2(\mathbf{1} + \mathbf{w} \times \mathbf{1}) \cdot \dot{\mathbf{w}}}{1 + w^2} , \qquad \mathbf{w} = \tan(\varphi/2)\mathbf{n} = w\,\mathbf{n} . \tag{2.27}$$

2.1.5 Umklappung und Spiegelung

Von praktischer Bedeutung ist eine Drehung mit dem Winkel $\varphi = \pi$, die als *Umklappung* bezeichnet wird. Der diese Abbildung vermittelnde symmetrische Versor

$$\mathbf{\Psi} = 2\mathbf{n} \otimes \mathbf{n} - \mathbf{1}, \qquad (|\mathbf{n}| = 1), \tag{2.28}$$

geht durch Spezialisierung aus **R** hervor. Seine Komponentenmatrix in einem Orthonormalsystem ist

$$\mathbf{\Psi} = \begin{bmatrix} 2n_1^2 - 1 & 2n_1n_2 & 2n_1n_3 \\ 2n_1n_2 & 2n_2^2 - 1 & 2n_2n_3 \\ 2n_1n_3 & 2n_2n_3 & 2n_3^2 - 1 \end{bmatrix}.$$

Für diesen Tensor gilt: $\mathbf{\Psi} = \mathbf{\Psi}^T = \mathbf{\Psi}^{-1}$, womit die Umklappung

$$\mathbf{r}' = \mathbf{\Psi} \cdot \mathbf{r} = \mathbf{\Psi}^T \cdot \mathbf{r} = \mathbf{\Psi}^{-1} \cdot \mathbf{r} \tag{2.29}$$

eine *involutorische Transformation*[1] darstellt. Wir sind noch an der Lösung des Eigenwertproblems

$$(\mathbf{\Psi} - \lambda \mathbf{1}) \cdot \mathbf{n} = \mathbf{0}$$

interessiert. Maple liefert uns mit der Prozedur LinearAlgebra[Eigenvectors] für dieses Eigenwertproblem im Vektor Λ den Eigenwert +1 sowie den zweifachen Eigenwert -1. Die den drei reellen Eigenwerten zugeordneten Eigenvektoren erscheinen spaltenweise in der Eigenvektor-Matrix $\mathbf{\Phi}$:

$$\mathbf{\Lambda} = \begin{bmatrix} -1 \\ -1 \\ 1 \end{bmatrix}, \quad \mathbf{\Phi} = \begin{bmatrix} -n_3/n_1 & -n_2/n_1 & n_1/n_3 \\ 0 & 1 & n_2/n_3 \\ 1 & 0 & 1 \end{bmatrix}.$$

Die offensichtlich nicht orthogonalen Eigenvektoren können mit dem *Gram-Schmidtschen*[2] *Orthogonalisierungsverfahren* mittels der Maple-Prozedur LinearAlgebra[GramSchmidt] orthogonalisiert werden. Das Ergebnis kann dem entsprechenden Arbeitsblatt entnommen werden.

1 Mit dem Begriff *Involution* wird in der Mathematik eine selbstinverse Abbildung bezeichnet.

2 Jørgen Pedersen *Gram*, dän. Mathematiker, 1850–1916 und Erhard *Schmidt*, deutsch. Mathematiker, 1876–1959

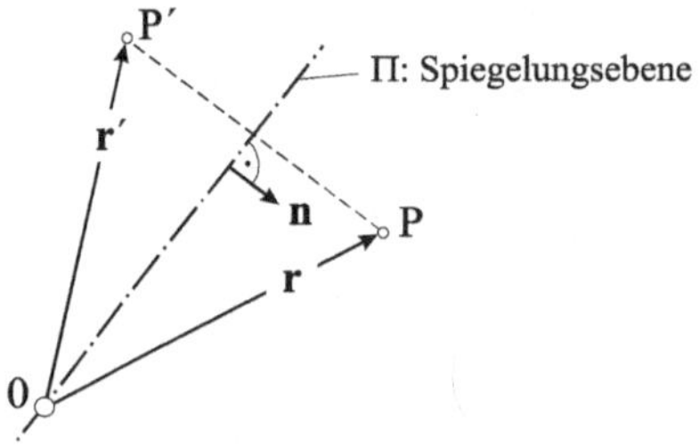

Abb. 2.12 Spiegelung eines Punktes P an einer Ebene Π

Wir wenden uns jetzt der Spiegelung zu. Soll ein beliebiger Punkt *P* mit dem Ortsvektor **r** an einer Ebene Π mit der Normaleneinheitsvektor **n** gespiegelt werden, dann entnehmen wir der Abb. 2.12 die Abbildungsvorschrift

$$\mathbf{r}' = \mathbf{r} - 2(\mathbf{r}\cdot\mathbf{n})\mathbf{n} = (\mathbf{1} - 2\mathbf{n}\otimes\mathbf{n})\cdot\mathbf{r} = \mathbf{Q}\cdot\mathbf{r}\,.$$

Der orthogonale Tensor

$$\mathbf{Q}(\mathbf{n}) = \mathbf{Q}(-\mathbf{n}) = \mathbf{1} - 2\mathbf{n}\otimes\mathbf{n}\,, \qquad |\mathbf{n}| = 1, \tag{2.30}$$

wird *Spiegelungstensor* genannt. Seine Komponentenmatrix in einem Orthonormalsystem ist

$$\mathbf{Q} = \begin{bmatrix} 1-2n_1^2 & -2n_1n_2 & -2n_1n_3 \\ 2n_1n_2 & 1-2n_2^2 & -2n_2n_3 \\ -2n_1n_3 & -2n_2n_3 & 1-2n_3^2 \end{bmatrix}.$$

Da der Spiegelungspunkt von **r**′ wieder der Punkt **r** ist, muss

$$\mathbf{Q}\cdot\mathbf{Q} = \mathbf{Q}^2 = \mathbf{1} \;\text{ oder }\; \mathbf{Q}^{-1} = \mathbf{Q}$$

sein. Beachten wir

$$\mathbf{R}(\mathbf{n},\pi) \equiv \boldsymbol{\Psi}(\mathbf{n}) = 2\mathbf{n}\otimes\mathbf{n} - \mathbf{1}\,,$$

dann kann der Tensor der Spiegelung immer in der Form

$$\mathbf{Q}(\mathbf{n}) = (-\mathbf{1})\cdot\boldsymbol{\Psi}(\mathbf{n}) \qquad \text{mit} \quad \det(\mathbf{Q}) = -1$$

geschrieben werden. Damit lässt sich die Spiegelung als Hintereinanderschaltung von Umklappung **Ψ** und einer *Totalinversion* mit (−**1**) darstellen.

Maple ermöglicht uns mit der Prozedur `plottools[reflect]` die Spiegelung einer eines 3D-Objektes oder einer PLOT3D-Datenstruktur.

Beispiel 2-5:

Zur automatisierten Berechnung von Umklappung $\Psi(\mathbf{n})$ und Spiegelung $\mathbf{Q}(\mathbf{n})$ sollen Maple-Prozeduren entworfen werden. Verifizieren Sie die obigen Ergebnisse für beide Transformationen. ■

2.1.6 Hintereinanderschaltung zweier Umklappungen

Aus der darstellenden Geometrie ist bekannt, dass sich jede Drehung durch zwei passend gewählte Umklappungen realisieren lässt, deren Achsen, die sonst nicht weiter festgelegt sind, den halben Winkel der Drehung einschließen und in der Ebene senkrecht zur Drehachse durch den Ursprung verlaufen. Legen die Einheitsvektoren **a** und **b** die beiden sich schneidenden Achsen fest, dann sind

$$\boldsymbol{\Psi}_a = 2\mathbf{a}\otimes\mathbf{a}-\mathbf{1}, \quad \boldsymbol{\Psi}_b = 2\mathbf{b}\otimes\mathbf{b}-\mathbf{1}.$$

Erfolgt die Klappung zuerst um **a** und dann um **b**, dann ist die resultierende Drehung

$$\mathbf{R} = \boldsymbol{\Psi}_b \cdot \boldsymbol{\Psi}_a = (2\mathbf{b}\otimes\mathbf{b}-\mathbf{1})\cdot(2\mathbf{a}\otimes\mathbf{a}-\mathbf{1}).$$

Die Richtung der Drehung ist identisch mit der Drehung von **a** nach **b**, und der Drehwinkel φ ist doppelt so groß wie der Winkel zwischen **a** und **b**. Umgekehrt können bei Vorgabe von **R** die Achsen **a** und **b** nicht eindeutig bestimmt werden, da die Drehung durch unendlich viele Möglichkeiten aus zwei Umklappungen aufgebaut werden kann. Wegen

$$\mathbf{a}\cdot\mathbf{b} = \cos\frac{\varphi}{2}, \quad \mathbf{a}\times\mathbf{b} = \mathbf{n}\sin\frac{\varphi}{2},$$

gilt mit (2.21) für den Drehvektor

$$\mathbf{w} = \mathbf{n}\tan\frac{\varphi}{2} = \frac{\mathbf{a}\times\mathbf{b}}{\mathbf{a}\cdot\mathbf{b}}.$$

Beispiel 2-6:

Es soll die Drehung des in Abb. 2.13 skizzierten Rechtecks mit dem Winkel $\varphi = \pi$ um die 3-Achse durch zwei Umklappungen realisiert werden.

Lösung: Wir wählen zunächst die durch den Nullpunkt verlaufenden Einheitsvektoren **a** und **b**, die voraussetzungsgemäß den Winkel $\varphi/2 = \pi/2$ einschließen. Den Vektor **a** wählen wir so, dass er gegenüber der positiven x_1-Achse um den (beliebigen) Winkel α geneigt ist. Die Lage des Vektors **b** ergibt sich dann aus der Forderung, dass die Drehrichtung von **a** nach **b** identisch sein muss mit der Drehrichtung von φ um die 3-Achse. Damit sind:

$$\mathbf{a} = \begin{bmatrix} \cos\alpha \\ \sin\alpha \\ 0 \end{bmatrix}, \quad \rightarrow \boldsymbol{\Psi}_a = 2\mathbf{a}\otimes\mathbf{a}-\mathbf{1} = \begin{bmatrix} \cos 2\alpha & \sin 2\alpha & 0 \\ \sin 2\alpha & -\cos 2\alpha & 0 \\ 0 & 0 & -1 \end{bmatrix},$$

$$\mathbf{b} = \begin{bmatrix} -\sin\alpha \\ \cos\alpha \\ 0 \end{bmatrix}, \quad \rightarrow \boldsymbol{\Psi}_b = 2\mathbf{b} \otimes \mathbf{b} - \mathbf{1} = \begin{bmatrix} -\cos 2\alpha & -\sin 2\alpha & 0 \\ -\sin 2\alpha & \cos 2\alpha & 0 \\ 0 & 0 & -1 \end{bmatrix}.$$

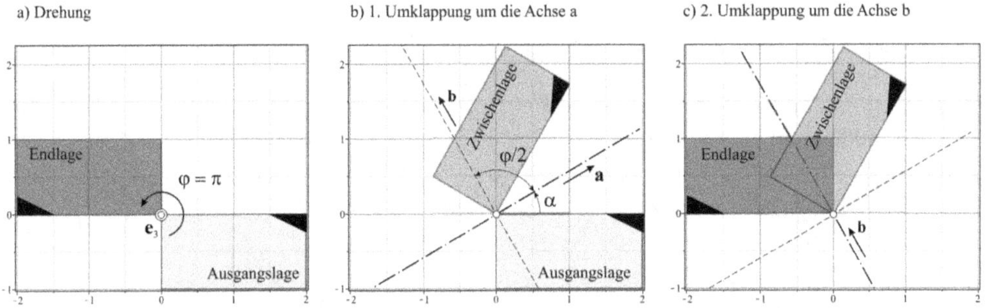

Abb. 2.13 Die Drehung als Hintereinanderschaltung zweier Umklappungen

Unabhängig vom beliebig gewählten Winkel α errechnen wir

$$\mathbf{R}(\varphi = \pi) = \boldsymbol{\Psi}_b \cdot \boldsymbol{\Psi}_a = \begin{bmatrix} -1 & 0 & 0 \\ 0 & -1 & 0 \\ 0 & 0 & 1 \end{bmatrix} \equiv 2\mathbf{e}_3 \otimes \mathbf{e}_3 - \mathbf{1}$$, und für den Vektor der Drehung folgt

$$\mathbf{w} = \frac{\mathbf{a} \times \mathbf{b}}{\mathbf{a} \cdot \mathbf{b}} = \mathbf{e}_3 .$$ ■

2.1.7 Hintereinanderschaltung zweier Drehungen

Setzt sich die resultierende Drehung aus zwei durch denselben Punkt verlaufende Achsen zusammen, dann folgt daraus eine neue Drehung um eine durch denselben Punkt verlaufende Achse. Wird die erste Drehung durch $\mathbf{r}' = \mathbf{R}_1 \cdot \mathbf{r}$ und die zweite durch $\mathbf{r}'' = \mathbf{R}_2 \cdot \mathbf{r}'$ beschrieben, dann erhalten wir daraus die resultierende Drehung

$$\mathbf{r}'' = \mathbf{R}_2 \cdot \mathbf{R}_1 \cdot \mathbf{r} = \mathbf{R} \cdot \mathbf{r}$$

mit dem Versor der resultierenden Drehung

$$\mathbf{R} = \mathbf{R}_2 \cdot \mathbf{R}_1 . \tag{2.31}$$

In (Lagally, 1956) wird gezeigt, dass der Vektor **w** der resultierenden Drehung durch die Vektoren der ursprünglichen Drehungen $\mathbf{w}_1$ und $\mathbf{w}_2$ wie folgt dargestellt werden kann:

$$\mathbf{w} = \frac{\mathbf{w}_1 + \mathbf{w}_2 - \mathbf{w}_1 \times \mathbf{w}_2}{1 - \mathbf{w}_1 \cdot \mathbf{w}_2}\,. \tag{2.32}$$

Beispiel 2-7:

Das in der Abb. 2.14 skizzierte Rechteck befindet sich in der Ausgangslage in der (1,2)-Ebene eines kartesischen Koordinatensystems. Dieses Rechteck soll in zwei Schritten durch Drehungen mit einem Drehwinkel von je 90° um die 1- und 2-Achse in eine neue Lage gebracht werden. Im ersten Schritt wird zunächst um die 2- und anschließend um die 1-Achse gedreht. Das Rechteck liegt nach den Drehungen dann in der (2,3)-Ebene (Abb. 2.14, oben). Wird die Drehreihenfolge vertauscht, dann liegt das Rechteck in der Endlage in der (1,3)-Ebene. Im Fall endlicher Drehungen können deshalb die daraus resultierenden Verschiebungen nicht Komponenten eines Vektors sein, denn dann müssten wir – wegen der Gültigkeit des kommutativen Gesetzes der Addition – in beiden Fällen dasselbe Ergebnis erhalten, was hier offensichtlich nicht der Fall ist. Für unser Beispiel erhalten wir mit

$$\mathbf{R}_1^{(\alpha)} \equiv \mathbf{R}(\mathbf{n} = \mathbf{e}_1, \alpha = \pi/2) = \begin{bmatrix} 1 & 0 & 0 \\ 0 & 0 & -1 \\ 0 & 1 & 0 \end{bmatrix}, \quad \mathbf{R}_2^{(\beta)} \equiv \mathbf{R}(\mathbf{n} = \mathbf{e}_2, \beta = \pi/2) = \begin{bmatrix} 0 & 0 & 1 \\ 0 & 1 & 0 \\ -1 & 0 & 0 \end{bmatrix}$$

für die skizzierte Drehreihenfolge (Abb. 2.14 ,oben) den resultierenden Versor

$$\mathbf{R}^{(\beta,\alpha)} = \mathbf{R}_1^{(\alpha)} \cdot \mathbf{R}_2^{(\beta)} = \begin{bmatrix} 1 & 0 & 0 \\ 0 & 0 & -1 \\ 0 & 1 & 0 \end{bmatrix} \cdot \begin{bmatrix} 0 & 0 & 1 \\ 0 & 1 & 0 \\ -1 & 0 & 0 \end{bmatrix} = \begin{bmatrix} 0 & 0 & 1 \\ 1 & 0 & 0 \\ 0 & 1 & 0 \end{bmatrix}.$$

Der Punkt B mit dem Ortsvektor $\mathbf{r}_B$ geht dann beispielsweise über in den Punkt

$$\mathbf{r}_B'' = \begin{bmatrix} 0 & 0 & 1 \\ 1 & 0 & 0 \\ 0 & 1 & 0 \end{bmatrix} \cdot \begin{bmatrix} x_{1B} \\ x_{2B} \\ 0 \end{bmatrix} = \begin{bmatrix} 0 \\ x_{1B} \\ x_{2B} \end{bmatrix}.$$

Wird dagegen in der umgekehrten Reihenfolge gedreht (Abb. 2.14, unten), dann ist

$$\mathbf{R}^{(\alpha,\beta)} = \mathbf{R}_2^{(\beta)} \cdot \mathbf{R}_1^{(\alpha)} = \begin{bmatrix} 0 & 0 & 1 \\ 0 & 1 & 0 \\ -1 & 0 & 0 \end{bmatrix} \cdot \begin{bmatrix} 1 & 0 & 0 \\ 0 & 0 & -1 \\ 0 & 1 & 0 \end{bmatrix} = \begin{bmatrix} 0 & 1 & 0 \\ 0 & 0 & -1 \\ -1 & 0 & 0 \end{bmatrix}.$$

und der Punkt B geht in diesem Fall über in den Punkt

$$\mathbf{r}_B'' = \begin{bmatrix} 0 & 1 & 0 \\ 0 & 0 & -1 \\ -1 & 0 & 0 \end{bmatrix} \cdot \begin{bmatrix} x_{1B} \\ x_{2B} \\ 0 \end{bmatrix} = \begin{bmatrix} x_{2B} \\ 0 \\ -x_{1B} \end{bmatrix}.$$

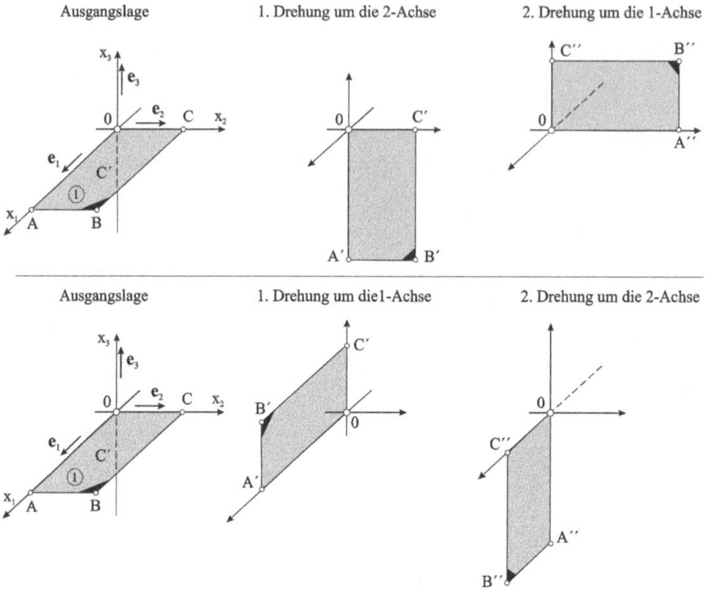

Abb. 2.14 *Hintereinanderschaltung zweier Drehungen eines starren Rechtecks*

Bei Hintereinanderschaltung zweier infinitesimaler Drehungen kann deren Reihenfolge (bei Vernachlässigung des Produktes infinitesimaler Drehwinkel) vertauscht werden. Die infinitesimalen Drehungen sind somit kommutativ, denn es gilt:

$$\begin{aligned}\mathbf{R}_2 \cdot \mathbf{R}_1 &= (\mathbf{1}+d\delta_2 \times \mathbf{1}) \cdot (\mathbf{1}+d\delta_1 \times \mathbf{1}) = \mathbf{1}+(d\delta_1+d\delta_2)\times\mathbf{1}+\underbrace{(d\delta_2\times\mathbf{1})\cdot(d\delta_1\times\mathbf{1})}_{\approx 0}\\ &\approx \mathbf{1}+(d\delta_1+d\delta_2)\times\mathbf{1}=\mathbf{R}_1\cdot\mathbf{R}_2 .\end{aligned}$$ ■

2.1.8 Komponententransformationsformeln für Vektoren

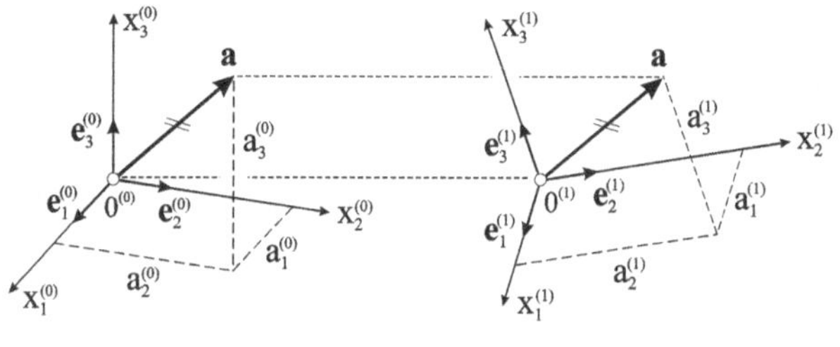

Abb. 2.15 *Transformation der Koordinaten eines Vektors **a** bei Drehung einer Orthonormalbasis*

Soll ein im Bezugssystem $\langle \mathbf{e}_j^{(0)} \rangle$ gegebener Vektor **a**, der seine räumliche Lage und Orientierung beibehält, in Komponenten hinsichtlich einer gegenüber der Ausgangsbasis $\langle \mathbf{e}_j^{(0)} \rangle$ gedrehten Basis $\langle \mathbf{e}_j^{(1)} \rangle$ dargestellt werden (Abb. 2.15), dann gilt zunächst für den Vektor **a** in beiden Bezugssystemen

$$\mathbf{a} = \sum_{j=1}^{3} a_j^{(0)} \mathbf{e}_j^{(0)} = \sum_{k=1}^{3} a_k^{(1)} \mathbf{e}_k^{(1)} .$$

Drücken wir nach Kap. 2.1.2 mittels des Versors **R** die Einheitsvektoren des 0-Systems durch diejenigen des 1-Systems aus, also

$$\mathbf{e}_j^{(0)} = \mathbf{R}^{\mathrm{T}} \cdot \mathbf{e}_j^{(1)} = \left(\sum_{s,r=1}^{3} r_{rs}\, \mathbf{e}_s^{(1)} \otimes \mathbf{e}_r^{(1)} \right) \cdot \mathbf{e}_j^{(1)} = \sum_{s=1}^{3} r_{js}\, \mathbf{e}_s^{(1)} ,$$

dann erhalten wir

$$\mathbf{a} = \sum_{j=1}^{3} a_j^{(0)} \sum_{s=1}^{3} r_{js}\, \mathbf{e}_s^{(1)} = \sum_{s=1}^{3} \left(\sum_{j=1}^{3} r_{js}\, a_j^{(0)} \right) \mathbf{e}_s^{(1)} \equiv \sum_{k=1}^{3} a_s^{(1)} \mathbf{e}_s^{(1)} .$$

Für die Transformation der Koordinaten eines Vektors **a** vom 0-System in das 1-System gilt somit die Beziehung

$$a_s^{(1)} = \sum_{j=1}^{3} r_{js}\, a_j^{(0)} , \quad (s = 1,2,3). \tag{2.33}$$

Eine entsprechende Rechnung für den Übergang vom 1-System in das 0-System ergibt mit

$$\mathbf{e}_j^{(1)} = \mathbf{R} \cdot \mathbf{e}_j^{(0)} = \left(\sum_{s,r=1}^{3} r_{sr}\, \mathbf{e}_s^{(0)} \otimes \mathbf{e}_r^{(0)} \right) \cdot \mathbf{e}_j^{(0)} = \sum_{s=1}^{3} r_{sj}\, \mathbf{e}_s^{(0)}$$

und damit

$$\mathbf{a} = \sum_{j=1}^{3} a_j^{(1)} \sum_{s=1}^{3} r_{sj}\, \mathbf{e}_s^{(0)} = \sum_{s=1}^{3} \left(\sum_{j=1}^{3} r_{sj}\, a_j^{(1)} \right) \mathbf{e}_s^{(0)} = \sum_{k=1}^{3} a_s^{(0)} \mathbf{e}_s^{(0)} .$$

Für die Transformation der Koordinaten eines Vektors **a** vom 1-System in das 0-System gilt somit die Beziehung

$$a_s^{(0)} = \sum_{j=1}^{3} r_{sj}\, a_j^{(1)} , \quad (s = 1,2,3). \tag{2.34}$$

Interpretieren wir im Sinne der Matrizennotationsweise Vektoren als einspaltige Matrizen, dann können wir die Beziehungen (2.34) und (2.33) in folgender Form notieren:

$$\begin{bmatrix} a_1 \\ a_2 \\ a_3 \end{bmatrix}^{(0)} = \underbrace{\begin{bmatrix} r_{11} & r_{12} & r_{13} \\ r_{21} & r_{22} & r_{23} \\ r_{31} & r_{32} & r_{33} \end{bmatrix}}_{=\mathbf{T}} \cdot \begin{bmatrix} a_1 \\ a_2 \\ a_3 \end{bmatrix}^{(1)} , \quad \begin{bmatrix} a_1 \\ a_2 \\ a_3 \end{bmatrix}^{(1)} = \underbrace{\begin{bmatrix} r_{11} & r_{21} & r_{31} \\ r_{12} & r_{22} & r_{32} \\ r_{13} & r_{23} & r_{33} \end{bmatrix}}_{=\mathbf{T}^{\mathrm{T}}} \cdot \begin{bmatrix} a_1 \\ a_2 \\ a_3 \end{bmatrix}^{(0)}$$

oder symbolisch, wobei der "·" jetzt die Multiplikation zweier Matrizen bezeichnet:

$$\mathbf{a}^{(0)} = \mathbf{T} \cdot \mathbf{a}^{(1)} \quad \Leftrightarrow \quad \mathbf{a}^{(1)} = \mathbf{T}^{\mathrm{T}} \cdot \mathbf{a}^{(0)} . \tag{2.35}$$

Die Transformationsmatrix **T** enthält die Komponenten des Tensors **R**.

Hinweis: Skalare Größen, etwa die Temperatur oder auch der Druck in einem Körperpunkt, bleiben von einem Wechsel des Bezugssystems unberührt.

Beispiel 2-8:

Die relative Lage zweier verdrehter Basissysteme $\langle \mathbf{e}_j^{(0)} \rangle$ (Bezugsbasis) und $\langle \mathbf{e}_j^{(1)} \rangle$ wird beschrieben durch die Komponentendarstellung des Versors

$$\mathbf{R} = \begin{bmatrix} 1/2 & 0 & 1/2\sqrt{3} \\ 1/4\sqrt{3} & 1/2\sqrt{3} & -1/4 \\ -3/4 & 1/2 & 1/4\sqrt{3} \end{bmatrix} .$$

Stellen Sie eine Maple-Prozedur zur Verfügung, mittels derer die Zahlenwerte eines in der Bezugsbasis gegebenen Vektors **a** in der gedrehten Basis $\langle \mathbf{e}_j^{(1)} \rangle$ dargestellt werden. Berechnen Sie für den Vektor

$$\mathbf{a} = \sum_{j=1}^{3} a_j^{(0)} \mathbf{e}_j^{(0)} = 3\mathbf{e}_1^{(0)} + 6\mathbf{e}_2^{(0)} + 2\mathbf{e}_3^{(0)} ,$$

dessen Komponenten im gedrehten Basissystem.

Lösung: Mit $a_s^{(1)} = \sum_{j=1}^{3} r_{js} a_j^{(0)}$ gilt:

$$a_1^{(1)} = \sum_{j=1}^{3} r_{j1} a_j^{(0)} = r_{11} a_1^{(0)} + r_{21} a_2^{(0)} + r_{31} a_3^{(0)} = \frac{1}{2} 3 + \frac{1}{4}\sqrt{3} \cdot 6 - \frac{3}{4} 2 = \frac{3}{2}\sqrt{3} = 2{,}598 ,$$

$$a_2^{(1)} = \sum_{j=1}^{3} r_{j2}\, a_j^{(0)} = r_{12}\, a_1^{(0)} + r_{22}\, a_2^{(0)} + r_{32}\, a_3^{(0)} = \frac{1}{2}\sqrt{3}\cdot 6 + \frac{1}{2} 2 = 3\sqrt{3} + 1 = 6{,}196,$$

$$a_3^{(1)} = \sum_{j=1}^{3} r_{j3}\, a_j^{(0)} = r_{13}\, a_1^{(0)} + r_{23}\, a_2^{(0)} + r_{33}\, a_3^{(0)} = \frac{1}{2}\sqrt{3}\cdot 3 - \frac{1}{4} 6 + \frac{1}{4}\sqrt{3}\cdot 2 = 2\sqrt{3} - \frac{3}{2} = 1{,}964,$$

oder in Matrizenschreibweise kompakter notiert:

$$\begin{bmatrix} a_1 \\ a_2 \\ a_3 \end{bmatrix}^{(1)} = \begin{bmatrix} 1/2 & 0 & 1/2\sqrt{3} \\ 1/4\sqrt{3} & 1/2\sqrt{3} & -1/4 \\ -3/4 & 1/2 & 1/4\sqrt{3} \end{bmatrix} \cdot \begin{bmatrix} 3 \\ 6 \\ 2 \end{bmatrix}^{(0)} = \begin{bmatrix} 2{,}598 \\ 6{,}196 \\ 1{,}964 \end{bmatrix}.$$

■

2.1.9 Komponententransformationsformeln für Tensoren

Wir können die Transformationsgesetze für Vektoren auch auf Tensoren ausdehnen. Ein typischer Vertreter eines zweistufigen Tensors ist der Spannungstensor (Mathiak, 2013). Vorgegeben sei ein im Bezugssystem $\langle \mathbf{e}_j^{(0)} \rangle$ gegebener Tensor zweiter Stufe

$$\mathbf{S} = \sum_{j,k=1}^{3} \sigma_{jk}^{(0)}\, \mathbf{e}_j^{(0)} \otimes \mathbf{e}_k^{(0)} \qquad \text{der gemäß} \qquad \mathbf{S} = \sum_{j,k=1}^{3} \sigma_{jk}^{(1)}\, \mathbf{e}_j^{(1)} \otimes \mathbf{e}_k^{(1)}$$

in Komponenten hinsichtlich einer gegenüber der Basis $\langle \mathbf{e}_j^{(0)} \rangle$ gedrehten Basis $\langle \mathbf{e}_j^{(1)} \rangle$ dargestellt werden soll. Mit den Transformationsformeln für die Einheitsvektoren

$$\mathbf{e}_j^{(0)} = \mathbf{R}^{\mathrm{T}} \cdot \mathbf{e}_j^{(1)} = \sum_{\ell=1}^{3} r_{j\ell}\, \mathbf{e}_\ell^{(1)}$$

erhalten wir

$$\begin{aligned} \mathbf{S} &= \sum_{j,k=1}^{3} \sigma_{jk}^{(0)} \left(\sum_{\ell=1}^{3} r_{j\ell}\, \mathbf{e}_\ell^{(1)} \right) \otimes \left(\sum_{m=1}^{3} r_{km}\, \mathbf{e}_m^{(1)} \right) = \sum_{j,k,\ell,m=1}^{3} \sigma_{jk}^{(0)}\, r_{j\ell}\, r_{km}\, \mathbf{e}_\ell^{(1)} \otimes \mathbf{e}_m^{(1)} \\ &= \sum_{\ell,m=1}^{3} \left(\sum_{j,k=1}^{3} \sigma_{jk}^{(0)}\, r_{j\ell}\, r_{km} \right) \mathbf{e}_\ell^{(1)} \otimes \mathbf{e}_m^{(1)} \equiv \sum_{\ell,m=1}^{3} \sigma_{\ell m}^{(1)}\, \mathbf{e}_\ell^{(1)} \otimes \mathbf{e}_m^{(1)}, \end{aligned}$$

und ein Vergleich zeigt

$$\sigma_{\ell m}^{(1)} = \sum_{j,k=1}^{3} \sigma_{jk}^{(0)}\, r_{j\ell}\, r_{km} \qquad (\ell, m, j, k = 1, 2, 3). \tag{2.36}$$

Andererseits gilt mit

$$\mathbf{e}_j^{(1)} = \mathbf{R} \cdot \mathbf{e}_j^{(0)} = \sum_{\ell=1}^{3} r_{\ell j} \, \mathbf{e}_\ell^{(0)}$$

die Beziehung

$$\begin{aligned}\mathbf{S} &= \sum_{j,k=1}^{3} \sigma_{jk}^{(1)} \sum_{\ell=1}^{3} r_{\ell j} \, \mathbf{e}_\ell^{(0)} \otimes \left(\sum_{m=1}^{3} r_{mk} \, \mathbf{e}_m^{(0)} \right) = \sum_{j,k,\ell,m=1}^{3} \sigma_{jk}^{(1)} r_{\ell j} \, r_{mk} \, \mathbf{e}_\ell^{(0)} \otimes \mathbf{e}_m^{(0)} \\ &= \sum_{\ell,m=1}^{3} \left(\sum_{j,k=1}^{3} \sigma_{jk}^{(1)} r_{\ell j} \, r_{mk} \right) \mathbf{e}_\ell^{(0)} \otimes \mathbf{e}_m^{(0)} \equiv \sum_{\ell,m=1}^{3} \sigma_{\ell m}^{(0)} \, \mathbf{e}_\ell^{(0)} \otimes \mathbf{e}_m^{(0)}\end{aligned}$$

und damit

$$\sigma_{\ell m}^{(0)} = \sum_{j,k=1}^{3} \sigma_{jk}^{(1)} r_{\ell j} \, r_{mk} \,, \qquad (\ell, m, j, k = 1,2,3). \tag{2.37}$$

Fassen wir die Beziehungen (2.36) und (2.37) jeweils als Produkte von Matrizen auf, und interpretieren den "•" wieder als Symbol für die Matrizenmultiplikation, dann können wir symbolisch verkürzt schreiben

$$\mathbf{S}^{(0)} = \mathbf{T} \cdot \mathbf{S}^{(1)} \cdot \mathbf{T}^{T} \quad \Leftrightarrow \quad \mathbf{S}^{(1)} = \mathbf{T}^{T} \cdot \mathbf{S}^{(0)} \cdot \mathbf{T} \,. \tag{2.38}$$

Beispiel 2-9:

Stellen Sie eine Maple-Prozedur zur Verfügung, mittels derer die Zahlenwerte eines Tensors zweiter Stufe $\mathbf{S}^{(0)}$ in einer gedrehten Basis dargestellt werden. Die Drehtransformation der Basisvektoren wird durch die Drehmatrix **T** beschrieben.

Geg.: $$\mathbf{S}^{(0)} = \begin{bmatrix} 1 & 2 & 8 \\ 2 & 4 & 1 \\ 8 & 1 & 4 \end{bmatrix}, \qquad \mathbf{T} = \frac{1}{9} \begin{bmatrix} 1 & -4 & 8 \\ 8 & 4 & 1 \\ -4 & 7 & 4 \end{bmatrix}, \quad (\mathbf{T}^{T} = \mathbf{T}^{-1}).$$

Lösung: Maple liefert uns unter Beachtung von $\mathbf{S}^{(1)} = \mathbf{T}^{T} \cdot \mathbf{S}^{(0)} \cdot \mathbf{T}$ den ebenfalls symmetrischen Spannungstensor im gedrehten 1-Basissystem

$$\mathbf{S}^{(1)} = \frac{1}{81} \begin{bmatrix} 1 & 8 & -4 \\ -4 & 4 & 7 \\ 8 & 1 & 4 \end{bmatrix} \cdot \begin{bmatrix} 1 & 2 & 8 \\ 2 & 4 & 1 \\ 8 & 1 & 4 \end{bmatrix} \cdot \begin{bmatrix} 1 & -4 & 8 \\ 8 & 4 & 1 \\ -4 & 7 & 4 \end{bmatrix} = \frac{1}{9} \begin{bmatrix} 25 & 20 & -10 \\ 20 & -20 & 55 \\ -10 & 55 & 76 \end{bmatrix}.$$ ■

2.1.10 Kardanwinkel

Da ein starrer Körper im Raum – neben den drei Translationsfreiheitsgraden – noch drei Drehfreiheitsgrade besitzt, kann die allgemeine räumliche Drehung zwischen zwei Zuständen durch drei unabhängige Winkel beschrieben werden. Zur Durchführung dieser Bewegung kommen vorzugsweise die einfach zu beschreibenden Elementardrehungen zum Einsatz. Wird als Hintereinanderschaltung die Drehreihenfolge (1-2-3) gewählt, wobei sich die Reihenfolge auf dasjenige System bezieht, welches durch die vorangegangene Drehung entstanden ist, dann sprechen wir von (1-2-3)-Kardanwinkeln[1]. Eine technische Realisierung findet sich beispielsweise in der Kardanlagerung eines Kreisels (engl. *gyroscope*).

1. Die Drehung mit dem Winkel α um die $x_1^{(0)}$-Achse führt das Dreibein $\langle \mathbf{e}_j^{(0)} \rangle$ über in ein Dreibein $\langle \mathbf{e}_j^{(\alpha)} \rangle$. Die Transformationsformeln sind:

$$\mathbf{e}_1^{(\alpha)} = \mathbf{e}_1^{(0)}$$
$$\mathbf{e}_2^{(\alpha)} = \mathbf{e}_2^{(0)} \cos\alpha + \mathbf{e}_3^{(0)} \sin\alpha$$
$$\mathbf{e}_3^{(\alpha)} = -\mathbf{e}_2^{(0)} \sin\alpha + \mathbf{e}_3^{(0)} \cos\alpha.$$

2. Die Drehung mit dem Winkel β um die $x_2^{(\alpha)}$-Achse führt das Dreibein $\langle \mathbf{e}_j^{(\alpha)} \rangle$ über in ein Dreibein $\langle \mathbf{e}_j^{(\beta)} \rangle$. Die Transformationsformeln sind:

$$\mathbf{e}_1^{(\beta)} = \mathbf{e}_1^{(\alpha)} \cos\beta - \mathbf{e}_3^{(\alpha)} \sin\beta$$
$$\mathbf{e}_2^{(\beta)} = \mathbf{e}_2^{(\alpha)}$$
$$\mathbf{e}_3^{(\beta)} = \mathbf{e}_1^{(\alpha)} \sin\beta + \mathbf{e}_3^{(\alpha)} \cos\beta.$$

3. Die Drehung mit dem Winkel γ um die $x_3^{(\beta)}$-Achse führt das Dreibein $\langle \mathbf{e}_j^{(\beta)} \rangle$ abschließend über in das Dreibein $\langle \mathbf{e}_j^{(1)} \rangle$. Die Transformationsformeln sind:

$$\mathbf{e}_1^{(1)} = \mathbf{e}_1^{(\beta)} \cos\gamma + \mathbf{e}_2^{(\beta)} \sin\gamma$$
$$\mathbf{e}_2^{(1)} = -\mathbf{e}_1^{(\beta)} \sin\gamma + \mathbf{e}_2^{(\beta)} \cos\gamma$$
$$\mathbf{e}_3^{(1)} = \mathbf{e}_3^{(\beta)}.$$

Durch sukzessive Elimination der Einheitsvektoren $\langle \mathbf{e}_j^{(\beta)} \rangle$ und $\langle \mathbf{e}_j^{(\alpha)} \rangle$ aus den obigen Beziehungen erhalten wir folgende Transformationsformeln für die Einheitsvektoren:

$$\mathbf{e}_1^{(1)} = \mathbf{e}_1^{(0)} \cos\beta\cos\gamma + \mathbf{e}_2^{(0)} (\cos\alpha\sin\gamma + \sin\alpha\sin\beta\cos\gamma) + \mathbf{e}_3^{(0)} (\sin\alpha\sin\gamma - \cos\alpha\sin\beta\cos\gamma)$$
$$\mathbf{e}_2^{(1)} = -\mathbf{e}_1^{(0)} \cos\beta\sin\gamma + \mathbf{e}_2^{(0)} (\cos\alpha\cos\gamma - \sin\alpha\sin\beta\sin\gamma) + \mathbf{e}_3^{(0)} (\sin\alpha\cos\gamma + \cos\alpha\sin\beta\sin\gamma)$$
$$\mathbf{e}_3^{(1)} = \mathbf{e}_1^{(0)} \sin\beta - \mathbf{e}_2^{(0)} \sin\alpha\cos\beta + \mathbf{e}_3^{(0)} \cos\alpha\cos\beta.$$

Damit liegen die Transformationsformeln für beide Basissysteme vor. Die Transformation eines raumfesten Vektors in einen körperfesten erfolgt mittels des Versors

[1] Geronimo (Girolamo) Cardano, latinisiert *Hieronimus Cardanus*, italien. Mathematiker, Arzt und Philosoph, 1501–1576

$$\mathbf{R} = \sum_{j=1}^{3} \mathbf{e}_j^{(1)} \otimes \mathbf{e}_j^{(0)} .$$

Seine Matrixdarstellung der Komponenten ist

$$\mathbf{R} = \begin{bmatrix} \cos\beta\cos\gamma & -\cos\beta\sin\gamma & \sin\beta \\ \cos\alpha\sin\gamma + \sin\alpha\sin\beta\cos\gamma & \cos\alpha\cos\gamma - \sin\alpha\sin\beta\sin\gamma & -\sin\alpha\cos\beta \\ \sin\alpha\sin\gamma - \cos\alpha\sin\beta\cos\gamma & \sin\alpha\cos\gamma + \cos\alpha\sin\beta\sin\gamma & \cos\alpha\cos\beta \end{bmatrix} \quad (2.39)$$

Bezeichnen wir die Matrixdarstellung des obigen Versors $\mathbf{R}$ mit $\mathbf{T}_K$, und sollen die Komponenten eines im körperfesten System gegebenen Vektors $\mathbf{a}$ im raumfesten System dargestellt werden, dann erhalten wir mit den Transformationsformeln (2.35)

$$\mathbf{a}^{(0)} = \mathbf{T}_K \cdot \mathbf{a}^{(1)} \quad \Leftrightarrow \quad \mathbf{a}^{(1)} = \mathbf{T}_K^T \cdot \mathbf{a}^{(0)} .$$

Wir hätten die Drehmatrix $\mathbf{T}_K$ auch durch Hintereinanderschaltung der drei Elementardrehungen

$$\mathbf{T}^{(\alpha)} = \begin{bmatrix} 1 & 0 & 0 \\ 0 & \cos\alpha & -\sin\alpha \\ 0 & \sin\alpha & \cos\alpha \end{bmatrix}, \mathbf{T}^{(\beta)} \begin{bmatrix} \cos\beta & 0 & \sin\beta \\ 0 & 1 & 0 \\ -\sin\beta & 0 & \cos\beta \end{bmatrix}, \mathbf{T}^{(\gamma)} = \begin{bmatrix} \cos\gamma & -\sin\gamma & 0 \\ \sin\gamma & \cos\gamma & 0 \\ 0 & 0 & 1 \end{bmatrix},$$

entsprechend Beispiel 2-2 in folgender Reihenfolge aufbauen können:

$$\mathbf{T}_K = \mathbf{T}^{(\alpha)} \cdot \mathbf{T}^{(\beta)} \cdot \mathbf{T}^{(\gamma)} .$$

Hinweis: Da die Matrizenmultiplikation nicht kommutativ ist, darf die einmal vorgenommene Reihenfolge der Multiplikationen nicht vertauscht werden.

Für kleine Drehwinkel $\varphi_K = (\alpha, \beta, \gamma)$ kann wieder linearisiert werden, und es folgt die für praktische Anwendungen wichtige Beziehung

$$\mathbf{T}_{K,\text{lin}} = \begin{bmatrix} 1 & -\gamma & \beta \\ \gamma & 1 & -\alpha \\ -\beta & \alpha & 1 \end{bmatrix} = \begin{bmatrix} 1 & 0 & 0 \\ 0 & 1 & 0 \\ 0 & 0 & 1 \end{bmatrix} + \begin{bmatrix} 0 & -\gamma & \beta \\ \gamma & 0 & -\alpha \\ -\beta & \alpha & 0 \end{bmatrix} = \mathbf{1} + \varphi_K \times \mathbf{1} .$$

In der Ausgangslage ($\alpha = \beta = \gamma = 0$) fallen mit $\mathbf{T}_K = \mathbf{1}$ die Achsen des körperfesten und des raumfesten Koordinatensystems zusammen. In der Flugzeugsteuerung[1] heißen die drei möglichen Drehbewegungen des starren Körpers:

Rollen (engl. *roll*): Drehung um die in Längsrichtung des Flugzeugs verlaufende 1-Achse (Roll-, Wank- oder Längsachse).

Nicken (engl. *pitch*): Drehung um die 2-Achse des Flugzeugs (Nick- oder Querachse).

---

[1] DIN 9300, Luft- und Raumfahrt; Begriffe, Größen und Formelzeichen der Flugmechanik, 1990–10

Gieren (engl. *yaw*): Drehung um die 3-Achse des Flugzeugs (Gier-, Hoch- oder Vertikalachse).

Beispiel 2-10:

Entwerfen Sie eine Maple-Prozedur, die bei Vorgabe der Kardanwinkel (α, β, γ) eine automatisierte Berechnung der Drehmatrix $\mathbf{T}_K = \mathbf{T}^{(\alpha)} \cdot \mathbf{T}^{(\beta)} \cdot \mathbf{T}^{(\gamma)}$ gestattet. Geben Sie die linearisierte Form $\mathbf{T}_{K,lin}$ der Drehmatrix an.

Beispiel 2-11:

Stellen Sie eine Maple-Prozedur zur Verfügung, die bei Vorgabe einer Drehmatrix $\mathbf{T}_K$ die Kardanwinkel (α, β, γ) für die (1-2-3)-Drehabfolge berechnet. Für den Fall, dass $\mathbf{T}_k$ nicht die Orthogonalitätsbedingung $\mathbf{T}_K^T \cdot \mathbf{T}_K = \mathbf{1}$ erfüllt oder $\mathbf{T}_K$ eine Umklappung repräsentiert soll die Rechnung abgebrochen werden.

Geg.: $$\mathbf{T}_K = \frac{1}{8}\begin{bmatrix} 6+\sqrt{3} & 3-2\sqrt{3} & 2 \\ 3-2\sqrt{3} & 2+3\sqrt{3} & 2\sqrt{3} \\ -2 & -2\sqrt{3} & 4\sqrt{3} \end{bmatrix}.$$

Lösung: Maple liefert uns zwei Lösungen für die Kardandrehwinkel:

$$\alpha = -0{,}46365\ (\hat{=}\, -26{,}57°),\ \beta = 0{,}25268\ (\hat{=}\, 14{,}48°),\ \gamma = 0{,}05995\ (\hat{=}\, 3{,}43°)\,,$$

$$\alpha = 2{,}6780\ (\hat{=}\, 153{,}43°),\ \beta = 2{,}8889\ (\hat{=}\, 165{,}52°),\ \gamma = -3{,}0816\ (\hat{=}\, -176{,}57°)\,.$$ ■

Wir wollen hier noch einen Fall betrachten, der nicht zu einer eindeutigen Lösung der Kardanwinkel führt. Für die Drehmatrix

$$\mathbf{T}_K = \begin{bmatrix} 0 & 0 & 1 \\ 1 & 0 & 0 \\ 0 & 1 & 0 \end{bmatrix}$$

aus Beispiel 2-4, die eine Drehung des starren Körpers mit dem Winkel $\varphi = 120°$ um die Raumdiagonale beschreibt, liefert uns Maple die Lösung $\alpha = \alpha,\ \beta = \pi/2,\ \gamma = \pi/2 - \alpha$. Wählen wir nämlich speziell $\beta = \pi/2$, dann geht die Kardandrehmatrix über in

$$\mathbf{T}_K(\alpha, \beta = \pi/2, \gamma) = \begin{bmatrix} 0 & 0 & 1 \\ \sin(\alpha+\gamma) & \cos(\alpha+\gamma) & 0 \\ -\cos(\alpha+\gamma) & \sin(\alpha+\gamma) & 0 \end{bmatrix},$$

und es müssen dann $\sin(\alpha + \gamma) = 1$ und $\cos(\alpha + \gamma) = 0$ erfüllt sein, was $\alpha + \gamma = \pi/2$ erfordert. Da nur die Summe aus den Drehwinkeln α und γ bestimmt werden kann, existiert in diesem Fall keine eindeutige Lösung.

2.1.11 Eulerwinkel

Neben der vorab vorgenommen Zerlegung der Gesamtdrehung in Teildrehungen durch Kardanwinkel, bestehen weitere Möglichkeiten, Drehungen zu beschreiben. Eine umfangreiche Zusammenstellung von Rotationsparametern findet sich bei (Nitschke & Knickmeyer, 2000).

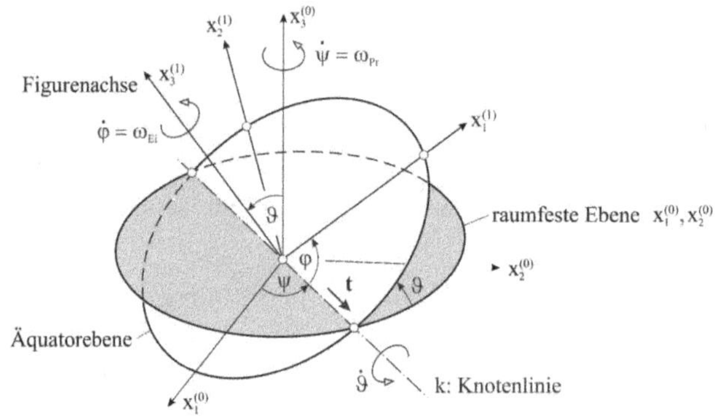

Abb. 2.16 *Euler-Winkel*

Wir bedienen uns der Methode von Euler und wählen drei geeignete Winkel $\psi(t)$, $\vartheta(t)$, $\varphi(t)$, die *Eulersche Winkel* genannt werden (Abb. 2.16). Sie kommen vorwiegend in der Kreiseltheorie zum Einsatz und haben dort eine spezielle Benennung. Wir wählen wieder ein körperfestes Basissystem mit den Einheitsvektoren $\langle \mathbf{e}_j^{(1)} \rangle$ und den Koordinaten $x_j^{(1)}$. Die Bewegung des starren Körpers beschreiben wir relativ zu einem raumfesten Basissystem $\langle \mathbf{e}_j^{(0)} \rangle$ mit den Koordinaten $x_j^{(0)}$. Die Äquatorebene wird durch die körperfeste ($x_1^{(1)}, x_2^{(1)}$)-Ebene gebildet. Die Schnittlinie der Äquatorebene mit der raumfesten ($x_1^{(0)}, x_2^{(0)}$)-Ebene ist die *Knotenlinie k*, deren positive Orientierung durch den Einheitsvektor **t** bestimmt ist. Der Winkel ϑ liegt zwischen der raumfesten $x_3^{(0)}$-Achse und der als *Figurenachse* bezeichneten $x_3^{(1)}$-Achse. Der Winkel ψ liegt zwischen der $x_1^{(0)}$-Achse und der Knotenlinie *k* und der Winkel φ zwischen der Knotenlinie und der körperfesten $x_1^{(1)}$-Achse. In der Kreiseltheorie sind folgende Bezeichnungen üblich (Magnus, 1971):

$\psi(t)$ *Präzessionswinkel*[1] mit der zugeordneten Winkelgeschwindigkeit $\dot{\psi}(t) = \omega_{Pr}$ um die raumfeste $x_3^{(0)}$-Achse,

---

[1] zu lat. praecedere ›vorangehen‹

$\vartheta(t)$ *Nutationswinkel*[1] mit der zugeordneten Winkelgeschwindigkeit $\dot{\vartheta}(t)$ um die Knotenlinie,

$\varphi(t)$ *Eigenrotationswinkel* mit der zugeordneten Winkelgeschwindigkeit $\dot{\varphi}(t) = \omega_{Ei}$ um die Figurenachse.

Mit den drei Eulerschen Winkeln ist die relative Lage beider Koordinatensysteme festgelegt. Die Drehung des raumfesten Basissystems in das körperfeste System erfolgt wieder durch die Hintereinanderschaltung dreier Drehungen

1. Die Drehung mit dem Winkel ψ um die $x_3^{(0)}$-Achse führt das Dreibein $\langle \mathbf{e}_j^{(0)} \rangle$ über in ein Dreibein $\langle \mathbf{e}_j^{(\psi)} \rangle$. Die Transformationsformeln sind:

$$\mathbf{e}_1^{(\psi)} = \mathbf{e}_1^{(0)} \cos\psi + \mathbf{e}_2^{(0)} \sin\psi \equiv \mathbf{t}$$
$$\mathbf{e}_2^{(\psi)} = -\mathbf{e}_1^{(0)} \sin\psi + \mathbf{e}_2^{(0)} \cos\psi$$
$$\mathbf{e}_3^{(\psi)} = \mathbf{e}_3^{(0)}.$$

2. Die Drehung mit dem Winkel ϑ um die Knotenlinie führt das Dreibein $\langle \mathbf{e}_j^{(\psi)} \rangle$ über in ein Dreibein $\langle \mathbf{e}_j^{(\vartheta)} \rangle$. Die Transformationsformeln sind:

$$\mathbf{e}_1^{(\vartheta)} = \mathbf{e}_1^{(\psi)}$$
$$\mathbf{e}_2^{(\vartheta)} = \mathbf{e}_2^{(\psi)} \cos\vartheta + \mathbf{e}_3^{(\psi)} \sin\vartheta$$
$$\mathbf{e}_3^{(\vartheta)} = -\mathbf{e}_2^{(\psi)} \sin\vartheta + \mathbf{e}_3^{(\psi)} \cos\vartheta.$$

3. Die Drehung mit dem Winkel φ um die $x_3^{(1)}$-Achse führt das Dreibein $\langle \mathbf{e}_j^{(\vartheta)} \rangle$ abschließend über in das Dreibein $\langle \mathbf{e}_j^{(1)} \rangle$. Die zugehörigen Transformationsformeln sind:

$$\mathbf{e}_1^{(1)} = \mathbf{e}_1^{(\vartheta)} \cos\varphi + \mathbf{e}_2^{(\vartheta)} \sin\varphi$$
$$\mathbf{e}_2^{(1)} = -\mathbf{e}_1^{(\vartheta)} \sin\varphi + \mathbf{e}_2^{(\vartheta)} \cos\varphi$$
$$\mathbf{e}_3^{(1)} = \mathbf{e}_3^{(\vartheta)}.$$

Durch Elimination der Einheitsvektoren $\langle \mathbf{e}_j^{(\vartheta)} \rangle$ und $\langle \mathbf{e}_j^{(\varphi)} \rangle$ aus den obigen Beziehungen erhalten wir folgende Transformationsformeln für die Einheitsvektoren:

$$\mathbf{e}_1^{(1)} = \mathbf{e}_1^{(0)}(\cos\psi\cos\varphi - \sin\varphi\cos\vartheta\sin\psi) + \mathbf{e}_2^{(0)}(\sin\psi\cos\varphi + \cos\psi\cos\vartheta\sin\varphi) + \mathbf{e}_3^{(0)}\sin\vartheta\sin\varphi$$
$$\mathbf{e}_2^{(1)} = -\mathbf{e}_1^{(0)}(\cos\psi\sin\varphi + \sin\psi\cos\vartheta\cos\varphi) + \mathbf{e}_2^{(0)}(\cos\varphi\cos\vartheta\cos\psi - \sin\varphi\sin\psi) + \mathbf{e}_3^{(0)}\sin\vartheta\cos\varphi$$
$$\mathbf{e}_3^{(1)} = \mathbf{e}_1^{(0)}\sin\psi\sin\vartheta - \mathbf{e}_2^{(0)}\cos\psi\sin\vartheta + \mathbf{e}_3^{(0)}\cos\vartheta.$$

[1] lat. ›das Schwanken‹

Die Transformation eines raumfesten Vektors in einen körperfesten erfolgt mittels des Versors

$$\mathbf{R} = \sum_{j=1}^{3} \mathbf{e}_j^{(1)} \otimes \mathbf{e}_j^{(0)} .$$

Seine Komponentendarstellung im einheitlichen 0-Bezugssystem ist

$$\mathbf{R} = \begin{bmatrix} \cos\varphi\cos\psi - \sin\varphi\cos\vartheta\sin\psi & -\cos\psi\sin\varphi - \sin\psi\cos\vartheta\cos\varphi & \sin\psi\sin\vartheta \\ \sin\psi\cos\varphi + \cos\psi\cos\vartheta\sin\varphi & \cos\varphi\cos\vartheta\cos\psi - \sin\varphi\sin\psi & -\cos\psi\sin\vartheta \\ \sin\vartheta\sin\varphi & \sin\vartheta\cos\varphi & \cos\vartheta \end{bmatrix} . \tag{2.40}$$

Bezeichnen wir die Matrixdarstellung des obigen Versors **R** mit $\mathbf{T}_E$, und sollen die Komponenten eines im körperfesten System gegebenen Vektors **a** im raumfesten System dargestellt werden, dann gilt mit den Transformationsformeln (2.35)

$$\mathbf{a}^{(0)} = \mathbf{T}_E \cdot \mathbf{a}^{(1)} \quad \Leftrightarrow \quad \mathbf{a}^{(1)} = \mathbf{T}_E^T \cdot \mathbf{a}^{(0)} .$$

Stellen wir die Gesamtdrehung als Hintereinanderschaltung dreier Elementardrehungen dar, dann sind

$$\mathbf{T}^{(\psi)} = \begin{bmatrix} \cos\psi & -\sin\psi & 0 \\ \sin\psi & \cos\psi & 0 \\ 0 & 0 & 1 \end{bmatrix}, \mathbf{T}^{(\vartheta)} = \begin{bmatrix} 1 & 0 & 0 \\ 0 & \cos\vartheta & -\sin\vartheta \\ 0 & \sin\vartheta & \cos\vartheta \end{bmatrix}, \mathbf{T}^{(\varphi)} = \begin{bmatrix} \cos\varphi & -\sin\varphi & 0 \\ \sin\varphi & \cos\varphi & 0 \\ 0 & 0 & 1 \end{bmatrix}$$

und damit

$$\mathbf{T}_E = \mathbf{T}^{(\psi)} \cdot \mathbf{T}^{(\vartheta)} \cdot \mathbf{T}^{(\varphi)} .$$

Für kleine Drehwinkel $\varphi_E = (\psi, \vartheta, \varphi)$ darf wieder linearisiert werden, und es folgt

$$\mathbf{T}_{E,Lin} = \begin{bmatrix} 1 & 0 & 0 \\ 0 & 1 & 0 \\ 0 & 0 & 1 \end{bmatrix} + \begin{bmatrix} 0 & -(\psi+\varphi) & 0 \\ (\psi+\varphi) & 0 & -\vartheta \\ 0 & \vartheta & 0 \end{bmatrix} .$$

In der Ausgangslage ($\psi = \vartheta = \varphi = 0$) fallen mit $\mathbf{T}_E = \mathbf{1}$ die Achsen des körperfesten und des raumfesten Koordinatensystems zusammen.

Beispiel 2-12:

Es soll eine Maple-Prozedur bereitgestellt werden, die bei Vorgabe der Eulerschen Winkel (ψ, ϑ, φ) die Drehmatrix $\mathbf{T}_E$ berechnet.

Geg.: $\psi = \pi/6$ ($\hat{=}$ 30 °), $\vartheta = 3/4\pi$ ($\hat{=}$ 135 °), $\varphi = 7/6\pi$ ($\hat{=}$ 210 °).

Lösung: $\mathbf{T}^{(\psi)} = \frac{1}{2}\begin{bmatrix} \sqrt{3} & -1 & 0 \\ 1 & \sqrt{3} & 0 \\ 0 & 0 & 2 \end{bmatrix}, \mathbf{T}^{(\vartheta)} = \frac{1}{2}\begin{bmatrix} 2 & 0 & 0 \\ 0 & -\sqrt{2} & -\sqrt{2} \\ 0 & \sqrt{2} & -\sqrt{2} \end{bmatrix}, \mathbf{T}^{(\varphi)} = \frac{1}{2}\begin{bmatrix} -\sqrt{3} & 1 & 0 \\ -1 & -\sqrt{3} & 0 \\ 0 & 0 & 2 \end{bmatrix},$

$$\mathbf{T}_E = \mathbf{T}^{(\psi)} \cdot \mathbf{T}^{(\vartheta)} \cdot \mathbf{T}^{(\varphi)} = \frac{1}{8}\begin{bmatrix} -6-\sqrt{2} & 2\sqrt{3}-\sqrt{6} & -2\sqrt{2} \\ \sqrt{6}-2\sqrt{3} & 2+3\sqrt{2} & 2\sqrt{6} \\ 2\sqrt{2} & 2\sqrt{6} & -4\sqrt{2} \end{bmatrix}.$$

Beispiel 2-13:

Stellen Sie eine Maple-Prozedur zur Verfügung, die bei Vorgabe einer Drehmatrix $\mathbf{T}_E$ die Eulerschen Winkel (ψ, ϑ, φ) berechnet.

Geg.: $$\mathbf{T}_E = \frac{1}{8}\begin{bmatrix} 6+\sqrt{3} & 3-2\sqrt{3} & 2 \\ 3-2\sqrt{3} & 2+3\sqrt{3} & 2\sqrt{3} \\ -2 & -2\sqrt{3} & 4\sqrt{3} \end{bmatrix}.$$

Lösung: Maple liefert uns zwei Lösungen:

1) $\varphi = 5\pi/6\ (\hat{=}\ 150°), \vartheta = \pi/6\ (\hat{=}\ 30°), \psi = -5\pi/6\ (\hat{=}\ -150°)$

2) $\varphi = -\pi/6\ (\hat{=}\ -30°), \vartheta = -\pi/6\ (\hat{=}\ -30°), \psi = \pi/6\ (\hat{=}\ 30°)$. ■

2.1.12 Homogene Koordinaten

Wie wir in den vorangegangenen Kapiteln gesehen haben, erfolgt die Drehung eines Punktes durch die Multiplikation einer Matrix mit einem Vektor in der Form $\mathbf{r}' = \mathbf{R} \cdot \mathbf{r}$. Dagegen wird die Verschiebung eines Punktes durch eine Vektoraddition beschrieben. Um in automatisierten Ingenieuranwendungen beide Operationen in eine einheitliche Form von Matrixmultiplikationen zu bringen, wird durch Einführung *homogener Koordinaten* (engl. *homeogeneous coordinates*), die in der Mathematik auch *projektive Koordinaten* genannt werden, eine Homogenisierung sämtlicher Rechenschritte erwirkt[1]. Dazu wird allgemein einem n-dimensionalen Vektor $\mathbf{r}$ in der letzten Zeile ein zusätzliches Element mit dem Wert 1 angefügt. Der Vektor $\mathbf{r}$ geht dann über in den n + 1-dimensionalen Vektor $\mathbf{r}_H$. Die Homogenisierung einer n×n-Matrix $\mathbf{T}$ führt auf eine $(n+1)\times(n+1)$-Matrix $\mathbf{T}_H$ derart, dass in der letzten Zeile und der letzten Spalte der Einheitsvektor $\mathbf{e}_{n+1}$ hinzugefügt wird. Damit sind

$$\mathbf{r}_H = \begin{bmatrix} \mathbf{r} \\ 1 \end{bmatrix}, \qquad \mathbf{T}_H = \begin{bmatrix} \mathbf{T} & \mathbf{0} \\ \mathbf{0}^T & 1 \end{bmatrix}.$$

In homogenen Koordinaten ist dann das Produkt aus Matrix und Vektor

$$(\mathbf{R} \cdot \mathbf{r})_H = \begin{bmatrix} \mathbf{T} \cdot \mathbf{r} \\ 1 \end{bmatrix} = \begin{bmatrix} \mathbf{T} \cdot \mathbf{r} & 1 \cdot \mathbf{0} \\ \mathbf{0}^T \cdot \mathbf{r} & 1 \cdot 1 \end{bmatrix} = \begin{bmatrix} \mathbf{T} & \mathbf{0} \\ \mathbf{0}^T & 1 \end{bmatrix} \cdot \begin{bmatrix} \mathbf{r} \\ 1 \end{bmatrix} = \begin{bmatrix} \mathbf{T} \cdot \mathbf{r} \\ 1 \end{bmatrix} = \mathbf{T}_H \cdot \mathbf{r}_H .$$

---

[1] August Ferdinand Möbius, deutscher Mathematiker und Astronom (Leiter der Leipziger Sternwarte auf der Pleißenburg), 1790–1868

Auch die Addition zweier Vektoren **a** und **b** kann in homogenen Koordinaten auf eine Matrix-Vektor-Multiplikation zurückgeführt werden:

$$(\mathbf{a}+\mathbf{b})_H = \begin{bmatrix} \mathbf{a}+\mathbf{b} \\ 1 \end{bmatrix} = \begin{bmatrix} \mathbf{1}\cdot\mathbf{a}+1\cdot\mathbf{b} \\ \mathbf{0}^T\cdot\mathbf{a}+1\cdot 1 \end{bmatrix} = \begin{bmatrix} \mathbf{1} & \mathbf{b} \\ \mathbf{0}^T & 1 \end{bmatrix}\cdot\begin{bmatrix} \mathbf{a} \\ 1 \end{bmatrix} = \begin{bmatrix} \mathbf{1} & \mathbf{b} \\ \mathbf{0}^T & 1 \end{bmatrix}\cdot\mathbf{a}_H\,.$$

Beispiel 2-14:

Gegeben sind die Eckpunkte $P_1(2,2,1)$, $P_2(6,2,1)$, $P_3(6,5,1)$, $P_4(2,5,1)$, $P_5(2,2,5)$, $P_6(6,2,5)$, $P_7(6,5,5)$, $P_8(2,5,5)$ des Quaders in Abb. 2.17. Der Quader wird um die Raumdiagonale $\mathbf{n} = [1 \quad 1 \quad 1]^T$ mit dem Winkel $\varphi = -\pi/3\,(\hat{=} -60°)$ gedreht, wobei die Drehachse durch den Punkt P_1 verläuft. Anschließend wird er mit dem Vektor $\mathbf{v} = [-8 \quad -2 \quad 0]^T$ verschoben. Gesucht werden die Eckpunkte $P_1^*, \ldots, P_8^*$ des so transformierten Quaders. Es soll eine Maple-Prozedur bereitgestellt werden, mit der die oben beschriebene Transformation automatisiert durchgeführt werden kann.

Lösung: Die Transformation erfolgt in vier Schritten:

1. Das Koordinatensystem wird in einen Punkt der Drehachse (hier der Punkt P_1) verschoben, womit die orientierte Drehachse **n** durch den neuen Ursprung verläuft.
2. In dieser Lage wird die Drehung um die Raumdiagonale **n** mit dem Winkel φ ausgeführt.
3. Danach wird die unter 1. vorgenommene Verschiebung des Koordinatensystems rückgängig gemacht.
4. Abschließend erfolgt die Translation mit dem Vektor **v**.

Diese Transformationen werden in homogenen Koordinaten durch das Produkt von vier Matrizen ausgedrückt, wobei die letzte Transformation (Translation mit **v**) ganz links steht.

$$\mathbf{T} = \underbrace{\left[\begin{array}{ccc|c} 1 & 0 & 0 & -8 \\ 0 & 1 & 0 & -2 \\ 0 & 0 & 1 & 0 \\ \hline 0 & 0 & 0 & 1 \end{array}\right]}_{\text{Verschiebung mit } \mathbf{v}} \cdot \underbrace{\left[\begin{array}{ccc|c} 1 & 0 & 0 & 2 \\ 0 & 1 & 0 & 2 \\ 0 & 0 & 1 & 1 \\ \hline 0 & 0 & 0 & 1 \end{array}\right]}_{\text{Verschiebung mit } P_1} \cdot \underbrace{\left[\begin{array}{ccc|c} 2/3 & 2/3 & -1/3 & 0 \\ -1/3 & 2/3 & 2/3 & 0 \\ 2/3 & -1/3 & 2/3 & 0 \\ \hline 0 & 0 & 0 & 1 \end{array}\right]}_{\text{Drehung mit -60° um die Raumdiagonale}} \cdot \underbrace{\left[\begin{array}{ccc|c} 1 & 0 & 0 & -2 \\ 0 & 1 & 0 & -2 \\ 0 & 0 & 1 & -1 \\ \hline 0 & 0 & 0 & 1 \end{array}\right]}_{\text{Veschiebung mit } -P_1}\,.$$

Maple liefert uns die resultierende Transformationsmatrix

$$\mathbf{T} = \begin{bmatrix} 2/3 & 2/3 & -1/3 & -25/3 \\ -1/3 & 2/3 & 2/3 & -4/3 \\ 2/3 & -1/3 & 2/3 & -1/3 \\ 0 & 0 & 0 & 1 \end{bmatrix}.$$

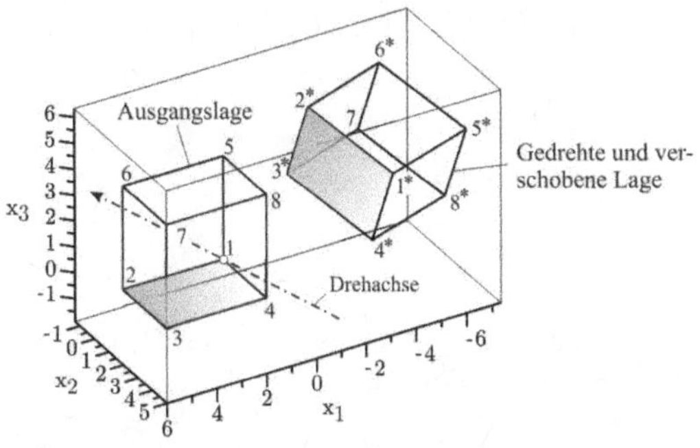

Abb. 2.17 *Hintereinanderschaltung von Drehung und Verschiebung eines starren Quaders*

Zur Berechnung der transformierten Punkte sind die homogenen Koordinaten der Originalpunkte von links mit der Transformationsmatrix **T** zu multiplizieren:

$$\underbrace{\begin{bmatrix} 2/3 & 2/3 & -1/3 & -25/3 \\ -1/3 & 2/3 & 2/3 & -4/3 \\ 2/3 & -1/3 & 2/3 & -1/3 \\ 0 & 0 & 0 & 1 \end{bmatrix}}_{\text{Transformationsmatrix } \mathbf{T}} \cdot \underbrace{\begin{bmatrix} 2 & 6 & 6 & 2 & 2 & 6 & 6 & 2 \\ 2 & 2 & 5 & 5 & 2 & 2 & 5 & 5 \\ 1 & 1 & 1 & 1 & 5 & 5 & 5 & 5 \\ \hline 1 & 1 & 1 & 1 & 1 & 1 & 1 & 1 \end{bmatrix}}_{\text{Koordinaten der Originalpunkte}} =$$

$$\underbrace{\begin{bmatrix} -6 & -10/3 & -4/3 & -4 & -22/3 & -14/3 & -8/3 & -16/3 \\ 0 & -4/3 & 2/3 & 2 & 8/3 & 4/3 & 10/3 & 14/3 \\ 1 & 11/3 & 8/3 & 0 & 11/3 & 19/3 & 16/3 & 8/3 \\ \hline 1 & 1 & 1 & 1 & 1 & 1 & 1 & 1 \end{bmatrix}}_{\text{Koordinaten der transformierten Punkte}}.$$

■

2.1.13 Zeitliche Änderung vektorieller Größen

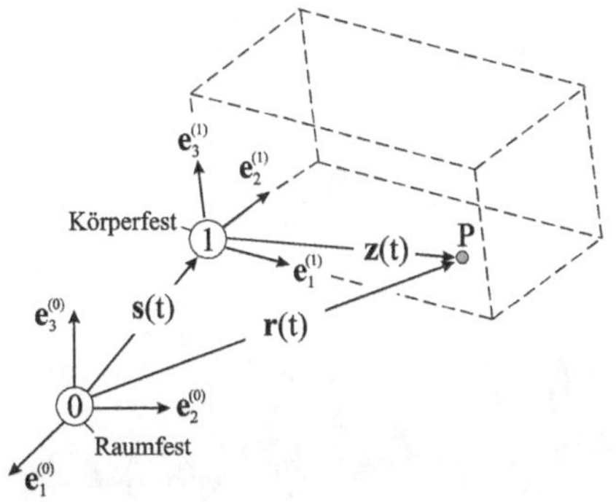

Abb. 2.18 *Raumfestes (0)- und körperfestes (1)-Koordinatensystem*

Die Lage des Punktes *P* eines starren Körpers im Raum (Abb. 2.18) ist durch

$$\mathbf{r}(t) = \mathbf{s}(t) + \mathbf{z}(t)$$

festgelegt. In raumfesten Koordinaten mit dem Ursprung in ⓪ ist dann

$$\mathbf{r}^{(0)}(t) = \mathbf{s}^{(0)}(t) + \mathbf{z}^{(0)}(t) .$$

Der Vektor $\mathbf{z}(t)$ wird i. Allg. im körperfesten Koordinatensystem angegeben. Die Darstellung im raumfesten System erfolgt dann durch Transformation in der Form

$$\mathbf{z}^{(0)}(t) = \mathbf{T}(t) \cdot \mathbf{z}^{(1)} ,$$

wobei in der obigen Beziehung beachtet wurde, dass ein mit dem starren Körper mitbewegter Beobachter den Vektor $\mathbf{z}^{(1)}$ als zeitlich unabhängig identifiziert. Damit ist

$$\mathbf{r}^{(0)}(t) = \mathbf{s}^{(0)}(t) + \mathbf{T}(t) \cdot \mathbf{z}^{(1)} .$$

Geschwindigkeit und Winkelgeschwindigkeit

Die Geschwindigkeit des Punktes *P* des starren Körpers erhalten wir in bekannter Weise durch die Zeitableitung

$$\dot{\mathbf{r}}^{(0)}(t) = \dot{\mathbf{s}}^{(0)}(t) + \dot{\mathbf{z}}^{(0)}(t) = \dot{\mathbf{s}}^{(0)}(t) + \boldsymbol{\omega}^{(0)}(t) \times \mathbf{z}^{(0)}(t) .$$

Gehen wir auf eine Orthonormalbasis über, dann kann das in der obigen Beziehung auftretende Kreuzprodukt immer als Skalarprodukt von Matrix und Vektor in der Form

$$\boldsymbol{\omega}^{(0)} \times \mathbf{z}^{(0)} \equiv \boldsymbol{\Omega}^{(0)} \cdot \mathbf{z}^{(0)} \tag{2.41}$$

mit

$$\boldsymbol{\omega}^{(0)} = \begin{bmatrix} \omega_1 \\ \omega_2 \\ \omega_3 \end{bmatrix}^{(0)} , \quad \mathbf{z}^{(0)} = \begin{bmatrix} z_1 \\ z_2 \\ z_3 \end{bmatrix}^{(0)} , \quad \boldsymbol{\Omega}^{(0)} = \begin{bmatrix} 0 & -\omega_3 & \omega_2 \\ \omega_3 & 0 & -\omega_1 \\ -\omega_2 & \omega_1 & 0 \end{bmatrix}^{(0)} \tag{2.42}$$

geschrieben werden. Andererseits ist aber auch

$$\dot{\mathbf{r}}^{(0)}(t) = \dot{\mathbf{s}}^{(0)}(t) + \dot{\mathbf{T}}(t) \cdot \mathbf{z}^{(1)} = \dot{\mathbf{s}}^{(0)}(t) + \dot{\mathbf{T}}(t) \cdot \mathbf{T}^{\mathrm{T}}(t) \cdot \mathbf{z}^{(0)}(t) .$$

Ein Vergleich mit (7.88) zeigt:

$$\boldsymbol{\Omega}^{(0)}(t) = \dot{\mathbf{T}}(t) \cdot \mathbf{T}^{\mathrm{T}}(t) \quad \Leftrightarrow \quad \dot{\mathbf{T}}(t) = \boldsymbol{\Omega}^{(0)}(t) \cdot \mathbf{T}(t) ,$$

wobei die Komponenten der Matrix $\boldsymbol{\Omega}^{(0)}$ die Winkelgeschwindigkeiten $\omega_j^{(0)}$ des starren Körpers im raumfesten 0-Koordinatensystem angeben. Für die Geschwindigkeit selbst können wir dann wahlweise

$$\dot{\mathbf{r}}^{(0)}(t) = \dot{\mathbf{s}}^{(0)}(t) + \mathbf{\Omega}^{(0)}(t) \cdot \mathbf{z}^{(0)}(t)$$

oder auch

$$\dot{\mathbf{r}}^{(0)}(t) = \dot{\mathbf{s}}^{(0)}(t) + \mathbf{\Omega}^{(0)}(t) \cdot \mathbf{T}(t) \cdot \mathbf{z}^{(1)}$$

schreiben. Wird die Geschwindigkeit im körperfesten 1-Koordinatensystem gewünscht, dann ist

$$\begin{aligned}\dot{\mathbf{r}}^{(1)}(t) &= \mathbf{T}^{\mathrm{T}}(t) \cdot \dot{\mathbf{r}}^{(0)}(t) = \mathbf{T}^{\mathrm{T}}(t) \cdot \dot{\mathbf{s}}^{(0)}(t) + \mathbf{T}^{\mathrm{T}}(t) \cdot \mathbf{\Omega}^{(0)}(t) \cdot \mathbf{T}(t) \cdot \mathbf{z}^{(1)} \\ &= \mathbf{T}^{\mathrm{T}}(t) \cdot \dot{\mathbf{s}}^{(0)}(t) + \mathbf{\Omega}^{(1)}(t) \cdot \mathbf{z}^{(1)},\end{aligned}$$

mit

$$\mathbf{\Omega}^{(1)}(t) = \mathbf{T}^{\mathrm{T}}(t) \cdot \mathbf{\Omega}^{(0)}(t) \cdot \mathbf{T}(t) .$$

Beschleunigung und Winkelbeschleunigung

Zur Berechnung der Beschleunigung leiten wir den Geschwindigkeitsvektor $\dot{\mathbf{r}}^{(0)}(t)$ nach der Zeit *t* ab und erhalten unter Berücksichtigung von $\dot{\mathbf{T}}(t) = \mathbf{\Omega}^{(0)}(t) \cdot \mathbf{T}(t)$ die Beschleunigung des Punktes *P* in raumfesten Koordinaten

$$\begin{aligned}\ddot{\mathbf{r}}^{(0)}(t) &= \ddot{\mathbf{s}}^{(0)}(t) + [\dot{\mathbf{\Omega}}^{(0)}(t) \cdot \mathbf{T}(t) + \mathbf{\Omega}^{(0)}(t) \cdot \dot{\mathbf{T}}(t)] \cdot \mathbf{z}^{(1)} \\ &= \ddot{\mathbf{s}}^{(0)}(t) + [\dot{\mathbf{\Omega}}^{(0)}(t) + \mathbf{\Omega}^{(0)}(t) \cdot \mathbf{\Omega}^{(0)}(t)] \cdot \mathbf{T}(t) \cdot \mathbf{z}^{(1)}.\end{aligned}$$

Wird die Beschleunigung des Punktes *P* im körperfesten 1-Koordinatensystem benötigt, dann folgt aus der Transformationsbeziehung $\ddot{\mathbf{r}}^{(1)}(t) = \mathbf{R}^{\mathrm{T}}(t) \cdot \ddot{\mathbf{r}}^{(0)}(t)$

$$\begin{aligned}\ddot{\mathbf{r}}^{(1)}(t) &= \mathbf{T}^{\mathrm{T}}(t) \cdot \ddot{\mathbf{s}}^{(0)}(t) + \mathbf{T}^{\mathrm{T}}(t) \cdot [\dot{\mathbf{\Omega}}^{(0)}(t) + \mathbf{\Omega}^{(0)}(t) \cdot \mathbf{\Omega}^{(0)}(t)] \cdot \mathbf{T}(t) \cdot \mathbf{z}^{(1)} \\ &= \mathbf{T}^{\mathrm{T}}(t) \cdot \ddot{\mathbf{s}}^{(0)}(t) + \mathbf{T}^{\mathrm{T}}(t) \cdot [\dot{\mathbf{\Omega}}^{(0)}(t) + \mathbf{\Omega}^{(0)}(t) \cdot \underbrace{\mathbf{T}(t) \cdot \mathbf{T}^{\mathrm{T}}(t)}_{=1} \cdot \mathbf{\Omega}^{(0)}(t)] \cdot \mathbf{T}(t) \cdot \mathbf{z}^{(1)}.\end{aligned}$$

Mit

$$\dot{\mathbf{\Omega}}^{(1)}(t) = \mathbf{T}^{\mathrm{T}}(t) \cdot \dot{\mathbf{\Omega}}^{(0)}(t) \cdot \mathbf{T}(t)$$

folgt dann

$$\ddot{\mathbf{r}}^{(1)}(t) = \mathbf{T}^{\mathrm{T}}(t) \cdot \ddot{\mathbf{s}}^{(0)}(t) + [\dot{\mathbf{\Omega}}^{(1)}(t) + \mathbf{\Omega}^{(1)}(t) \cdot \mathbf{\Omega}^{(1)}(t)] \cdot \mathbf{z}^{(1)} .$$

Geschwindigkeit und Winkelgeschwindigkeit für die Kardandrehwinkel

Wir fassen die Kardandrehwinkel im Vektor

$$\varphi_K(t) = [\alpha(t) \quad \beta(t) \quad \gamma(t)]^{\mathrm{T}}$$

zusammen. Zur Berechnung der antimetrischen Matrix der Winkelgeschwindigkeiten

$$\mathbf{\Omega}_K^{(0)}(t) = \dot{\mathbf{T}}_K(t) \cdot \mathbf{T}_K^T(t)$$

benötigen wir die zeitliche Änderung der Drehmatrix

$$\mathbf{T}_K = \begin{bmatrix} \cos\beta\cos\gamma & -\cos\beta\,\sin\gamma & \sin\beta \\ \cos\alpha\,\sin\gamma + \sin\alpha\,\sin\beta\cos\gamma & \cos\alpha\cos\gamma - \sin\alpha\,\sin\beta\sin\gamma & -\sin\alpha\cos\beta \\ \sin\alpha\sin\gamma - \cos\alpha\,\sin\beta\cos\gamma & \sin\alpha\cos\gamma + \cos\alpha\,\sin\beta\,\sin\gamma & \cos\alpha\,\cos\beta \end{bmatrix}.$$

Die Anwendung der Kettenregel liefert

$$\dot{\mathbf{T}}_K(t) = \frac{\partial \mathbf{T}_K}{\partial \alpha}\dot{\alpha} + \frac{\partial \mathbf{T}_K}{\partial \beta}\dot{\beta} + \frac{\partial \mathbf{T}_K}{\partial \gamma}\dot{\gamma}.$$

Die rechenintensive Ableitung der Drehmatrix $\mathbf{T}_K(t)$ und die anschließende Matrizenmultiplikation überlassen wir Maple. Das Ergebnis ist die antimetrische Matrix der Winkelgeschwindigkeiten

$$\mathbf{\Omega}_K^{(0)}(t) = \begin{bmatrix} 0 & -\dot{\beta}\sin\alpha - \dot{\gamma}\cos\alpha\cos\beta & \dot{\beta}\cos\alpha - \dot{\gamma}\sin\alpha\cos\beta \\ & 0 & -\dot{\alpha} - \dot{\gamma}\sin\beta \\ \mathit{ant.} & & 0 \end{bmatrix},$$

und ein Vergleich mit (2.42) zeigt

$$\begin{bmatrix} \omega_1 \\ \omega_2 \\ \omega_3 \end{bmatrix}^{(0)} = \underbrace{\begin{bmatrix} 1 & 0 & \sin\beta \\ 0 & \cos\alpha & -\sin\alpha\cos\beta \\ 0 & \sin\alpha & \cos\alpha\cos\beta \end{bmatrix}}_{=\mathbf{C}_0(\alpha,\beta)} \cdot \begin{bmatrix} \dot{\alpha} \\ \dot{\beta} \\ \dot{\gamma} \end{bmatrix}.$$

Zwischen den Winkelgeschwindigkeiten $\boldsymbol{\omega}^{(0)}$ und den Kardanwinkelgeschwindigkeiten $\dot{\boldsymbol{\varphi}}_K$ besteht somit der Zusammenhang

$$\boldsymbol{\omega}^{(0)} = \mathbf{C}_0(\alpha,\beta) \cdot \dot{\boldsymbol{\varphi}}_K .$$

Umgekehrt folgen durch Invertierung der obigen Beziehung die Koordinaten der Kardanwinkelgeschwindigkeiten

$$\begin{bmatrix} \dot{\alpha} \\ \dot{\beta} \\ \dot{\gamma} \end{bmatrix} = \underbrace{\frac{1}{\cos\beta}\begin{bmatrix} \cos\beta & \sin\alpha\sin\beta & -\cos\alpha\sin\beta \\ 0 & \cos\alpha\cos\beta & \sin\alpha\cos\beta \\ 0 & -\sin\alpha & \cos\alpha \end{bmatrix}}_{=\mathbf{C}_0^{-1}(\alpha,\beta)} \cdot \begin{bmatrix} \omega_1 \\ \omega_2 \\ \omega_3 \end{bmatrix}^{(0)},$$

oder symbolisch

$$\dot{\boldsymbol{\varphi}}_K = \mathbf{C}_0^{-1}(\alpha,\beta) \cdot \boldsymbol{\omega}^{(0)}, \qquad |\beta| \neq \pi/2 .$$

Soll die Geschwindigkeit in körperfesten Koordinaten des 1-Systems angegeben werden, dann gilt

$$\dot{\mathbf{r}}^{(1)}(t)=\mathbf{T}_K^T(t)\cdot\dot{\mathbf{r}}^{(0)}(t)=\mathbf{T}_K^T(t)\cdot\dot{\mathbf{s}}^{(0)}(t)+\underbrace{\mathbf{T}_K^T(t)\cdot\mathbf{\Omega}_K^{(0)}(t)\cdot\mathbf{T}_K(t)}_{=\mathbf{\Omega}_K^{(1)}(t)}\cdot\mathbf{z}^{(1)},$$

und damit

$$\dot{\mathbf{r}}^{(1)}(t)=\mathbf{T}_K^T(t)\cdot\dot{\mathbf{s}}^{(0)}(t)+\mathbf{\Omega}_K^{(1)}\cdot\mathbf{z}^{(1)}.$$

Maple liefert uns die antimetrische Matrix der Winkelgeschwindigkeiten in körperfesten Koordinaten

$$\mathbf{\Omega}_K^{(1)}(t)=\begin{bmatrix}0 & -\dot{\alpha}\sin\beta-\dot{\gamma} & -\dot{\alpha}\cos\beta\sin\gamma+\dot{\beta}\cos\gamma\\ & 0 & -\dot{\alpha}\cos\beta\cos\gamma-\dot{\beta}\sin\gamma\\ \mathit{ant.} & & 0\end{bmatrix}=\!=\begin{bmatrix}0 & -\omega_3 & \omega_2\\ \omega_3 & 0 & -\omega_1\\ -\omega_2 & \omega_1 & 0\end{bmatrix}^{(1)},$$

und ein Vergleich mit obiger Beziehung zeigt

$$\begin{bmatrix}\omega_1\\ \omega_2\\ \omega_3\end{bmatrix}^{(1)}=\underbrace{\begin{bmatrix}\cos\beta\cos\gamma & \sin\gamma & 0\\ -\cos\beta\sin\gamma & \cos\gamma & 0\\ \sin\beta & 0 & 1\end{bmatrix}}_{=\mathbf{C}_1(\beta,\gamma)}\cdot\begin{bmatrix}\dot{\alpha}\\ \dot{\beta}\\ \dot{\gamma}\end{bmatrix},$$

oder symbolisch

$$\boldsymbol{\omega}^{(1)}=\mathbf{C}_1(\beta,\gamma)\cdot\dot{\boldsymbol{\varphi}}_K.$$

Umgekehrt folgen durch Invertierung der obigen Beziehung die Koordinaten des Winkelgeschwindigkeitsvektors im körperfesten Koordinatensystem

$$\begin{bmatrix}\dot{\alpha}\\ \dot{\beta}\\ \dot{\gamma}\end{bmatrix}=\underbrace{\frac{1}{\cos\beta}\begin{bmatrix}\cos\gamma & -\sin\gamma & 0\\ \cos\beta\sin\gamma & \cos\beta\cos\gamma & 0\\ -\sin\beta\cos\gamma & \sin\beta\sin\gamma & \cos\beta\end{bmatrix}}_{=\mathbf{C}_1^{-1}(\beta,\gamma)}\cdot\begin{bmatrix}\omega_1\\ \omega_2\\ \omega_3\end{bmatrix}^{(1)},$$

oder symbolisch

$$\dot{\boldsymbol{\varphi}}_K=\mathbf{C}_1^{-1}(\beta,\gamma)\cdot\boldsymbol{\omega}^{(1)},\qquad |\beta|\neq\pi/2.$$

Zwischen den Transformationsmatrizen $\mathbf{C}_0(\alpha,\beta)$ und $\mathbf{C}_1(\beta,\gamma)$ bestehen folgende Zusammenhänge

$$\mathbf{C}_0=\mathbf{T}_K\cdot\mathbf{C}_1\quad\Leftrightarrow\quad\mathbf{C}_1=\mathbf{T}_K^T\cdot\mathbf{C}_0.$$

Im Falle kleiner Kardandrehwinkel darf linearisiert werden. Das Ergebnis ist:

$$\mathbf{C}_{0,\text{Lin}}(\alpha,\beta)=\begin{bmatrix}1&0&\beta\\0&1&-\alpha\\0&\alpha&1\end{bmatrix},\qquad\rightarrow\begin{bmatrix}\omega_1\\\omega_2\\\omega_3\end{bmatrix}_{\text{Lin}}^{(0)}=\begin{bmatrix}\dot\alpha\\\dot\beta\\\dot\gamma\end{bmatrix}+\begin{bmatrix}\beta\dot\gamma\\-\alpha\dot\gamma\\\alpha\beta\end{bmatrix},$$

$$\mathbf{C}_{1,\text{Lin}}(\beta,\gamma)=\begin{bmatrix}1&\gamma&0\\-\gamma&1&0\\\beta&0&1\end{bmatrix},\qquad\rightarrow\begin{bmatrix}\omega_1\\\omega_2\\\omega_3\end{bmatrix}_{\text{Lin}}^{(1)}=\begin{bmatrix}\dot\alpha\\\dot\beta\\\dot\gamma\end{bmatrix}+\begin{bmatrix}\dot\beta\gamma\\-\dot\alpha\gamma\\\dot\alpha\beta\end{bmatrix}.$$

Geschwindigkeit und Winkelgeschwindigkeit für die Eulerdrehwinkel
Wir fassen die Eulerdrehwinkel im Vektor

$$\varphi_{\text{E}}(t)=[\psi(t)\quad\vartheta(t)\quad\varphi(t)]^{\text{T}}$$

zusammen. Zur Berechnung der antimetrischen Matrix der Winkelgeschwindigkeiten

$$\mathbf{\Omega}_{\text{E}}^{(0)}(t)=\dot{\mathbf{T}}_{\text{E}}(t)\cdot\mathbf{T}_{\text{E}}^{\text{T}}(t)$$

benötigen wir die zeitliche Änderung der Drehmatrix $\mathbf{T}_{\text{E}}$. Die Anwendung der Kettenregel liefert

$$\dot{\mathbf{T}}_{\text{E}}(t)=\frac{\partial\mathbf{T}_{\text{E}}}{\partial\psi}\dot\psi+\frac{\partial\mathbf{T}_{\text{E}}}{\partial\theta}\dot\vartheta+\frac{\partial\mathbf{T}_{\text{E}}}{\partial\varphi}\dot\varphi\,.$$

Die Ableitung der Drehmatrix $\mathbf{T}_{\text{E}}(t)$ und die anschließende Matrizenmultiplikation überlassen wir wieder Maple. Das Ergebnis ist die antimetrische Matrix

$$\mathbf{\Omega}_{\text{E}}^{(0)}(t)=\begin{bmatrix}0&-\dot\psi-\dot\varphi\cos\vartheta&-\dot\varphi\cos\psi\sin\vartheta+\dot\vartheta\sin\psi\\&0&-\dot\varphi\sin\psi\sin\vartheta-\dot\vartheta\cos\psi\\ \textit{ant.}&&0\end{bmatrix}=\begin{bmatrix}0&-\omega_3&\omega_2\\\omega_3&0&-\omega_1\\-\omega_2&\omega_1&0\end{bmatrix}^{(0)},$$

und ein Vergleich mit (2.42) zeigt

$$\begin{bmatrix}\omega_1\\\omega_2\\\omega_3\end{bmatrix}^{(0)}=\underbrace{\begin{bmatrix}0&\cos\psi&\sin\psi\sin\vartheta\\0&\sin\psi&-\cos\psi\sin\vartheta\\1&0&\cos\vartheta\end{bmatrix}}_{=\mathbf{T}_0(\psi,\theta)}\cdot\begin{bmatrix}\dot\psi\\\dot\vartheta\\\dot\varphi\end{bmatrix}$$

oder symbolisch

$$\boldsymbol{\omega}^{(0)}=\mathbf{T}_0(\psi,\vartheta)\cdot\dot\varphi_{\text{E}}\,.$$

Umgekehrt folgen durch Invertierung der obigen Beziehung die Winkelgeschwindigkeiten

$$\begin{bmatrix}\dot\psi\\ \dot\vartheta\\ \dot\varphi\end{bmatrix} = \underbrace{\frac{1}{\sin\vartheta}\begin{bmatrix}-\sin\psi\cos\vartheta & \cos\psi\cos\vartheta & 1\\ \sin\vartheta\cos\psi & \sin\vartheta\sin\psi & 0\\ \sin\psi & -\cos\psi & 0\end{bmatrix}}_{=\mathbf{T}_0^{-1}(\psi,\vartheta)} \cdot \begin{bmatrix}\omega_1\\ \omega_2\\ \omega_3\end{bmatrix}^{(0)}$$

oder symbolisch

$$\dot{\varphi}_E = \mathbf{T}_0^{-1}(\psi,\vartheta)\cdot\boldsymbol{\omega}^{(0)}, \qquad |\vartheta| \neq 0, \pi .$$

Soll die Geschwindigkeit in körperfesten Koordinaten des 1-Systems angegeben werden, dann gilt

$$\dot{\mathbf{r}}^{(1)}(t) = \mathbf{T}_E^T(t)\cdot\dot{\mathbf{r}}^{(0)}(t) = \mathbf{T}_E^T(t)\cdot\dot{\mathbf{s}}^{(0)}(t) + \underbrace{\mathbf{T}_E^T(t)\cdot\boldsymbol{\Omega}_E^{(0)}(t)\cdot\mathbf{T}_E(t)}_{=\boldsymbol{\Omega}_E^{(1)}}\cdot\mathbf{z}^{(1)},$$

und damit

$$\dot{\mathbf{r}}^{(1)}(t) = \mathbf{T}_E^T(t)\cdot\dot{\mathbf{s}}^{(0)}(t) + \boldsymbol{\Omega}_E^{(1)}\cdot\mathbf{z}^{(1)} .$$

Maple liefert uns die antimetrische Matrix der Winkelgeschwindigkeiten in körperfesten Koordinaten

$$\boldsymbol{\Omega}_E^{(1)}(t) = \mathbf{T}_E^T(t)\cdot\dot{\mathbf{T}}_E(t) = \begin{bmatrix}0 & -\dot\varphi-\dot\psi\cos\vartheta & \dot\psi\sin\vartheta\cos\varphi-\dot\vartheta\sin\varphi\\ & 0 & -\dot\psi\sin\vartheta\sin\varphi-\dot\vartheta\cos\varphi\\ \mathit{ant.} & & 0\end{bmatrix},$$

und ein Vergleich mit

$$\boldsymbol{\Omega}_E^{(1)}(t) = \begin{bmatrix}0 & -\omega_3 & \omega_2\\ \omega_3 & 0 & -\omega_1\\ -\omega_2 & \omega_1 & 0\end{bmatrix}^{(1)}$$

zeigt

$$\begin{bmatrix}\omega_1\\ \omega_2\\ \omega_3\end{bmatrix}^{(1)} = \underbrace{\begin{bmatrix}\sin\vartheta\sin\varphi & \cos\varphi & 0\\ \sin\vartheta\cos\varphi & -\sin\varphi & 0\\ \cos\vartheta & 0 & 1\end{bmatrix}}_{=\mathbf{T}_1(\vartheta,\varphi)}\cdot\begin{bmatrix}\dot\psi\\ \dot\vartheta\\ \dot\varphi\end{bmatrix},$$

oder symbolisch

$$\boldsymbol{\omega}^{(1)} = \mathbf{T}_1(\vartheta,\varphi)\cdot\dot{\varphi}_E .$$

Umgekehrt folgen durch Invertierung der obigen Beziehung die Eulerwinkelgeschwindigkeiten

$$\begin{bmatrix}\dot{\varphi}\\ \dot{\vartheta}\\ \dot{\psi}\end{bmatrix} = \underbrace{\frac{1}{\sin\vartheta}\begin{bmatrix}\sin\varphi & \cos\varphi & 0\\ \sin\theta\cos\varphi & -\sin\theta\sin\varphi & 0\\ -\cos\theta\sin\varphi & -\cos\theta\cos\varphi & 1\end{bmatrix}}_{=\mathbf{T}_1^{-1}(\vartheta,\varphi)}\cdot\begin{bmatrix}\omega_1\\ \omega_2\\ \omega_3\end{bmatrix}^{(1)},$$

oder symbolisch

$$\dot{\boldsymbol{\varphi}}_E = \mathbf{T}_1^{-1}(\vartheta,\varphi)\cdot\boldsymbol{\omega}^{(1)}, \qquad |\vartheta| \neq 0, \pi.$$

Zwischen den Transformationsmatrizen $\mathbf{T}_0(\psi,\vartheta)$ und $\mathbf{T}_1(\vartheta,\varphi)$ bestehen folgende Zusammenhänge

$$\mathbf{T}_0 = \mathbf{T}_E \cdot \mathbf{T}_1 \quad \Leftrightarrow \quad \mathbf{T}_1 = \mathbf{T}_E^T \cdot \mathbf{T}_0 .$$

Im Falle kleiner Drehwinkel darf wieder linearisiert werden:

$$\mathbf{T}_{0,\mathrm{Lin}}(\psi,\vartheta) = \begin{bmatrix}0 & 1 & 0\\ 0 & \psi & -\vartheta\\ 1 & 0 & 1\end{bmatrix}, \qquad \rightarrow \begin{bmatrix}\omega_1\\ \omega_2\\ \omega_3\end{bmatrix}^{(0)}_{\mathrm{Lin}} = \begin{bmatrix}\dot{\vartheta}\\ \psi\dot{\vartheta} - \vartheta\dot{\varphi}\\ \dot{\psi} + \dot{\varphi}\end{bmatrix}.$$

$$\mathbf{T}_{1,\mathrm{Lin}}(\vartheta,\varphi) = \begin{bmatrix}0 & 1 & 0\\ \vartheta & -\varphi & 0\\ 1 & 0 & 1\end{bmatrix}, \qquad \rightarrow \begin{bmatrix}\omega_1\\ \omega_2\\ \omega_3\end{bmatrix}^{(1)}_{\mathrm{Lin}} = \begin{bmatrix}\dot{\vartheta}\\ \dot{\psi}\vartheta - \dot{\vartheta}\varphi\\ \dot{\psi} + \dot{\varphi}\end{bmatrix}.$$

2.2 Ebene Bewegungen

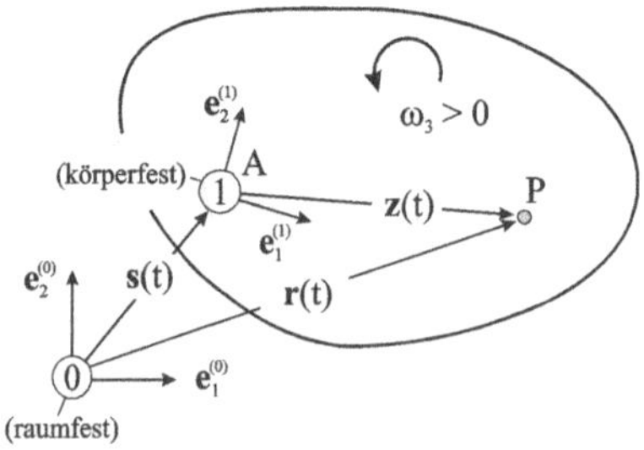

Abb. 2.19 Ebene Bewegung eines starren Körpers

Bei einer ebenen Bewegung des starren Körpers (Abb. 2.19) bewegen sich alle Punkte mit dem Ortsvektor

$$\mathbf{r}(t) = \mathbf{s}(t) + \mathbf{z}(t)$$

parallel zu einer raumfesten Ebene, und deren Abstände von dieser Ebene sind zeitlich konstant. Ist die $(x_1^{(0)}, x_2^{(0)})$-Ebene die Bewegungsebene, dann steht der Winkelgeschwindigkeitsvektor

$$\boldsymbol{\omega}^{(0)}(t) = \omega_3^{(0)}(t)\mathbf{e}_3^{(0)}$$

senkrecht auf dieser Ebene. Wie im räumlichen Fall, ist auch dieser Vektor ein freier Vektor, und mit einem Drehfreiheitsgrad und zwei Translationsfreiheitsgraden besitzt die ebene Bewegung des starren Körpers genau drei Freiheitsgrade. Für die Geschwindigkeit und Beschleunigung gelten dann die Beziehungen

$$\mathbf{v}(t) \equiv \dot{\mathbf{r}}(t) = \dot{\mathbf{s}}(t) + \dot{\mathbf{z}}(t) = \dot{\mathbf{s}}(t) + \boldsymbol{\omega}(t) \times \mathbf{z}(t)$$

$$\mathbf{a}(t) \equiv \ddot{\mathbf{r}}(t) = \ddot{\mathbf{s}}(t) + \dot{\boldsymbol{\omega}}(t) \times \mathbf{z}(t) + \boldsymbol{\omega}(t) \times \dot{\mathbf{z}}(t) = \ddot{\mathbf{s}}(t) + \dot{\boldsymbol{\omega}}(t) \times \mathbf{z}(t) - \omega^2(t)\,\mathbf{z}(t)\,.$$

Wenn wir $\omega_1^{(0)} = \omega_2^{(0)} = 0$ beachten, dann können sämtliche Ergebnisse aus Kap. 2.1.13 übernommen werden. Im Einzelnen erhalten wir

$$\boldsymbol{\Omega}^{(0)}(t) = \begin{bmatrix} 0 & -\omega_3^{(0)} & 0 \\ \omega_3^{(0)} & 0 & 0 \\ 0 & 0 & 0 \end{bmatrix},$$

und bei einer Drehung um die 3-Achse mit dem Winkel γ sind

$$\mathbf{T}_3(t) = \begin{bmatrix} \cos\gamma & -\sin\gamma & 0 \\ \sin\gamma & \cos\gamma & 0 \\ 0 & 0 & 1 \end{bmatrix}, \qquad \dot{\mathbf{T}}_3(t) = \dot{\gamma}\begin{bmatrix} -\sin\gamma & -\cos\gamma & 0 \\ \cos\gamma & -\sin\gamma & 0 \\ 0 & 0 & 0 \end{bmatrix}.$$

Ein Vergleich mit

$$\boldsymbol{\Omega}^{(0)}(t) = \dot{\mathbf{T}}_3(t) \cdot \mathbf{T}_3^{\mathrm{T}}(t) = \begin{bmatrix} 0 & -\dot{\gamma} & 0 \\ \dot{\gamma} & 0 & 0 \\ 0 & 0 & 0 \end{bmatrix} \equiv \begin{bmatrix} 0 & -\omega_3^{(0)} & 0 \\ \omega_3^{(0)} & 0 & 0 \\ 0 & 0 & 0 \end{bmatrix}$$

zeigt

$$\dot{\gamma}(t) = \omega_3^{(0)}(t)\,.$$

Der Lagevektor eines Punktes *P* erscheint dann in der Form

$$\mathbf{r}^{(0)} = \mathbf{s}^{(0)} + \mathbf{T}_3 \cdot \mathbf{z}^{(1)} = \begin{bmatrix} s_1 + z_1 \cos\gamma - z_2 \sin\gamma \\ s_2 + z_1 \sin\gamma + z_2 \cos\gamma \\ 0 \end{bmatrix},$$

und für die Geschwindigkeit können wir wahlweise

$$\dot{\mathbf{r}}^{(0)}(t) = \dot{\mathbf{s}}^{(0)}(t) + \boldsymbol{\Omega}^{(0)}(t) \cdot \mathbf{z}^{(1)}(t) = \begin{bmatrix} \dot{s}_1 - z_1\dot{\gamma}\sin\gamma - z_2\dot{\gamma}\cos\gamma \\ \dot{s}_2 + z_1\dot{\gamma}\cos\gamma - z_2\dot{\gamma}\sin\gamma \\ 0 \end{bmatrix},$$

oder auch unter Berücksichtigung von $\boldsymbol{\Omega}^{(1)}(t) = \mathbf{T}_3^T(t) \cdot \boldsymbol{\Omega}^{(0)}(t) \cdot \mathbf{T}_3(t) = \boldsymbol{\Omega}^{(0)}(t)$

$$\dot{\mathbf{r}}^{(1)}(t) = \mathbf{T}_3^T \cdot \dot{\mathbf{s}}^{(0)}(t) + \boldsymbol{\Omega}^{(1)}(t) \cdot \mathbf{z}^{(1)}(t) = \begin{bmatrix} \dot{s}_1 \cos\gamma + \dot{s}_2 \sin\gamma - \dot{\gamma} z_2 \\ -\dot{s}_1 \sin\gamma + \dot{s}_2 \cos\gamma + \dot{\gamma} z_1 \\ 0 \end{bmatrix}$$

schreiben. Auch die hergeleiteten Beziehungen für die Beschleunigungen bleiben bestehen. So gilt für die Beschleunigung in raumfesten Koordinaten des 0-Systems

$$\ddot{\mathbf{r}}^{(0)}(t) = \ddot{\mathbf{s}}^{(0)}(t) + \left[\dot{\boldsymbol{\Omega}}^{(0)}(t) + \boldsymbol{\Omega}^{(0)}(t) \cdot \boldsymbol{\Omega}^{(0)}(t)\right] \cdot \mathbf{T}_3(t) \cdot \mathbf{z}^{(1)}.$$

Ausrechnen liefert

$$\ddot{\mathbf{r}}^{(0)}(t) = \begin{bmatrix} \ddot{s}_1 - (\dot{\gamma}^2 \cos\gamma + \ddot{\gamma}\sin\gamma)\, z_1 + (\dot{\gamma}^2 \sin\gamma - \ddot{\gamma}\cos\gamma)\, z_2 \\ \ddot{s}_2 - (\dot{\gamma}^2 \sin\gamma - \ddot{\gamma}\cos\gamma)\, z_1 - (\dot{\gamma}^2 \cos\gamma + \ddot{\gamma}\sin\gamma)\, z_2 \\ 0 \end{bmatrix}.$$

Für die Beschleunigung in körperfesten Koordinaten des 1-Systems folgt

$$\ddot{\mathbf{r}}^{(1)}(t) = \mathbf{T}_3^T \cdot \ddot{\mathbf{r}}^{(0)}(t) = \begin{bmatrix} \ddot{s}_1 \cos\gamma + \ddot{s}_2 \sin\gamma - \dot{\gamma}^2 z_1 - \ddot{\gamma} z_2 \\ -\ddot{s}_1 \sin\gamma + \ddot{s}_2 \cos\gamma + \ddot{\gamma} z_1 - \dot{\gamma}^2 z_2 \\ 0 \end{bmatrix}.$$

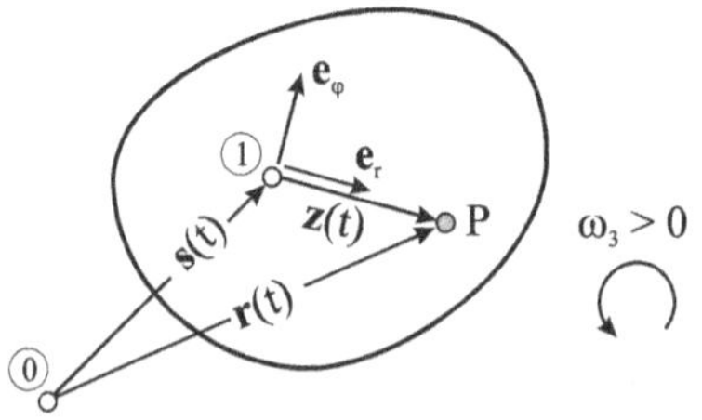

Abb. 2.20 *Ebene Bewegung, körperfeste Basis* $\boldsymbol{e}_r$, $\boldsymbol{e}_\varphi$

Führen wir im Punkt ① der Abb. 2.20 die körperfeste Basis $\mathbf{e}_r$ und $\mathbf{e}_\varphi$ ein, dann folgen unter Beachtung von $z = |\mathbf{z}|$ mit $\omega_3 = \dot{\gamma}$ und

$$\mathbf{z}(t) = z\,\mathbf{e}_r(t)\,,\ \dot{\mathbf{z}} = z\,\dot{\mathbf{e}}_r(t) = z\,\dot{\gamma}\,\mathbf{e}_\varphi\,,\ \ddot{\mathbf{z}} = z\,\ddot{\gamma}\,\mathbf{e}_\varphi - z\,\dot{\gamma}^2\,\mathbf{e}_r$$

Lage, Geschwindigkeit und Beschleunigung in der Form

$$\mathbf{r}(t) = \mathbf{s}(t) + \mathbf{z}(t) = \mathbf{s}(t) + z\,\mathbf{e}_r$$
$$\mathbf{v}(t) = \dot{\mathbf{r}}(t) = \dot{\mathbf{s}}(t) + \dot{\mathbf{z}}(t) = \dot{\mathbf{s}}(t) + z\,\omega_3\,\mathbf{e}_\varphi$$
$$\mathbf{a}(t) = \ddot{\mathbf{r}}(t) = \ddot{\mathbf{s}}(t) + \ddot{\mathbf{z}}(t) = \ddot{\mathbf{s}}(t) + z\,\dot{\omega}_3\,\mathbf{e}_\varphi - z\,\omega_3^2\,\mathbf{e}_r.$$

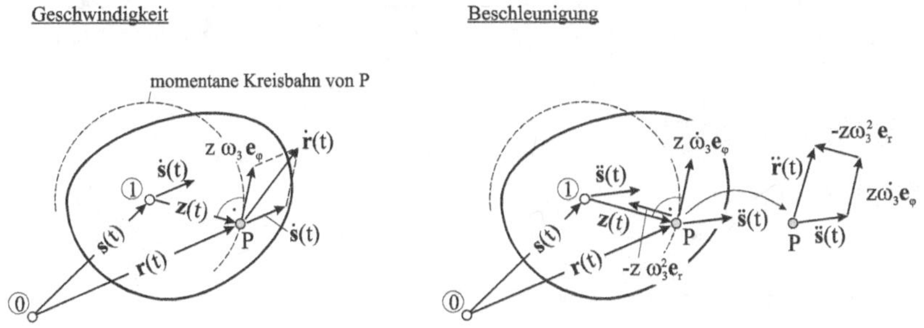

Abb. 2.21 Ebene Bewegung, Geschwindigkeit und Beschleunigung

Die Beziehungen für die Geschwindigkeit und die Beschleunigung bestehen jeweils aus zwei Anteilen, wobei die Größen $\mathbf{s}(t)$, $\dot{\mathbf{s}}(t)$, $\ddot{\mathbf{s}}(t)$ die Translation und $z\,\omega_3\,\mathbf{e}_\varphi$, $z\,\dot{\omega}_3\,\mathbf{e}_\varphi$, $-z\,\omega_3^2\,\mathbf{e}_r$ die Rotation des starren Körpers in Form einer momentanen Kreisbewegung mit dem Radius z um den Punkt ① beschreiben (s.h. Kap. 1.1.4). Die Tangentialgeschwindigkeit $z\,\omega_3\,\mathbf{e}_\varphi$ (engl. *tangent velocity*) und die Tangentialbeschleunigung $z\,\dot{\omega}_3\,\mathbf{e}_\varphi$ (engl. *tangent acceleration*) stehen senkrecht auf $\mathbf{z}(t)$, dagegen zeigt die Zentripetalbeschleunigung $-z\,\omega_3^2\,\mathbf{e}_r$ (engl. *centripetal acceleration*) des Punktes P entgegengesetzt zum Vektor $\mathbf{z}$ (Abb. 2.21).

2.2.1 Geschwindigkeits- und Beschleunigungspol

Wir wollen nun einen Satz herleiten, der besagt, dass die ebene Bewegung eines starren Körpers momentan als reine Drehung um eine zur Bewegungsrichtung senkrechte Achse aufgefasst werden kann.

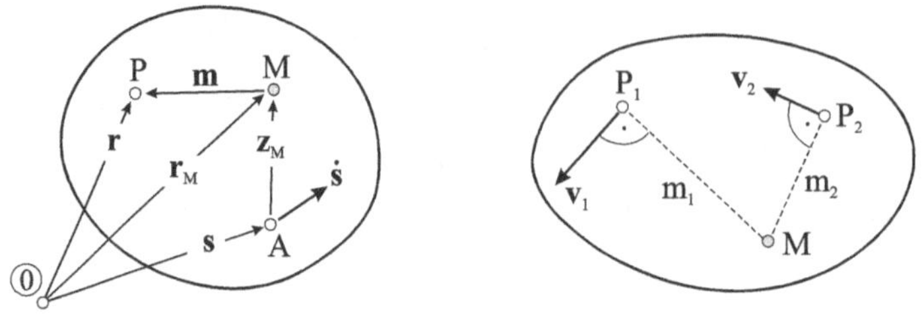

Abb. 2.22 Das Momentanzentrum M, Konstruktionsvorschrift zur Bestimmung von M

Zum Beweis zeigen wir, dass ein Punkt *M* existiert (Abb. 2.22), der momentan die Geschwindigkeit null besitzt und *Geschwindigkeitspol* (engl. *instantaneous center of rotation*) genannt wird[1]. Aus der Beziehung

$$\mathbf{v} \equiv \dot{\mathbf{r}}_M = \mathbf{0} = \dot{\mathbf{s}} + \boldsymbol{\omega} \times \mathbf{z}_M$$

folgt nach vektorieller Multiplikation von links mit $\boldsymbol{\omega}$ sowie unter Berücksichtigung des Entwicklungssatzes für zweifache Vektorprodukte

$$\mathbf{0} = \boldsymbol{\omega} \times \dot{\mathbf{s}} + \boldsymbol{\omega} \times (\boldsymbol{\omega} \times \mathbf{z}_M) = \boldsymbol{\omega} \times \dot{\mathbf{s}} + \boldsymbol{\omega}\, \underbrace{(\boldsymbol{\omega} \cdot \mathbf{z}_M)}_{=0} - \omega^2\, \mathbf{z}_M \,.$$

Die Auflösung nach $\mathbf{z}_M$ ergibt

$$\mathbf{z}_M = \frac{\boldsymbol{\omega} \times \dot{\mathbf{s}}}{\omega^2} ,$$

und mit $\mathbf{r}_M = \mathbf{s} + \mathbf{z}_M$ erhalten wir den Ortsvektor des Geschwindigkeitspols

$$\mathbf{r}_M = \mathbf{s} + \frac{\boldsymbol{\omega} \times \dot{\mathbf{s}}}{\omega^2} . \tag{2.43}$$

Wählen wir nun als Bezugspunkt anstelle des Punktes *A* den Geschwindigkeitspol *M*, dann liefert die Eulersche Geschwindigkeitsformel unter Beachtung von $\mathbf{v}_M = \mathbf{0}$

$$\mathbf{v} = \mathbf{v}_M + \boldsymbol{\omega} \times \mathbf{m} = \boldsymbol{\omega} \times \mathbf{m} ,$$

wobei **m** den Verbindungsvektor von *M* nach *P* bezeichnet (Abb. 2.22, links). Die momentane Bewegung des Körpers kann also als reine Rotation um den Geschwindigkeitspol aufgefasst werden. Den Betrag der Geschwindigkeit ermitteln wir zu

$$v = |\boldsymbol{\omega}|\,|\mathbf{m}| \sin \varphi_{\omega m} = \omega\, m , \quad \varphi_{\omega m} = \angle\, (\boldsymbol{\omega}, \mathbf{m}) = \pi / 2 .$$

---

[1] im räumlichen Fall ist ein solcher Punkt i. Allg. nicht zu finden

Ohne Anwendung der obigen Gleichungen können wir im Falle der ebenen Bewegung den Geschwindigkeitspol eines starren Körpers auch dadurch finden, indem wir in zwei Punkten auf die dort vorhandenen Geschwindigkeitsvektoren **v** das Lot errichten. Der Schnittpunkt der beiden Geraden ist der Geschwindigkeitspol *M* (Abb. 2.23, Mitte), der bei einer reinen Translationsbewegung im Unendlichen liegt. Bei parallelen Geschwindigkeitsvektoren (Abb. 2.23, rechts) finden wir den Geschwindigkeitspol als Schnittpunkt der beiden Geraden durch die Punkte 1 und 2 und die Spitzen der Geschwindigkeitspfeile. Das gilt auch, wenn v_1 entgegengesetzt der Richtung von v_2 ist (Abb. 2.23, links).

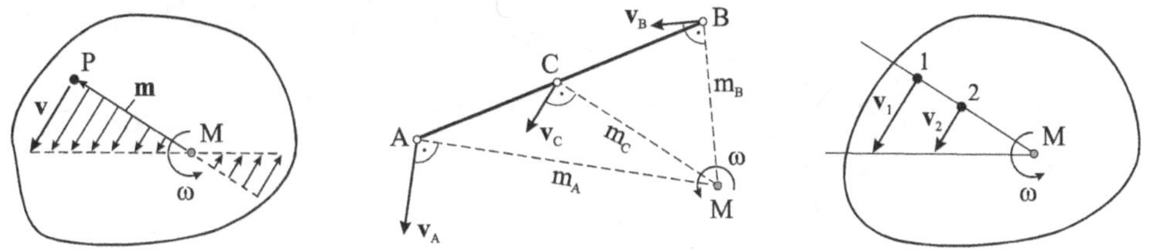

Abb. 2.23 *Das Geschwindigkeitspol M, Geschwindigkeitsfelder*

Der Geschwindigkeitspol kann auch außerhalb des Körpers liegen und ist i. Allg. kein fester Punkt, sondern verändert seine Lage während der Bewegung. Sein geometrischer Ort im raumfesten Koordinatensystem wird *Spurkurve* genannt, während der geometrische Ort von *M* im körperfesten System als *Rollkurve* bezeichnet wird (Abb. 2.24). Bei einer ebenen Bewegung rollt die Rollkurve ohne zu gleiten auf der Spurkurve ab, da *M* momentan stets in Ruhe ist.

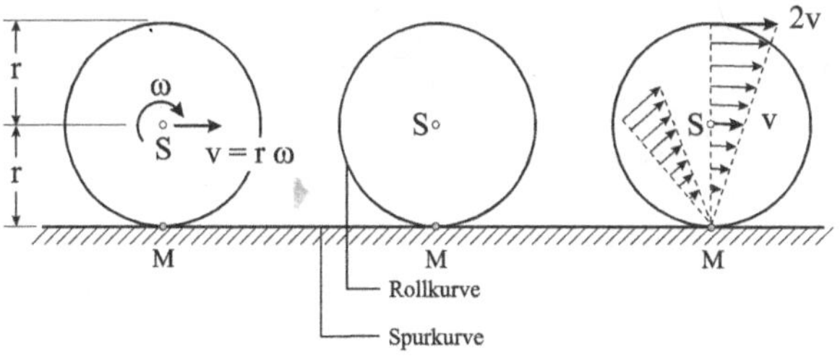

Abb. 2.24 *Rollendes Rad, Spur- und Rollkurve*

Die Beschleunigung des Geschwindigkeitspols ist i. Allg. nicht null, vielmehr erhalten wir

$$\begin{aligned}\mathbf{a}_M &= \ddot{\mathbf{r}}_M = \ddot{\mathbf{s}} + \dot{\boldsymbol{\omega}}\times\mathbf{z}_M + \boldsymbol{\omega}\times\dot{\mathbf{z}}_M \\ &= \ddot{\mathbf{s}} + \dot{\boldsymbol{\omega}}\times\mathbf{z}_M + \boldsymbol{\omega}\times(\boldsymbol{\omega}\times\mathbf{z}_M) = \ddot{\mathbf{s}} + \dot{\boldsymbol{\omega}}\times\mathbf{z}_M - \omega^2\mathbf{z}_M\end{aligned},$$

und mit der Definition von $\mathbf{z}_M$ folgt

$$\mathbf{a}_M = \ddot{\mathbf{s}} - \frac{\dot{\omega}}{\omega}\dot{\mathbf{s}} - \boldsymbol{\omega}\times\dot{\mathbf{s}}\,.$$

Auch für den Beschleunigungszustand kann im ebenen Fall ein Punkt gefunden werden, der momentan die Beschleunigung null besitzt und *Beschleunigungspol* (engl. *instantaneous center of acceleration*) genannt wird. Wir bezeichnen diesen Punkt mit *B*. Dann gilt

$$\mathbf{a}_B \equiv \mathbf{0} = \ddot{\mathbf{s}} + \dot{\boldsymbol{\omega}}\times\mathbf{z}_B + \boldsymbol{\omega}\times(\boldsymbol{\omega}\times\mathbf{z}_B) = \ddot{\mathbf{s}} + \dot{\boldsymbol{\omega}}\times\mathbf{z}_B - \omega^2\,\mathbf{z}_B\,.$$

Um aus dieser Beziehung den Vektor $\mathbf{z}_B$ herauszulösen, multiplizieren wir von links vektoriell mit $\dot{\boldsymbol{\omega}}$ und erhalten

$$\mathbf{0} = \dot{\boldsymbol{\omega}}\times\ddot{\mathbf{s}} + \dot{\boldsymbol{\omega}}\times(\dot{\boldsymbol{\omega}}\times\mathbf{z}_B) - \omega^2\,\dot{\boldsymbol{\omega}}\times\mathbf{z}_B = \dot{\boldsymbol{\omega}}\times\ddot{\mathbf{s}} - \dot{\omega}^2\,\mathbf{z}_B - \omega^2(\omega^2\,\mathbf{z}_B - \ddot{\mathbf{s}})\,.$$

Die Auflösung nach $\mathbf{z}_B$ ergibt

$$\mathbf{z}_B = \frac{\dot{\boldsymbol{\omega}}\times\ddot{\mathbf{s}} + \omega^2\,\ddot{\mathbf{s}}}{\dot{\omega}^2 + \omega^4}\,, \qquad (\,\dot{\omega}^2 + \omega^4 \neq 0\,).$$

Für den Ortsvektor des Beschleunigungspols folgt damit

$$\mathbf{r}_B = \mathbf{s} + \mathbf{z}_B = \mathbf{s} + \frac{\dot{\boldsymbol{\omega}}\times\ddot{\mathbf{s}} + \omega^2\,\ddot{\mathbf{s}}}{\dot{\omega}^2 + \omega^4}\,, \tag{2.44}$$

und seine Geschwindigkeit ist

$$\mathbf{v}_B \equiv \dot{\mathbf{r}}_B = \dot{\mathbf{s}} + \boldsymbol{\omega}\times\mathbf{z}_B = \dot{\mathbf{s}} + \frac{\omega^2\,\boldsymbol{\omega}\times\ddot{\mathbf{s}} - \omega\dot{\omega}\,\ddot{\mathbf{s}}}{\dot{\omega}^2 + \omega^4}\,.$$

Beispiel 2-15:

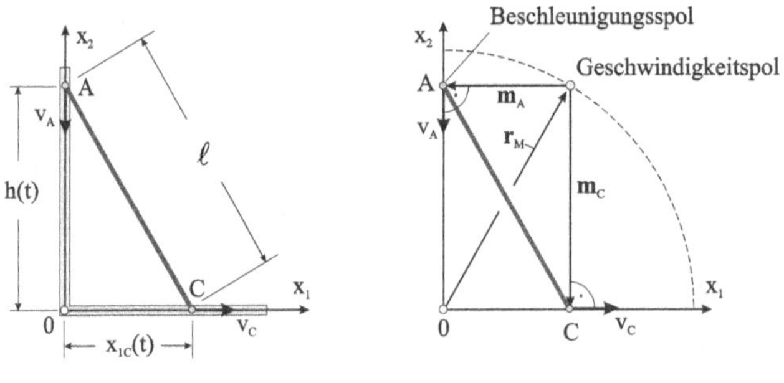

Abb. 2.25 *Abrutschen einer starren Leiter an einer Wand, M: Geschwindigkeitspol, B: Beschleunigungspol*

Die Abb. 2.25 zeigt eine an einer senkrechten Wand abrutschende Leiter der Länge ℓ, wobei der Punkt *A* die Wand und der Punkt *C* stets den Boden berührt. Gesucht werden Lage, Geschwindigkeit und Beschleunigung des Punktes *C*, wenn die Geschwindigkeit v_A des Kopfpunktes *A* konstant gehalten wird. Ferner sind Geschwindigkeits- und Beschleunigungspol der starren Leiter zu bestimmen. Zum Zeitpunkt t = 0 ist h(t = 0) = h_0.

Geg.: v_A, ℓ, h_0.

Lösung: Die Bewegung der starren Leiter wird durch einen Freiheitsgrad beschrieben. Das bedeutet, dass alle Zustandsgrößen durch diesen Freiheitsgrad ausgedrückt werden können. Wir wählen dazu die Anstellhöhe h(t). Zur Berechnung von Geschwindigkeit und Beschleunigung notieren wir die Ortsvektoren der Punkte *A* und *C* der Leiter in Abhängigkeit vom Freiheitsgrad h(t) und leiten diese nach der Zeit *t* ab.

$$\mathbf{r}_A(t) = h(t)\,\mathbf{e}_2, \quad \dot{\mathbf{r}}_A(t) = \mathbf{v}_A = \dot{h}(t)\,\mathbf{e}_2 = -v_A\,\mathbf{e}_2, \quad \ddot{\mathbf{r}}_A(t) = \mathbf{a}_A = \mathbf{0}$$

$$\mathbf{r}_C(t) = x_{1C}(t)\,\mathbf{e}_1, \quad \dot{\mathbf{r}}_C(t) = \mathbf{v}_C = \dot{x}_{1C}(t)\,\mathbf{e}_1, \quad \ddot{\mathbf{r}}_C(t) = \mathbf{a}_C = \ddot{x}_{1C}(t)\,\mathbf{e}_1$$

Aus $\dot{h}(t) = -v_A$ folgt durch Integration $h(t) = -v_A\,t + C_1$. Konstante C_1 ermitteln wir aus der Anfangsbedingung $h(t=0) = h_0 = C_1$, was $h(t) = -v_A\,t + h_0$ liefert. Der Punkt *A* erreicht somit zum Zeitpunkt $t = t^* = h_0 / v_A$ den Boden. Wir benötigen noch die x_1-Koordinate des Fußpunktes *C* in Abhängigkeit von h(t). Der Abb. 2.25 entnehmen wir $x_{1C}(t) = \sqrt{\ell^2 - h^2(t)}$ und damit

$$\dot{x}_{1C}(t) = v_C(t) = -\frac{h(t)\dot{h}(t)}{\sqrt{\ell^2 - h^2(t)}} = \frac{v_A h(t)}{\sqrt{\ell^2 - h^2(t)}},$$

$$\ddot{x}_{1C}(t) = a_C(t) = -\frac{\ell^2\,\dot{h}^2(t)}{\left[\ell^2 - h^2(t)\right]^{3/2}} = -\frac{\ell^2\,v_A^2}{\left[\ell^2 - h^2(t)\right]^{3/2}}.$$

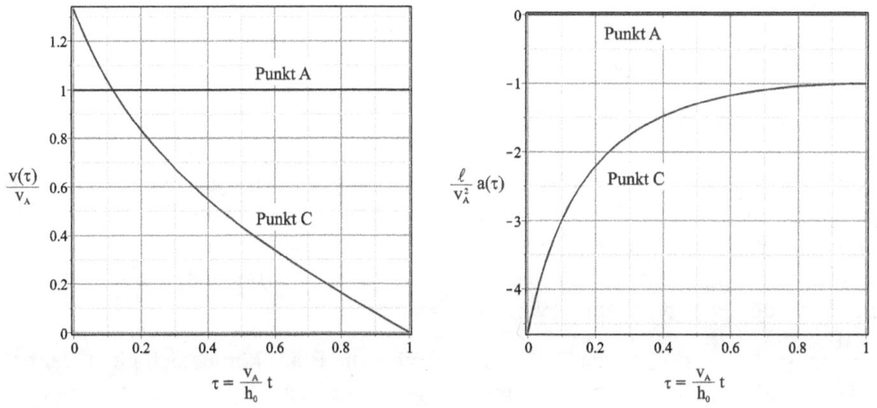

Abb. 2.26 *Bezogene Geschwindigkeiten und Beschleunigungen der Punkte A und C*

Führen wir mit $t = \tau t^*$ die dimensionslose Zeit τ ($0 \le \tau \le 1$) ein, dann ist $h(\tau) = h_0(1-\tau)$, und Geschwindigkeit und Beschleunigung des Punktes *C* erscheinen dann in der Form

$$v_C(\tau) = \frac{v_A \eta(1-\tau)}{\sqrt{1-[\eta(1-\tau)]^2}}, \quad a_C(\tau) = -\frac{v_A^2}{\ell\{1-[\eta(1-\tau)]^2\}^{3/2}}, \quad (\eta = h_0/\ell) .$$

Während die Beschleunigung des Punktes *A* wegen v_A = const verschwindet, liegt für den Fußpunkt *C* der Leiter mit $a_C < 0$ eine verzögerte Bewegung vor. Der Abb. 2.26 können die bezogenen Geschwindigkeiten und Beschleunigungen der Punkte *A* und *C* in Abhängigkeit von der normierten Zeit τ entnommen werden.

Wir sind noch an der Winkelgeschwindigkeit $\boldsymbol{\omega}$ der Leiter interessiert, die wir, da $\mathbf{v}_A$ und $\mathbf{v}_C$ bekannt sind, aus der Beziehung (s.h. Seite 25)

$$\boldsymbol{\omega}(t) = \frac{(\mathbf{r}_C - \mathbf{r}_A) \times (\mathbf{v}_C - \mathbf{v}_A)}{\ell^2} = \frac{h(t)\dot{x}_{1C}(t) - \dot{h}\, x_{1C}(t)}{\ell^2} = \frac{v_A}{\sqrt{\ell^2 - h^2(t)}} \mathbf{e}_3$$

berechnen können. Daraus folgt die Winkelbeschleunigung

$$\dot{\boldsymbol{\omega}}(t) = \frac{h(t)\ddot{x}_{1C}(t)}{\ell^2} \mathbf{e}_3 = -\frac{v_A^2 h(t)}{\left[\ell^2 - h^2(t)\right]^{3/2}} \mathbf{e}_3 .$$

Den Ortsvektor $\mathbf{r}_M$ des Geschwindigkeitspols *M* ermitteln wir mit $\mathbf{s}(t) = \mathbf{r}_A = h(t)\mathbf{e}_2$ und damit $\dot{\mathbf{s}}(t) = \dot{h}(t)\mathbf{e}_2 = -v_A \mathbf{e}_2$ aus der Beziehung (2.43) und Abb. 2.22

$$\mathbf{r}_M = \mathbf{s} + \frac{\boldsymbol{\omega} \times \dot{\mathbf{s}}}{\omega^2} = x_{1C}(t)\mathbf{e}_1 + h(t)\mathbf{e}_2 .$$

Wir beschaffen uns noch mit (2.44) den Ortsvektor des Beschleunigungspols *B*. Dazu beachten wir, dass wegen $\ddot{\mathbf{s}} = \ddot{\mathbf{r}}_A = \mathbf{0}$ auch $\mathbf{z}_B = \mathbf{0}$ gefolgert werden kann. Damit verbleibt

$$\mathbf{r}_B = \mathbf{s} + \mathbf{z}_B = \mathbf{s}(t) = h(t)\mathbf{e}_2 .$$ ■

2.2.2 Systeme starrer Körper

Wie zu Beginn dieses Kapitels bereits erwähnt, besitzt ein starrer Körper im Raum genau sechs Freiheitsgradparameter, nämlich drei für den Vektor der Translation und drei für die Rotation. Im Fall der ebenen Bewegung reduziert sich die Anzahl der Freiheitsgrade auf drei, wobei die Translationsverschiebungen durch zwei Komponenten gekennzeichnet sind, und die Drehbewegung um eine Achse senkrecht zur Bewegungsebene erfolgt.

Besteht nun ein System aus *m* starren Teilkörpern, wobei die Einzelkörper sich nicht frei bewegen können, sondern miteinander im Verbund stehen, und ist das System zusätzlich durch Lagerungen gehalten, dann ist die Anzahl der Freiheitsgradparameter natürlich kleiner als 6*m* bzw. 3*m*, denn die Verbindungselemente zwischen den Teilkörpern und die Lagerungen führen zu kinematischen Zwangsbedingungen, die die freie Bewegung des Starrkörpersystems einschränken. Sind beispielsweise im Fall der ebenen Bewegung die Teilkörper so angeordnet, dass zwischen zwei Teilkörpern nur eine Gelenkverbindung besteht[1], dann findet zwischen den Teilkörpern lediglich eine relative Drehung statt. Ist g die Gelenkanzahl, dann sind insgesamt $2g$ Bewegungsfreiheiten unterbunden. Ist weiterhin λ die Anzahl der durch Lagerungen behinderten Bewegungsfreiheitsgrade, so verbleiben als Anzahl n der Freiheitsgrade

$$n = 3m - 2g - \lambda\,.$$

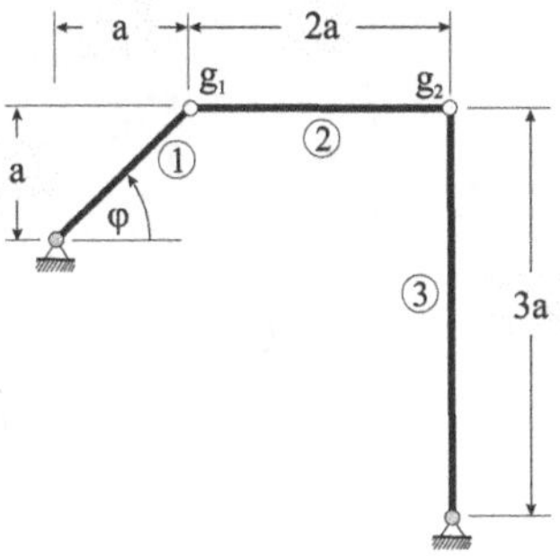

Abb. 2.27 Starrkörpersystem mit einem Freiheitsgrad (einfach kinematische Kette)

Für das Beispiel in Abb. 2.27 liefert das Abzählkriterium mit $m = 3$, $g = 2$, $\lambda = 2 + 2 = 4$:

$$n = 3 \cdot 3 - 2 \cdot 2 - 4 = 1\,.$$

Es liegt also ein einfach kinematisch unbestimmtes System oder eine einfach kinematische Kette vor, und die Momentanlage des Systems wird durch einen Freiheitsgradparameter beschrieben, etwa durch den Winkel φ in Abb. 2.27.

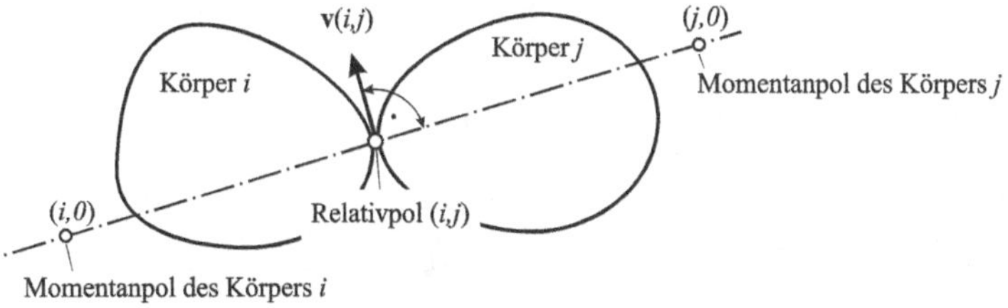

Abb. 2.28 Der Dreipolsatz

---

1 die Gelenkkette bildet in unserem Fall keinen Ring und ist somit einfach zusammenhängend

Im Zusammenhang mit der Bewegung von Starrkörpersystemen ist der *Dreipolsatz* von Bedeutung[1], der besagt, dass die drei einander zugeordneten Pole $(i,0)$, (i,j) und $(j,0)$ des in Abb. 2.28 skizzierten Körpersystems auf einer Geraden liegen müssen, da die Körper i und j im Punkt (i,j), der als *Relativpol* bezeichnet wird, gelenkig miteinander verbunden sind. Weil dieser Gelenkpunkt sowohl zum Körper i als auch zum Körper j gehört, muss die Bewegung des Gelenkes (i,j) senkrecht auf den Polstrahlen $\overline{(i,0)-(i,j)}$ sowie $\overline{(j,0)-(i,j)}$ stehen.

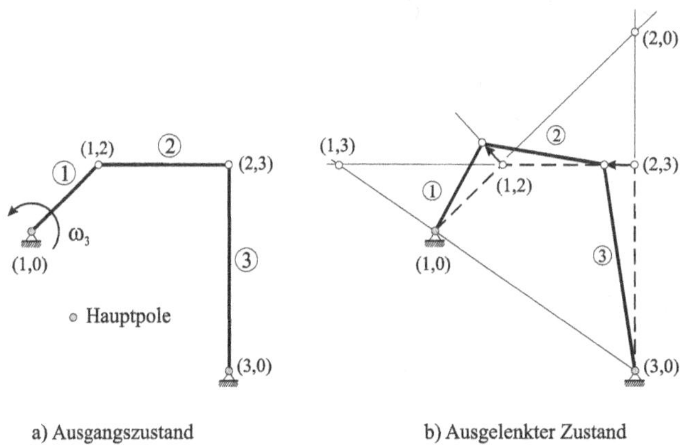

Abb. 2.29 *Gelenkviereck mit Hauptpolen (i,0), und Nebenpolen (i,j), Anwendung des Dreipolsatzes*

Beispiel 2-16:

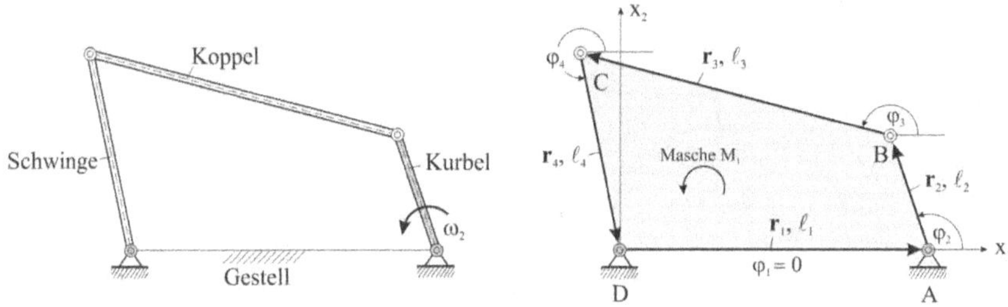

Abb. 2.30 *Ebenes Viergelenkgetriebe, Masche M_1 mit Vektoren der Getriebeglieder*

Die Abb. 2.30 zeigt das ebene Getriebe einer Viergelenkkette. Das mit der Winkelgeschwindigkeit ω_2 umlaufene Glied *AB* wird *Kurbel* genannt, und das zwischen zwei Grenzlagen

[1] der übrigens in der grafischen Statik starrer Körper zur Ermittlung von *Einflusslinien* benutzt wird

schwingende Glied *DC* heißt *Schwinge*. Kurbel und Schwinge sind durch eine *Koppel* miteinander verbunden. Die Festpunkte *A* und *D* bilden das *Gestell* des Getriebes (Volmer & Autorenkollektiv, 1979). Die Punkte *B* und *C* bewegen sich dann auf Kreisen mit den Durchmessern ℓ_2 bzw. ℓ_4. Aus der *Getriebelehre* ist bekannt, dass das obige Getriebe nur dann umlauffähig ist, wenn die Summe S_1 aus den Gliedlängen des kleinsten und des größten Gliedes kleiner ist als die Summe S_2 aus den Längen der verbleiben Glieder, wenn also $S_1 < S_2$ gilt[1].

Zur kinematischen Analyse des Problems verwenden wir die Vektorrechnung. Die Stellung des Getriebes wird durch den Drehwinkel $\varphi_2(t)$ der Kurbel (Antriebswinkel) beschrieben, womit dann die Lagen der übrigen Getriebeglieder, also Koppel (Winkel φ_3) und Schwinge (Winkel φ_4) eindeutig bestimmt sind. Damit der Zusammenhang für jede mögliche Getriebestellung sichergestellt ist, muss für die Masche M_1 die *Zwangsbedingung* (engl. *constraint*)

$$\sum_{k=1}^{4} \mathbf{r}_k = \mathbf{0} \tag{2.45}$$

erfüllt sein. Im ebenen Fall liegen mit (2.45) zwei skalare Gleichungen vor:

$$\sum_{k=1}^{4} \ell_k \cos\varphi_k = 0\,, \qquad \sum_{k=1}^{4} \ell_k \sin\varphi_k = 0\,.$$

Ausgeschrieben erhalten wir unter Berücksichtigung von $\varphi_1 = 0$ die Schleifengleichungen

$$\begin{aligned} 0 &= \ell_1 + \ell_2 \cos\varphi_2 + \ell_3 \cos\varphi_3 + \ell_4 \cos\varphi_4 \\ 0 &= \ell_2 \sin\varphi_2 + \ell_3 \sin\varphi_3 + \ell_4 \sin\varphi_4. \end{aligned} \tag{2.46}$$

Bei vorgegebenem Antriebswinkel φ_2 reichen diese Gleichungen aus, um den Koppelwinkel φ_3 und den Abtriebswinkel φ_4 in Abhängigkeit von φ_2 zu bestimmen.

Geg.: $\ell_1 = 150$, $\ell_2 = 60$, $\ell_3 = 160$, $\ell_4 = 100$.

Lösung: Wir prüfen zunächst das Getriebe auf seine Umlauffähigkeit. Wegen

$S_1 = 60 + 160 = 220, \qquad S_2 = 150 + 100 = 250, \qquad S_1 < S_2$

erweist es sich als umlauffähig. Die Lösung des Gleichungssystems (2.46) überlassen wir Maple und verweisen in diesem Zusammenhang auf das entsprechende Maple-Arbeitsblatt. Da die von Maple erzeugten nummerischen Lösungen bereits recht umfangreich sind, verzichten wir hier auf deren Angabe und stellen die Ergebnisse grafisch dar. Maple liefert uns für beide Winkel jeweils zwei Lösungen, die alle eine Unstetigkeit an der Stelle $\varphi_2 = \pi$ besitzen (Abb. 2.31, links). Die Lösungen gehören zu zwei verschiedenen Einbaulagen, die ohne die Öffnung eines Gelenkes nicht ineinander überführbar sind. Diese zweite Einbaulage ergibt

[1] Franz Grashof, deutsch. Maschinenbauingenieur 1826–1893, war 1856 Mitbegründer des Vereins Dt. Ingenieure (VDI)

sich durch Spiegelung des Systems in Abb. 2.30 an der x_1-Achse. Mittels des Maple-Befehls `piecewise` für stückweise stetige Funktionen bilden wir

$$\varphi_3(\varphi_2) = \left\{\varphi_3^{(2)}, 0 < \varphi_2 < \pi, \varphi_3^{(1)}, \pi < \varphi_2 < 2\pi\right\},$$
$$\varphi_4(\varphi_2) = \left\{\varphi_4^{(2)}, 0 < \varphi_2 < \pi, \varphi_4^{(1)}, \pi < \varphi_2 < 2\pi\right\}.$$

Diese stückweise definierten stetigen Lösungen sind in der rechten Grafik der Abb. 2.31 dargestellt. Sie erfüllen die Schleifengleichungen, und alle Winkel sind positiv. Wie wir der Abbildung entnehmen, besitzt der Abtriebswinkel φ_4 zwei Extremwerte, zwischen denen die Schwinge *DC* hin und her pendelt. Sind die Vektoren $\mathbf{r}_2$ und $\mathbf{r}_3$ parallel und gleichgerichtet, dann wird von der äußeren Tot- oder Umkehrlage (Index *a*) gesprochen. Eine zweite Umkehrlage tritt auf, wenn $\mathbf{r}_2$ und $\mathbf{r}_3$ parallel aber entgegengerichtet sind. In diesem Fall wird von der inneren Tot- oder Umkehrlage (Index *i*) gesprochen. In den Totlagen hat die Schwinge die Geschwindigkeit null. Maple liefert uns:

$$\varphi_4^{(a)} = \varphi_4(\varphi_2 = 2{,}75) = 5{,}27\,(\hat{=}\,302{,}0°),\quad \varphi_4^{(i)} = \varphi_4(\varphi_2 = 5{,}56) = 3{,}86\,(\hat{=}\,221{,}4°)\,.$$

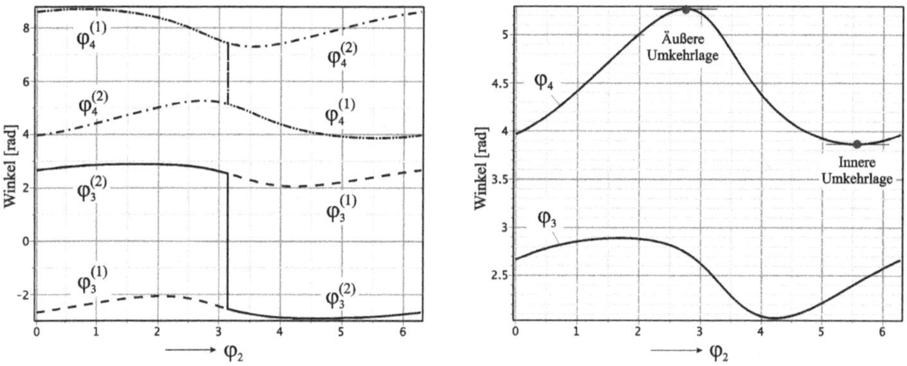

Abb. 2.31 *Ebenes Viergelenkgetriebe, Lösungen der Schleifengleichung*

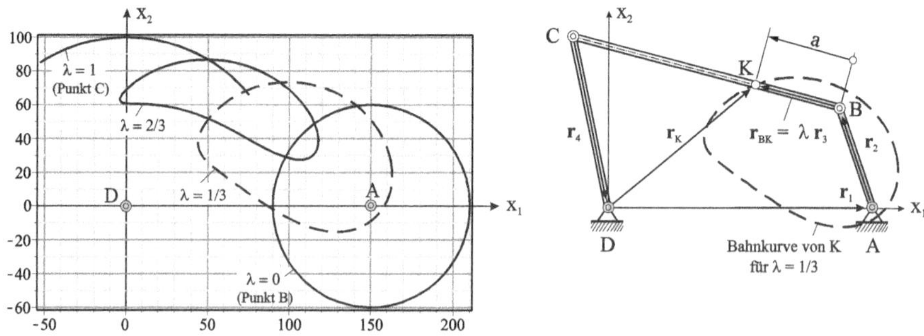

Abb. 2.32 *Bewegungskurven für Punkte K auf dem Koppelglied (Koppelkurven)*

Von Interesse ist noch die Bewegung der Koppel *BC*. Wir betrachten dazu einen Punkt *K* auf dem Koppelglied (Abb. 2.32, rechts) mit dem Abstand *a* vom Punkt B. Mit $\lambda = a/\ell_3$ und $0 \le \lambda \le 1$ folgt für den Ortsvektor des Punktes *K*: $\mathbf{r}_K = \mathbf{r}_1 + \mathbf{r}_2 + \lambda\, \mathbf{r}_3$. Die Punkte *K* bewegen sich auf einfach geschlossenen Kurven, wobei die Bahnkurve des Punktes *C* mit $\lambda = 1$ zu einer offenen Kurve entartet. In der Getriebelehre werden solche Kurven *Koppelkurven* (engl. *couple curves*) genannt.

Die zeitlichen Änderungen der Drehwinkel folgen durch deren Ableitungen nach der Zeit *t*. Ist der zeitliche Verlauf der Antriebsbewegung mit $\varphi_2(t), \dot{\varphi}_2(t), \ddot{\varphi}_2(t)$ bekannt, dann erhalten wir beispielsweise nach der Kettenregel mit den Abkürzungen $d\varphi_4 / d\varphi_2 = \varphi_4', d\varphi_4 / dt = \dot{\varphi}_4$ für den Abtriebswinkel: $\dot{\varphi}_4 = \dot{\varphi}_2\, \varphi_4'$, $\ddot{\varphi}_4 = \dot{\varphi}_2^2\, \varphi_4'' + \ddot{\varphi}_2\, \varphi_4'$. Wir überlassen Maple die Berechnung der Ableitungen und beschränken uns auf die grafische Darstellung der Ergebnisse für $\varphi_3', \varphi_3'', \varphi_4', \varphi_4''$.

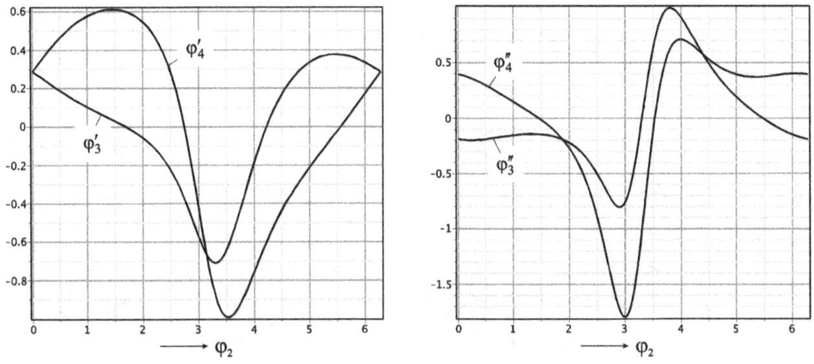

Abb. 2.33 *Änderungen von Koppel- und Abtriebswinkel mit dem Kurbelwinkel φ_2*

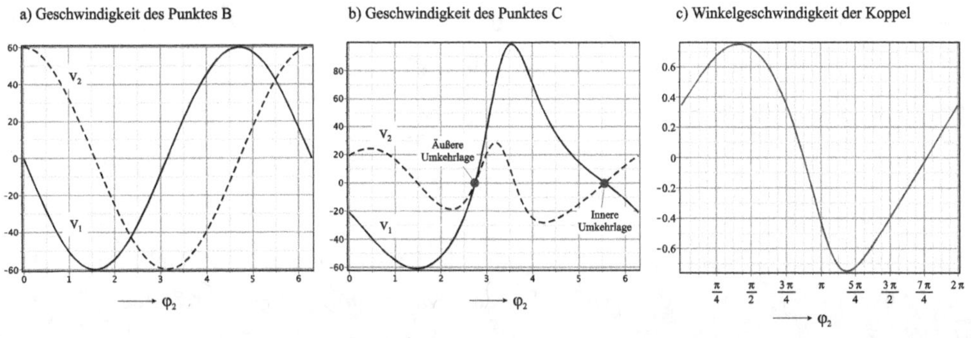

Abb. 2.34 *Geschwindigkeiten der Punkte B und C, Winkelgeschwindigkeit ω_3 der Koppel ($\omega_2 = 1$)*

Von Interesse sind noch die Geschwindigkeiten der Punkte *B* und *C* sowie die Winkelgeschwindigkeit der Koppel (Abb. 2.34). Sind die Geschwindigkeiten der Punkte *B* und *C* mit

$$\mathbf{v}_B = \boldsymbol{\omega}_2 \times \mathbf{r}_2 = \dot{\varphi}_2 \ell_2 \begin{bmatrix} -\sin\varphi_2 \\ \cos\varphi_2 \end{bmatrix}, \quad \mathbf{v}_C = -\boldsymbol{\omega}_4 \times \mathbf{r}_4 = \dot{\varphi}_4 \ell_4 \begin{bmatrix} \sin\varphi_2 \\ -\cos\varphi_2 \end{bmatrix}$$

bekannt, dann folgt unter Beachtung von $\mathbf{v}_C = \mathbf{v}_B + \boldsymbol{\omega}_3 \times \mathbf{r}_3$ die Winkelgeschwindigkeit des Koppelgliedes

$$\omega_3 = \frac{(\mathbf{v}_C - \mathbf{v}_B) \cdot \mathbf{r}_3}{\ell_3^2} .$$

Die kinematischen Beziehungen können auch durch rein geometrische Betrachtungen gewonnen werden. Wir wählen als Freiheitsgradparameter den Kurbelwinkel $\varphi(t)$. Die Winkel $\psi(t)$ und $\alpha(t)$ lassen sich dann durch $\varphi(t)$ ausdrücken.

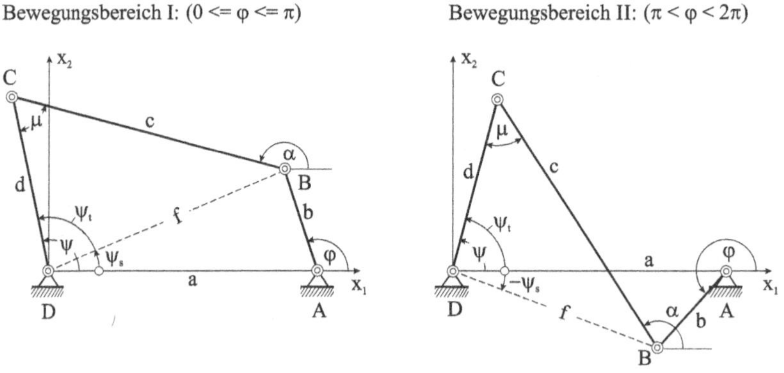

Abb. 2.35 Bewegungsbereiche der Kurbelschwinge

Teilen wir das Viereck *ABCD* in Abb. 2.35 in die zwei Dreiecke *ABD* und *BCD* mit der gemeinsamen Kante $f(\varphi) = \sqrt{a^2 + b^2 + 2ab\cos\varphi}$, dann liefert die wiederholte Anwendung des Kosinussatzes für die beiden schiefwinkligen Dreiecke:

$$\cos\psi_s = \frac{a^2 - b^2 + f^2}{2af}, \quad \cos\psi_t = \frac{d^2 - c^2 + f^2}{2df} .$$

Für den *Abtriebswinkel* gilt $\psi = \psi_t \pm \psi_s$, wobei im Bewegungsbereich II (Abb. 2.35, rechts) der Winkel ψ_s durch $-\psi_s$ zu ersetzen ist. Für den *Übertragungswinkel* μ sowie den Winkel α erhalten wir

$$\cos\mu = \frac{c^2 + d^2 - f^2}{2cd}, \qquad \alpha = \mu + \psi.$$

■

Beispiel 2-17:

Das ebene Viergelenkgetriebe aus Beispiel 2-16 lässt sich vorteilhaft in der Modellierungsumgebung von MapleSim untersuchen.

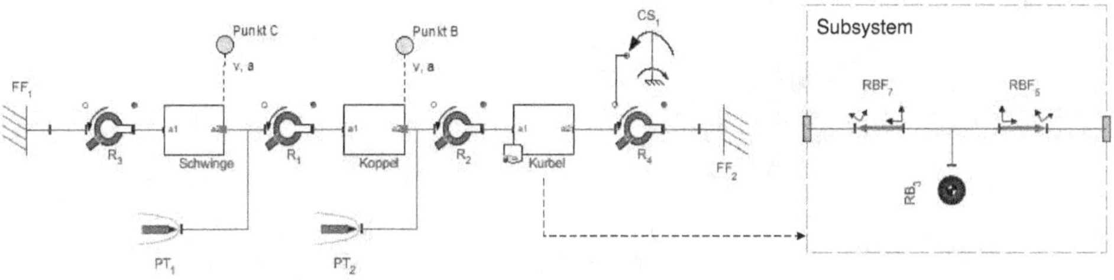

Abb. 2.36 *MapleSim-Modell eines ebenen Viergelenkgetriebes*

Abb. 2.36 zeigt das Modell unseres Viergelenkgetriebes, wie es im MapleSim-Arbeitsbereich (*Model Workspace*) erzeugt wurde. Die mechanischen Komponenten wurden der Bibliothek (*Multibody*) entnommen. Das Gestell wird durch zwei Festlager (*Fixed Frames, FF*) in Verbindung mit jeweils einem Drehgelenk (*Revolute, R*) gebildet. Die Positionierung der Festpunkte in der Ebene erfolgt durch Angabe der (x,y)-Koordinaten im globalen Koordinatensystem (*groundframe*). Den Festlagern kann zusätzlich eine Orientierung relativ zum globalen Koordinatensystem mitgegeben werden. Ein Drehgelenk besitzt einen Freiheitsgrad und besteht aus zwei Flanschen (*Flanges*), denen jeweils körperfeste Koordinatensysteme zugeordnet sind. Die Relativdrehung (Winkel θ) beider Koordinatensysteme legt die Gelenkdrehung fest. Zusätzlich können dem Drehgelenk eine Feder- und/oder eine Dämpferkonstante zugeordnet werden. Die Modellierung eines Gelenkgliedes als Starrkörper erfolgt durch Einführung zweier Koordinatensysteme (*Rigid Body Frames*), die einen festen Abstand und eine feste Orientierung zum Schwerpunkt einer ausgedehnten Masse (*Rigid Body, RB*) festlegen (Abb. 2.36, rechts). Da alle drei Gelenkglieder gleich aufgebaut sind, werden diese in Subsystemen (*Subsystems*) zusammengefasst und durch Gelenke miteinander verbunden. Die Bewegung des Systems erfolgt durch Antrieb der Kurbel mit einer konstanten Winkelgeschwindigkeit (*Rotational Constant Speed, CS*). Um die physikalischen und geometrischen Interaktionen zwischen den Modell-Komponenten zu definieren, werden diese an den Verbindungsstellen (*connection ports*) durch Linien miteinander verbunden. Im letzten Schritt werden nach Festlegung sämtlicher System- und Anfangswerte die Ergebnisse durch Auswahl eines geeigneten Gleichungslösers (*Solvers*) für die interessierenden Zustandsgrößen erzeugt und grafisch dargestellt. Im Modell der Abb. 2.36 werden beispielsweise für die Punkte *B* und *C* des Getriebes, dessen planare Geschwindigkeits- und Beschleunigungskomponenten grafisch dargestellt.

Für Mehrkörpersysteme bietet sich eine 2D- oder 3D-Animation des Bewegungsvorganges an. Abb. 2.37 zeigt den Zustand das Systems zum Zeitpunkt $t = 0$. MapleSim gestattet uns während der Animation die Darstellung von Spurkurven (*Path Trace, PT*) ausgewählter Getriebepunkte. Die Spurkurve des Punktes *B* ist ein Kreis mit dem Radius ℓ_2, und für den Punkt *C* ergibt sich der Bogen eines Kreisabschnitts.

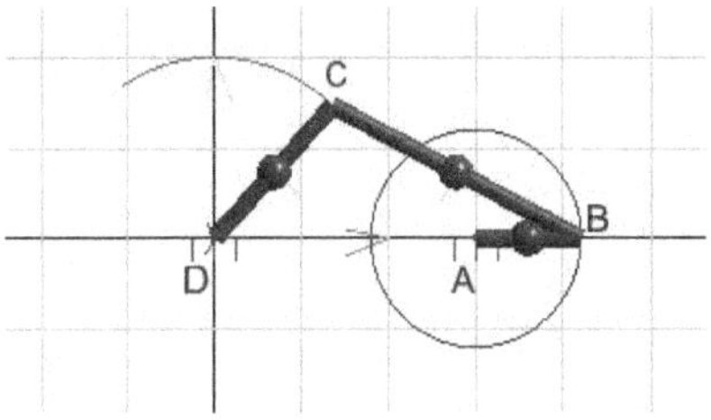

Abb. 2.37 *Modelica-Modell zur Animation des Bewegungsvorganges, Spurkurven der Punkte B und C*

Übungsvorschlag: Zum Studium dieses Systems steht das MapleSim-Modell aus Abb. 2.36 zur Verfügung. Verändern Sie sinnvoll die dortigen Parameterwerte für die nummerische Berechnung und die Ausgabe. Vergleichen Sie die so erzielten Ergebnisse miteinander. MapleSim gestattet das Speichern von Simulationsergebnissen verschiedener Datensätze. ■

2.3 Relativbewegung

In den folgenden Untersuchungen beschäftigen wir uns mit dem Problem, den Bewegungsablauf des materiellen Punktes *P* in Abb. 2.38 in einem bewegten Raum darzustellen. Dazu werden ein fester und ein beweglicher Raum betrachtet. Die Beschreibung von Punkten im festen Raum erfolgt wieder durch ein im Punkt ⓪ installiertes raumfestes Koordinatensystem $\langle \mathbf{e}_j^{(0)} \rangle$ $(j = 1,2,3)$. Gegenüber dem festen Raum bewege sich ein zweiter Raum, den wir uns als starren Körper vorstellen können, und den wir *Fahrzeug* nennen. Mit dem Fahrzeug fest verbunden denken wir uns ein zweites mitbewegtes Koordinatensystem $\langle \mathbf{e}_j^{(1)}(t) \rangle$ mit dem Ursprung im Punkt ①. Die Bewegung des Starrkörpers gegenüber dem festen Raum wird *Führung* des Fahrzeugs genannt. Wir beobachten nun die Bewegung eines Punktes *P*. Dazu können wir zwei Beobachterstandpunkte einnehmen:

1. Befinden wir uns im Punkt ⓪ des raumfesten Inertialbasissystems $\langle \mathbf{e}_j^{(0)} \rangle$, dann werden wir die *absolute Bewegung* des Punktes *P* mit dem Ortsvektor $\mathbf{r}(P,t)$ gegenüber dem ruhenden Raum feststellen.
2. Nehmen wir dagegen einen Beobachterstandpunkt auf dem Fahrzeug selbst ein, etwa im Punkt ①, dann registriert ein mitbewegter Beobachter lediglich die relative Bewegung zwischen *A* und *P*.

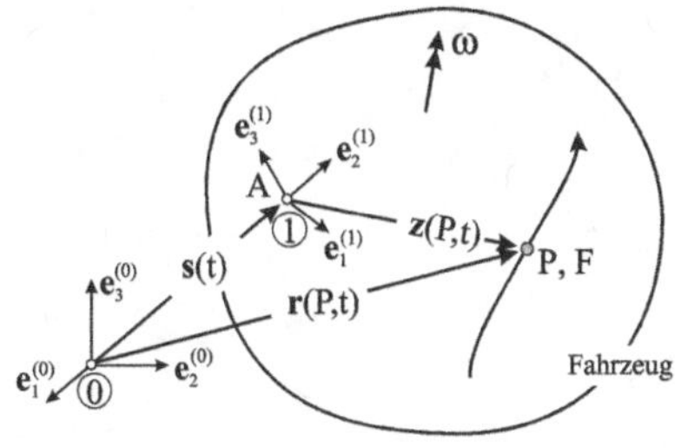

Abb. 2.38 *Relativbewegung eines Massenpunktes P, der sich gerade in dem mit dem Fahrzeug fest verbundenen Punkt F befindet*

Die Lage des Punktes *P* hinsichtlich des raumfesten Punktes ⓪ beschreiben wir durch den Ortsvektor

$$\mathbf{r}(\mathrm{P},\mathrm{t}) = \mathbf{s}(\mathrm{t}) + \mathbf{z}(\mathrm{P},\mathrm{t})\,.$$

Differenzieren wir nach der Zeit *t*, dann folgt

$$\mathbf{v}(\mathrm{P},\mathrm{t}) = \dot{\mathbf{r}}(\mathrm{P},\mathrm{t}) = \dot{\mathbf{s}}(\mathrm{t}) + \dot{\mathbf{z}}(\mathrm{P},\mathrm{t})\,, \tag{2.47}$$

wobei nun aber zu beachten ist, dass i. Allg. $\mathrm{d}|\mathbf{z}|/\mathrm{dt} \neq 0$ gilt. Um die Relativbewegung zwischen den Punkten *A* und *P* aufzudecken, ist der vom Fahrzeugpunkt *A* gemessene Ortsvektor in Komponenten hinsichtlich der mit dem Fahrzeug mitbewegten Basis $\langle \mathbf{e}_j^{(1)}(\mathrm{t}) \rangle$ darzustellen, also

$$\mathbf{z}(\mathrm{P,t}) = z_1^{(1)}(\mathrm{P,t})\mathbf{e}_1^{(1)}(\mathrm{t}) + z_2^{(1)}(\mathrm{P,t})\mathbf{e}_2^{(1)}(\mathrm{t}) + z_3^{(1)}(\mathrm{P,t})\mathbf{e}_3^{(1)}(\mathrm{t}) = \sum_{j=1}^{3} z_j^{(1)}(\mathrm{P,t})\mathbf{e}_j^{(1)}(\mathrm{t})\,.$$

Die Bildung der zeitlichen Änderung von **z**(P,t) erfolgt nach der Produktregel

$$\dot{\mathbf{z}}(\mathrm{P,t}) = \sum_{j=1}^{3} \dot{z}_j^{(1)}(\mathrm{P,t})\,\mathbf{e}_j^{(1)}(\mathrm{t}) + \sum_{j=1}^{3} z_j^{(1)}(\mathrm{P,t})\,\dot{\mathbf{e}}_j^{(1)}(\mathrm{t})\,.$$

Da die Einheitsvektoren konstante Längen besitzen, kann die zeitliche Änderung der körperfesten Basis $\langle \mathbf{e}_j^{(1)}(\mathrm{t}) \rangle$ nur aus einer Drehung bestehen. Handelt es sich um ein starres Fahrzeug, dann ist $\boldsymbol{\omega}(\mathrm{t})$ dessen Winkelgeschwindigkeit und es folgt

$$\dot{\mathbf{e}}_j^{(1)}(\mathrm{t}) = \boldsymbol{\omega}(\mathrm{t}) \times \mathbf{e}_j^{(1)}(\mathrm{t}) \qquad (\mathrm{j} = 1,2,3)$$

und damit

$$\begin{aligned}\dot{\mathbf{z}}(P,t) &= \sum_{j=1}^{3} \dot{z}_j^{(1)}(P,t)\,\mathbf{e}_j^{(1)}(t) + \boldsymbol{\omega}(t) \times \sum_{j=1}^{3} z_j^{(1)}(P,t)\,\mathbf{e}_j^{(1)}(t) \\ &= \overset{\circ}{\mathbf{z}}(P,t) + \boldsymbol{\omega}(t) \times \mathbf{z}(P,t)\end{aligned} \tag{2.48}$$

Der erste Summand

$$\overset{\circ}{\mathbf{z}}(P,t) = \sum_{j=1}^{3} \dot{z}_j^{(1)}(P,t)\,\mathbf{e}_j^{(1)}(t) = \mathbf{v}_r(P,t)$$

wird *Relativgeschwindigkeit* $\mathbf{v}_r(P,t)$ bezüglich des Punktes *A* und der mit $\boldsymbol{\omega}(t)$ bewegten Basis genannt (engl. *relative velocity*). Die Zeitableitung im mitbewegten körperfesten System haben wir durch einen übergesetzten Kreis kenntlich gemacht. Ein Beobachter im körperfesten Punkt ①, der mit seiner Basis fest verbunden ist, empfindet diese als zeitunabhängig. Der zweite Summand

$$\boldsymbol{\omega}(t) \times \mathbf{z}(P,t) = \sum_{j=1}^{3} z_j^{(1)}(P,t)\,\dot{\mathbf{e}}_j^{(1)}(t)$$

berücksichtigt den Einfluss der Drehung des körperfesten Basissystems $\langle \mathbf{e}_j^{(1)}(t) \rangle$. Die Gleichung (2.48) kann somit als allgemeine Differenziationsregel für Vektoren aufgefasst werden, die in einem mitbewegten Basissystem dargestellt sind, und für die wir symbolisch

$$\frac{d}{dt}(\,) = \overset{\circ}{(\,)} + \boldsymbol{\omega} \times (\,) \tag{2.49}$$

schreiben können. Insbesondere gilt für die Ableitung des Winkelgeschwindigkeitsvektors

$$\frac{d}{dt}\boldsymbol{\omega}(t) = \dot{\boldsymbol{\omega}}(t) = \overset{\circ}{\boldsymbol{\omega}}(t) + \boldsymbol{\omega}(t) \times \boldsymbol{\omega}(t) = \overset{\circ}{\boldsymbol{\omega}}(t)\,.$$

Einsetzen von (2.48) in (2.47) liefert

$$\mathbf{v}(P,t) = \dot{\mathbf{s}}(t) + \dot{\mathbf{z}}(P,t) = \dot{\mathbf{s}}(t) + \boldsymbol{\omega}(t) \times \mathbf{z}(P,t) + \overset{\circ}{\mathbf{z}}(P,t)\,.$$

Befindet sich der Punkt *P* gerade im Fahrzeugpunkt *F* (Abb. 2.38), dann ist

$$\mathbf{v}(F,t) = \dot{\mathbf{s}}(t) + \boldsymbol{\omega}(t) \times \mathbf{z}(F,t) = \mathbf{v}_f(F,t)$$

die allein aus der Fahrzeugbewegung herrührende *Führungsgeschwindigkeit* (engl. *velocity of transport),* womit die vom raumfesten Punkt ⓪ aus zu beobachtende *Absolutgeschwindigkeit* (engl. *absolute velocity*) aus der vektoriellen Addition von Führungs- und Relativgeschwindigkeit resultiert, also

$$\mathbf{v}(P,t) = \mathbf{v}_f(F,t) + \mathbf{v}_r(P,t)\,.$$

Entsprechend erhalten wir durch formales Differenzieren die Beschleunigung

$$\mathbf{a}(P,t) = \ddot{\mathbf{r}}(P,t) = \ddot{\mathbf{s}}(t) + \dot{\boldsymbol{\omega}}(t)\times\mathbf{z}(P,t) + \boldsymbol{\omega}(t)\times\dot{\mathbf{z}}(P,t) + \dot{\mathbf{v}}_r(P,t)$$

$$= \ddot{\mathbf{s}}(t) + \dot{\boldsymbol{\omega}}(t)\times\mathbf{z}(P,t) + \boldsymbol{\omega}(t)\times[\boldsymbol{\omega}(t)\times\mathbf{z}(P,t)] + 2\boldsymbol{\omega}(t)\times\mathbf{v}_r(P,t) + \overset{\circ}{\mathbf{v}}_r(P,t).$$

Befindet sich der Massenpunkt P gerade im Fahrzeugpunkt F, dann folgt die auf die raumfeste Basis $\langle \mathbf{e}_j^{(0)} \rangle$ bezogene und nur aus der Fahrzeugbewegung herrührende *Führungsbeschleunigung* (engl. *acceleration of transport*)

$$\mathbf{a}_f(F,t) = \ddot{\mathbf{s}}(t) + \dot{\boldsymbol{\omega}}(t)\times\mathbf{z}(F,t) + \boldsymbol{\omega}(t)\times[\boldsymbol{\omega}(t)\times\mathbf{z}(F,t)]\,.$$

Mit der vom Punkt ① aus zu beobachteten *Relativbeschleunigung* (engl. *relative acceleration*)

$$\mathbf{a}_r(P,t) = \overset{\circ}{\mathbf{v}}_r(P,t) = \overset{\circ\circ}{\mathbf{z}}(P,t)\,,$$

und der *Coriolisbeschleunigung*[1]

$$\mathbf{a}_c(P,t) = 2\boldsymbol{\omega}(t)\times\mathbf{v}_r(P,t)\,,$$

können wir dann die *Absolutbeschleunigung* (engl. *absolute acceleration*) des Massenpunktes P zusammenfassend in der Form

$$\mathbf{a}(P,t) = \mathbf{a}_f(F,t) + \mathbf{a}_r(P,t) + \mathbf{a}_c(P,t)$$

notieren. Die Coriolisbeschleunigung steht senkrecht auf der durch $\boldsymbol{\omega}(t)$ und $\mathbf{v}_r(P,t)$ aufgespannten Ebene; sie verschwindet immer dann, wenn entweder $\boldsymbol{\omega} = \mathbf{0}$ (reine Translationsbewegung) oder $\mathbf{v}_r = \mathbf{0}$ oder $\boldsymbol{\omega}$ parallel zu $\mathbf{v}_r$ ist.

Wir können hier noch einige Sonderfälle betrachten. Bei einer reinen Translation des Fahrzeugs ist $\boldsymbol{\omega} = \mathbf{0}$ und es verbleiben:

$$\mathbf{r}(P,t) = \mathbf{s}(t) + \mathbf{z}(P,t)\,, \quad \mathbf{v}(P,t) = \dot{\mathbf{s}}(t) + \overset{\circ}{\mathbf{z}}(P,t)\,, \quad \mathbf{a}(P,t) = \ddot{\mathbf{s}}(t) + \overset{\circ\circ}{\mathbf{z}}(P,t).$$

Dreht sich der starre Körper um den Fixpunkt A mit dem Ortsvektor $\mathbf{s}$, dann ist $\dot{\mathbf{s}}(t) = \mathbf{0}$ und es verbleiben:

$$\mathbf{r}(P,t) = \mathbf{s}(t) + \mathbf{z}(P,t)$$

$$\mathbf{v}(P,t) = \boldsymbol{\omega}(t)\times\mathbf{z}(P,t) + \overset{\circ}{\mathbf{z}}(P,t)$$

$$\mathbf{a}(P,t) = \dot{\boldsymbol{\omega}}(t)\times\mathbf{z}(P,t) + \boldsymbol{\omega}(t)\times[\boldsymbol{\omega}(t)\times\mathbf{z}(P,t)] + 2\boldsymbol{\omega}(t)\times\mathbf{v}_r(P,t) + \overset{\circ\circ}{\mathbf{z}}(P,t).$$

---

[1] Gaspard Gustave de Coriolis, franz. Ingenieur und Physiker, 1792–1843

Im Fall der ebenen Relativbewegung, etwa der (1,2)-Ebene, vereinfachen sich die Terme für $\mathbf{v}_f$ und $\mathbf{a}_f$. Liegen das raumfeste und das körperfeste Koordinatensystem in der Bewegungsebene, dann hat mit $\boldsymbol{\omega} = \omega_3 \mathbf{e}_3$ der Winkelgeschwindigkeitsvektor nur eine Komponente senkrecht zur Bewegungsebene.

Wir führen zur Vereinfachung der Ausdrücke vorteilhaft ebene Polarkoordinaten ein. Unter Beachtung von $\mathbf{z} = z\mathbf{e}_r$ werden

$$\boldsymbol{\omega}\times\mathbf{z} = z\omega_3\mathbf{e}_\varphi\,,\quad \dot{\boldsymbol{\omega}}\times\mathbf{z} = z\dot{\omega}_3\mathbf{e}_\varphi\,,\quad \boldsymbol{\omega}\times(\boldsymbol{\omega}\times\mathbf{z}) = -z\omega_3^2\mathbf{e}_r\,,$$

womit wir folgende Beziehungen für die Führungsgeschwindigkeit und die Führungsbeschleunigung erhalten:

$$\mathbf{v}_f = \dot{\mathbf{s}} + \boldsymbol{\omega}\times\mathbf{z} = \dot{\mathbf{s}} + z\omega_3\mathbf{e}_\varphi\,,\qquad \mathbf{a}_f = \ddot{\mathbf{s}} + z\dot{\omega}_3\mathbf{e}_\varphi - z\omega_3^2\mathbf{e}_r\,.$$

Beispiel 2-18:

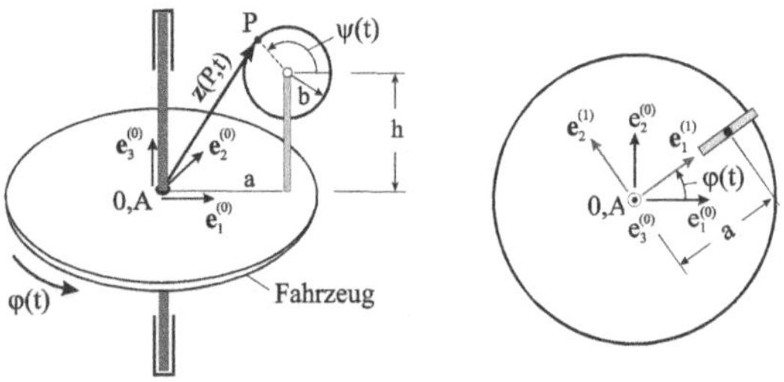

Abb. 2.39 Fahrgeschäft

Für das in Abb. 2.39 skizzierte Fahrgeschäft (Hauger, et al., 1994) sind die Lage, die Geschwindigkeit und die Beschleunigung des Punktes *P* zu berechnen. Das Fahrzeug besteht aus einer dünnen Scheibe, die sich um die raumfeste Achse $\mathbf{n} = \mathbf{e}_3^{(0)} = \mathbf{e}_3^{(1)}$ mit dem Winkel φ(t) dreht. Auf dieser Scheibe ist im Abstand *a* von der Drehachse eine weitere mit dem Drehwinkel ψ(t) rotierende kreisförmige Scheibe (Radius *b*) befestigt.

Geg.: a = 3/2, h = 1, b = 1, φ = t, ψ = 2t.

Lösung: Wir führen ein raumfestes Koordinatensystem $\langle \mathbf{e}_j^{(0)} \rangle$ sowie ein körperfestes Koordinatensystem $\langle \mathbf{e}_j^{(1)}(t) \rangle$ im Ursprung in *A* ein. Damit ist $\mathbf{s}(t) = \mathbf{0}$. Zum Startzeitpunkt t = 0 sind mit φ(t = 0) = 0 beide Koordinatensysteme deckungsgleich.

1. Die Lage

Da $\mathbf{s} = \mathbf{0}$ gilt, wird die Lage des Punktes *P* allein durch den in körperfesten Koordinaten gegebenen Vektor $\mathbf{z}$(P,t) beschrieben. Mit Abb. 2.39 ist dann

$$\mathbf{r}(P,t)=\mathbf{z}(P,t)=(a+b\cos\psi)\mathbf{e}_1^{(1)}+(h+b\sin\psi)\mathbf{e}_3^{(1)}=\mathbf{z}^{(1)}=\begin{bmatrix}a+b\cos\psi\\0\\h+b\sin\psi\end{bmatrix}.$$

Um eine Darstellung von $\mathbf{r}$ im raumfesten Koordinatensystem zu erhalten, ist eine Drehung des Vektors $\mathbf{z}$ um die 3-Achse mit der Drehmatrix

$$\mathbf{T}\equiv\mathbf{T}_3^{(\varphi)}=\begin{bmatrix}\cos\varphi & -\sin\varphi & 0\\ \sin\varphi & \cos\varphi & 0\\ 0 & 0 & 1\end{bmatrix}$$

und der Drehgeschwindigkeit

$$\dot{\mathbf{T}}=-\dot{\varphi}\begin{bmatrix}\sin\varphi & \cos\varphi & 0\\ -\cos\varphi & \sin\varphi & 0\\ 0 & 0 & 1\end{bmatrix}$$

erforderlich. Wir erhalten

$$\mathbf{r}^{(0)}(P,t)=\mathbf{T}\cdot\mathbf{z}^{(1)}(P,t)=\begin{bmatrix}\cos\varphi & -\sin\varphi & 0\\ \sin\varphi & \cos\varphi & 0\\ 0 & 0 & 1\end{bmatrix}\cdot\begin{bmatrix}a+b\cos\psi\\0\\h+b\sin\psi\end{bmatrix}=\begin{bmatrix}\cos\varphi(a+b\cos\psi)\\ \sin\varphi(a+b\cos\psi)\\ h+b\sin\psi\end{bmatrix}.$$

2. Die Geschwindigkeit

Die Drehung des starren Fahrzeugs wird nach Kap. 2.1.13 beschrieben durch die Matrix der Winkelgeschwindigkeiten

$$\mathbf{\Omega}^{(0)}=\dot{\mathbf{T}}\cdot\mathbf{T}^{\mathrm{T}}=\begin{bmatrix}0 & -\dot{\varphi} & 0\\ \dot{\varphi} & 0 & 0\\ 0 & 0 & 0\end{bmatrix}^{(0)}=\begin{bmatrix}0 & -\omega_3 & \omega_2\\ \omega_3 & 0 & -\omega_1\\ -\omega_2 & \omega_1 & 0\end{bmatrix}^{(0)}.$$

Aus der obigen Beziehung lesen wir den Winkelgeschwindigkeitsvektor $\boldsymbol{\omega}^{(0)}=\dot{\varphi}\mathbf{e}_3^{(0)}$ ab. Wegen $\mathbf{\Omega}^{(1)}=\mathbf{T}^{\mathrm{T}}\cdot\mathbf{\Omega}^{(0)}\cdot\mathbf{T}=\mathbf{\Omega}^{(0)}$ ist $\boldsymbol{\omega}^{(1)}=\dot{\varphi}\mathbf{e}_3^{(1)}$. Damit erhalten wir die Führungsgeschwindigkeit

$$\mathbf{v}_f(F,t)=\boldsymbol{\omega}(t)\times\mathbf{z}(F,t)=\dot{\varphi}(a+b\cos\psi)\mathbf{e}_2^{(1)}.$$

Die Relativgeschwindigkeit berechnen wir aus der Beziehung

$$\mathbf{v}_r(P,t)=\overset{\circ}{\mathbf{z}}(P,t)=-b\dot{\psi}\sin\psi\,\mathbf{e}_1^{(1)}+b\dot{\psi}\cos\psi\,\mathbf{e}_3^{(1)}.$$

Damit ist

$$\mathbf{v}(P,t) = \mathbf{v}_f(F,t) + \mathbf{v}_r(P,t)$$
$$= -b\dot{\psi}\sin\psi\,\mathbf{e}_1^{(1)} + \dot{\varphi}(a + b\cos\psi)\mathbf{e}_2^{(1)} + b\dot{\psi}\cos\psi\,\mathbf{e}_3^{(1)} = \mathbf{v}^{(1)}(P,t),$$

und für die Absolutgeschwindigkeit in raumfesten Koordinaten folgt

$$\mathbf{v}^{(0)}(P,t) = \mathbf{T}\cdot\mathbf{v}^{(1)}(P,t) = \begin{bmatrix} -b\dot{\psi}\cos\varphi\sin\psi - \dot{\varphi}(a + b\cos\psi)\sin\varphi \\ -b\dot{\psi}\sin\varphi\sin\psi + \dot{\varphi}(a + b\cos\psi)\cos\varphi \\ b\dot{\psi}\cos\psi \end{bmatrix}.$$

3. Die Beschleunigung

Die Beschleunigung $\mathbf{a}(P,t) = \mathbf{a}_f(F,t) + \mathbf{a}_r(P,t) + \mathbf{a}_c(P,t)$ setzt sich zusammen aus der Führungsbeschleunigung

$$\mathbf{a}_f(F,t) = \dot{\boldsymbol{\omega}}(t)\times\mathbf{z}(F,t) + \boldsymbol{\omega}(t)\times[\boldsymbol{\omega}(t)\times\mathbf{z}(F,t)]$$
$$= \ddot{\varphi}\mathbf{e}_3^{(1)}\times[(a + b\cos\psi)\mathbf{e}_1^{(1)} + (h + b\sin\psi)\mathbf{e}_3^{(1)}] + \dot{\varphi}\mathbf{e}_3^{(1)}\times\dot{\varphi}(a + b\cos\psi)\mathbf{e}_2^{(1)}$$
$$= -\dot{\varphi}^2(a + b\cos\psi)\mathbf{e}_1^{(1)} + \ddot{\varphi}(a + b\cos\psi)\mathbf{e}_2^{(1)},$$

der Relativbeschleunigung

$$\mathbf{a}_r(P,t) = \overset{\circ}{\mathbf{v}}_r(P,t) = -b(\ddot{\psi}\sin\psi + \dot{\psi}^2\cos\psi)\mathbf{e}_1^{(1)} + b(\ddot{\psi}\cos\psi - \dot{\psi}^2\sin\psi)\mathbf{e}_3^{(1)}$$

und der Coriolisbeschleunigung

$$\mathbf{a}_c(P,t) = 2\dot{\varphi}\mathbf{e}_3^{(1)}\times(-b\dot{\psi}\sin\psi\,\mathbf{e}_1^{(1)} + b\dot{\psi}\cos\psi\,\mathbf{e}_3^{(1)}) = -2b\dot{\varphi}\dot{\psi}\sin\psi\,\mathbf{e}_2^{(2)}.$$

Damit erhalten wir die Absolutbeschleunigung in körperfesten Koordinaten

$$\mathbf{a}^{(1)}(P,t) = \begin{bmatrix} -\dot{\varphi}^2(a + b\cos\psi) - b(\ddot{\psi}\sin\psi + \dot{\psi}^2\cos\psi) \\ \ddot{\varphi}(a + b\cos\psi) - 2b\dot{\varphi}\dot{\psi}\sin\psi \\ b(\ddot{\psi}\cos\psi - \dot{\psi}^2\sin\psi) \end{bmatrix}.$$

Die Darstellung des Beschleunigungsvektors $\mathbf{a}^{(1)}$ im raumfesten Basissystem erfolgt durch die Drehtransformation $\mathbf{a}^{(0)} = \mathbf{T}\cdot\mathbf{a}^{(1)}$. Rotieren beide Kreisscheiben mit konstanter Winkelgeschwindigkeit, dann verbleibt für die Beschleunigungen

$$\mathbf{a}_f(F,t) = \begin{bmatrix} -\dot{\varphi}^2(a + b\cos\psi) \\ 0 \\ 0 \end{bmatrix},\ \mathbf{a}_r(P,t) = \begin{bmatrix} -b\dot{\psi}^2\cos\psi \\ 0 \\ -b\dot{\psi}^2\sin\psi \end{bmatrix},\ \mathbf{a}_c(P,t) = \begin{bmatrix} 0 \\ -2b\dot{\varphi}\dot{\psi}\sin\psi \\ 0 \end{bmatrix},$$

und für die Absolutbeschleunigung folgt

$$\mathbf{a}^{(1)}(P,t)=\begin{bmatrix}-\dot{\varphi}^2(a+b\cos\psi)-b\dot{\psi}^2\cos\psi)\\ -2b\dot{\varphi}\dot{\psi}\sin\psi\\ -b\dot{\psi}^2\sin\psi\end{bmatrix}.$$

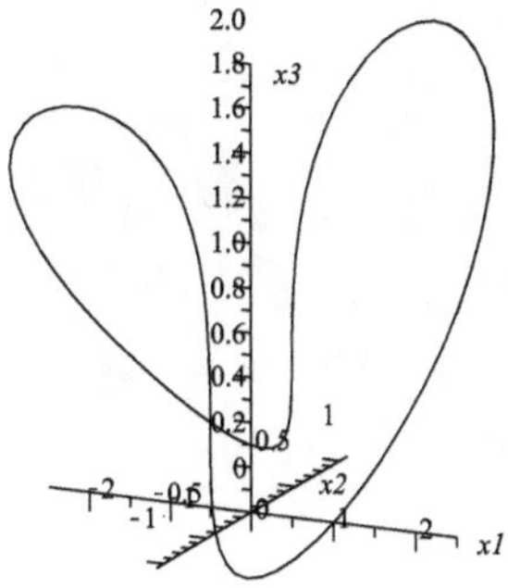

Abb. 2.40 *Bahnkurve des Punktes P (a = 3/2, h = 1, b = 1, φ = t und ψ = 2t)*

Eine Animation des Bewegungsvorganges kann dem entsprechenden Arbeitsblatt entnommen werden ■

3 Grundlagen der Kinetik

Wie in den vorangegangenen Kapiteln gezeigt wurde, haben wir in der Kinematik der Punktbewegung und auch in der Kinematik des starren Körpers die zeitabhängige Lage eines Punktes P durch den Ortsvektor $\mathbf{r}(t)$ angegeben. Die Geschwindigkeit $\mathbf{v}(t) = d\mathbf{r}/dt$ und die Beschleunigung $\mathbf{a}(t) = d\mathbf{v}/dt$ folgten dann durch Ableitung nach der Zeit t. Lage, Geschwindigkeit und Beschleunigung werden auch als *kinematische Größen* bezeichnet. Dabei wurde nicht nach der Ursache der Bewegung gefragt. Aus der Erfahrung ist jedoch bekannt, dass Kräfte für die Bewegung und die Bewegungsänderung verantwortlich sind. Die Kinetik[1] beschäftigt sich nun mit der Wechselwirkung zwischen dem Bewegungszustand eines materiellen Punktes oder Körpers und den vorgegebenen Kräften. Dabei ist anzumerken, dass die in den Grundlagen der Statik behandelten Begriffe (Mathiak, 2012) auch in der Kinetik ihre Gültigkeit behalten. Da aber die charakteristische Größe aller kinematischen und kinetischen Probleme die Zeit t ist, können viele dieser Größen jetzt auch zeitabhängig sein, beispielsweise die Kräfte $\mathbf{F}$, die Momente $\mathbf{M}$ und die Verschiebungen $\mathbf{u}$. Einige Begriffe, die sich speziell auf die Kinetik beziehen, kommen allerdings noch zu den Grundlagen der Statik hinzu und sollen nun formuliert werden.

3.1 Newtons Gesetze

Neben dem Gravitationsgesetz gehören die drei als Axiome ausgesprochenen Bewegungsgesetze Isaac Newtons[2] zu den bedeutendsten Beiträgen auf dem Gebiete der Mechanik[3].

1. Gesetz

> *Corpus omne perseverare in statu suo quiescendi vel movendi uniformiter in directum, nisi quatenus illud a viribus impressis cogitur statum suum mutare.*
>
> Jeder Körper verharrt in seinem Zustand der Ruhe oder der gleichförmig geradlinigen Bewegung, solange er nicht von eingeprägten Kräften zur Änderung seines Zustandes gezwungen wird.

---

[1] griech., zu kineîn ›bewegen‹

[2] Sir (seit 1705) Isaac Newton, engl. Mathematiker, Physiker und Astronom, 1643–1727

[3] *Axiomata sive leges motus*, in: Philosophiae naturalis principia mathematica, 1686

Bei einer translatorischen Bewegung ist entweder $\mathbf{v} = \mathbf{const}$ oder im Sonderfall auch $\mathbf{v} = \mathbf{0}$. Dieses *Trägheitsgesetz* wurde bereits von Galileo Galilei[1] als Ergebnis seiner Untersuchungen über den freien Fall erkannt.

2. Gesetz

> *Mutationem motus proportionalem esse vi motrici impressae, et fieri secundum lineam rectam qua vis illa imprimitur.*
>
> Die Änderung der Bewegung ist der bewegenden eingeprägten Kraft proportional und erfolgt in der Richtung, in der jene Kraft ausgeübt wird.

Unter *Bewegung* verstand Newton das Produkt *mv*, das heute *Impuls*[2]

$$\mathbf{p} = \mathrm{m}\,\mathbf{v} = \mathrm{m}\,\dot{\mathbf{r}}$$

genannt wird. Die skalare Größe *m* bezeichnet die (träge) Masse des Körpers, die ein Maß für den Widerstand gegenüber einer Änderung seines Bewegungszustandes ist. Dieses Gesetz, das sich ebenfalls nur auf die Translation eines Körpers bezieht, wird heute in der Form

$$\mathbf{F} = \frac{\mathrm{d}}{\mathrm{dt}}\mathbf{p} = \frac{\mathrm{d}}{\mathrm{dt}}(\mathrm{m}\mathbf{v})$$

angegeben. Der obige Ausdruck liefert zunächst $\mathbf{F} = \dot{\mathrm{m}}\,\mathbf{v} + \mathrm{m}\,\dot{\mathbf{v}}$, woraus bei der Annahme zeitlich unveränderlicher Masse *m*

$$\mathbf{F} = \mathrm{m}\,\dot{\mathbf{v}} = \mathrm{m}\ddot{\mathbf{r}} = \mathrm{m}\,\mathbf{a}$$

folgt. Diese Beziehung wird kurz als ***Newtonsches Grundgesetz*** bezeichnet, und für $\mathbf{F} = \mathbf{0}$ geht daraus wieder das Trägheitsgesetz hervor, denn dann ist $\mathbf{v} = \mathbf{0}$ oder $\mathbf{v} = \text{const}$.

3. Gesetz

> *Actioni contrariam semper et aequalem esse reactionem sive corporum duorum actiones in se muto semper esse aequales et in partes contrarias dirigi.*
>
> Der Wirkung ist die Gegenwirkung stets gleich und entgegengerichtet, oder die wechselseitigen Wirkungen zweier Körper aufeinander sind immer gleich und entgegengerichtet.

Das ist das *Reaktionsprinzip*. Auf dem Gebiet der Statik war es bereits bekannt, es wird hier von Newton auf die Kinetik erweitert. In einem Zusatz zu diesen drei Gesetzen dehnt Newton diese Erweiterung auch noch für das *Parallelogrammaxiom der Kräfte*[3] aus, und damit waren

---

[1] Galileo Galilei, italien. Mathematiker, Physiker und Philosoph, 1564–1642

[2] lat. impulsus = Antrieb, Anregung, Anstoß

[3] Simon Stevin, gen. Simon von Brügge, fläm. Ingenieur und Mathematiker, 1548–1620

die Grundlagen geschaffen, die Bewegungsgesetze eines beliebig bewegten Körpers aufzustellen, was allerdings erst Leonhard Euler gelang.

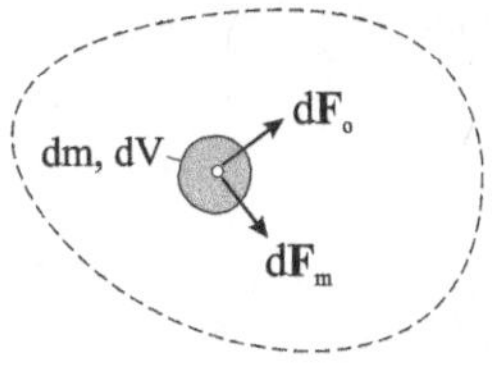

Abb. 3.1 *Körperelement mit der Masse dm, Oberflächenkraft* $d\mathbf{F}_0$ *und Massenkraft* $d\mathbf{F}_m$

Euler zeigte 1752 wie man das Newtonsche Grundgesetz auf ein nach seinem *Schnittprinzip* freigelegtes Körperelement mit der Masse $dm = \rho\, dV$ anwenden kann (Abb. 3.1).

3.1.1 Der Impulssatz

Wirken auf das Körperelement *dm* die Oberflächenkraft $d\mathbf{F}_o$ und die Massenkraft $d\mathbf{F}_m$, dann gilt das Newtonsche Grundgesetz

$$d\mathbf{F}^{(a)} = d\mathbf{F}_o + d\mathbf{F}_m = \frac{d}{dt}(dm\,\mathbf{v}) .$$

Summieren wir die obige Beziehung über den gesamten Körper, dann erhalten wir

$$\int\limits_{(m)} d\mathbf{F}^{(a)} = \mathbf{F}^{(a)} = \int\limits_{(m)} d\mathbf{F}_o + \int\limits_{(m)} d\mathbf{F}_m = \frac{d}{dt}\int\limits_{(m)} \mathbf{v}\,dm$$

und damit das Bewegungsgesetz

$$\mathbf{F}^{(a)} = \frac{d}{dt}\int\limits_{(m)} \mathbf{v}\,dm \tag{3.1}$$

Dieser Satz wird *Impulssatz*[1] genannt, wobei $\mathbf{F}^{(a)}$ die resultierende äußere Kraft aus Volumen- und Oberflächenkräften bezeichnet, denn diejenigen Kräfte, die aus den Oberflächenspannungen der Elementarwürfel resultieren, heben sich bei der Summation – unter Beachtung des Reaktionsprinzips – gegenseitig auf. Auf den Randelementen verbleiben lediglich die resultierenden Kräfte aus den Oberflächenspannungen.

Bei einer reinen Translationsbewegung hat jedes Körperelement dieselbe Geschwindigkeit $\mathbf{v}$, womit für den Impulssatz

---

[1] lat. impulsus = Antrieb, Anregung, Anstoß

$$\mathbf{F}^{(a)} = m\,\dot{\mathbf{v}} \tag{3.2}$$

verbleibt. Mit der Definition des *Massenmittelpunktes* (engl. *center of mass*)

$$\mathbf{r}_M = \frac{1}{m}\int\limits_{(m)} \mathbf{r}\,dm$$

können wir bei unveränderlicher Masse unter Beachtung von

$$\frac{d}{dt}(m\mathbf{r}_M) = m\dot{\mathbf{r}}_M = \frac{d}{dt}\int\limits_{(m)} \mathbf{r}\,dm = \int\limits_{(m)} \dot{\mathbf{r}}\,dm = \int\limits_{(m)} \mathbf{v}\,dm$$

den *Massenmittelpunktsatz*

$$m\ddot{\mathbf{r}}_M = \frac{d}{dt}\int\limits_{(m)} \mathbf{v}\,dm = \mathbf{F}^{(a)}$$

notieren. In einem homogenen Schwerefeld ist die Erdbeschleunigung konstant, sodass Massenmittelpunkt und Schwerpunkt (engl. *center of gravity*) zusammenfallen

$$\mathbf{r}_M = \frac{1}{m}\int\limits_{(m)} \mathbf{r}\,dm = \mathbf{r}_S = \frac{1}{G}\int\limits_{(m)} \mathbf{r}\,dG,$$

womit der *Schwerpunktsatz*

$$m\,\ddot{\mathbf{r}}_S = \mathbf{F}^{(a)} \tag{3.3}$$

folgt. Die Bewegung eines Körpers oder eines Körpersystems wird also nicht durch innere, sondern allein durch äußere Kräfte bestimmt. So kann ein Turner nach dem Absprung vom Boden die nahezu parabolische Bahn seines Schwerpunktes nicht mehr durch irgendwelche Bewegungen beeinflussen, da als äußere Kräfte – abgesehen vom Luftwiderstand – nur Gewichtskräfte auf seine einzelnen Körperteile wirken. In Worten besagt der obige Satz:

> *Der Schwerpunkt S eines ausgedehnten Körpers oder eines Systems solcher Körper bewegt sich so, als ob die gesamte Masse in ihm konzentriert wäre und die Resultierende $\boldsymbol{F}^{(a)}$ der äußeren Kräfte an ihm angriffe.*

Führen wir mit

$$\mathbf{p} = \int\limits_{(m)} \mathbf{v}\,dm = m\,\mathbf{v}_S$$

den *Impuls* des gesamten Körpers ein, dann können wir das Bewegungsgesetz (3.1) auch kurz in der Form

$$\mathbf{F}^{(a)} = \frac{d}{dt}\mathbf{p} = m\,\dot{\mathbf{v}}_S \tag{3.4}$$

schreiben.

$$[\mathbf{p}] = \frac{\text{Masse} \cdot \text{Länge}}{\text{Zeit}}, \qquad \text{Einheit: kg m s}^{-1}.$$

Bei einer reinen Translationsbewegung folgt aus (3.2) durch Multiplikation mit *dt* zunächst $\mathbf{F}^{(a)}dt = m\,d\mathbf{v}$, und die Integration liefert

$$\int_{t_0}^{t} \mathbf{F}^{(a)}\,d\bar{t} = m \int_{\mathbf{v}_0}^{\mathbf{v}} d\bar{\mathbf{v}} = m\,\mathbf{v} - m\,\mathbf{v}_0 = \mathbf{p} - \mathbf{p}_0 . \tag{3.5}$$

Die Änderung des Impulses ist also gleich dem Zeitintegral der resultierenden äußeren Kraft. Hinweis: Der Impulssatz in der obigen Form kommt auch bei Stoßvorgängen zwischen zwei festen Körpern zum Einsatz (s.h. Kapitel 5).

Aus der Beziehung (3.5) folgt für $\mathbf{F}^{(a)} = 0$ der Satz von der Erhaltung des Impulses (engl. *conservation of momentum*)

$$\mathbf{p} = \mathbf{p}_0 . \tag{3.6}$$

Die Vektorgleichung (3.3) zerfällt im räumlichen (ebenen) Fall in drei (zwei) skalare Gleichungen. Beispielsweise folgt bei Bezugnahme auf eine Orthonormalbasis im räumlichen Fall

$$F_1^{(a)} = m\,\ddot{x}_{1S}, \quad F_2^{(a)} = m\,\ddot{x}_{2S}, \quad F_3^{(a)} = m\,\ddot{x}_{3S} .$$

Ein Massenpunkt hat im Raum bekanntlich drei Bewegungsfreiheitsgrade. Werden diese während der Bewegung nicht eingeschränkt, dann wird von einer *freien Bewegung* gesprochen, die von den obigen drei Komponenten beschrieben wird. Sind beispielsweise die äußeren Kräfte vorgegeben, dann liegt damit auch die Beschleunigung fest; Geschwindigkeit und Lage folgen dann durch Integration.

Beispiel 3-1:

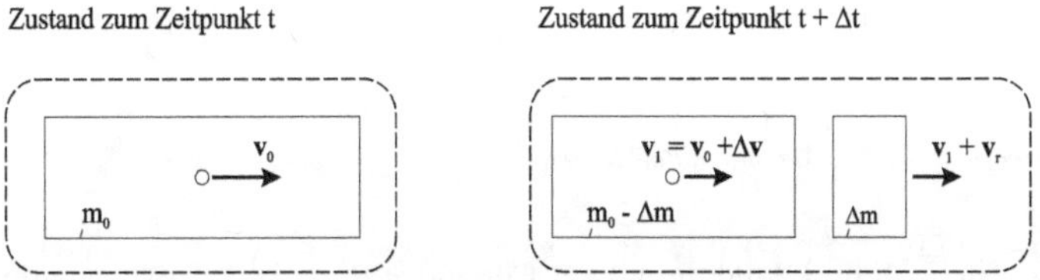

Abb. 3.2 *Abstoß einer Masse Δm mit der Absolutgeschwindigkeit* $\mathbf{v}_1 + \mathbf{v}_r$

Die obige Abbildung zeigt zwei abgeschlossene Systeme, die wir jeweils durch eine Kontrollfläche (gestrichelt gezeichnet) abgrenzen. Wir beschränken uns im Folgenden auf geradlinige Bewegungen. Zum Zeitpunkt t besitzt der Körper mit der Masse m_0 die Geschwindigkeit $\mathbf{v}_0$. Von diesem Körper wird während des Bewegungsvorganges zum Zeitpunkt t + Δt die diskrete Masse Δm mit der Absolutgeschwindigkeit $\mathbf{v}_1 + \mathbf{v}_r$ abgestoßen. Dabei ist $\mathbf{v}_r$ die konstante relative Austrittsgeschwindigkeit der Masse Δm, und im Zeitraum Δt hat sich die Geschwindigkeit gegenüber $\mathbf{v}_0$ um $\Delta\mathbf{v}$ erhöht. Nach dem Abstoß der Teilmasse Δm besitzt der Körper nur noch die Masse $m(t + \Delta t) = m_0 - \Delta m$. Da keine äußeren Kräfte auf die abgeschlossenen Systeme wirken, muss der Impuls vor dem Abstoßen

$$\mathbf{p}_0 = m_0 \mathbf{v}_0$$

identisch sein mit dem Impuls nach dem Abstoßen

$$\mathbf{p} = (m_0 - \Delta m)\,\mathbf{v}_1 + \Delta m(\mathbf{v}_1 + \mathbf{v}_r) = m_0\,\mathbf{v}_1 + \Delta m\,\mathbf{v}_r\,.$$

Damit liefert der Impulserhaltungssatz

$$m_0\,\mathbf{v}_0 = m_0\,\mathbf{v}_1 + \Delta m\,\mathbf{v}_r\,,$$

und nach Zusammenfassung folgt die Geschwindigkeitsänderung

$$\Delta\mathbf{v} = \mathbf{v}_1 - \mathbf{v}_0 = -\frac{\Delta m}{m_0}\mathbf{v}_r\,, \tag{3.7}$$

die umso größer ist, je größer die abgestoßene Masse Δm und die Relativgeschwindigkeit $\mathbf{v}_r$ sind. Das Minuszeichen zeigt an, dass $\Delta\mathbf{v}$ und $\mathbf{v}_r$ entgegengerichtet sind.

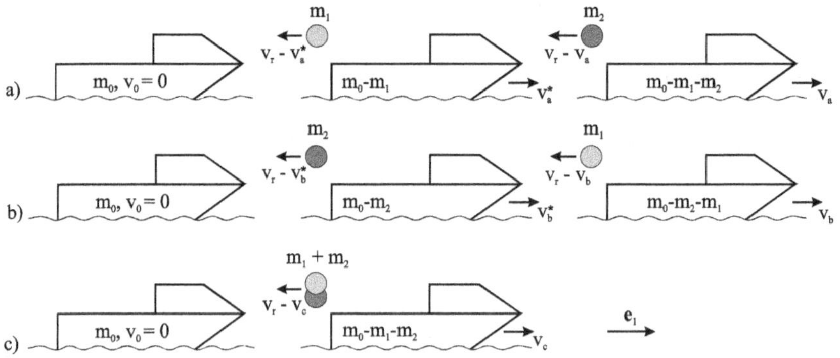

Abb. 3.3 Absprung zweier Schwimmer mit den Massen m_1 und m_2 von einem ruhenden Boot

Wir wenden nun die oben bereitgestellten Gleichungen auf folgendes Problem an: Auf einem ruhenden Boot befinden sich zwei Schwimmer. Das Boot und die beiden Schwimmer besitzen zusammen die Masse m_0. Der Schwimmer S_1 hat die Masse $m_1 = m$ und Schwimmer S_2 die

Masse $m_2 = \lambda m$. Gesucht wird die Geschwindigkeit des reibungsfrei gleitenden Bootes, wenn die Schwimmer mit gleicher Relativgeschwindigkeit v_r nach "hinten" abspringen. Es werden folgende Fälle untersucht (Abb. 3.3):

a) Zuerst springt Schwimmer S_1 und dann Schwimmer S_2.

b) Zuerst springt Schwimmer S_2 und dann Schwimmer S_1.

c) Beide Schwimmer springen gleichzeitig.

Die Geschwindigkeit des Bootes zählt in Richtung von $\mathbf{e}_1$ positiv. Da die Schwimmer in entgegengesetzter Richtung abspringen, folgt jetzt –bei Verzicht auf den Vektorcharakter der Gleichung (3.7)– für die Geschwindigkeit nach dem Sprung die skalare Gleichung

$$v_1 = v_0 + \frac{\Delta m}{m_0} v_r .$$

Führen wir noch das Massenverhältnis $\kappa = m_0 / m > 1$ ein, dann erhalten wir durch wiederholte Anwendung der obigen Gleichung:

Fall a) $$v_a^* = \frac{m_1}{m_0} v_r , \quad v_a = v_a^* + \frac{m_2}{m_0 - m_1} v_r = \left(\frac{m_1}{m_0} + \frac{m_2}{m_0 - m_1} \right) v_r = \left(\frac{1}{\kappa} + \frac{\lambda}{\kappa - 1} \right) v_r .$$

Fall b) $$v_b^* = \frac{m_2}{m_0} v_r , \quad v_b = v_b^* + \frac{m_1}{m_0 - m_2} v_r = \left(\frac{m_2}{m_0} + \frac{m_1}{m_0 - m_2} \right) v_r = \left(\frac{\lambda}{\kappa} + \frac{1}{\kappa - \lambda} \right) v_r .$$

Fall c) $$v_c = \frac{m_1 + m_2}{m_0} v_r = \frac{1 + \lambda}{\kappa} v_r .$$

Die Geschwindigkeiten der Fälle a) und b) können wir unter Einbeziehung von v_c auch wie folgt schreiben:

$$v_a = v_c + \frac{\lambda}{\kappa(\kappa - 1)} v_r , \quad v_b = v_c + \frac{\lambda}{\kappa(\kappa - \lambda)} v_r .$$

Wegen $\kappa > 1$ und $\kappa > \lambda$ sind v_a und v_b immer größer als v_c, und für $m_1 < m_2$ ($\lambda > 1$) ist $v_b > v_a$. Um also eine möglichst große Endgeschwindigkeit zu erreichen, muss der Schwimmer mit der größeren Masse zuerst abspringen.

Beispiel 3-2:

Von einer Plattform wird aus der Höhe h eine Masse m mit der Anfangsgeschwindigkeit v_0 unter einem Winkel α_0 abgeworfen (Abb. 3.4). Gesucht wird das Geschwindigkeits-Zeit-Gesetz, die Gleichung der Wurfbahn, die Koordinaten x_{1H} und H des Scheitelpunktes der Wurfbahn, die Steigzeit t_H sowie die Wurfweite $x_1^{(w)}$.

<u>Geg.</u>: m, α_0, $h = 3$ m, $v_0 = 10$ m/s, $g = 9{,}81$ m/s^2.

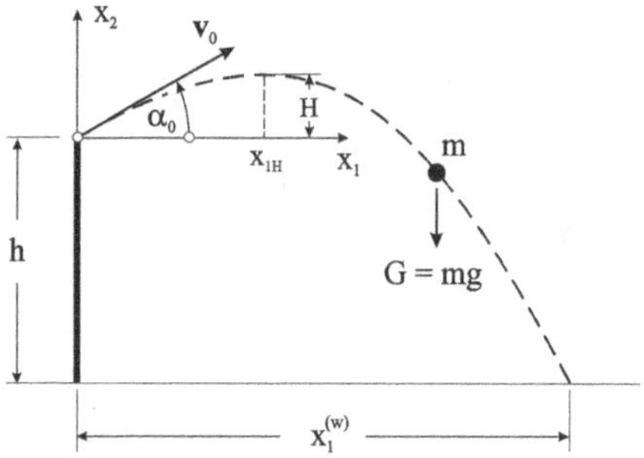

Abb. 3.4 *Der schiefe Wurf ohne Luftwiderstand*

Lösung: Im Fall des schiefen Wurfs ohne Luftwiderstand ist die in negativer x_2-Richtung wirkende Gewichtskraft **G** die einzige auf den Körper einwirkende Kraft. Mit

$$\mathbf{v} = \dot{x}_1 \mathbf{e}_1 + \dot{x}_2 \mathbf{e}_2 \text{ und } \mathbf{v}_0 = v_0 (\cos\alpha_0 \mathbf{e}_1 + \sin\alpha_0 \mathbf{e}_2) \text{ sowie } \mathbf{G} = -m g \mathbf{e}_2$$

liefert der Impulssatz $\int_{t_0}^{t} \mathbf{G}\, d\bar{t} = \mathbf{G}(t - t_0) = m\mathbf{v} - m\mathbf{v}_0$ die Vektorgleichung

$$-m g \mathbf{e}_2 (t - t_0) = m[(\dot{x}_1 \mathbf{e}_1 + \dot{x}_2 \mathbf{e}_2) - v_0 (\cos\alpha_0 \mathbf{e}_1 + \sin\alpha_0 \mathbf{e}_2)]\,.$$

Lassen wir die Zeitzählung bei $t_0 = 0$ beginnen, dann verbleiben die beiden gewöhnlichen Differenzialgleichungen 1. Ordnung

$$\dot{x}_1 - v_0 \cos\alpha_0 = 0, \quad \dot{x}_2 - v_0 \sin\alpha_0 = -g t\,,$$

die entkoppelt sind und somit getrennt integriert werden können. Bemerkenswert ist, dass in beiden Gleichungen die Masse *m* nicht mehr enthalten ist. Die Integration ergibt:

$$x_1(t) = v_0 t \cos\alpha_0 + C_1, \quad x_2(t) = -\frac{1}{2} g t^2 + v_0 t \sin\alpha_0 + C_2\,.$$

Die Anfangsbedingungen zum Zeitpunkt t = 0 sind $x_1(0) = 0$ und $x_2(0) = 0$. Das erfordert das Verschwinden beider Integrationskonstanten, und es verbleiben die beiden Weg-Zeit-Gesetze

$$x_1(t) = v_0 t \cos\alpha_0, \quad x_2(t) = -\frac{1}{2} g t^2 + v_0 t \sin\alpha_0\,. \tag{3.8}$$

Der schiefe Wurf setzt sich somit aus zwei getrennt ablaufenden Bewegungsvorgängen zusammen; in x_1-Richtung liegt eine gleichförmige geradlinige Bewegung vor, und in x_2-Richtung gelten die Gesetze des freien Falls. Zur Berechnung der Wurfbahn eliminieren wir die Zeit *t*, indem wir

$$t = \frac{x_1}{v_0 \cos\alpha_0} \tag{3.9}$$

aus der ersten Gleichung von (3.8) in die zweite einsetzen. Das Ergebnis ist

$$x_2 = -\frac{g}{2 v_0^2 \cos^2\alpha_0} x_1^2 + x_1 \tan\alpha_0 = -\frac{g}{2 v_0^2}(1 + \tan^2\alpha_0) x_1^2 + x_1 \tan\alpha_0 \,.$$

Die Wurfbahn ist demnach eine quadratische Parabel (*Wurfparabel*), deren Scheitelkoordinaten sich mit der aus $\dot{x}_2 = 0 = -g\, t_H + v_0 \sin\alpha_0$ zu berechnenden Steigzeit

$$t_H = \frac{v_0}{g} \sin\alpha_0$$

zu

$$x_{1H} = \frac{v_0^2}{2g} \sin 2\alpha_0, \quad H = \frac{v_0^2}{2g} \sin^2\alpha_0 \tag{3.10}$$

ergeben. Von Interesse ist noch die Wurfweite $x_1^{(w)}$, die wir aus der Bestimmungsgleichung

$$x_2 = -h = -\frac{g}{2 v_0^2 \cos^2\alpha_0} x_1^{(w)^2} + \tan\alpha_0 \, x_1^{(w)}$$

ermitteln können. Diese quadratische Gleichung besitzt die beiden Lösungen

$$x_{1(1,2)}^{(w)} = \frac{v_0^2}{g} \cos\alpha_0 \left[\sin\alpha_0 \pm \sqrt{\sin^2\alpha_0 + 2gh / v_0^2} \right].$$

Entscheiden wir uns für den Wurf nach rechts (Abb. 3.4), dann ist bei einem Abwurfwinkel $-\pi/2 \le \alpha_0 \le \pi/2$ die Wurfweite $x_1^{(w)} \ge 0$, und es verbleibt die Lösung

$$x_1^{(w)} = \frac{v_0^2}{g} \cos\alpha_0 \left[\sin\alpha_0 + \sqrt{\sin^2\alpha_0 + 2gh / v_0^2} \right]. \tag{3.11}$$

Dazu gehört die Wurfzeit

$$t_w = \frac{x_1^{(w)}}{v_0 \cos\alpha_0} = \frac{v_0}{g} \left[\sin\alpha_0 + \sqrt{\sin^2\alpha_0 + 2gh / v_0^2} \right]. \tag{3.12}$$

Für den Fall h = 0 und $0 \le \alpha_0 \le \pi/2$ erhalten wir aus (3.11) und (3.12)

$$x_1^{(w)} = \frac{v_0^2}{g} \sin 2\alpha_0 \,, \qquad t_w = \frac{x_1^{(w)}}{v_0 \cos\alpha_0} = \frac{2 v_0}{g} \sin\alpha_0 \,.$$

Wie Abb. 3.5 im linken Bild zeigt, wird dieselbe Wurfweite für zwei verschiedene Abwurfwinkel erreicht. Mit der Anfangsgeschwindigkeit $v_0 = 10$ m/s und der Plattformhöhe h = 3 m können wir die Wurfweite von 10 m durch einen *Flachwurf* mit dem Abwurfwinkel $\alpha_1 = 12{,}01°$ oder auch durch einen *Steilwurf* mit einem Winkel $\alpha_2 = 61{,}29°$ erreichen. Allerdings unterscheiden sich beide Wurfzeiten; für den Flachwurf ermitteln wir mit (3.9) $t_1 = 1{,}02$ s und für Steilwurf $t_2 = 2{,}08$ s.

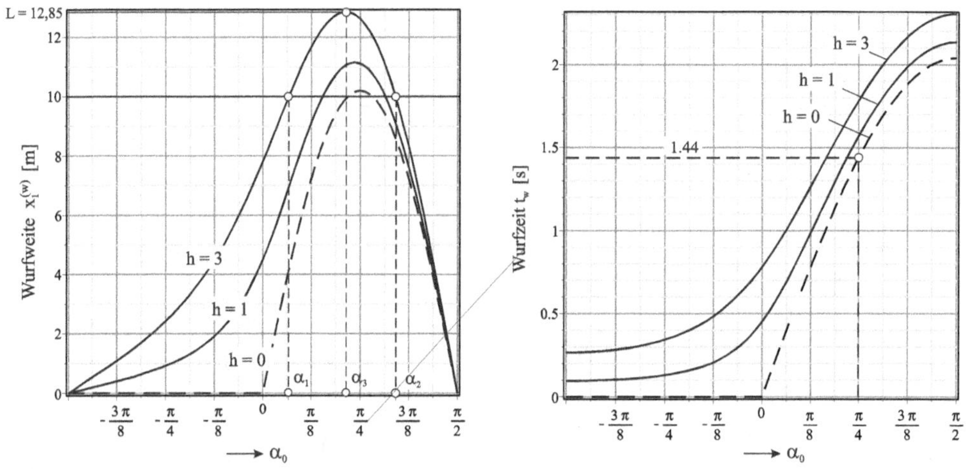

Abb. 3.5 *Wurfweiten (links) und Wurfzeiten (rechts) in Abhängigkeit vom Abwurfwinkel* α *und Plattformhöhen h*

Die größte Wurfweite ist dann erreicht, wenn die Neigung der Tangente an die Funktion $x_1^{(w)}(\alpha_0)$ verschwindet (Abb. 3.5, links). Maple liefert uns den dazu erforderlichen Abwurfwinkel

$$\alpha_3 = \arctan\left(1/\sqrt{1+2gh/v_0^2}\right) = \frac{\pi}{4} - \frac{1}{2}c + O(c^2)\,, \qquad c = \frac{gh}{v_0^2}\,.$$

Mit den Werten des Beispiels errechnen wir $\alpha_3 = 38{,}43°$. Setzen wir diesen Abwurfwinkel in die Gleichung (3.11) ein, dann folgt die größte Wurfweite zu L = 12,85 m und mit (3.9) die dazu benötigte Wurfzeit $t_3 = 1{,}64$ s.

Die Koordinaten der Scheitelpunkte folgen aus (3.10). Im Einzelnen sind:

$x_{1H} = 2{,}07\,\text{m}$, $H = 0{,}22\,\text{m}$ $\alpha_1 = 12{,}01°$, Flachwurf

$x_{1H} = 4{,}29\,\text{m}$, $H = 3{,}92\,\text{m}$ $\alpha_2 = 61{,}29°$, Steilwurf

$x_{1H} = 4{,}96\,\text{m}$, $H = 1{,}97\,\text{m}$ $\alpha_3 = 38{,}43°$, größte Wurfweite.

Die größte Steighöhe bei gegebener Anfangsgeschwindigkeit v_0 ergibt sich für den senkrechten Wurf mit $\alpha_0 = \pi/2$ zu $H = v_0^2/(2g) = 5{,}10\,\text{m}$.

Von Interesse ist noch die Berechnung der *Einhüllenden* des Wurfbereiches (Abb. 3.6). Dazu lösen wir die Gleichung der Bahnkurve

$$x_2 = -\frac{g}{2 v_0^2}(1+\tan^2\alpha_0)\, x_1^2 + x_1 \tan\alpha_0$$

nach $\tan\alpha_0$ auf und erhalten

$$\tan\alpha_0 = \frac{v_0^2}{g\, x_1}\left[1 \pm \sqrt{1-\left(\frac{g\, x_1}{v_0^2}\right)^2 - 2\frac{g\, x_2}{v_0^2}}\right].$$

Damit der obige Ausdruck reell bleibt, muss

$$x_2 \le \frac{v_0^2}{2g}\left[1-\left(\frac{g\, x_1}{v_0^2}\right)^2\right]$$

erfüllt sein, womit die Einhüllende der Wurfbahnen ebenfalls eine quadratische Parabel ist.

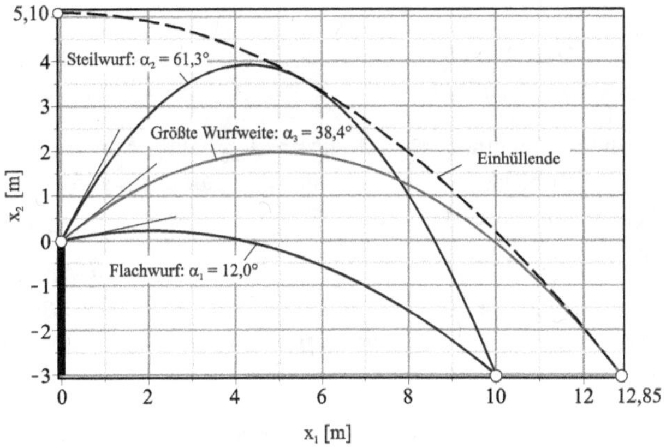

Abb. 3.6 *Wurfbahnen für Flach- und Steilwurf, größte Wurfweite und Einhüllende des Wurfbereiches*

Der Scheitelpunkt der Einhüllenden hat die Koordinaten $x_1 = 0$ und $x_2 = v_0^2/(2g) = 5{,}10$ m. Den Betrag des Geschwindigkeitsvektors ermitteln wir zu

$$v = |\mathbf{v}| = \sqrt{\dot{x}_1^2 + \dot{x}_2^2} = v_0\sqrt{1-2\frac{g\,t}{v_0}\sin\alpha_0 + \left(\frac{g\,t}{v_0}\right)^2},$$

und am Ende des schiefen Wurfes erhalten wir, unabhängig vom Abwurfwinkel α_0,

$$v_E = v_0\sqrt{1+2gh/v_0^2}\,.$$

Im Fall h = 0 wird bei einer gegebenen Abwurfgeschwindigkeit v_0 = 10 m/s mit einem Abwurfwinkel von $\alpha_3 = \pi/4 = 45°$ die größte Wurfweite $x_1^{(w)} = v_0^2/g = 10{,}19$ m bei einer Steighöhe von $H = v_0^2/(4g) = 2{,}55\,\text{m}$ erreicht. Die Wurfzeit beträgt t_3 = 1,44 s. ■

3.1.2 Satelliten- und Planetenbewegungen

Die drei Keplerschen[1] Gesetze der Planetenbewegung über Bahnform, Bahnbewegung und Verhältnis von Umlaufzeit zu Bahngröße basieren auf dem hervorragenden Beobachtungsmaterial des dänischen Astronomen Tycho Brahe[2] am Planeten Mars.

1. Keplersches Gesetz (Astronomia Nova, 1609)

Die Planetenbahnen sind Ellipsen, in deren einem Brennpunkt die Sonne steht.

2. Keplersches Gesetz (Astronomia Nova, 1609)

Die von der Sonne zu den Planeten gezogenen Radiusvektoren bestreichen in gleichen Zeiten Flächen gleichen Inhalts.

3. Keplersches Gesetz (Harmonices Mundi, 1619)

Die Quadrate der Umlaufzeiten zweier Planetenbahnen verhalten sich wie die dritten Potenzen der großen Halbachsen ihrer Bahnellipsen.

Das diese drei Gesetze der Planetenbahnen aus einem für alle frei beweglichen Massen geltenden Kraftgesetz hergeleitet werden können, ist Newtons brillante Leistung. Er veröffentlichte sein *Allgemeines Gravitationsgesetz* im Jahre 1686, das in Worten besagt[3]:

Jedes Massenelement im Universum zieht jedes andere Massenelement mit einer Kraft an, deren Richtung in der Verbindungslinie beider Elemente liegt und deren Stärke direkt proportional ihrer Massen und umgekehrt proportional zum Quadrat ihres Abstandes ist.

Mathematisch formuliert ziehen sich demnach zwei Punktmassen *m* und *M*, die sich im Abstand *r* voneinander befinden, gegenseitig mit einer Kraft

$$\mathbf{F} = -\Gamma\frac{m\,M}{r^2}\frac{\mathbf{r}}{r} = -\Gamma\frac{m\,M}{r^2}\mathbf{e}_r\,, \qquad \text{mit} \qquad F = |\mathbf{F}| = \Gamma\frac{m\,M}{r^2} \tag{3.13}$$

---

1 Johannes Kepler, Astronom und Mathematiker, 1571–1630

2 eigtl. Tyge Brahe, dän. Astronom, der bestausgestattete, zuverlässigste und erfahrenste Astronom seiner Zeit, 1546–1601

3 Philosophiae naturalis principia mathematica, 1686

an, welche die Richtung ihrer Verbindungslinie hat (Abb. 3.7). Der Proportionalitätsfaktor

$$\Gamma = 6{,}673 \cdot 10^{-11}\ \mathrm{m^3\ kg^{-1}\ s^{-2}}$$

ist eine universelle Konstante und wird *allgemeine Gravitationskonstante* (engl. *Newtonian constant of gravitation*) genannt und kann in Maple aus der Bibliothek `ScientificConstants` mit dem Befehl `GetConstant(G)` abgerufen werden.

Das Newtonsche Gravitationsgesetz gilt übrigens auch für ausgedehnte Körper, deren Massen kugelsymmetrisch verteilt sind (Kellogg, 1967). Das Maß *r* entspricht dann dem Abstand der Massenmittelpunkte.

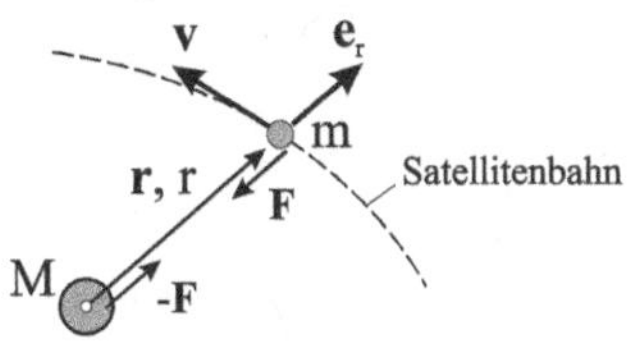

Abb. 3.7 *Allgemeines Gravitationsgesetz, Satellit mit der Masse m*

Da die Wirkungslinien der auf die Punktmasse wirkenden Gravitationskraft stets durch einen gegeben Punkt verlaufen, wird von einem *zentralen Kraftfeld* gesprochen, und die durch diese Kraft hervorgerufene Bewegung wird *Zentralbewegung* genannt. Wir betrachten die Bewegung eines Satelliten[1] der Masse *m*, der sich im Gravitationsfeld eines Himmelskörpers (beispielsweise Sonne, Erde, Mond) mit der Masse *M* befindet. Die Bewegungsgleichung des Satelliten erhalten wir aus dem Schwerpunktsatz (3.3), indem wir dort das Gravitationsgesetz (3.13) einsetzen. Wir erhalten die Bewegungsgleichung

$$\ddot{\mathbf{r}} = -\Gamma \frac{M}{r^3}\mathbf{r} = -\mu \frac{\mathbf{r}}{r^3}, \qquad \mu = \Gamma M . \tag{3.14}$$

Die Konstante μ hängt von der gravitierenden Masse *M* des Himmelskörpers ab und hat für Sonne, Erde und Mond folgende Werte:

$$\mu_{so} = 1{,}3273 \cdot 10^{20}\ \mathrm{m^3\ s^{-2}} \qquad (M_{so} = 1{,}989 \cdot 10^{30}\ \mathrm{kg})$$

$$\mu_{er} = 3{,}9851 \cdot 10^{14}\ \mathrm{m^3\ s^{-2}} \qquad (M_{er} = 5{,}972 \cdot 10^{24}\ \mathrm{kg})$$

$$\mu_{mo} = 4{,}9040 \cdot 10^{12}\ \mathrm{m^3\ s^{-2}} \qquad (M_{mo} = 7{,}349 \cdot 10^{22}\ \mathrm{kg}).$$

---

1 lat. satelles, satellitis, ›Leibwächter‹, Astronomie: Begleiter eines Planeten

Ein erstes Integral der vektorwertigen Differenzialgleichung (3.14) erhalten wir durch beidseitige Skalarmultiplikation mit $2\dot{\mathbf{r}}$, also

$$2\dot{\mathbf{r}}\cdot\ddot{\mathbf{r}} = -\mu\frac{2\mathbf{r}\cdot\dot{\mathbf{r}}}{r^3} \qquad \text{bzw.} \qquad \frac{d\dot{\mathbf{r}}^2}{dt} = -\frac{\mu}{r^3}\frac{d\mathbf{r}^2}{dt}.$$

Wir notieren die rechts stehende Beziehung unter Beachtung von $\dot{\mathbf{r}} = \mathbf{v}$ in der Form

$$\frac{dv^2}{dt} = -\frac{\mu}{r^3}\frac{dr^2}{dt} = -2\mu\frac{1}{r^2}\frac{dr}{dt} = 2\mu\frac{d}{dt}\left(\frac{1}{r}\right),$$

und die Integration ergibt

$$v^2 - 2\frac{\mu}{r} = h \qquad \text{mit} \qquad h = v_0^2 - 2\frac{\mu}{r_0}. \tag{3.15}$$

Die Konstante h heißt *Energiekonstante*, worin v_0 und r_0 Anfangswerte von v und r bedeuten. Der Beziehung (3.15) entnehmen wir den Sachverhalt, dass v mit wachsendem r abnimmt, und umgekehrt die Satellitengeschwindigkeit zunimmt, wenn r kleiner wird.

Es kann eine weitere Beziehung gefunden werden, wenn wir die Bewegungsgleichung (3.14) von links vektoriell mit $\mathbf{r}$ multiplizieren, also

$$\mathbf{r}\times\ddot{\mathbf{r}} = -\mu\frac{\mathbf{r}\times\mathbf{r}}{r^3} = \mathbf{0}.$$

Beachten wir

$$\frac{d}{dt}(\mathbf{r}\times\dot{\mathbf{r}}) = \dot{\mathbf{r}}\times\dot{\mathbf{r}} + \mathbf{r}\times\ddot{\mathbf{r}} = \mathbf{r}\times\ddot{\mathbf{r}} \qquad \text{dann folgt} \qquad \frac{d}{dt}(\mathbf{r}\times\dot{\mathbf{r}}) = \mathbf{0},$$

und die Integration ergibt mit dem konstanten Vektor $\boldsymbol{\sigma}$

$$\mathbf{r}\times\dot{\mathbf{r}} = \boldsymbol{\sigma}. \tag{3.16}$$

Bei Zugrundelegung einer Orthonormalbasis erhalten wir aus (3.16) die Komponenten

$$x_2\dot{x}_3 - x_3\dot{x}_2 = \sigma_1, \qquad x_3\dot{x}_1 - x_1\dot{x}_3 = \sigma_2, \qquad x_1\dot{x}_2 - x_2\dot{x}_1 = \sigma_3.$$

Da der Geschwindigkeitsvektor $\mathbf{v} = \dot{\mathbf{r}}$ die Bahnkurve tangiert, steht $\boldsymbol{\sigma}$ senkrecht auf der *Bahnebene*, die durch $\mathbf{r}$ und $\mathbf{v}$ aufgespannt wird. Wegen der Konstanz des Vektors $\boldsymbol{\sigma}$ sind demzufolge alle Planetenbahnen eben.

Multiplizieren wir die Gleichung (3.16) skalar mit $\mathbf{r}$, dann verschwindet auf der linken Seite wegen $\mathbf{r}\cdot(\mathbf{r}\times\dot{\mathbf{r}}) = 0$ das Spatprodukt, und wir erhalten die Gleichung der Bahnebene

$$\mathbf{r}\cdot\boldsymbol{\sigma} = 0.$$

Bei Verwendung einer Orthonormalbasis folgt: $x_1\sigma_1 + x_2\sigma_2 + x_3\sigma_3 = 0$.

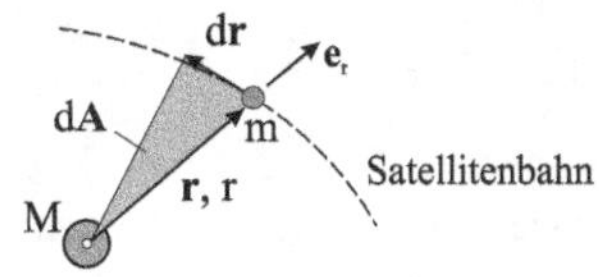

*Abb. 3.8 Das vektorielle Flächenelement dA, 2. Keplersches Gesetz, **dr** tangiert die Bahnkurve*

Die Gleichung (3.16) lässt noch eine kinematische Deutung zu. Dazu entnehmen wir der Abb. 3.8 das vektorielle Flächenelement

$$d\mathbf{A} = \frac{1}{2}\mathbf{r}\times d\mathbf{r} = \frac{1}{2}\mathbf{r}\times\dot{\mathbf{r}}\,dt = \frac{1}{2}\boldsymbol{\sigma}\,dt\,,$$

was zur vektoriellen *Flächengeschwindigkeit*

$$\frac{d\mathbf{A}}{dt} = \dot{\mathbf{A}} = \frac{1}{2}\mathbf{r}\times\dot{\mathbf{r}} = \frac{1}{2}\boldsymbol{\sigma}$$

führt. Die Integration dieser Beziehung zwischen den Zeitpunkten t_1 und t_2 liefert

$$\mathbf{A} = \frac{1}{2}\boldsymbol{\sigma}\,(t_2 - t_1)\,. \tag{3.17}$$

Das ist das *2. Keplersche Gesetz*, wonach der Ortsvektor **r** des Planeten in gleichen Zeiten gleiche Flächen überstreicht.

Ein zusätzliches erstes Integral der Bewegungsgleichung erhalten wir, wenn wir (3.14) vektoriell mit (3.16) multiplizieren. Das führt zunächst auf

$$\ddot{\mathbf{r}}\times\boldsymbol{\sigma} = -\frac{\mu}{r^3}\mathbf{r}\times(\mathbf{r}\times\dot{\mathbf{r}}) = -\frac{\mu}{r^3}[(\dot{\mathbf{r}}\cdot\mathbf{r})\,\mathbf{r} - (\mathbf{r}\cdot\mathbf{r})\dot{\mathbf{r}}]\,.$$

Beachten wir $\dfrac{d(\mathbf{r}\cdot\mathbf{r})}{dt} = 2\dot{\mathbf{r}}\cdot\mathbf{r} = \dfrac{d(r^2)}{dt} = 2r\dot{r}$, und damit $\dot{\mathbf{r}}\cdot\mathbf{r} = \dot{r}\,r$, dann ist

$$\ddot{\mathbf{r}}\times\boldsymbol{\sigma} = -\frac{\mu}{r^2}(\dot{r}\,\mathbf{r} - r\dot{\mathbf{r}}) \qquad \text{oder} \qquad \frac{d}{dt}(\dot{\mathbf{r}}\times\boldsymbol{\sigma}) - \mu\frac{d}{dt}\left(\frac{\mathbf{r}}{r}\right) = 0\,.$$

Die Integration liefert mit dem Einheitsvektor ($\mathbf{e}_r = \mathbf{r}/r$) das *Laplace-Integral*

$$\dot{\mathbf{r}}\times\boldsymbol{\sigma} - \mu\,\mathbf{e}_r = \boldsymbol{\lambda}\,. \tag{3.18}$$

Der konstante Vektor $\boldsymbol{\lambda}$ wird *Laplace-Vektor* oder auch *Laplace-Runge-Lenz-Vektor* genannt. Dass dieser Vektor in der Bahnebene liegt, sehen wir, wenn wir Gleichung (3.18) skalar mit $\boldsymbol{\sigma}$ multiplizieren, also

$$(\dot{\mathbf{r}} \times \boldsymbol{\sigma}) \cdot \boldsymbol{\sigma} - \mu \mathbf{e}_r \cdot \boldsymbol{\sigma} = 0 = \boldsymbol{\lambda} \cdot \boldsymbol{\sigma} .$$

Hinweis: Mit (3.15), (3.16) und (3.18) liegen eine skalare und zwei Vektorgleichungen mit insgesamt sieben Integrationskonstanten (h, $\boldsymbol{\sigma}$, $\boldsymbol{\lambda}$) vor. Da die Bewegungsgleichung (3.14) eine räumliche Differenzialgleichung 2. Ordnung ist und demzufolge nur $3 \cdot 2 = 6$ unabhängige Integrationskonstanten liefert, muss zwischen den sieben Integrationskonstanten eine skalare Beziehung bestehen, die wir durch Quadrieren beider Seiten von (3.18) erhalten. Das Ergebnis ist

$$\lambda^2 = h\,\sigma^2 + \mu^2 . \tag{3.19}$$

Wir beschaffen uns nun die Bahngleichung des Planeten. Dazu multiplizieren wir das Laplace-Integral skalar mit $\mathbf{r}$, also

$$\mathbf{r} \cdot (\dot{\mathbf{r}} \times \boldsymbol{\sigma}) - \mu\, \mathbf{r} \cdot \mathbf{e}_r = \boldsymbol{\lambda} \cdot \mathbf{r} .$$

Unter Beachtung von $\mathbf{r} \cdot (\dot{\mathbf{r}} \times \boldsymbol{\sigma}) = \boldsymbol{\sigma} \cdot (\mathbf{r} \times \dot{\mathbf{r}}) = \sigma^2$ (Punkt und Kreuz sind vertauschbar) folgt

$$\sigma^2 - \mu\, r = \lambda\, r \cos\varphi ,$$

wobei φ den Winkel bezeichnet, den der Laplace-Vektor $\boldsymbol{\lambda}$ und der Ortsvektor $\mathbf{r}$ miteinander einschließen. Lösen wir diese Gleichung nach r auf, dann erhalten wir die allgemeine Bahngleichung der Planetenbewegung, die als Kepler-Bahnen bezeichnet werden:

$$r = \frac{p}{1 + e\cos\varphi}, \qquad p = \frac{\sigma^2}{\mu} > 0, \quad e = \frac{\lambda}{\mu} > 0. \tag{3.20}$$

Diese Gleichung beschreibt einen Kegelschnitt und drückt somit das 1. Keplersche Gesetz aus. Die Konstanten p und e heißen *Bahnparameter* und *Bahnexzentrizität.* Die Bahnen sind für $e = 0$ Kreise mit dem Radius p, für $0 \le e < 1$ Ellipsen, für $e = 1$ liegen Parabeln vor, und für $e > 1$ hat man Hyperbelbahnen.

Die Bahnform selbst hängt von der Größe der Anfangsgeschwindigkeit ab, denn aus den Beziehungen (3.19) und (3.20) folgt

$$e = \sqrt{1 + h\frac{\sigma^2}{\mu^2}} \qquad \text{mit} \qquad h = v_0^2 - 2\frac{\mu}{r_0} .$$

Im Fall von Ellipsenbahnen mit $e < 1$ muss $h < 0$ erfüllt sein, was

$$v_0^2 < 2\frac{\mu}{r_0}$$

erfordert. Bei parabelförmigen Bahnen mit e = 1 ist h = 0 und damit

$$v_0^2 = 2\frac{\mu}{r_0}.$$

Für Hyperbelbahnen mit e > 1 ist h > 0 und damit

$$v_0^2 > 2\frac{\mu}{r_0}.$$

Bei Kreisbahnen (e = 0) muss $h = -\mu^2/\sigma^2$ sein, was unter Beachtung von (3.15) zunächst

$$v_0^2 = 2\frac{\mu}{r_0} - \frac{\mu^2}{\sigma^2}$$

liefert. Wegen $\sigma^2 = p\mu$ und $p = r_0$ erhalten wir die konstante *Kreisbahngeschwindigkeit*

$$v_{Kr}^2 = \frac{\mu}{r_0},$$

die auch als *1. kosmische Geschwindigkeit* v_I bezeichnet wird, und die ausreicht, damit ein Satellit einen kugelförmigen Himmelskörper mit dem Radius r_0 direkt über dessen Oberfläche längs eines Großkreises gerade umfliegen kann.

Für Erdsatelliten mit $\mu_{er} = 3{,}9851 \cdot 10^{14}\ m^3 s^{-2}$ und $r_0 = 6{,}371 \cdot 10^6$ m errechnen wir näherungsweise

$$v_I^{(er)} \approx 7{,}9\ km\,s^{-1}.$$

Als *Fluchtgeschwindigkeit* oder auch 2. *kosmische Geschwindigkeit* v_{II} wird diejenige Geschwindigkeit bezeichnet, die zum Verlassen des Gravitationsfeldes eines kugelförmigen Himmelskörpers erforderlich ist. Dazu ist mindestens eine parabolische Anfangsgeschwindigkeit erforderlich, die für einen Erdsatelliten

$$v_{II}^{(er)} = \sqrt{2\mu_{er}/r_0} = \sqrt{2}\, v_I^{(er)} \approx 11{,}2\ km\ s^{-1}$$

beträgt. Damit ein Körper das Gravitationsfeld der Sonne verlassen kann, ist mindestens die relativ zur Sonne gemessene *solare Fluchtgeschwindigkeit* von

$$v_{II}^{(so)} = \sqrt{2\mu_{so}/r_0} \approx 42{,}5\ km\ s^{-1}$$

erforderlich (r_0: mittlerer Abstand Erde-Sonne). Für einen von der Erdoberfläche in Richtung der Bahnbewegung der Erde abgeschossener Körper kann diese Geschwindigkeit unter Ausnutzung der (mittleren) Bahngeschwindigkeit der Erde von etwa 29,8 km s^{-1} erreicht werden, denn dann ist lediglich die Differenzgeschwindigkeit von $\Delta v = 42{,}5$ km s^{-1} - 29,8 km s^{-1} = 12,7 km s^{-1} erforderlich. Da allerdings der abgeschossene Körper noch das Gravitationsfeld der

Erde verlassen muss, ist zum Verlassen unseres Sonnensystems von der Erde aus mindestens die *3. kosmische Geschwindigkeit*

$$v_{III}^{(er)} = \sqrt{(\Delta v)^2 + v_{II}^{(er)2}} \approx 16{,}9 \text{ km s}^{-1}$$

erforderlich. Etwa vorhandene Reibungskräfte sind bei diesen Berechnungen nicht berücksichtigt.

Ellipsenförmige Bahnen

Mit ellipsenförmigen Bahnen sind die folgenden Begriffe verbunden (Abb. 3.9): Die große Ellipsenachse *AP* heißt *Apsidenachse.* Der vom Gravitationszentrum *0* am weitesten entfernte Punkt *A* der Bahn heißt *Apozentrum,* und der zu *0* nächste Bahnpunkt *P* heißt *Perizentrum.* Der Winkel φ wird *wahre Anomalie* genannt, und *E* heißt *exzentrische Anomalie.*

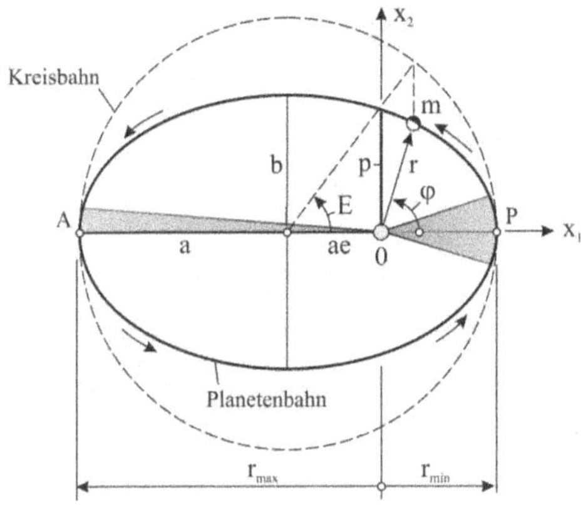

Abb. 3.9 *Ellipsenförmige Bahn, Bezeichnungen im Zusammenhang mit Keplerbahnen*

Zum Beweis des 3. Keplerschen Gesetzes beachten wir, dass bei einem vollen Umlauf mit der Umlaufzeit *T* der Vektor **r** die vollständige Ellipsenfläche A = πab überstreicht. Mit (3.17) erhalten wir dann

$$\pi a b = \frac{1}{2} \sigma T .$$

Quadrieren wir obige Gleichung und beachten $p = b^2/a$, dann folgt

$$\frac{a^3}{T^2} = \frac{\mu}{4\pi^2} = \text{const.}$$

Wir interessieren uns noch für die Geschwindigkeit des Planeten. Mit $\mathbf{r} = r\,\mathbf{e}_r$ erhalten wir

$$\mathbf{v} = \dot{\mathbf{r}} = \dot{r}\,\mathbf{e}_r + r\,\dot{\mathbf{e}}_r = \dot{r}\,\mathbf{e}_r + r\,\dot{\varphi}\,\mathbf{e}_\varphi = v_r\,\mathbf{e}_r + v_\varphi\,\mathbf{e}_\varphi .$$

Unter Beachtung von (3.20) und (3.16) folgen mit $\dot{r} = p e \dot{\varphi}/(1+e\cos\varphi)^2$ sowie $\sigma = r^2\dot{\varphi}$:

$$v_r = \dot{r} = \frac{\sigma}{p} e \sin\varphi, \qquad v_\varphi = r\dot{\varphi} = \frac{\sigma}{p}(1+e\sin\varphi).$$

Daraus ergibt sich der Betrag der Geschwindigkeit zu

$$v = \sqrt{v_r^2 + v_\varphi^2} = \frac{\sigma}{p}\sqrt{1+2e\cos\varphi+e^2},$$

dem wir die folgenden Extremwerte entnehmen:

$$v_{max} = v(\varphi = 0) = \frac{\sigma}{p}(1+e), \; v_{min} = v(\varphi = \pi) = \frac{\sigma}{p}(1-e).$$

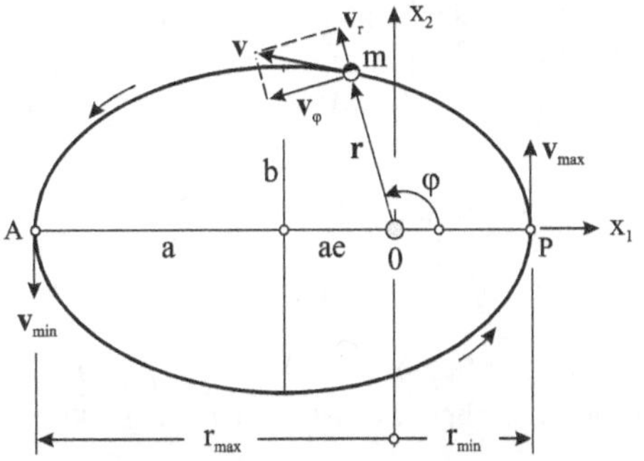

Abb. 3.10 Die Komponentendarstellung der Bahngeschwindigkeit

Beachten wir noch $r_{min} = a(1-e)$ und $r_{max} = a(1+e)$, dann erhalten wir das *Hebelgesetz*

$$v_{max}\, r_{min} = v_{min}\, r_{max}.$$

Zur Festlegung des zeitlichen Ablaufs der Keplerbewegung (s.h. Abb. 3.9) wird die *exzentrische Anomalie E* über die Beziehung $r = a(1-e\cos E)$ eingeführt. Zur Herleitung der nichtlinearen *Kepler-Gleichung*

$$E - e\sin E = n(t-t_0), \qquad n = \frac{2\pi}{T}, \tag{3.21}$$

wird auf die Spezialliteratur verwiesen. In (3.21) bezeichnet t_0 denjenigen Zeitpunkt, zu dem der Planet durch sein Perihel[1] (*P*) verläuft. Um diese Gleichung auswerten zu können, sind die

[1] zu griech. hélios ›Sonne‹

Perihel-Durchgangszeit t_0, die Umlaufzeit T und die nummerische Exzentrizität e des Planeten vorzugeben. Ist E aus (3.21) ermittelt, dann folgt die wahre Anomalie φ aus

$$\cos\varphi = \frac{\cos E - e}{1 - e\cos E}, \quad \sin\varphi = \frac{\sqrt{1-e^2}\,\sin E}{1 - e\cos E}, \quad \tan\frac{\varphi}{2} = \sqrt{\frac{1+e}{1-e}}\tan\frac{E}{2}.$$

Im Fall kreisnaher Planetenbahnen ($e \ll 1$) können wir mit $E \approx n(t - t_0)$ noch folgende Näherungen notieren:

$$r = a\{1 - e\cos[n(t - t_0)]\}, \quad \varphi = 2e\sin[n(t - t_0)] + n(t - t_0).$$

Beispiel 3-3:

Stellen Sie eine Maple-Prozedur zur Verfügung, die bei Vorgabe von μ, a und e die Keplerbahn eines Planeten berechnet. Stellen Sie die Geschwindigkeit v des Planeten als Funktion der wahren Anomalie φ grafisch dar. Animieren Sie die Bahnbewegungen für die Planeten Erde und Mars. Die Erde erreichte das Perihel ihrer elliptischen Bahn am 3. Januar 2014 um 16 Uhr MEZ. Bestimmen Sie näherungsweise die Position der Erde zum Zeitpunkt des Frühlingsbeginns (Tag- und Nachtgleiche) am 20. März 2014 um 18 Uhr MEZ. ■

3.1.3 Bewegung eines Körpers mit veränderlicher Masse, Raketengrundgleichung

Wird einem Körper während des Bewegungsvorganges kontinuierlich Masse entzogen oder zugeführt, dann sprechen wir von einem Körper mit veränderlicher Masse, etwa einer Rakete, deren Masse während des Fluges abnimmt.

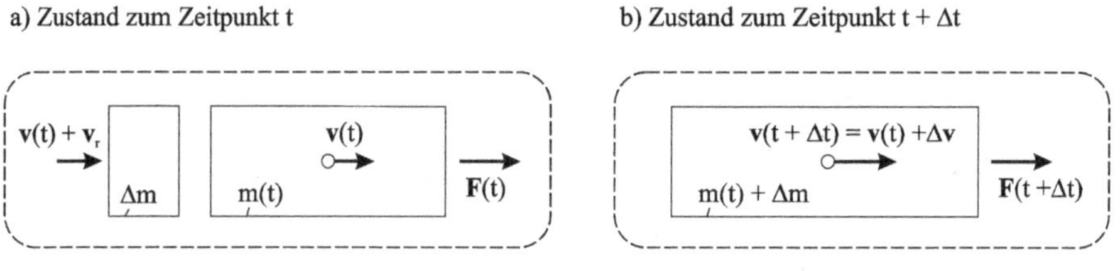

Abb. 3.11 Zur Impulsbilanz für einen Körper mit veränderlicher Masse

Wir beschränken uns im Folgenden auf geradlinige Bewegungen und betrachten dazu den Körper in Abb. 3.11. Die Bewegungsgleichung beschaffen wir uns mittels des Impulssatzes für einen Körper mit unveränderlicher Masse und verweisen in diesem Zusammenhang auf das Beispiel 3-1. Wir wählen hier einen etwas anderen Weg und betrachten dazu zwei abgeschlossene Systeme, die wir jeweils durch eine Kontrollfläche (gestrichelt gezeichnet) abgrenzen. Zum Zeitpunkt t besitzt der Körper mit der Masse m(t) die Geschwindigkeit $\mathbf{v}(t)$. Diesem Körper wird im Zeitintervall Δt die Masse Δm mit der Geschwindigkeit $\mathbf{v}(t) + \mathbf{v}_r$ zugeführt.

Dabei ist $\mathbf{v}_r$ die konstante relative Eintrittsgeschwindigkeit der Zusatzmasse Δm. Auf den Körper wirkt außerdem die äußere eingeprägte Kraft $\mathbf{F}(t)$, etwa eine Widerstandskraft und/oder Gewichtskraft. Im nächsten Schritt betrachten wir das System zum Zeitpunkt $t + \Delta t$. Die Masse des Körpers ist jetzt nach Hinzutreten der Masse Δm auf $m(t + \Delta t) = m(t) + \Delta m$ angewachsen, und die Geschwindigkeit geht über in $\mathbf{v}(t+\Delta t) = \mathbf{v}(t)+\Delta\mathbf{v}$. Da die äußere Kraft auch von der Zeit abhängt, wirkt jetzt $\mathbf{F}(t + \Delta t)$ auf den Körper. Notieren wir den Impuls zum Zeitpunkt *t*, dann erhalten wir

$$\mathbf{p}(t) = m(t)\,\mathbf{v}(t) + \Delta m\left[\mathbf{v}(t) + \mathbf{v}_r\right],$$

und für den Zeitpunkt $t + \Delta t$ gilt

$$\mathbf{p}(t+\Delta t) = \left[m(t)+\Delta m\right]\mathbf{v}(t+\Delta t) = \left[m(t)+\Delta m\right]\left[\mathbf{v}(t)+\Delta\mathbf{v}\right].$$

Im Zeitintervall Δt ist demnach die Impulsänderung

$$\Delta\mathbf{p}(t) = \mathbf{p}(t+\Delta t) - \mathbf{p}(t) = m(t)\,\Delta\mathbf{v} - \Delta m\,\mathbf{v}_r + \Delta m\,\Delta\mathbf{v}$$

Nach Division mit Δt und anschließendem Grenzübergang $\Delta t \to 0$ folgt nach Kap. 3.1.1 aus dem Impulssatz

$$\lim_{\Delta t\to 0}\frac{\Delta\mathbf{p}(t)}{\Delta t} = \dot{\mathbf{p}}(t) = \lim_{\Delta t\to 0}\frac{m(t)\,\Delta\mathbf{v} - \Delta m\,\mathbf{v}_r + \Delta m\,\Delta\mathbf{v}}{\Delta t} = m(t)\,\dot{\mathbf{v}} - \dot{m}\,\mathbf{v}_r = \mathbf{F}(t).$$

In der obigen Beziehung wurden die von höherer Ordnung kleinen Terme $\Delta m\Delta v$ beim Grenzübergang vernachlässigt. Damit verbleibt

$$m(t)\,\dot{\mathbf{v}}(t) = \dot{m}(t)\,\mathbf{v}_r + \mathbf{F}(t) = \mathbf{S}(t) + \mathbf{F}(t), \qquad \mathbf{S}(t) = \dot{m}(t)\,\mathbf{v}_r. \tag{3.22}$$

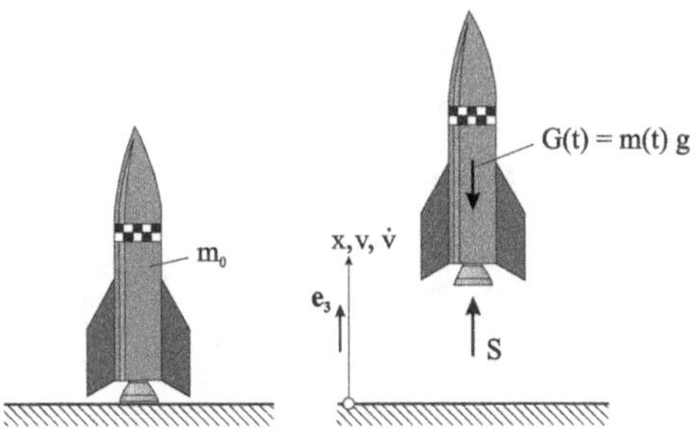

Abb. 3.12 *Raketenstart in einem konstanten Gravitationsfeld bei Vernachlässigung des Luftwiderstands*

In der Differenzialgleichung (3.22) bezeichnet $\dot{m}(t)$ die dem Körper pro Zeiteinheit zugeführte Masse, und der Term $\mathbf{S}(t) = \dot{m}(t)\,\mathbf{v}_r$, der *Schub* genannt wird, beschreibt die kinetische Wirkung der Massenzuführung auf den Körper.

Als Anwendungsbeispiel betrachten wir die Bewegung einer senkrecht startenden Rakete in Erdnähe, sodass wir mit konstanter Erdbeschleunigung *g* rechnen können (Abb. 3.12). Vernachlässigen wir den Luftwiderstand, dann wirken auf die Rakete die zeitabhängige Gewichtskraft **G** und der Schub **S**, der entgegengesetzt zu v_r gerichtet ist. Da bei der Rakete Masse kontinuierlich abgeführt wird, ist deren zeitliche Änderung $\mu(t) = \dot{m}(t)$ negativ, und das gleiche gilt für v_r. Ist m_0 die Startmasse der Rakete zum Zeitpunkt t = 0, dann gilt für die Masse der Rakete zum Zeitpunkt *t*

$$m(t) = m_0 - \int_{\tau=0}^{t} \mu(\tau)\, d\tau .$$

Das Gewicht der Rakete zum Zeitpunkt *t* ist dann G(t) = m(t) g. Für konstantes $\mu(t) = \mu_0$ ist

$$m(t) = m_0 - \mu_0 t ,$$

und die Differenzialgleichung (3.22) geht über in die *Raketengrundgleichung*[1]

$$\dot{v}(t) = \frac{\mu_0}{m_0 - \mu_0 t} v_r - g = \frac{\lambda}{1 - \lambda t} v_r - g , \qquad \lambda = \mu_0 / m_0 , \tag{3.23}$$

eine Differenzialgleichung, die näherungsweise die Bewegung der Rakete in Erdnähe ohne Einfluss der Luftreibung beschreibt. Ist v_0 die Startgeschwindigkeit zum Zeitpunkt t = 0, dann liefert uns Maple die Geschwindigkeit

$$v(t) = -v_r \ln(1 - \lambda t) - g\, t + v_0 . \tag{3.24}$$

Die Steighöhe ermitteln wir durch Integration von (3.24) unter Beachtung der Anfangsbedingung $x(t = 0) = x_0$ zu

$$x(t) = \frac{v_r}{\lambda} [(1 - \lambda t) \ln(1 - \lambda t) + \lambda t] - \frac{1}{2} g\, t^2 + v_0 t + x_0 . \tag{3.25}$$

Nach dem Ausbrennen des Treibstoffes besitzt die Rakete noch die *Leermasse* m_L, womit sich folgende *Brennschlusszeit* ergibt:

$$t_B = \frac{m_0 - m_L}{\mu_0} = \frac{m_L}{\mu_0} (\rho - 1) , \qquad \rho = m_0 / m_L .$$

Damit errechnen wir bei Brennschluss die größte Geschwindigkeit

1 Konstantin Eduardowitsch Ziolkowskij, russ.-sowjet. Luft- und Raumfahrtforscher, 1857–1935

$$v_{max} = v_r \ln\rho - g\,t_B + v_0\,, \tag{3.26}$$

sowie die maximale Steighöhe

$$x_{max} = v_r\,t_B\left(1 - \frac{1}{\rho - 1}\ln\rho\right) - \frac{1}{2}g\,t_B^2 + v_0\,t_B + x_0\,.$$

Der Gleichung (3.26) entnehmen wir, dass die Brennschlussgeschwindigkeit v_{max} umso größer wird,

1. je größer die Relativgeschwindigkeit v_r der Brenngase ist,
2. je größer das Massenverhältnis $\rho = m_0/m_L$ gewählt wird,
3. je kürzer die Brennschlusszeit t_B wird,
4. je größer die Anfangsgeschwindigkeit v_0 ist.

Damit die Rakete abheben kann, muss selbstverständlich die Schubkraft **S** größer als das Startgewicht sein, was $\lambda v_r > g$ erfordert.

Beispiel 3-4:

Schreiben Sie eine Maple-Prozedur, mit der die obigen Gleichungen automatisiert ausgewertet werden, und wenden Sie die Prozedur auf die folgende Aufgabenstellung an: Für den Senkrechtstart einer einstufigen Rakete in einem konstanten Gravitationsfeld sollen bei Vernachlässigung des Luftwiderstands die Höhe, Geschwindigkeit und Beschleunigung in Abhängigkeit von der Zeit *t* ermittelt werden. Die Rakete startet zum Zeitpunkt t = 0 aus der Ruhelage mit $x_0 = 0$ und $v_0 = 0$.

Geg.: $v_r = 2{,}22\cdot10^3$ m s^{-1}, $\mu_0 = 1{,}5\cdot10^4$ kg s^{-1}, $m_0 = 2{,}95\cdot10^6$ kg, $m_L = 1{,}0\cdot10^6$ kg.

Lösung: Mit $\lambda = \mu_0 / m_0 = 5{,}08\cdot10^{-3}\,s^{-1}$, $\lambda v_r = 11{,}28\,m\,s^{-2} > g$ und $\rho = m_0 / m_L = 2{,}95$ erhalten wir:

1.) Konstante Schubkraft: $S(t) = \mu_0\,v_r = 3{,}33\cdot10^7\,N$,

2.) Brennschlusszeit: $t_B = \dfrac{m_0 - m_L}{\mu_0} = \dfrac{2{,}95\cdot10^6 - 1{,}0\cdot10^6}{1{,}5\cdot10^4} = 130\,s$,

3.) Endgeschwindigkeit: $v_{max} = v_r \ln\rho - g\,t_B = 2401{,}6 - 1275{,}3 = 1126{,}3\,m\,s^{-1}$,

4.) Maximale Steighöhe: $x_{max} = v_r\,t_B\left(1 - \dfrac{1}{\rho - 1}\ln\rho\right) - \dfrac{1}{2}g\,t_B^2 = 45598{,}3\,m$.

5.) Beschleunigung am Start: $a_0 \equiv \dot v(t = 0) = \lambda\,v_r - g = 11{,}27 - 9{,}81 = 1{,}48\,m\,s^{-2}$

6.) Beschleunigung bei Brennschluss: $a_B \equiv \dot{v}(t=t_B) = \dfrac{\lambda}{1-\lambda t_B} v_r - g = 33{,}21 - 9{,}81 = 23{,}5\,\mathrm{m\,s^{-2}}$.

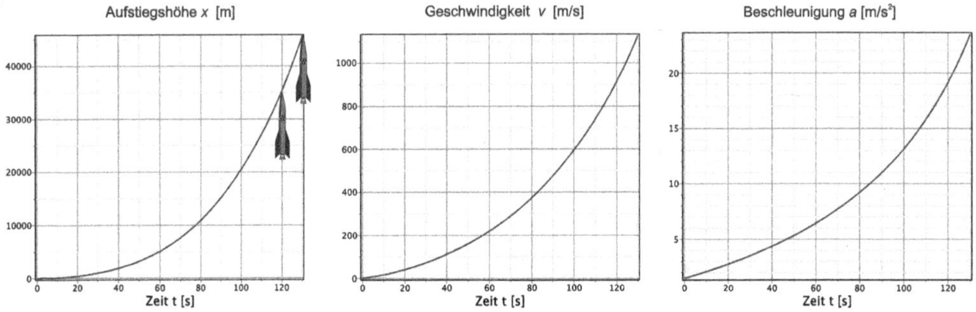

Abb. 3.13 *Zustandsgrößen einer Einstufenrakete bei senkrechtem Start, Brennschlusszeit t_B = 130 s*

Die zeitlichen Änderungen der Zustandsgrößen können Abb. 3.13 entnommen werden. Nach den ersten 10 Sekunden befindet sich die Rakete erst in 0,84 km Höhe. Aufgrund der geringer gewordenen Masse erreicht sie allein in den letzten 10 Sekunden vor Brennschluss einen Höhenzuwachs von 10,17 km. ■

Zum Erreichen einer Erdumlaufbahn ist mindestens die *1. kosmische Geschwindigkeit* (Kreisbahngeschwindigkeit) $v_I^{(er)} \approx 7{,}9\,\mathrm{km\,s^{-1}}$ erforderlich, die allerdings mit herkömmlichem Treibstoff (Kerosin/Sauerstoff) nicht erreicht werden kann, da die Grenze bei dieser Treibstoffkombination bei etwa v = 4 km s^{-1} liegt.

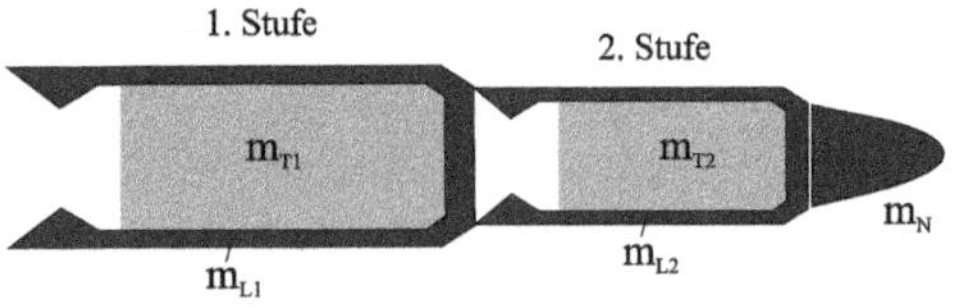

Abb. 3.14 *Schematische Darstellung einer Zweistufenrakete mit Nutzlast m_N*

Für höhere Geschwindigkeiten kommen mehrstufige Raketen (engl. *multistage rockets*) zum Einsatz. Dabei werden mehrere Raketen übereinandergesetzt, sodass die jeweils nächste Stufe die Brennschlussgeschwindigkeit der vorangehenden als Anfangswert nutzen kann. Bei der dreistufigen Trägerrakete Saturn V (amerikan. Apollo-Programm zur Mondlandung) wurden so Geschwindigkeiten von mehr als 15 km s^{-1} realisiert. Der Geschwindigkeitsgewinn einer Mehrstufenrakete wird allerdings durch einen erheblichen Nachteil erkauft, der darin besteht, dass mit zunehmender Stufenzahl der Nutzlastanteil abnimmt, was zwangsläufig zum Bau sehr großer und damit schwerer Raketen führt.

Soll beispielsweise für die Zweistufenrakete in Abb. 3.14 die Endgeschwindigkeit der oberen Stufe berechnet werden, dann folgt beim Start aus der Ruhelage mit $v_0 = 0$ durch Anwendung der Gleichung (3.26) zunächst die Brennschlussgeschwindigkeit der ersten Stufe

$$v_{max\,1} = v_{r1} \ln \rho_1 - g\, t_{B1} \, .$$

Nach dem Abwurf der ersten Stufe ist nach erneuter Anwendung von (3.26) die Brennschlussgeschwindigkeit der zweiten Stufe

$$v_{max\,2} = v_{r2} \ln \rho_2 - g\, t_{B2} + v_{max\,1} = v_{r1} \ln \rho_1 + v_{r2} \ln \rho_2 - g(t_{B1} + t_{B2}) \, .$$

Unter Verwendung der Bezeichnungen für die Raketenleermasse (Index L), Treibstoffmasse (Index T) und Nutzlastmasse (Index N) sowie von $m_{01} = m_{L1} + m_{T1}$, $m_{02} = m_{L2} + m_{T2}$ und der Gesamtmasse $m_0 = m_{01} + m_{02} + m_N$ der Rakete, erhalten wir die für die einzelnen Stufen maßgebenden Massenverhältnisse

$$\rho_1 = \frac{m_{L1} + m_{T1} + m_{L2} + m_{T2} + m_N}{m_{L1} + m_{L2} + m_{T2} + m_N} = \frac{m_0}{m_{L1} + m_{02} + m_N}$$

$$\rho_2 = \frac{m_{L2} + m_{T2} + m_N}{m_{L2} + m_N} = \frac{m_{02} + m_N}{m_{L2} + m_N} \, .$$

Vernachlässigen wir den durch das Eigengewicht herrührenden Anteil ($g = 0$) und unterstellen für beide Stufen gleiche relative Austrittsgeschwindigkeiten ($v_{r1} = v_{r2} = v_r$) der Brenngase, dann erhalten wir die maximale Endgeschwindigkeit der zweiten Stufe zu

$$v_{max\,2} = v_r \ln(\rho_1 \rho_2) = v_r \ln \frac{m_0 (m_{02} + m_N)}{(m_{L1} + m_{02} + m_N)(m_{L2} + m_N)} \, .$$

Beispiel 3-5:

Als Anwendungsbeispiel betrachten wir den Senkrechtstart einer zweistufigen Rakete, die bei einer Gesamtmasse von $m_0 = 1510$ kg eine Nutzmasse von $m_N = 120$ kg trägt. Beide Stufen besitzen dieselbe Austrittsgeschwindigkeit v_r der Brenngase. Ferner sind:

1. Stufe: $m_{01} = 1100$ kg, $m_{L1} = 50$ kg
2. Stufe: $m_{02} = 290$ kg, $m_{L2} = 20$ kg.

Bei Brennschluss der ersten Stufe beträgt bei Vernachlässigung der Gewichtskraft die Endgeschwindigkeit

$$v_{max\,1} = v_r \ln \rho_1 = v_r \ln \frac{m_0}{m_{L1} + m_{02} + m_N} = v_r \ln 3{,}28 = 1{,}19\, v_r \, ,$$

und bei Brennschluss der zweiten Stufe ist die Endgeschwindigkeit der Nutzlast

$$v_{max\,2} = v_r \ln 9{,}61 = 2{,}26\, v_r \, .$$

■

Beispiel 3-6:

Es soll der Bewegungszustand einer zweistufigen Rakete unter Einsatz der in Beispiel 3-4 bereitgestellten Maple-Prozedur berechnet werden. Die Nutzmasse m_N beträgt 120 kg. Für die beiden Stufen gelten folgende technischen Daten:

1. Stufe: $v_{r1} = 1{,}1 \cdot 10^3$ m s^{-1}, $\mu_{01} = 15$ kg s^{-1}, $m_{01} = 1100$ kg, $m_{L1} = 50$ kg, $m_{T1} = 1050$ kg.

2. Stufe: $v_{r2} = 1{,}4 \cdot 10^3$ m s^{-1}, $\mu_{02} = 3$ kg s^{-1}, $m_{02} = 290$ kg, $m_{L2} = 20$ kg, $m_{T2} = 270$ kg.

Das Startgewicht der Rakete beträgt $G_0 = (m_{01} + m_{02} + m_N)\, g = 14813{,}1$ N.

Maple liefert uns für die beiden Brennstufen folgende Ergebnisse:

<u>a) Lösungen für die 1. Brennstufe:</u>

$m_0 = m_{01} + m_{02} + m_N = 1510$ kg, $m_L = m_{L1} + m_{02} + m_N = 460$ kg, $S_1 = \mu_{01}\, v_{r1} = 16500$ N.

Anfangsbedingungen: $t_0 = 0$, $v_0 = 0$, $x_0 = 0$.

Brennschlusszeit $t_B = (m_0 - m_L)/\mu_{01} = 70\,\text{s}$, Flughöhe bei Brennschluss $x_B = 12868{,}8$ m,

Brennschlussgeschwindigkeit $v_B = 621$ m s^{-1},

Startbeschleunigung $a_0 = 1{,}12$ m s^{-2}, Brennschlussbeschleunigung $a_B = 26{,}06$ m s^{-2}.

<u>b) Lösungen für die 2. Brennstufe:</u>

$m_0 = m_{02} + m_N = 410$ kg, $m_L = m_{L2} + m_N = 140$ kg, $S_2 = \mu_{02}\, v_{r2} = 4200$ N.

Anfangsbedingungen: $t_0 = 70$ s, $a_0 = 26{,}06$ m s^{-2}, $v_0 = 621$ m s^{-1}, $x_0 = 12868{,}8$ m.

Brennschlusszeit $t_B = (m_0 - m_L)/\mu_{02} = 90\,\text{s}$, Flughöhe bei Brennschluss $x_B = 84808{,}8$ m,

Brennschlussgeschwindigkeit $v_B = 1242{,}2$ m s^{-1},

Startbeschleunigung $a_0 = 26{,}5$ m s^{-2}, Brennschlussbeschleunigung $a_B = 46{,}2$ m s^{-2}.

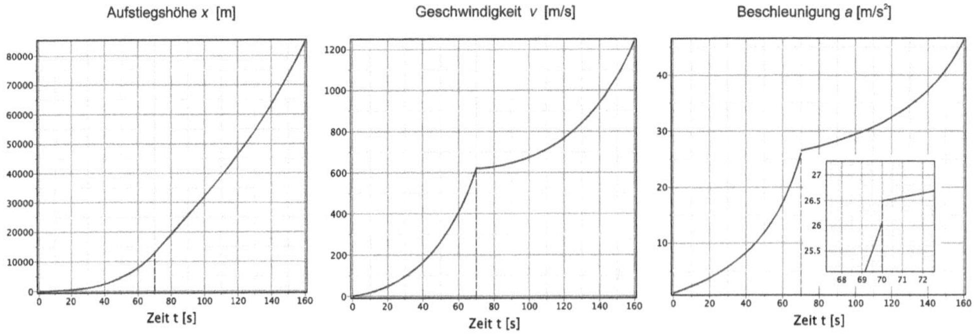

Abb. 3.15 Zustandsgrößen einer zweistufigen Rakete

Die Abb. 3.15 zeigt den zeitlichen Verlauf der Zustandsgrößen. Der Beschleunigungsverlauf im rechten Teil der Abbildung hat an der Stelle $t_{B1} = 70$ s die Unstetigkeit

$$\Delta\dot{v} = \lambda_2 v_{r2} - g = \frac{3 \cdot 1{,}4 \cdot 10^3}{410} - 9{,}81 = 0{,}44 \text{ m s}^{-2},$$

die daher rührt, dass sich zu diesem Zeitpunkt durch den Abwurf der ausgebrannten 1. Stufe die Raketenmasse sprunghaft um m_{L1} reduziert.

Die funktionalen zeitlichen Verläufe der obigen Zustandsgrößen können dem entsprechenden Maple-Arbeitsblatt entnommen werden. ■

3.1.4 Der Drallsatz

Greifen nicht alle äußeren Kräfte im Schwerpunkt *S* an, so erfolgt noch eine Drehung des Körpers um *S*, über die der Schwerpunktsatz nichts aussagt. Hierzu benötigen wir einen weiteren unabhängigen Satz.

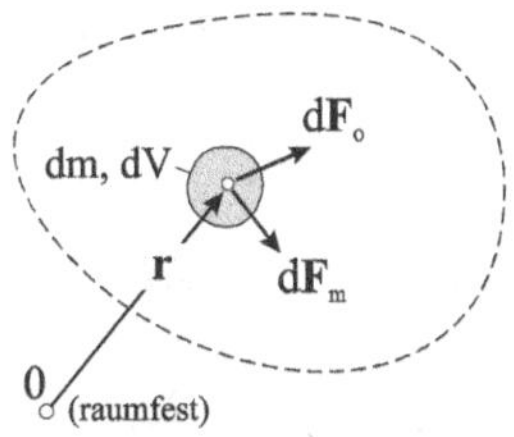

Abb. 3.16 *Massenelement dm mit infinitesimalen Kräften ($d\mathbf{F}_0$: Oberflächenkraft, $d\mathbf{F}_m$: Massenkraft)*

Wir gehen aus von Abb. 3.16 mit

$$d\mathbf{F}^{(a)} = d\mathbf{F}_m + d\mathbf{F}_o = \frac{d}{dt}(dm\,\mathbf{v})$$

und multiplizieren diese Beziehung von links vektoriell mit dem Ortsvektor **r**, dann ist

$$\mathbf{r} \times d\mathbf{F}^{(a)} = \mathbf{r} \times (d\mathbf{F}_m + d\mathbf{F}_o) = \mathbf{r} \times \frac{d}{dt}(dm\,\mathbf{v}) = \frac{d}{dt}(\mathbf{r} \times dm\,\mathbf{v}).$$

In der obigen Gleichung wurde rechts $\dot{\mathbf{r}} = \mathbf{v}$ und $\mathbf{v} \times \mathbf{v} = \mathbf{0}$ beachtet. Die Integration liefert

$$\int_{(m)} \mathbf{r} \times d\mathbf{F}^{(a)} = \frac{d}{dt} \int_{(m)} \mathbf{r} \times \mathbf{v}\, dm.$$

Auf der linken Seite steht mit

$$\int\limits_{(m)} \mathbf{r} \times d\mathbf{F}^{(a)} = \mathbf{M}_0^{(a)}$$

das statische Moment aller am Körper angreifenden äußeren Massen- und Oberflächenkräfte bezüglich des raumfesten Punktes *0*, denn die von den Kräften aus den Oberflächenspannungen am Element herrührenden Anteile heben sich nach dem Reaktionsprinzip gegenseitig auf. Für die Normalspannungen ist das ohne weiteres ersichtlich, für die Schubspannungen verbleibt jedoch ein *Versetzungsmoment*, das nur dann verschwindet, wenn wir nach Boltzmann[1] auch in der Dynamik das Axiom von der Symmetrie des Spannungstensors als gültig unterstellen. Mit der Definition des auf den raumfesten Punkt *0* bezogenen *Drallvektors* (*Drehimpulsvektor*)

$$\mathbf{L}_0 = \int\limits_{(m)} \mathbf{r} \times \mathbf{v}\, dm = \int\limits_{(m)} \mathbf{r} \times \dot{\mathbf{r}}\, dm \tag{3.27}$$

folgt dann der *Drallsatz* (*Drehimpulssatz, Momentensatz*)

$$\dot{\mathbf{L}}_0 = \frac{d}{dt}\left(\int\limits_{(m)} \mathbf{r} \times \dot{\mathbf{r}}\, dm \right) = \int\limits_{(m)} \mathbf{r} \times d\mathbf{K}^{(a)} dm = \mathbf{M}_0^{(a)}. \tag{3.28}$$

Dimension und Einheit des Drallvektors sind

$$[\mathbf{L}_0] = \frac{\text{Masse} \cdot (\text{Länge})^2}{\text{Zeit}}, \qquad \text{Einheit: kg m}^2\,\text{s}^{-1}.$$

In Worten besagt dieser Satz:

> *Das resultierende statische Moment aller am Körper angreifenden äußeren Massen- und Oberflächenkräfte bezüglich des raumfesten Punktes 0 ist gleich der zeitlichen Änderung des Dralls bezogen auf denselben Punkt.*

Aus der Beziehung (3.28) folgt durch Multiplikation mit *dt* zunächst $\mathbf{M}_0^{(a)} dt = d\mathbf{L}_0$, und die Integration zwischen den Zeitpunkten t_0 und t liefert

$$\int\limits_{t_0}^{t} \mathbf{M}_0^{(a)} d\bar{t} = \mathbf{L}_0(t) - \mathbf{L}_0(t_0).$$

Ist $\mathbf{M}_0^{(a)} = 0$, dann ist der Drallvektor zeitlich konstant, und es folgt der Satz von der Erhaltung des Drehimpulses (*Drehimpulserhaltung*)

[1] Ludwig Boltzmann, österr. Physiker, 1844–1906

$$\mathbf{L}_0(t) = \mathbf{L}_0(t_0) = \int_{(m)} \mathbf{r} \times \mathbf{v}\, dm = \text{const}.$$

<u>Hinweis</u>: Das Newtonsche Grundgesetz enthält folglich mit dem Impulssatz und dem Drallsatz zwei voneinander unabhängige kinetische Grundgesetze.

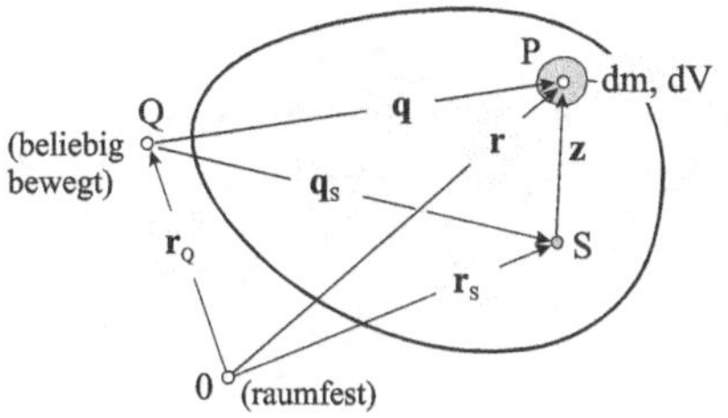

Abb. 3.17 *Zum Drallvektor bei verschiedenen Bezugspunkten*

Wählen wir als Bezugspunkt für den Momenten- und Drallvektor nicht den raumfesten Punkt *0*, sondern den beliebig bewegten Punkt *Q* (Abb. 3.17), dann folgt mit $\mathbf{r} = \mathbf{r}_Q + \mathbf{q}$

$$\mathbf{M}_0^{(a)} = \int_{(m)} \mathbf{r} \times d\mathbf{F}^{(a)} = m\,\mathbf{r}_Q \times \ddot{\mathbf{r}}_S + \int_{(m)} \mathbf{q} \times d\mathbf{F}^{(a)} = m\,\mathbf{r}_Q \times \ddot{\mathbf{r}}_S + \mathbf{M}_Q^{(a)}.$$

In der obigen Beziehung wurde mit

$$\mathbf{M}_Q^{(a)} = \int_{(m)} \mathbf{q} \times d\mathbf{F}^{(a)}$$

das statische Moment aller am Körper angreifenden äußeren Massen- und Oberflächenkräfte bezüglich des beliebig bewegten Punktes *Q* berücksichtigt. Wir werten im Folgenden die zeitliche Änderung des Drallvektors bezüglich des raumfesten Punktes aus. Mit

$$\dot{\mathbf{L}}_0 = \int_{(m)} \mathbf{r} \times \ddot{\mathbf{r}}\, dm = \int_{(m)} (\mathbf{r}_Q + \mathbf{q}) \times (\ddot{\mathbf{r}}_Q + \ddot{\mathbf{q}})\, dm$$

$$= m\mathbf{r}_Q \times \ddot{\mathbf{r}}_Q + \mathbf{r}_Q \times \int_{(m)} \ddot{\mathbf{q}}\, dm + \left(\int_{(m)} \mathbf{q}\, dm \right) \times \ddot{\mathbf{r}}_Q + \int_{(m)} \mathbf{q} \times \ddot{\mathbf{q}}\, dm$$

sowie unter Beachtung der Definitionen

$$\int_{(m)} \mathbf{q}\, dm = m\mathbf{q}_S, \qquad \dot{\mathbf{L}}_Q = \frac{d}{dt} \int_{(m)} \mathbf{q} \times \dot{\mathbf{q}}\, dm = \int_{(m)} \mathbf{q} \times \ddot{\mathbf{q}}\, dm$$

erhalten wir

$$\dot{\mathbf{L}}_0 = m\mathbf{r}_Q \times \ddot{\mathbf{r}}_Q + m\mathbf{r}_Q \times \ddot{\mathbf{q}}_S + m\mathbf{q}_S \times \ddot{\mathbf{r}}_Q + \dot{\mathbf{L}}_Q = m\mathbf{r}_Q \times \ddot{\mathbf{r}}_S + \mathbf{M}_Q^{(a)} .$$

Unter Berücksichtigung von $\mathbf{r}_S = \mathbf{r}_Q + \mathbf{q}_S$ folgt nach Zusammenfassung der Drallsatz bezogen auf den beliebig bewegten Punkt Q in der Form

$$\dot{\mathbf{L}}_Q + m\,\mathbf{q}_S \times \ddot{\mathbf{r}}_Q = \int_{(m)} \mathbf{q} \times d\mathbf{F}^{(a)}\,dm = \mathbf{M}_Q^{(a)} . \tag{3.29}$$

Ist insbesondere der beliebig bewegte Punkt Q identisch mit dem ebenfalls beliebig bewegten Schwerpunkt S ($Q = S$), dann erhalten wir mit $\mathbf{q}_S = \mathbf{0}$ und $\mathbf{q} = \mathbf{z}$ die Darstellung

$$\dot{\mathbf{L}}_S = \frac{d}{dt}\left(\int_{(m)} \mathbf{z} \times \dot{\mathbf{z}}\,dm \right) = \int_{(m)} \mathbf{z} \times d\mathbf{F}^{(a)} = \mathbf{M}_S^{(a)} , \tag{3.30}$$

eine zu (3.28) formal gleichwertige Darstellung. Mit $\mathbf{q} = \mathbf{q}_S + \mathbf{z}$ leiten wir aus

$$\dot{\mathbf{L}}_Q = \int_{(m)} \mathbf{q} \times \ddot{\mathbf{q}}\,dm = \int_{(m)} (\mathbf{q}_S + \mathbf{z}) \times (\ddot{\mathbf{q}}_S + \ddot{\mathbf{z}})\,dm = m\mathbf{q}_S \times \ddot{\mathbf{q}}_S + \int_{(m)} \mathbf{z} \times \ddot{\mathbf{z}}\,dm$$

noch folgende Beziehung her:

$$\dot{\mathbf{L}}_Q = \dot{\mathbf{L}}_S + m\mathbf{q}_S \times \ddot{\mathbf{q}}_S$$

Berücksichtigen wir diese Beziehung in (3.29), also

$$\dot{\mathbf{L}}_S + m\mathbf{q}_S \times \ddot{\mathbf{q}}_S + m\mathbf{q}_S \times \ddot{\mathbf{r}}_Q = \mathbf{M}_Q^{(a)} ,$$

dann erhalten wir mit $\mathbf{r}_Q + \mathbf{q}_S = \mathbf{r}_S$

$$\dot{\mathbf{L}}_S + m\mathbf{q}_S \times \ddot{\mathbf{r}}_S = \mathbf{M}_Q^{(a)} . \tag{3.31}$$

In der obigen Form des Drallsatzes ist der Drallvektor auf den Schwerpunkt S und das Moment auf den beliebig bewegten Punkt Q bezogen.

Hinweis: Impuls- und Drallsatz gelten in den hier vorgestellten Formen auch für deformierbare Körper.

3.1.5 Darstellungsformen des Drallvektors

Zur Auswertung des Drallvektors

$$\mathbf{L}_0 = \int_{(m)} \mathbf{r} \times \mathbf{v}\,dm = \int_{(m)} \mathbf{r} \times \dot{\mathbf{r}}\,dm$$

benötigen wir den Ortsvektor und die Geschwindigkeit des Massenpunktes *dm*. Beachten wir, dass ausgehend vom Ortsvektor $\mathbf{r} = \mathbf{r}_S + \mathbf{z}$ (Abb. 3.17) für den starren Körper die Geschwindigkeit des Elementes *dm* in der Form

$$\mathbf{v} = \dot{\mathbf{r}} = \dot{\mathbf{r}}_S + \boldsymbol{\omega} \times \mathbf{z}$$

notiert werden kann, dann ist unter Beachtung der Definition des Schwerpunktes

$$\mathbf{L}_0 = \int_{(m)} (\mathbf{r}_S + \mathbf{z}) \times (\dot{\mathbf{r}}_S + \boldsymbol{\omega} \times \mathbf{z})\, dm = m\,\mathbf{r}_S \times \dot{\mathbf{r}}_S + \int_{(m)} \mathbf{z} \times (\boldsymbol{\omega} \times \mathbf{z})\, dm\,.$$

Mit $\mathbf{z} \times (\boldsymbol{\omega} \times \mathbf{z}) = z^2 \boldsymbol{\omega} - \mathbf{z}(\mathbf{z} \cdot \boldsymbol{\omega}) = (z^2 \mathbf{1} - \mathbf{z} \otimes \mathbf{z}) \cdot \boldsymbol{\omega}$ ist dann

$$\mathbf{L}_0 = m\mathbf{r}_S \times \dot{\mathbf{r}}_S + \left[\int_{(m)} (z^2 \mathbf{1} - \mathbf{z} \otimes \mathbf{z})\, dm\right] \cdot \boldsymbol{\omega} = \mathbf{r}_S \times m\,\mathbf{v}_S + \boldsymbol{\Theta}_S \cdot \boldsymbol{\omega}\,. \qquad (3.32)$$

Die massengeometrische Größe

$$\boldsymbol{\Theta}_S = \int_{(m)} (z^2 \mathbf{1} - \mathbf{z} \otimes \mathbf{z})\, dm \qquad (3.33)$$

wird *Trägheitstensor* des starren Körpers bezüglich des beliebig bewegten Schwerpunktes *S* genannt. Setzen wir (3.32) in den Drallsatz ein, dann erhalten wir mit dem Impuls $\mathbf{p} = m\mathbf{v}_S$ des gesamten Körpers

$$\mathbf{M}_0^{(a)} = \dot{\mathbf{L}}_0 = \frac{d}{dt}(\mathbf{r}_S \times \mathbf{p} + \boldsymbol{\Theta}_S \cdot \boldsymbol{\omega})\,.$$

In praktischen Anwendungen ist es oft vorteilhafter, den Drall auf den beliebig bewegten Schwerpunkt *S* zu beziehen. Dann ist

$$\mathbf{L}_S = \int_{(m)} \mathbf{z} \times \dot{\mathbf{z}}\, dm = \boldsymbol{\Theta}_S \cdot \boldsymbol{\omega}\,,$$

und für den Drallsatz folgt nun kürzer

$$\mathbf{M}_S^{(a)} = \dot{\mathbf{L}}_S = \frac{d}{dt}(\boldsymbol{\Theta}_S \cdot \boldsymbol{\omega})\,. \qquad (3.34)$$

Die Drehung eines starren Körpers um einen raumfesten Punkt

Dreht sich der starre Körper um den raumfesten Punkt *0*, dann hat er genau drei Freiheitsgrade, und die Geschwindigkeit $\mathbf{v} = \boldsymbol{\omega} \times \mathbf{r}$ ist bekannt, wenn wir den Winkelgeschwindigkeitsvektor $\boldsymbol{\omega}$ vorgeben. Notieren wir den Drall bezüglich des raumfesten Punktes *0*, also

$$\mathbf{L}_0 = \int_{(m)} \mathbf{r}\times\mathbf{v}\,\mathrm{dm} = \int_{(m)} \mathbf{r}\times(\boldsymbol{\omega}\times\mathbf{r})\,\mathrm{dm}\,,$$

dann ist mit $\mathbf{r}\times(\boldsymbol{\omega}\times\mathbf{r}) = r^2\boldsymbol{\omega} - \mathbf{r}(\mathbf{r}\cdot\boldsymbol{\omega}) = (r^2\mathbf{1} - \mathbf{r}\otimes\mathbf{r})\cdot\boldsymbol{\omega}$ der Drallvektor

$$\mathbf{L}_0 = \left[\int_{(m)} (r^2\mathbf{1} - \mathbf{r}\otimes\mathbf{r})\,\mathrm{dm}\right]\cdot\boldsymbol{\omega} = \boldsymbol{\Theta}_0\cdot\boldsymbol{\omega}\,, \tag{3.35}$$

ein Vektor, der i. Allg. nicht die Richtung von $\boldsymbol{\omega}$ besitzt. Die massengeometrische Größe

$$\boldsymbol{\Theta}_0 = \int_{(m)} (r^2\mathbf{1} - \mathbf{r}\otimes\mathbf{r})\,\mathrm{dm} \tag{3.36}$$

wird *Trägheitstensor* des starren Körpers bezüglich des raumfesten Punktes *0* genannt. Der Drallsatz erscheint damit in der Form

$$\mathbf{M}_0^{(a)} = \dot{\mathbf{L}}_0 = \frac{d}{dt}(\boldsymbol{\Theta}_0\cdot\boldsymbol{\omega})\,. \tag{3.37}$$

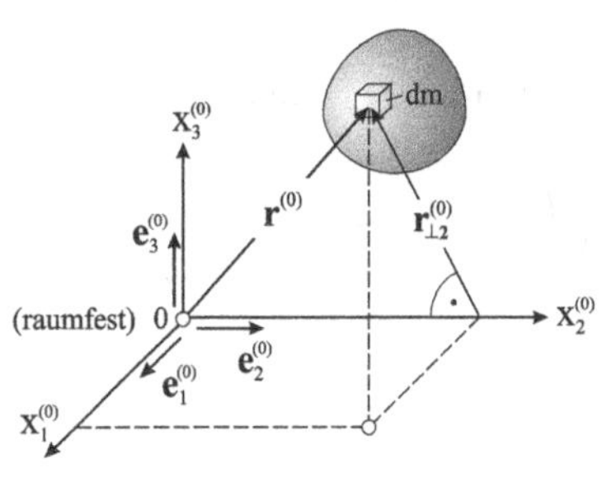

Abb. 3.18 *Raumfestes Basissystem zur Komponentendarstellung des Drallvektors*

Zur Entwicklung des Drallvektors können verschiedene Koordinatensysteme eingesetzt werden. Verwenden wir die in Abb. 3.18 skizzierte raumfeste kartesische Basis $\langle \mathbf{e}_j^{(0)} \rangle$, dann erhalten wir mit dem Ortsvektor

$$\mathbf{r}^{(0)}(t) = x_1^{(0)}(t)\mathbf{e}_1^{(0)} + x_2^{(0)}(t)\mathbf{e}_2^{(0)} + x_3^{(0)}(t)\mathbf{e}_3^{(0)}$$

und dem freien Vektor der Winkelgeschwindigkeit

$$\boldsymbol{\omega}^{(0)}(t) = \omega_1^{(0)}(t)\mathbf{e}_1^{(0)} + \omega_2^{(0)}(t)\mathbf{e}_2^{(0)} + \omega_3^{(0)}(t)\mathbf{e}_3^{(0)}$$

folgende Komponentendarstellung des Drallvektors (3.35),

$$\mathbf{L}_0^{(0)} = \begin{bmatrix} \Theta_{0,11}^{(0)}\omega_1^{(0)} + \Theta_{0,12}^{(0)}\omega_2^{(0)} + \Theta_{0,13}^{(0)}\omega_3^{(0)} \\ \Theta_{0,12}^{(0)}\omega_1^{(0)} + \Theta_{0,22}^{(0)}\omega_2^{(0)} + \Theta_{0,23}^{(0)}\omega_3^{(0)} \\ \Theta_{0,13}^{(0)}\omega_1^{(0)} + \Theta_{0,23}^{(0)}\omega_2^{(0)} + \Theta_{0,33}^{(0)}\omega_3^{(0)} \end{bmatrix}.$$

Darin bezeichnen

$$\Theta_{0,jj}^{(0)}(t) = \mathbf{e}_j^{(0)} \cdot \mathbf{\Theta}_{(0)}^{(0)}(t) \cdot \mathbf{e}_j^{(0)} = \int_{(m)} (\mathbf{r}^{(0)2} - x_j^{(0)2})\,dm = \int_{(m)} \mathbf{r}_{\perp j}^{(0)2}\,dm \qquad (j = 1,2,3)$$

die <u>zeitabhängigen</u> Massenträgheitsmomente um die Achsen $\mathbf{e}_j^{(0)}$, die deshalb auch *axiale Massenträgheitsmomente* genannt werden. Beispielsweise ist

$$\Theta_{0,22}^{(0)} = \mathbf{e}_2^{(0)} \cdot \mathbf{\Theta}_0^{(0)} \cdot \mathbf{e}_2^{(0)} = \int_{(m)} (x_1^{(0)2} + x_3^{(0)2})\,dm = \int_{(m)} \mathbf{r}_{\perp 2}^{(0)2}\,dm.$$

Die verbleibenden Komponenten erhalten wir durch zyklische Vertauschung. Die Größen

$$\Theta_{0,jk}^{(0)}(t) = -\int_{(m)} x_j^{(0)} x_k^{(0)}\,dm, \qquad j \neq k, \qquad x_j^{(0)} = \mathbf{r}^{(0)} \cdot \mathbf{e}_j^{(0)},$$

heißen *Zentrifugal- oder Deviationsmomente*[1].

$[\mathbf{\Theta}] = \text{Masse} \cdot (\text{Länge})^2$, Einheit: kg m^2.

Damit finden wir folgende Matrixdarstellung des <u>zeitabhängigen</u> symmetrischen Trägheitstensors

$$\mathbf{\Theta}_0^{(0)}(t) = \begin{bmatrix} \Theta_{0,11}^{(0)} & \Theta_{0,12}^{(0)} & \Theta_{0,13}^{(0)} \\ & \Theta_{0,22}^{(0)} & \Theta_{0,23}^{(0)} \\ \mathit{sym.} & & \Theta_{0,33}^{(0)} \end{bmatrix},$$

und für den Drallsatz folgt damit

$$\mathbf{M}_0^{(a)}(t) = \dot{\mathbf{L}}_0^{(0)}(t) = \frac{d}{dt}\left[\mathbf{\Theta}_0^{(0)}(t) \cdot \boldsymbol{\omega}^{(0)}(t)\right].$$

Da die Massenträgheitsmomente <u>zeitabhängig</u> sind, ändern sich deren Zahlenwerte mit der Drehung des starren Körpers. Um diesen großen rechnerischen Nachteil zu umgehen, installieren wir im Punkt *0* ein mit dem starren Körper mitdrehendes kartesisches Basissystem $\langle \mathbf{e}_j^{(1)} \rangle$ $(j = 1,2,3)$. Der Index $^{(1)}$ soll auf die körperfeste Basis hinweisen (Abb. 3.19). Im Vergleich zur

1 zu lat. deviare ›vom Weg abgehen‹

raumfesten Basis sind die Koordinaten jetzt zeitunabhängig, die Basisvektoren dagegen zeitabhängig.

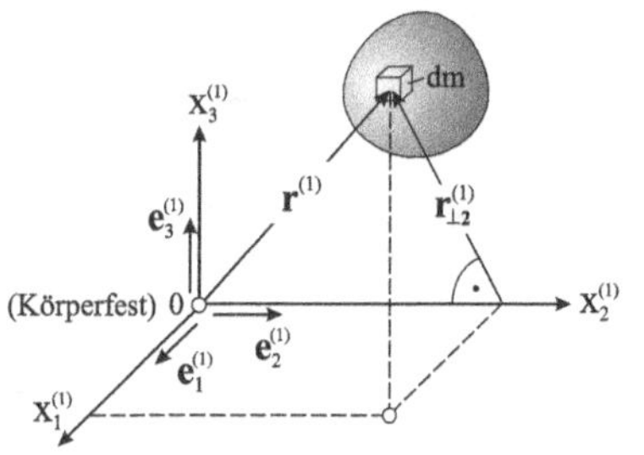

Abb. 3.19 Körperfestes Basissystem zur Komponentendarstellung des Drallvektors

In dieser Basis ist der Ortsvektor

$$\mathbf{r}^{(1)}(t) = x_1^{(1)}\,\mathbf{e}_1^{(1)}(t) + x_2^{(1)}\,\mathbf{e}_2^{(1)}(t) + x_3^{(1)}\,\mathbf{e}_3^{(1)}(t),$$

und der Winkelgeschwindigkeitsvektor erscheint in der Form

$$\boldsymbol{\omega}^{(1)}(t) = \omega_1^{(1)}(t)\mathbf{e}_1^{(1)}(t) + \omega_2^{(1)}(t)\mathbf{e}_2^{(1)}(t) + \omega_3^{(1)}(t)\mathbf{e}_3^{(1)}(t)\,.$$

Für den Drallvektor in körperfesten Koordinaten erhalten wir nun die zur Beziehung (3.35) formal entsprechende Darstellung

$$\mathbf{L}_0^{(1)}(t) = \boldsymbol{\Theta}_0^{(1)} \cdot \boldsymbol{\omega}^{(1)}(t) = \sum_{j=1}^{3} L_{0,j}^{(1)}(t)\mathbf{e}_j^{(1)}(t)\,,$$

und in Matrizenschreibweise folgt

$$\mathbf{L}_0^{(1)}(t) = \begin{bmatrix} \Theta_{0,11}^{(1)}\,\omega_1^{(1)} + \Theta_{0,12}^{(1)}\,\omega_2^{(1)} + \Theta_{0,13}^{(1)}\,\omega_3^{(1)} \\ \Theta_{0,12}^{(1)}\,\omega_1^{(1)} + \Theta_{0,22}^{(1)}\,\omega_2^{(1)} + \Theta_{0,23}^{(1)}\,\omega_3^{(1)} \\ \Theta_{0,13}^{(1)}\,\omega_1^{(1)} + \Theta_{0,23}^{(1)}\,\omega_2^{(1)} + \Theta_{0,33}^{(1)}\,\omega_3^{(1)} \end{bmatrix}.$$

Darin sind

$$\Theta_{0,11}^{(1)} = \int\limits_{(m)} (x_2^{(1)2} + x_3^{(1)2})\,dm \qquad \Theta_{0,12}^{(1)} = \Theta_{0,21}^{(1)} = -\int\limits_{(m)} x_1^{(1)}\,x_2^{(1)}\,dm$$

$$\Theta_{0,22}^{(1)} = \int\limits_{(m)} (x_1^{(1)2} + x_3^{(1)2})\,dm \qquad \Theta_{0,13}^{(1)} = \Theta_{0,31}^{(1)} = -\int\limits_{(m)} x_1^{(1)}\,x_3^{(1)}\,dm$$

$$\Theta_{0,33}^{(1)} = \int\limits_{(m)} (x_1^{(1)2} + x_2^{(1)2})\,dm \qquad \Theta_{0,23}^{(1)} = \Theta_{0,32}^{(1)} = -\int\limits_{(m)} x_2^{(1)}\,x_3^{(1)}\,dm$$

Die nun *zeitunabhängigen Massenträgheitsmomente*, die einerseits von der Geometrie des starren Körpers und wegen $dm(\mathbf{r}) = \rho(\mathbf{r})\,dV$ noch von der lokalen Dichte des verwendeten Materials abhängen. Bei der Bildung der Zeitableitung des in einer zeitabhängigen Basis dargestellten Drallvektors ist mit (2.49) die Vorschrift

$$\dot{\mathbf{L}}_0^{(1)} = \overset{\circ}{\mathbf{L}}{}_0^{(1)} + \boldsymbol{\omega}^{(1)} \times \mathbf{L}_0^{(1)} = \sum_{j=1}^{3} \dot{L}_{0,j}^{(1)}(t)\mathbf{e}_j^{(1)}(t) + \boldsymbol{\omega}^{(1)} \times \sum_{j=1}^{3} L_{0,j}^{(1)}(t)\mathbf{e}_j^{(1)}(t).$$

zu beachten. Nach Auswertung der obigen Beziehung erhalten wir in Matrizenschreibweise

$$\dot{\mathbf{L}}_0^{(1)} = \begin{bmatrix} \overset{\circ}{L}{}_{0,1}^{(1)}(t) + \omega_2^{(1)} L_{0,3}^{(1)}(t) - \omega_3^{(1)} L_{0,2}^{(1)}(t) \\ \overset{\circ}{L}{}_{0,2}^{(1)}(t) + \omega_3^{(1)} L_{0,1}^{(1)}(t) - \omega_1^{(1)} L_{0,3}^{(1)}(t) \\ \overset{\circ}{L}{}_{0,3}^{(1)}(t) + \omega_1^{(1)} L_{0,2}^{(1)}(t) - \omega_2^{(1)} L_{0,1}^{(1)}(t) \end{bmatrix}.$$

Werden in die obige Beziehung noch die Ableitungen

$$\begin{aligned} \overset{\circ}{L}{}_{0,1}^{(1)}(t) &= \dot{\omega}_1^{(1)}(t)\Theta_{0,11}^{(1)} + \dot{\omega}_2^{(1)}(t)\Theta_{0,12}^{(1)} + \dot{\omega}_3^{(1)}(t)\Theta_{0,13}^{(1)} \\ \overset{\circ}{L}{}_{0,2}^{(1)}(t) &= \dot{\omega}_1^{(1)}(t)\Theta_{0,12}^{(1)} + \dot{\omega}_2^{(1)}(t)\Theta_{0,22}^{(1)} + \dot{\omega}_3^{(1)}(t)\Theta_{0,23}^{(1)} \\ \overset{\circ}{L}{}_{0,3}^{(1)}(t) &= \dot{\omega}_1^{(1)}(t)\Theta_{0,13}^{(1)} + \dot{\omega}_2^{(1)}(t)\Theta_{0,23}^{(1)} + \dot{\omega}_3^{(1)}(t)\Theta_{0,33}^{(1)}, \end{aligned}$$

eingesetzt, dann ergibt sich mit dem im körperfesten Koordinatensystem dargestellten Momentenvektor $\mathbf{M}_0^{(1)(a)} = \sum_{j=1}^{3} M_{0,j}^{(1)(a)}\,\mathbf{e}_j^{(1)}$ für den Drallsatz

$$\begin{bmatrix} M_{0,1}^{(1)(a)} \\ M_{0,2}^{(1)(a)} \\ M_{0,3}^{(1)(a)} \end{bmatrix} = \begin{bmatrix} \overset{\circ}{L}{}_{0,1}^{(1)}(t) + \omega_2^{(1)} L_{0,3}^{(1)}(t) - \omega_3^{(1)} L_{0,2}^{(1)}(t) \\ \overset{\circ}{L}{}_{0,2}^{(1)}(t) + \omega_3^{(1)} L_{0,1}^{(1)}(t) - \omega_1^{(1)} L_{0,3}^{(1)}(t) \\ \overset{\circ}{L}{}_{0,3}^{(1)}(t) + \omega_1^{(1)} L_{0,2}^{(1)}(t) - \omega_2^{(1)} L_{0,1}^{(1)}(t) \end{bmatrix} \tag{3.38}$$

eine schon recht komplizierte Darstellung. Wegen der formal gleichwertigen Darstellungen von

$$\dot{\mathbf{L}}_0 = \frac{d}{dt}\left(\int_{(m)} \mathbf{r} \times \dot{\mathbf{r}}\,dm\right) = \mathbf{M}_0^{(a)} \quad \text{und} \quad \dot{\mathbf{L}}_S = \frac{d}{dt}\left(\int_{(m)} \mathbf{z} \times \dot{\mathbf{z}}\,dm\right) = \mathbf{M}_S^{(a)}$$

können wir den Drallsatz in körperfesten Koordinaten bezüglich des Schwerpunktes S mit (3.38) wie folgt notieren

$$\begin{bmatrix} M_{S,1}^{(1)(a)} \\ M_{S,2}^{(1)(a)} \\ M_{S,3}^{(1)(a)} \end{bmatrix}_{\langle \mathbf{e}_j^{(1)} \rangle} = \begin{bmatrix} \overset{\circ}{L}{}_{S,1}^{(1)}(t) + \omega_2^{(1)} L_{S,3}^{(1)}(t) - \omega_3^{(1)} L_{S,2}^{(1)}(t) \\ \overset{\circ}{L}{}_{S,2}^{(1)}(t) + \omega_3^{(1)} L_{S,1}^{(1)}(t) - \omega_1^{(1)} L_{S,3}^{(1)}(t) \\ \overset{\circ}{L}{}_{S,3}^{(1)}(t) + \omega_1^{(1)} L_{S,2}^{(1)}(t) - \omega_2^{(1)} L_{S,1}^{(1)}(t) \end{bmatrix}_{\langle \mathbf{e}_j^{(1)} \rangle} .$$

Darin sind

$$\overset{\circ}{L}{}_{S,1}^{(1)}(t) = \dot{\omega}_1^{(1)}(t)\,\Theta_{S,11}^{(1)} + \dot{\omega}_2^{(1)}(t)\,\Theta_{S,12}^{(1)} + \dot{\omega}_3^{(1)}(t)\,\Theta_{S,13}^{(1)}$$

$$\overset{\circ}{L}{}_{S,2}^{(1)}(t) = \dot{\omega}_1^{(1)}(t)\,\Theta_{S,12}^{(1)} + \dot{\omega}_2^{(1)}(t)\,\Theta_{S,22}^{(1)} + \dot{\omega}_3^{(1)}(t)\,\Theta_{S,23}^{(1)}$$

$$\overset{\circ}{L}{}_{S,3}^{(1)}(t) = \dot{\omega}_1^{(1)}(t)\,\Theta_{S,13}^{(1)} + \dot{\omega}_2^{(1)}(t)\,\Theta_{S,23}^{(1)} + \dot{\omega}_3^{(1)}(t)\,\Theta_{S,33}^{(1)} .$$

Für den Drallvektor erhalten wir jetzt

$$\mathbf{L}_S^{(1)}(t) = \begin{bmatrix} \Theta_{S,11}^{(1)}\,\omega_1^{(1)} + \Theta_{S,12}^{(1)}\,\omega_2^{(1)} + \Theta_{S,13}^{(1)}\,\omega_3^{(1)} \\ \Theta_{S,12}^{(1)}\,\omega_1^{(1)} + \Theta_{S,22}^{(1)}\,\omega_2^{(1)} + \Theta_{S,23}^{(1)}\,\omega_3^{(1)} \\ \Theta_{S,13}^{(1)}\,\omega_1^{(1)} + \Theta_{S,23}^{(1)}\,\omega_2^{(1)} + \Theta_{S,33}^{(1)}\,\omega_3^{(1)} \end{bmatrix} .$$

Die im obigen Vektor auftretenden Massenträgheitsmomente sind

$$\Theta_{S,11}^{(1)} = \int_{(m)} (z_2^{(1)2} + z_3^{(1)2})\,dm, \qquad \Theta_{S,12}^{(1)} = \Theta_{S,21}^{(1)} = -\int_{(m)} z_1^{(1)}\,z_2^{(1)}\,dm,$$

$$\Theta_{S,22}^{(1)} = \int_{(m)} (z_1^{(1)2} + z_3^{(1)2})\,dm, \qquad \Theta_{S,13}^{(1)} = \Theta_{S,31}^{(1)} = -\int_{(m)} z_1^{(1)}\,z_3^{(1)}\,dm,$$

$$\Theta_{S,33}^{(1)} = \int_{(m)} (z_1^{(1)2} + z_2^{(1)2})\,dm, \qquad \Theta_{S,23}^{(1)} = \Theta_{S,32}^{(1)} = -\int_{(m)} z_2^{(1)}\,z_3^{(1)}\,dm.$$

Im folgenden Beispiel wird ein für die Praxis wichtiger Sonderfall betrachtet, der die Drehung eines Körpers um eine raumfeste Achse behandelt. Ein derart gelagertes System wird im Ingenieurwesen *Rotor*[1] genannt.

---

1 zu lat. rotare ›(sich) kreisförmig drehen‹, engl. Kurzform von *rotator*

Beispiel 3-7:

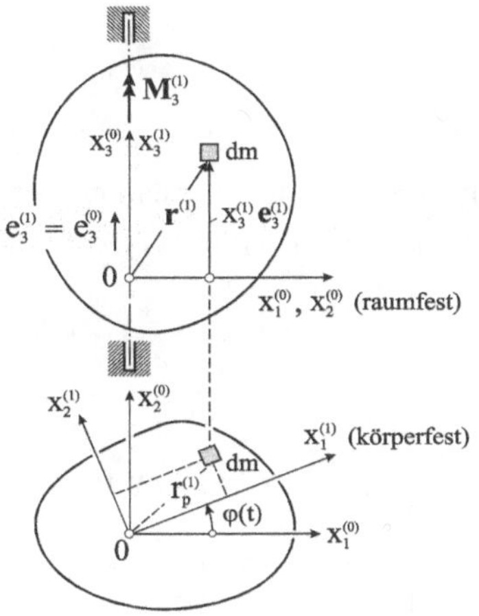

Abb. 3.20 Drehung eines Körpers um eine raumfeste Achse

Der in Abb. 3.20 skizzierte Körper dreht mit der Winkelgeschwindigkeit $\omega_3^{(0)}(t) = \omega_3^{(1)}(t)$ um die raumfeste Hochachse. Als raumfesten Bezugspunkt wählen wir den auf der Drehachse gelegenen Punkt *0*. Aufgrund der fehlenden Translationsbewegung kommt der Impulssatz nicht zum Einsatz, und wir beschreiben das Problem durch Anwendung des Drallsatzes in körperfesten Koordinaten bezüglich des raumfesten Punktes *0*. Als äußeres eingeprägtes Moment wirkt allein das etwa von einem Motor erzeugte Drehmoment

$$\mathbf{M}_3^{(1)}(t) = M_{0,3}^{(1)(a)}(t)\,\mathbf{e}_3^{(1)} .$$

Die aus Lagerdrücken sowie dem Eigengewicht resultierenden äußeren Momente bezüglich des raumfesten Punktes *0* besitzen nur Komponenten senkrecht zur Drehachse und haben somit keinen direkten Einfluss auf die Bewegung um die 3-Achse. Den Ort des Massenelementes *dm* identifizieren wir durch den Vektor $\mathbf{r}^{(1)}(t) = x_1^{(1)}\,\mathbf{e}_1^{(1)}(t) + x_2^{(1)}\,\mathbf{e}_2^{(1)}(t) + x_3^{(1)}\,\mathbf{e}_3^{(1)}(t)$. Wegen $\omega_1^{(1)} = \omega_2^{(1)} = 0$ verbleiben vom Drallvektor und dessen Ableitung

$$\mathbf{L}_0^{(1)}(t) = \begin{bmatrix} \Theta_{13}^{(1)}\,\omega_3^{(1)}(t) \\ \Theta_{23}^{(1)}\,\omega_3^{(1)}(t) \\ \Theta_{33}^{(1)}\,\omega_3^{(1)}(t) \end{bmatrix}, \qquad \dot{\mathbf{L}}_0^{(1)} = \begin{bmatrix} \Theta_{13}^{(1)}\,\dot\omega_3^{(1)}(t) - \Theta_{23}^{(1)}\,\omega_3^{(1)2}(t) \\ \Theta_{23}^{(1)}\,\dot\omega_3^{(1)}(t) + \Theta_{13}^{(1)}\,\omega_3^{(1)2}(t) \\ \Theta_{33}^{(1)}\,\dot\omega_3^{(1)}(t) \end{bmatrix}.$$

Damit erhalten wir den Drallsatz in körperfesten Koordinaten bei einer reinen Drehung des starren Körpers um die raumfeste Achse $\mathbf{e}_3$:

$$\begin{bmatrix} M_{0,1}^{(1)(a)} \\ M_{0,2}^{(1)(a)} \\ M_{0,3}^{(1)(a)} \end{bmatrix} = \begin{bmatrix} \Theta_{13}^{(1)}\,\dot{\omega}_3^{(1)}(t) - \Theta_{23}^{(1)}\,\omega_3^{(1)2}(t) \\ \Theta_{23}^{(1)}\,\dot{\omega}_3^{(1)}(t) + \Theta_{13}^{(1)}\,\omega_3^{(1)2}(t) \\ \Theta_{33}^{(1)}\,\dot{\omega}_3^{(1)}(t) \end{bmatrix}.$$

Die Komponenten $M_{0,1}^{(1)(a)}$ und $M_{0,2}^{(1)(a)}$ des Momentenvektors haben eine Lagerbelastung zur Folge. Besitzt der Körper eine bezüglich der Hochachse symmetrische Massenverteilung, dann verschwindenden die Deviationsmomente $\Theta_{13}^{(1)}$ und $\Theta_{23}^{(1)}$, und wegen $M_{0,1}^{(1)(a)} = M_{0,2}^{(1)(a)} = 0$ verbleibt dann nur noch die Bewegungsgleichung

$$M_{0,3}^{(1)(a)}(t) = \Theta_{0,33}^{(1)}\,\dot{\omega}_3^{(1)}(t).$$

Bei der Berechnung des Massenträgheitsmomentes $\Theta_{0,33}^{(1)} = \int_{(m)} (x_1^{(1)2} + x_2^{(1)2})\,dm$ werden alle Massenelemente *dm* mit dem Quadrat ihres Abstandes von der Drehachse gewichtet. Je größer das Massenträgheitsmoment ist, umso größer muss – bei gleichbleibender Winkelbeschleunigung – das äußere Drehmoment sein. Fehlt mit $M_{0,3}^{(1)(a)} = 0$ das Antriebsmoment, dann gilt mit der Ausgangswinkelgeschwindigkeit $\omega_3^{(1)}(t) = \text{const}$ für den Drall um die Hochachse

$$L_{0,3}^{(1)}(t) = \Theta_{0,33}^{(1)}\,\omega_3^{(1)} = \text{const},$$

und damit ein Sachverhalt, der beispielsweise einem Eiskunstläufer eine schnelle Drehung auf dem Standbein um die eigene Körperachse als Standpirouette ermöglicht. Mit aufrechter Körperhaltung und weit horizontal ausgestreckten Armen (Massenträgheitsmoment Θ_A) versucht der Eiskunstläufer in diesem Zustand zunächst eine möglichst hohe Anfangsdrehgeschwindigkeit ω_A zu erreichen. Durch das nachfolgende enge Anlegen der Arme an den Oberkörper wird das ursprüngliche Trägheitsmoment Θ_A erheblich gemindert (Massenträgheitsmoment $\Theta_P < \Theta_A$), womit die Winkelgeschwindigkeit in ω_P übergeht. Aus dem Satz über die Drehimpulserhaltung $\Theta_A\,\omega_A = \Theta_P\,\omega_P$ folgt $\omega_P = \frac{\Theta_A}{\Theta_P}\omega_A > \omega_A$. ■

Beispiel 3-8:

Abb. 3.21 zeigt eine beidseitig momentenfrei gelagerte Welle, die einen Rotor der Masse *m* trägt, der mit konstanter Winkelgeschwindigkeit um die Wellenachse umläuft. Zur Beschreibung dieser ebenen Bewegung des als starr angenommenen Körpers führen wir körperfeste Koordinaten ein. Jedes Massenelement *dm* führt dabei eine ebene Bewegung in der (1,2)-Ebene aus. Als Ursprung des Koordinatensystems wird der raumfeste Punkt *0* am Lager *A* gewählt. Die Auflagerkräfte $\mathbf{A}^{(k)}$ und $\mathbf{B}^{(k)}$ werden im mitbewegten körperfesten Koordinatensystem dargestellt.

Lösung: Sehen wir vom Eigengewicht des Rotors und der Welle ab, dann gilt für das Moment der äußeren Kräfte bezogen auf den raumfesten Punkt *0*

$$\mathbf{M}_0 = \mathbf{r}_{AB}^{(1)} \times \mathbf{B}^{(1)} = \ell\,\mathbf{e}_3 \times (B_1^{(1)}\mathbf{e}_1^{(1)} + B_2^{(1)}\mathbf{e}_2^{(1)}) = \ell\left[-B_2^{(1)}\mathbf{e}_1^{(1)} + B_1^{(1)}\mathbf{e}_2^{(1)}\right],$$

und der Drallsatz liefert mit $\omega = \text{const}$:

$$\begin{bmatrix} -\ell\,B_2^{(1)} \\ \ell\,B_1^{(1)} \\ 0 \end{bmatrix}_{\langle \mathbf{e}_j^{(1)} \rangle} = \begin{bmatrix} -\Theta_{23}^{(1)}\,\omega^2 \\ \Theta_{13}^{(1)}\,\omega^2 \\ 0 \end{bmatrix}_{\langle \mathbf{e}_j^{(1)} \rangle} .$$

Dem Komponentenvergleich entnehmen wir die Lagerkräfte

$$B_1^{(1)} = \frac{\Theta_{13}^{(1)}\,\omega^2}{\ell}, \quad B_2^{(1)} = \frac{\Theta_{23}^{(1)}\,\omega^2}{\ell}.$$

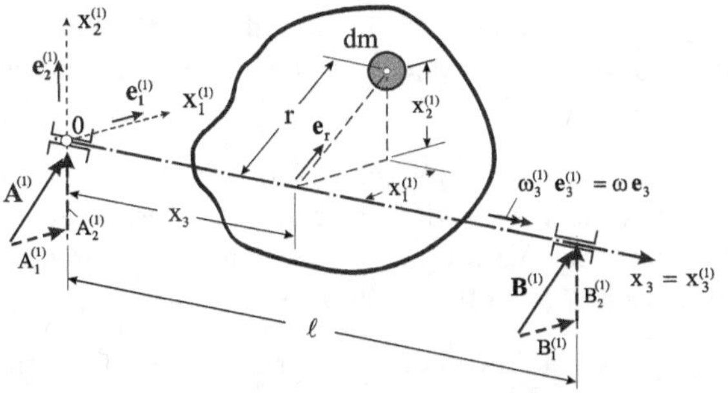

***Abb. 3.21** Beidseitig momentenfrei gelagerte Welle mit Rotor, Unwuchtwirkung*

Die Auflagerkraft $\mathbf{A}^{(k)}$ ermitteln wir aus dem Schwerpunktsatz. Dazu benötigen wir die Beschleunigung des Schwerpunktes *S*, die wir mit

$$\mathbf{a}_S = -\omega^2\,\mathbf{r}_{pS}, \qquad \mathbf{r}_{pS} = x_{1S}^{(1)}\,\mathbf{e}_1^{(1)} + x_{2S}^{(1)}\,\mathbf{e}_2^{(1)}$$

dem Kap. 1.1.4 zur Kreisbewegung entnehmen. Damit liefert der Schwerpunktsatz

$$m\mathbf{a}_S = \mathbf{A}^{(1)} + \mathbf{B}^{(1)} \quad \rightarrow \quad \mathbf{A}^{(1)} = m\,\mathbf{a}_S - \mathbf{B}^{(1)},$$

sodass sich für die noch ausstehenden Lagerkräfte folgendes ergibt:

$$A_1^{(1)} = -\omega^2\left(m\,x_{1S}^{(1)} + \frac{\Theta_{13}^{(1)}}{\ell}\right), \quad A_2^{(1)} = -\omega^2\left(m\,x_{2S}^{(1)} + \frac{\Theta_{23}^{(1)}}{\ell}\right).$$

In einem raumfesten Koordinatensystem sind die umlaufenden Lagerdrücke $\mathbf{A}^{(1)}$ und $\mathbf{B}^{(1)}$ harmonische Funktionen. Beispielsweise ist

$$\mathbf{A}^{(0)} = \mathbf{R}_3^{\mathrm{T}} \cdot \mathbf{A}^{(1)} = \begin{bmatrix} \cos\varphi & \sin\varphi & 0 \\ -\sin\varphi & \cos\varphi & 0 \\ 0 & 0 & 1 \end{bmatrix} \cdot \begin{bmatrix} A_1^{(1)} \\ A_2^{(1)} \\ 0 \end{bmatrix} = \begin{bmatrix} A_1^{(1)}\cos\varphi + A_2^{(1)}\sin\varphi \\ -A_1^{(1)}\sin\varphi + A_2^{(1)}\cos\varphi \\ 0 \end{bmatrix}.$$

Die Lagerkräfte verschwinden immer dann, wenn

1.) die Drehachse durch den Körperschwerpunkt *S* verläuft ($x_{1S}^{(1)} = x_{2S}^{(1)} = 0$), und

2.) die Drehachse mit $\Theta_{13}^{(1)} = \Theta_{23}^{(1)} = 0$ eine Hauptträgheitsachse ist.

Die Beträge der Auflagerkräfte wachsen mit dem Quadrat der Winkelgeschwindigkeit. Das kann zu unangenehmen Wirkungen auf den Rotor selber oder die angrenzenden Bauteile führen. Man ist deshalb bestrebt, diese Unwuchten in einem begrenzten Toleranzbereich nachträglich zu beseitigen. Dazu existieren Auswuchtverfahren. Das *statische Auswuchten*[1] (engl. *gravity balancing*) eines Rotors stellt sicher, dass die Drehachse durch den Schwerpunkt *S* verläuft. Zusätzlich ist ein Rotor auch dynamisch ausgewuchtet (engl. *running balance*), wenn die Drehachse eine Hauptzentralachse ist. ■

Hinweis: Die Berechnung von Unwuchtwirkungen an deformierbaren Körpern ist wesentlich aufwändiger, da hier die Abstände der Körperelemente von der Drehachse zunächst nicht bekannt sind, sondern von den noch zu berechnenden Verformungen abhängen. Dazu werden zusätzlich Materialgleichungen der verwendeten Werkstoffe benötigt.

Noch relativ einfach zu behandeln ist dagegen das Problem der biegekritischen Drehzahlen. Es wird beobachtet, dass zunächst gerade elastische Wellen bei bestimmten kritischen Drehzahlen in einen ausgelenkten Zustand übergehen und damit ihre anfängliche Unwuchtfreiheit verlieren. Hierbei handelt es sich um ein Instabilitätsproblem, vergleichbar mit dem der Stabknickung (Mathiak, 2013). In Anlehnung an die Vorgehensweise bei der Stabknickung wird die Welle in einer stationär ausgelenkten Lage betrachtet und dann die kinetischen Grundgleichungen notiert.

Beispiel 3-9:

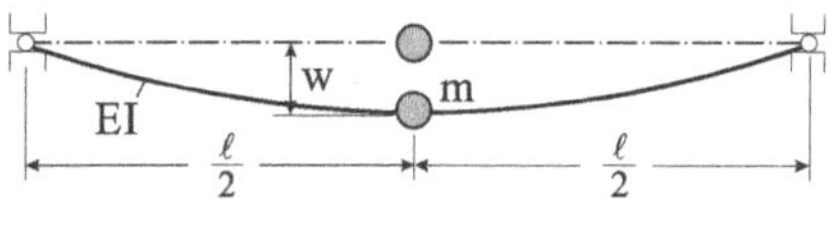

Abb. 3.22 *Welle mit konzentrierter Masse m in Feldmitte, Biegelinie im stationären Zustand*

Als Beispiel wird hier der einfache Fall der ursprünglich geraden Welle (E: Elastizitätsmodul, I: Flächenträgheitsmoment) mit einer Einzelmasse *m* in Feldmitte behandelt (Abb. 3.22). Nach

[1] deshalb statisch, weil dieses Auswuchten am ruhenden Rotor durch Hinzufügen oder Abtragen von Material erfolgen kann

den Grundgleichungen der Balkentheorie ist die Verschiebung *w* in Feldmitte infolge einer Einzelkraft *F*

$$w = \frac{F\ell^3}{48EI}.$$

Da sich die Masse *m* auf einer Kreisbahn mit dem Radius *w* bewegt, wird die Welle durch die Fliehkraft $F = m\,w\,\omega^2$ belastet. Von der Wirkung der Wellenmasse selbst wird abgesehen. Damit folgt

$$w = \frac{m\,w\,\omega^2\ell^3}{48EI} \quad \text{bzw.} \quad w\left(1-\frac{m\,\omega^2\ell^3}{48EI}\right)=0.$$

Eine Lösung dieser Gleichung ist für $w \neq 0$ nur dann gegeben, wenn

$$\omega = \omega_{kr} = \sqrt{\frac{48EI}{m\,\ell^3}}$$

erfüllt ist. Da hier die Welle als lineare Feder mit der Federsteifigkeit $k = 48\ EI/\ell^3$ approximiert wird, kann –wie auch bei der Stabknickung– über die Auslenkung *w* selbst keine Aussage getroffen werden. Es ist lediglich mit ω_{kr} eine Angabe über das Eintreffen des Instabilitätsfalls möglich.

Befinden sich beispielsweise auf der Welle *n* konzentrierte Einzelmassen, dann liefert die Lösung des zugehörigen Eigenwertproblems *n* kritische Drehzahlen und Eigenformen (s.h. Beispiel 7-6). Zur Formulierung des Eigenwertproblems sind im Sinne von Maxwell und Betti die Einflusszahlen erforderlich, aus denen dann durch Invertierung die Steifigkeitsmatrix berechnet werden kann. ■

3.1.6 Transformationsformeln für Massenträgheitsmomente

Zur Berechnung der Massenträgheitsmomente sind Integrale auszuwerten, die sich über den gesamten Körper erstrecken. Dabei sind die Bezugsachsen bestimmte Achsen, die in der Regel durch den Massenmittelpunkt (Schwerpunkt) verlaufen, oder auch Symmetrieachsen, falls solche vorhanden sind. Werden die Massenträgheitsmomente hinsichtlich anderer Achsen benötigt, so muss nicht neu integriert werden. Hier gelten die folgenden Transformationsformeln.

Transformation hinsichtlich paralleler Achsen
Wir notieren den Trägheitstensor bezüglich des Punktes *P* (Abb. 3.23), dann ist

$$\mathbf{\Theta}_P = \int_{(m)} (\tilde{r}^2\mathbf{1} - \tilde{\mathbf{r}} \otimes \tilde{\mathbf{r}})\,dm\,.$$

Unter Beachtung von $\tilde{\mathbf{r}} = \mathbf{r} - \mathbf{r}_{SP}$ und dem im Schwerpunktkoordinatensystem darzustellenden Vektor $\mathbf{r}_{SP} = x_{SP,1}\,\mathbf{e}_1 + x_{SP,2}\,\mathbf{e}_2 + x_{SP,3}\,\mathbf{e}_3$ sowie der Definition des Massenmittelpunktes

(Schwerpunktes) $\int_{(m)} \mathbf{r}\,dm = \mathbf{0}$ folgt nach kurzer Rechnung der *Satz von Steiner*[1] *für parallele Achsen* in der Form

$$\boldsymbol{\Theta}_P = \boldsymbol{\Theta}_S + m(r_{SP}^2\mathbf{1} - \mathbf{r}_{SP} \otimes \mathbf{r}_{SP}), \tag{3.39}$$

worin

$$\boldsymbol{\Theta}_S = \int_{(m)} (r^2\mathbf{1} - \mathbf{r} \otimes \mathbf{r})\,dm$$

den Trägheitstensor bezüglich der parallel verschobenen Achsen durch den Schwerpunkt *S* bezeichnet, die in der Mechanik auch als *Zentralachsen* (ZA) bekannt sind.

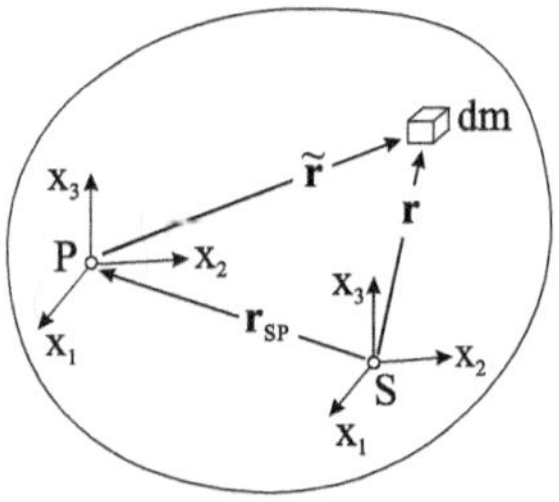

Abb. 3.23 *Transformation hinsichtlich paralleler Achsen*

Transformation hinsichtlich gedrehter Achsen

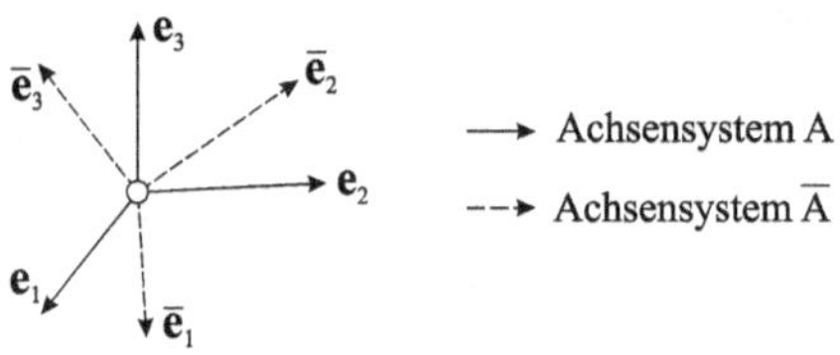

Abb. 3.24 *Transformation hinsichtlich gedrehter Achsen*

Auch bei einer Drehung des Koordinatensystems ändern sich die Massenträgheitsmomente. Ist der Trägheitstensor $\boldsymbol{\Theta}$ bezüglich eines Achsensystems (A) mit den Basisvektoren $\mathbf{e}_j$ bekannt

---

1 Jakob Steiner, schweizer. Mathematiker, 1796–1863

(Abb. 3.24), und wird der Trägheitstensor $\overline{\boldsymbol{\Theta}}$ bezogen auf das am selben Punkt gegenüber $\mathbf{e}_j$ gedrehte Koordinatensystem ($\overline{A}$) mit der Basis $\overline{\mathbf{e}}_j$ gesucht, dann gilt mit der Drehmatrix

$$\mathbf{T} = \begin{bmatrix} r_{11} & r_{12} & r_{13} \\ r_{21} & r_{22} & r_{23} \\ r_{31} & r_{32} & r_{33} \end{bmatrix}, \qquad r_{jk} = \mathbf{e}_j \cdot \overline{\mathbf{e}}_k = \cos\angle(\mathbf{e}_j, \overline{\mathbf{e}}_k)$$

nach Kap. 2.1.9 die Komponententransformationsformel

$$\overline{\boldsymbol{\Theta}} = \mathbf{T}^T \cdot \boldsymbol{\Theta} \cdot \mathbf{T}.$$

Beispiel 3-10:

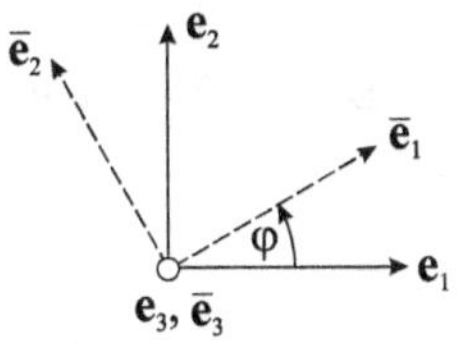

Abb. 3.25 Drehung des Koordinatensystems mit dem Winkel φ um die 3-Achse

Gesucht werden die Massenträgheitsmomente $\overline{\Theta}_{jk}$ bezüglich der gegenüber der Basis $\mathbf{e}_j$ mit dem Winkel φ um die 3-Achse gedrehten Basis $\overline{\mathbf{e}}_j$.

Lösung: Die Transformationsmatrix

$$\mathbf{T} = \begin{bmatrix} \cos\varphi & -\sin\varphi & 0 \\ \sin\varphi & \cos\varphi & 0 \\ 0 & 0 & 1 \end{bmatrix}$$

dieser Elementardrehung entnehmen wir Beispiel 2-2. Die Matrizenmultiplikationen

$$\begin{bmatrix} \overline{\Theta}_{11} & \overline{\Theta}_{12} & \overline{\Theta}_{13} \\ \overline{\Theta}_{12} & \overline{\Theta}_{22} & \overline{\Theta}_{23} \\ \overline{\Theta}_{13} & \overline{\Theta}_{23} & \overline{\Theta}_{33} \end{bmatrix} = \begin{bmatrix} \cos\varphi & \sin\varphi & 0 \\ -\sin\varphi & \cos\varphi & 0 \\ 0 & 0 & 1 \end{bmatrix} \cdot \begin{bmatrix} \Theta_{11} & \Theta_{12} & \Theta_{13} \\ \Theta_{12} & \Theta_{22} & \Theta_{23} \\ \Theta_{13} & \Theta_{23} & \Theta_{33} \end{bmatrix} \cdot \begin{bmatrix} \cos\varphi & -\sin\varphi & 0 \\ \sin\varphi & \cos\varphi & 0 \\ 0 & 0 & 1 \end{bmatrix}$$

ergeben mit den trigonometrischen Formeln

$$\sin^2\varphi = \frac{1}{2}(1-\cos 2\varphi), \quad \cos^2\varphi = \frac{1}{2}(1+\cos 2\varphi), \quad \sin\varphi\cos\varphi = \frac{1}{2}\sin 2\varphi$$

$$\overline{\Theta}_{11} = \frac{1}{2}(\Theta_{11}+\Theta_{22}) + \frac{1}{2}(\Theta_{11}-\Theta_{22})\cos 2\varphi + \Theta_{12}\sin 2\varphi,$$

$$\overline{\Theta}_{22} = \frac{1}{2}(\Theta_{11} + \Theta_{22}) - \frac{1}{2}(\Theta_{11} - \Theta_{22})\cos 2\varphi - \Theta_{12}\sin 2\varphi\,,$$

$$\overline{\Theta}_{33} = \Theta_{33}\,,$$

$$\overline{\Theta}_{12} = -\frac{1}{2}(\Theta_{11} - \Theta_{22})\sin 2\varphi + \Theta_{12}\cos 2\varphi\,, \qquad \overline{\Theta}_{13} = \Theta_{13}\cos\varphi + \Theta_{23}\sin\varphi\,,$$

$$\overline{\Theta}_{23} = \Theta_{23}\cos\varphi - \Theta_{13}\sin\varphi\,.$$

Den obigen Gleichungen kann unmittelbar die vom Drehwinkel φ unabhängige invariante Beziehung

$$\overline{\Theta}_{11} + \overline{\Theta}_{22} + \overline{\Theta}_{33} = \Theta_{11} + \Theta_{22} + \Theta_{33}$$

entnommen werden. Sie entspricht der Summe der Hauptdiagonalglieder (*Spur*) der Trägheitsmatrix. ■

Hauptachsentransformation

Für jeden Körper existieren drei orthogonale Achsen, die als *Hauptachsen* (engl. *principal axis*) des symmetrischen Trägheitstensors $\boldsymbol{\Theta}$ bezeichnet werden. In diesem Koordinatensystem erscheint die Matrix des Trägheitstensors als Diagonalmatrix in der Form[1]

$$\boldsymbol{\Theta} = \begin{bmatrix} \Theta_1 & 0 & 0 \\ 0 & \Theta_2 & 0 \\ 0 & 0 & \Theta_3 \end{bmatrix}.$$

Definitionsgemäß verschwinden die Deviationsmomente. Die Größen ($\Theta_1, \Theta_2, \Theta_3$) heißen *Hauptträgheitsmomente*[2] (engl. *principal mass moments of inertia*), die so angeordnet werden, dass $\Theta_1 \geq \Theta_2 \geq \Theta_3$ gilt, und die zugeordneten Achsen ein Rechtssystem bilden. Θ_1 und Θ_3 neben dabei Extremwerte an. Zur Berechnung der Hauptträgheitsmomente gehen wir wie folgt vor. Da die Matrix dieses Tensors ein Vielfaches der Einheitsmatrix sein soll, lösen wir zunächst das spezielle Eigenwertproblem $(\boldsymbol{\Theta} - \lambda\mathbf{1})\cdot\mathbf{n} = \mathbf{0}$. Mit $\mathbf{n} = n_1\mathbf{e}_1 + n_2\mathbf{e}_2 + n_3\mathbf{e}_3$ folgt

$$(\boldsymbol{\Theta} - \lambda\mathbf{1})\cdot\mathbf{n} = \begin{bmatrix} \Theta_{11} - \lambda & -\Theta_{12} & -\Theta_{13} \\ -\Theta_{12} & \Theta_{22} - \lambda & -\Theta_{23} \\ -\Theta_{13} & \Theta_{23} & \Theta_{33} - \lambda \end{bmatrix} \cdot \begin{bmatrix} n_1 \\ n_2 \\ n_3 \end{bmatrix} = \begin{bmatrix} 0 \\ 0 \\ 0 \end{bmatrix}, \qquad (3.40)$$

1 Diese Darstellung wird auch Spektraldarstellung der Matrix Θ genannt.

2 Die Entdeckung der Hauptträgheitsmomente verdanken wir dem deutschen Arzt, Mathematiker und Experimentalphysiker Johann Andreas von Segner, 1704–1777.

was als lineares homogenes Gleichungssystem zur Bestimmung von n_1, n_2, n_3 angesehen werden kann. Da aber wegen

$$\mathbf{n}^2 = n_1^{\ 2} + n_2^{\ 2} + n_3^{\ 2} = 1 \tag{3.41}$$

die Triviallösung $\mathbf{n} = \mathbf{0}$ ausscheidet, muss die Koeffizientendeterminante des Gleichungssystems (3.40) verschwinden, also

$$D = \begin{vmatrix} \Theta_{11} - \lambda & \Theta_{12} & \Theta_{13} \\ \Theta_{12} & \Theta_{22} - \lambda & \Theta_{23} \\ \Theta_{13} & \Theta_{23} & \Theta_{33} - \lambda \end{vmatrix} = 0$$

erfüllt sein. Die Maple-Prozedur LinearAlgebra[CharacteristicPolinomial] liefert uns die charakteristische Gleichung

$$\lambda^3 - J_1\lambda^2 + J_2\lambda - J_3 = 0,$$

worin

$$\begin{aligned} J_1 &= \Theta_{11} + \Theta_{22} + \Theta_{33}, \\ J_2 &= \Theta_{11}\Theta_{22} + \Theta_{22}\Theta_{33} + \Theta_{33}\Theta_{11} - (\Theta_{12}^2 + \Theta_{13}^2 + \Theta_{23}^2), \\ J_3 &= \Theta_{11}\Theta_{22}\Theta_{33} + 2\Theta_{12}\Theta_{23}\Theta_{13} - \Theta_{11}\Theta_{23}^2 - \Theta_{22}\Theta_{13}^2 - \Theta_{33}\Theta_{12}^2 \end{aligned}$$

die drei *Grundinvarianten* der Matrix des Trägheitstensors $\boldsymbol{\Theta}$ bedeuten, die sich alle durch die Spur des Trägheitstensors ausdrücken lassen (Backhaus, 1983):

$$J_1 = \mathrm{Sp}(\boldsymbol{\Theta}),\ J_2 = \frac{1}{2}\left[\mathrm{Sp}^2(\boldsymbol{\Theta}) - \mathrm{Sp}(\boldsymbol{\Theta}^2)\right],\ J_3 = \frac{1}{6}\left[\mathrm{Sp}^3(\boldsymbol{\Theta}) + 2\mathrm{Sp}(\boldsymbol{\Theta}^3) - 3\mathrm{Sp}(\boldsymbol{\Theta}^2)\mathrm{Sp}(\boldsymbol{\Theta})\right].$$

Die Anwendung der *Kardanischen Formel* führt mit den Hilfsgrößen

$$p = \frac{1}{9}(J_1^2 - 3J_2), \qquad q = \frac{1}{54}(2J_1^3 - 9J_1J_2 + 27J_3),$$
$$u = \sqrt[3]{q + \sqrt{q^2 - p^3}}, \quad v = \sqrt[3]{q - \sqrt{q^2 - p^3}},$$

unter Beachtung von $i^2 = -1$ als Folge der Symmetrie von $\boldsymbol{\Theta}$ immer auf die reellen Lösungen

$$\begin{aligned} \lambda_1 &= \frac{1}{3}J_1 + u + v \\ \lambda_2 &= \frac{1}{3}J_1 - \frac{1}{2}(u+v) + \frac{i}{2}\sqrt{3}(u-v) \\ \lambda_3 &= \frac{1}{3}J_1 - \frac{1}{2}(u+v) - \frac{i}{2}\sqrt{3}(u-v). \end{aligned}$$

Zu jedem Eigenwert λ_j (j = 1,2,3) gehören drei Richtungskosinusse n_{j1}, n_{j2}, n_{j3}, die wir aus zwei beliebigen Gleichungen von (3.40) unter Berücksichtigung von (3.41) ermitteln können. Insgesamt erhalten wir also 3 Eigenvektoren $\mathbf{n}_1, \mathbf{n}_2, \mathbf{n}_3$, die die Hauptachsen festlegen. Zur Herleitung der Eigenvektoren (engl. *eigenvectors*) gehen wir von den beiden ersten Gleichungen in (3.40) aus und ermitteln zunächst n_{j1} und n_{j2} als Funktion von n_{j3} und erhalten

$$\begin{aligned} n_{j1}(\lambda_j) &= \frac{(\Theta_{22}-\lambda_j)\Theta_{13}+\Theta_{12}\Theta_{23}}{(\lambda_j-\Theta_{11})(\lambda_j-\Theta_{22})-\Theta_{12}^2}\, n_{j3} = a_j n_{j3} \\ n_{j2}(\lambda_j) &= \frac{(\Theta_{11}-\lambda_j)\Theta_{23}+\Theta_{12}\Theta_{13}}{(\lambda_j-\Theta_{11})(\lambda_j-\Theta_{22})-\Theta_{12}^2}\, n_{j3} = b_j n_{j3}, \end{aligned} \tag{3.42}$$

wobei zur Abkürzung

$$a_j = \frac{(\Theta_{22}-\lambda_j)\Theta_{13}+\Theta_{12}\Theta_{23}}{(\lambda_j-\Theta_{11})(\lambda_j-\Theta_{22})-\Theta_{12}^2}, \quad b_j = \frac{(\Theta_{11}-\lambda_j)\Theta_{23}+\Theta_{12}\Theta_{13}}{(\lambda_j-\Theta_{11})(\lambda_j-\Theta_{22})-\Theta_{12}^2},$$

gesetzt wurde. Einsetzen von (3.42) in (3.41) ergibt

$$n_{j3}(\lambda_j) = \pm 1/\sqrt{1+a_j^2+b_j^2}$$

und damit

$$n_{j1}(\lambda_j) = \pm\frac{a_j}{\sqrt{1+a_j^2+b_j^2}}, \; n_{j2}(\lambda_j) = \pm\frac{b_j}{\sqrt{1+a_j^2+b_j^2}}, \; n_{j3}(\lambda_j) = \pm\frac{1}{\sqrt{1+a_j^2+b_j^2}}. \tag{3.43}$$

Plus- und Minuszeichen in den obigen Beziehungen deuten an, dass neben $\mathbf{n}_j$ auch $-\mathbf{n}_j$ eine Hauptrichtung ist. Zur Berechnung der Eigenwerte und Eigenvektoren einer Matrix stellt Maple die Prozeduren LinearAlgebra[Eigenvalues] und LinearAlgebra[Eigenvectors] zur Verfügung.

Hinweis: Maple liefert uns die drei Eigenwerte einer Matrix in einem Vektor (hier $\mathbf{\Lambda}$), und die den Eigenwerten zugeordneten Eigenvektoren erscheinen in einer (3×3)-Matrix (hier $\mathbf{\Phi}$):

$$\mathbf{\Lambda} = \begin{bmatrix} \lambda_1 \\ \lambda_2 \\ \lambda_3 \end{bmatrix}, \quad \mathbf{\Phi} = \begin{bmatrix} n_{1,1} & n_{2,1} & n_{3,1} \\ n_{1,2} & n_{2,2} & n_{3,2} \\ n_{1,3} & n_{2,3} & n_{3,3} \end{bmatrix}.$$

In der j-ten Spalte von $\mathbf{\Phi}$ steht der Eigenvektor $\mathbf{n}_j$ zum Eigenwert λ_j. Die Eigenvektormatrix $\mathbf{\Phi}$ ist aufgrund der Orthogonalität der Eigenvektoren eine orthogonale Matrix, für die $\mathbf{\Phi}^{-1} = \mathbf{\Phi}^T$ gilt. Führen wir mit $\mathbf{n} = \mathbf{\Phi}\cdot\mathbf{v}$ den neuen Vektor $\mathbf{v}$ ein, dann geht das ursprüngliche Eigenwertproblem $(\mathbf{\Theta}-\lambda\mathbf{1})\cdot\mathbf{n} = \mathbf{0}$ über in

$$(\mathbf{\Theta}\cdot\mathbf{\Phi}-\lambda\mathbf{\Phi})\cdot\mathbf{v} = (\mathbf{\Phi}^T\cdot\mathbf{\Theta}\cdot\mathbf{\Phi}-\lambda\mathbf{1})\cdot\mathbf{v} = (\mathbf{T}-\lambda\mathbf{1})\cdot\mathbf{v} = \mathbf{0}.$$

Die Matrix $\mathbf{T} = \mathbf{\Phi}^T \cdot \mathbf{\Theta} \cdot \mathbf{\Phi} = \mathrm{diag}\,[\lambda_1, \lambda_2, \lambda_3]$ ist eine Diagonalmatrix, auf deren Hauptdiagonale die Eigenwerte stehen.

Den Beweis, dass die Eigenvektoren einer symmetrischen Matrix senkrecht aufeinander stehen, führen wir am Beispiel der beiden Eigenvektoren $\mathbf{n}_1$ und $\mathbf{n}_2$. Wir bilden zunächst

$$\mathbf{\Theta} \cdot \mathbf{n}_1 = \lambda_1 \mathbf{n}_1, \quad \mathbf{\Theta} \cdot \mathbf{n}_2 = \lambda_2 \mathbf{n}_2 .$$

Multiplizieren wir die erste Gleichung von links mit $\mathbf{n}_2$ und die zweite auch von links mit $\mathbf{n}_1$, dann erhalten wir

$$\mathbf{n}_2 \cdot \mathbf{\Theta} \cdot \mathbf{n}_1 = \lambda_1 \mathbf{n}_2 \cdot \mathbf{n}_1, \quad \mathbf{n}_1 \cdot \mathbf{\Theta} \cdot \mathbf{n}_2 = \lambda_2 \mathbf{n}_1 \cdot \mathbf{n}_2 .$$

Da $\mathbf{\Theta}$ symmetrisch ist, gilt $\mathbf{n}_2 \cdot \mathbf{\Theta} \cdot \mathbf{n}_1 = \mathbf{n}_1 \cdot \mathbf{\Theta} \cdot \mathbf{n}_2$. Ziehen wir nun obige Gleichungen voneinander ab, dann folgt $(\lambda_1 - \lambda_2)\, \mathbf{n}_1 \cdot \mathbf{n}_2 = 0$. Diese Beziehung ist für $\lambda_1 \neq \lambda_2$ nur erfüllt, wenn $\mathbf{n}_1 \cdot \mathbf{n}_2 = 0$ gilt, was die Orthogonalität der beiden Eigenvektoren $\mathbf{n}_1$ und $\mathbf{n}_2$ vorausgesetzt.

Beispiel 3-11:

Gegeben ist die symmetrische Trägheitsmatrix

$$\mathbf{\Theta} = \begin{bmatrix} 112 & 9 & 21 \\ & 100 & -36 \\ sym. & & 28 \end{bmatrix}.$$

Lösen Sie unter Einsatz von Maple folgende Aufgaben:

1. Aufstellen des charakteristischen Polynoms $p(\lambda) = \det(\mathbf{\Theta} - \lambda \mathbf{1}) = 0$,
2. Berechnung der Grundinvarianten J_1, J_2 und J_3,
3. Berechnung der drei reellen Eigenwerte und normierten Eigenvektoren von $\mathbf{\Theta}$,
4. Berechnung der Diagonalmatrix $\mathbf{T} = \mathbf{\Phi}^T \cdot \mathbf{\Theta} \cdot \mathbf{\Phi} = \mathrm{diag}[\lambda_1, \lambda_2, \lambda_3]$.

<u>Lösung</u>:

Zu 1.) $p(\lambda) = \lambda^3 - 240\,\lambda^2 + 15318\,\lambda - 108472$.

Zu 2.) $J_1 = 240$, $J_2 = 15318$, $J_3 = 108472$.

Zu 3.) $$\mathbf{\Lambda} = \begin{bmatrix} \lambda_1 \\ \lambda_2 \\ \lambda_3 \end{bmatrix} = \begin{bmatrix} 117{,}0562 \\ 8{,}0666 \\ 114{,}8772 \end{bmatrix}, \quad \mathbf{\Phi} = \begin{bmatrix} 0{,}9689 & -0{,}2147 & 0{,}1228 \\ 0{,}1978 & 0{,}3743 & -0{,}9060 \\ 0{,}1485 & 0{,}9021 & 0{,}4051 \end{bmatrix},$$

Zu 4.) $$\mathbf{T} = \mathbf{\Phi}^T \cdot \mathbf{\Theta} \cdot \mathbf{\Phi} = \begin{bmatrix} 117{,}0562 & 0 & 0 \\ 0 & 8{,}0666 & 0 \\ 0 & 0 & 114{,}8772 \end{bmatrix}.$$ ■

3.1.7 Beispiele zur Berechnung von Trägheitsmomenten

Es folgen einige Beispiele zur Berechnung von Massenträgheitsmomenten, die mittels elementarer Integration bereitgestellt werden können.

Beispiel 3-12:

Für den homogenen Quader in Abb. 3.26 sind die Massenträgheitsmomente bezüglich der kantenparallelen Achsen durch den Punkt *0* und die parallel in den Schwerpunkt *S* verschobenen Achsen zu berechnen.

Geg.: a, b, c, ρ.

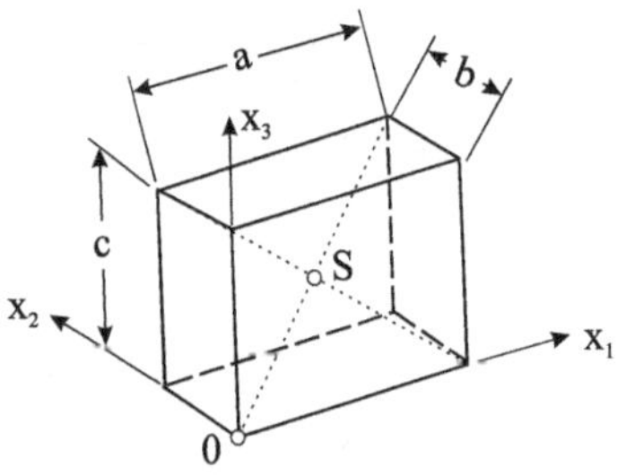

Abb. 3.26 *Homogener Quader*

Lösung: Die Masse des homogenen Quaders $m=\rho V=\rho abc$. Für die kantenparallelen Achsen (x_1, x_2, x_3) mit Ursprung in *0* lautet der Trägheitstensor

$$\boldsymbol{\Theta}_0=\rho\int\limits_{(V)}(r^2\mathbf{1}-\mathbf{r}\otimes\mathbf{r})\,dV=\rho\int\limits_{(V)}\begin{bmatrix} x_2^2+x_3^2 & -x_1x_2 & -x_1x_3\\ & x_1^2+x_3^2 & -x_2x_3\\ \textit{sym.} & & x_1^2+x_2^2\end{bmatrix}dV$$

Die elementare Auswertung der Dreifachintegrale liefert (ρ = const)

$$\Theta_{0,11}=\rho\int\limits_{x_3=0}^{c}\left\{\int\limits_{x_2=0}^{b}\left(\int\limits_{x_1=0}^{a}\left(x_2^2+x_3^2\right)dx_1\right)dx_2\right\}dx_3=\frac{1}{3}m(b^2+c^2),$$

$$\Theta_{0,22}=\frac{1}{3}m(a^2+c^2),\qquad \Theta_{0,33}=\frac{1}{3}m(a^2+b^2),$$

$$\Theta_{0,12}=-\frac{1}{4}m\,a\,b,\qquad \Theta_{0,13}=-\frac{1}{4}m\,a\,c,\qquad \Theta_{0,23}=-\frac{1}{4}m\,b\,c.$$

Mit dem Ortsvektor $\mathbf{r}_{S0}$ des Bezugspunkte *0*, also

$$\mathbf{r}_{S0} = -\frac{1}{2}\begin{bmatrix} a \\ b \\ c \end{bmatrix} \quad \text{ist} \quad m(r_{S0}^2\mathbf{1} - \mathbf{r}_{0P} \otimes \mathbf{r}_{S0}) = \frac{1}{4}m\begin{bmatrix} b^2+c^2 & -ab & -ac \\ & a^2+c^2 & -bc \\ \mathit{sym.} & & a^2+b^2 \end{bmatrix}.$$

Unter Beachtung des Satzes von Steiner für parallele Achsen folgt dann der Trägheitstensor bezüglich der parallel verschobenen Achsen von *0* in den Schwerpunkt *S*:

$$\mathbf{\Theta}_S = \mathbf{\Theta}_0 - m(r_{S0}^2\mathbf{1} - \mathbf{r}_{S0} \otimes \mathbf{r}_{S0}) = \frac{1}{12}m\begin{bmatrix} b^2+c^2 & 0 & 0 \\ & a^2+c^2 & 0 \\ \mathit{sym.} & & a^2+b^2 \end{bmatrix}.$$

Der Trägheitstensor hat hier bereits Diagonalgestalt, denn die Achsen mit dem Ursprung in *S* sind gleichzeitig Symmetrieachsen und stellen damit *Hauptzentralachsen* (HZA) dar. Eine Drehtransformation des in Zentralachsen gegeben Trägheitstensors in Richtung der Hauptzentralachsen erübrigt sich demzufolge bei diesem Beispiel. ■

Beispiel 3-13:

Es soll eine Maple-Prozedur zur Verfügung gestellt werden, die automatisiert die Trägheitsmomente regelmäßiger homogener Körper berechnet. Zur Auswertung der anfallenden Dreifachintegrale führen wir beliebige krummlinige Koordinaten (u,v,w) ein, die durch die Formeln $x_1 = x_1(u,v,w)$, $x_2 = x_2(u,v,w)$, $x_3 = x_3(u,v,w)$ definiert sind (Bronstein & Semendjajew, 1991). Das Integrationsgebiet wird durch Koordinatenflächen

u = const, v = const und w = const in Volumenelemente $dV = |D|\,du\,dv\,dw$ zerlegt. Darin bezeichnet |D| die Determinante der *Jacobimatrix*[1]

$$D = \begin{bmatrix} \dfrac{\partial x_1}{\partial u} & \dfrac{\partial x_1}{\partial v} & \dfrac{\partial x_1}{\partial w} \\ \dfrac{\partial x_2}{\partial u} & \dfrac{\partial x_2}{\partial v} & \dfrac{\partial x_2}{\partial w} \\ \dfrac{\partial x_3}{\partial u} & \dfrac{\partial x_3}{\partial v} & \dfrac{\partial x_3}{\partial w} \end{bmatrix} \equiv \frac{\partial(x_1, x_2, x_3)}{\partial(u, v, w)},$$

die in der Mathematik *Funktionalmatrix* genannt wird. Damit ist

$$\int_{(V)} f(u,v,w)\,dV = \int_{u_1}^{u_2}\left\{\int_{v_1(u)}^{v_2(u)}\left[\int_{w_1(u,v)}^{w_1(u,v)} f(u,v,w)|D|dw\right]dv\right\}du\,.$$

Ermitteln Sie mit der bereitgestellten Maple-Prozedur die Massenträgheitsmomente für den in Abb. 3.27 skizzierten Rotationstorus.

---

[1] Carl Gustav Jacob Jacobi, deutscher Mathematiker, 1804–1851

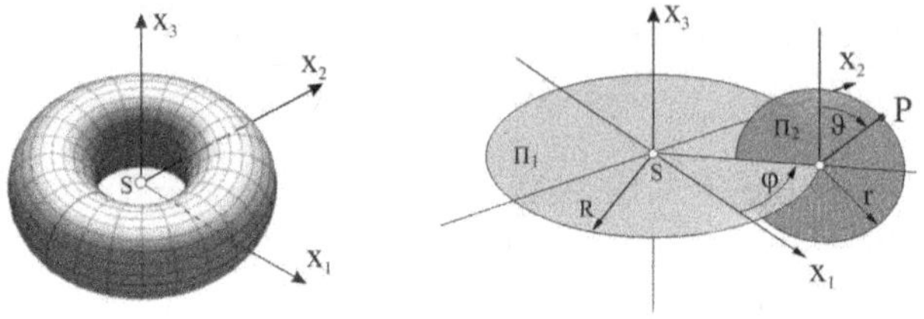

Abb. 3.27 Berechnung der Trägheitsmomente für einen Torus, Toruskoordinaten q = (r, ϑ, φ)

Lösung: Da die skizzierten Achsen mit dem Ursprung im Schwerpunkt *S* aufgrund der Totalsymmetrie des Körpers Hauptzentralachsen (HZA) darstellen, verschwinden sämtliche Deviationsmomente, und der Trägheitstensor **Θ** hat Diagonalgestalt. Das Koordinatensystem

$q = (r, \vartheta, \varphi) = (u, v, w)$ eines Torus ist $\hat{q} = (x_1, x_2, x_3)$.

Der Abb. 3.27 entnehmen wir folgende Koordinaten des Konvergenzpunktes *P* des Massenelementes *dm*:

$x_1(r, \vartheta, \varphi) = (R + r\sin\vartheta)\cos\varphi, \quad x_2(r, \vartheta, \varphi) = (R + r\sin\vartheta)\sin\varphi, \quad x_3(r, \vartheta) = r\cos\vartheta.$

Zur Berechnung der Jacobimatrix und deren Determinante stellt Maple die Prozedur `VectorCalculus[Jacobian]` mit der Option `'determinant'` zur Verfügung. Maple liefert uns

$$D = \begin{bmatrix} \frac{\partial x_1}{\partial r} & \frac{\partial x_1}{\partial \vartheta} & \frac{\partial x_1}{\partial \varphi} \\ \frac{\partial x_2}{\partial r} & \frac{\partial x_2}{\partial \vartheta} & \frac{\partial x_2}{\partial \varphi} \\ \frac{\partial x_3}{\partial r} & \frac{\partial x_3}{\partial \vartheta} & \frac{\partial x_3}{\partial \varphi} \end{bmatrix} = \begin{bmatrix} \sin\vartheta\cos\varphi & r\cos\vartheta\cos\varphi & -(R + r\sin\vartheta)\sin\varphi \\ \sin\vartheta\sin\varphi & r\cos\vartheta\sin\varphi & (R + r\sin\vartheta)\cos\varphi \\ \cos\vartheta & -r\sin\vartheta & 0 \end{bmatrix}$$

und $|D| = r(R + r\sin\vartheta)$. Zur Auswertung der Dreifachintegrale benötigen wir die Definitionsbereiche der Koordinaten *q*. Im Einzelnen sind: $r = 0\ldots a$, $\vartheta = 0\ldots 2\pi$, $\varphi = 0\ldots 2\pi$. Damit errechnen wir zunächst unter Beachtung von f(u,v,w) = 1 das Volumen

$$V = \int_{u_1}^{u_2} \left\{ \int_{v_1(u)}^{v_2(u)} \left[\int_{w_1(u,v)}^{w_1(u,v)} |D| dw \right] dv \right\} du = \int_{r=0}^{a} \left\{ \int_{\vartheta=0}^{2\pi} \left[\int_{\varphi=0}^{2\pi} r(R + r\sin\vartheta) d\varphi \right] d\vartheta \right\} dr = 2\pi^2 R a^2 .$$

Für den homogenen Körper ergibt sich dann die Masse $m = \rho V = 2\rho\pi^2 R a^2$. Im nächsten Schritt werden die Trägheitsmomente im Hauptzentralachsensystem berechnet. Dazu benötigen wir die folgenden Integranden:

$$f_1 = (x_2^2 + x_3^2)|D| = (R + r\sin\vartheta)^2 \sin^2\varphi + r^2\cos^2\vartheta$$
$$f_2 = (x_1^2 + x_3^2)|D| = (R + r\sin\vartheta)^2 \cos^2\varphi + r^2\cos^2\vartheta$$
$$f_3 = (x_1^2 + x_2^2)|D| = (R + r\sin\vartheta)^2.$$

Die Berechnung der Dreifachintegrale überlassen wir Maple und erhalten mit der dimensionslosen Größe $\alpha = a/R$:

$$\Theta_1 = \rho \int_{r=0}^{a} \left\{ \int_{\vartheta=0}^{2\pi} \left[\int_{\varphi=0}^{2\pi} f_1\, d\varphi \right] d\vartheta \right\} dr = \frac{1}{4}\rho R a^2 \pi^2 (4R^2 + 5a^2) = \frac{1}{8} m R^2 (4 + 5\alpha^2),$$

$$\Theta_2 = \rho \int_{r=0}^{a} \left\{ \int_{\vartheta=0}^{2\pi} \left[\int_{\varphi=0}^{2\pi} f_2\, d\varphi \right] d\vartheta \right\} dr = \Theta_1, \qquad \text{(Symmetrie)}$$

$$\Theta_3 = \rho \int_{r=0}^{a} \left\{ \int_{\vartheta=0}^{2\pi} \left[\int_{\varphi=0}^{2\pi} f_3\, d\varphi \right] d\vartheta \right\} dr = \frac{1}{2}\rho R a^2 \pi^2 (4R^2 + 3a^2) = \frac{1}{4} m R^2 (4 + 3\alpha^2).$$ ■

Beispiel 3-14:

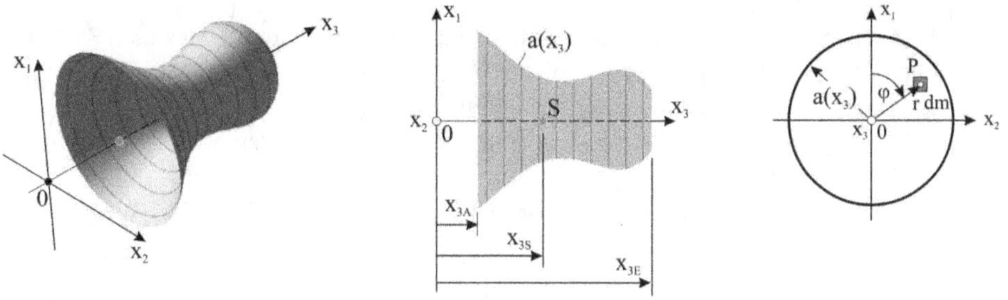

Abb. 3.28 *Rotationskörper*

Mit der im Beispiel 3-13 bereitgestellten Maple-Prozedur sind die Trägheitsmomente eines homogenen Rotationskörpers bezüglich der Achsen durch den Punkt *0* und den Schwerpunkt *S* zu berechnen, wobei der Körper in Abb. 3.28 durch Rotation derjenigen Fläche um die x_3-Achse entsteht, die die Funktion $a(x_3)$ mit der x_3-Achse in den Grenzen $x_{3A} \le x_3 \le x_{3E}$ einschließt.

Das Koordinatensystem $q = (r, \varphi, x_3) = (u,v,w)$ des Rotationskörpers ist $\hat{q}=(x_1,x_2,x_3)$. Der Abb. 3.28 entnehmen wir die planaren Koordinaten des Konvergenzpunktes *P* des Massenelementes *dm*: $x_1(r,\varphi) = r\cos\varphi$, $x_2(r,\varphi) = r\sin\varphi$.

Geg.: $\rho = 1,\ x_{3A} = 2,\ x_{3E} = 5,\ a(x_3) = -\frac{1}{8}x_3^4 + \frac{19}{12}x_3^3 - 7x_3^2 + \frac{295}{24}x_3 - \frac{23}{4}$.

Lösung: Maple liefert uns:

1.) Die Determinante der Jacobimatrix: $|D| = r$.

2.) Das Volumen: $V = 7{,}30$.

3.) Die Masse: $m = V\rho = 7{,}30$.

4.) Die Koordinaten des Schwerpunktes: $x_{1S} = 0,\ x_{2S} = 0,\ x_{3S} = 3{,}14$.

5.) Die Hauptträgheitsmomente: $\Theta_1 = \Theta_2 = 8{,}20,\ \Theta_3 = 3{,}83$.

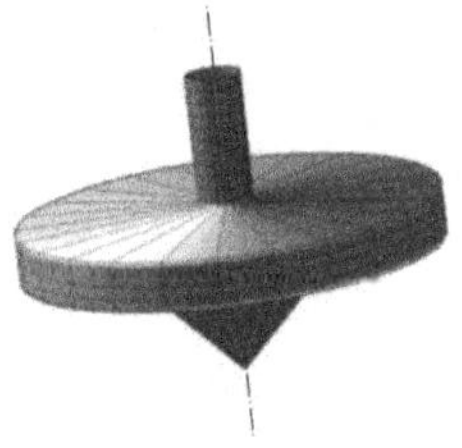

Abb. 3.29 Spielkreisel, Darstellung durch stückweise definierte stetige Funktionen

Dem dieser Aufgabe zugeordneten Maple-Arbeitsblatt können weitere Beispiele (Zylinder, Hohlzylinder, Kugel, Halbkugel, Kegel, Spielkreisel) entnommen werden. Stückweise definierte stetige Funktionen wie am Beispiel des Spielkreisels in Abb. 3.29 gezeigt, können mit dem Maple-Befehl `piecewise` über den gesamten Wertebereich vereinheitlicht werden. ■

3.1.8 Massenträgheitsmomente beliebig geformter Körper

Sollen die Massenträgheitsmomente beliebig geformter Körper automatisiert berechnet werden, dann beachten wir, dass jede in Ingenieuranwendungen auftretende Oberfläche mit beliebiger Genauigkeit durch lückenlos angeordnete Dreiecke ersetzt werden kann. Verbinden wir nun jeden Eckpunkt des Oberflächendreiecks mit dem Ursprung P_0 des Koordinatensystems, dann entsteht ein aus Tetraedern[1] (engl. *tetrahedra*) zusammengesetztes Polyeder[2] (engl. *polyhedron*). Sind die Massenträgheitsmomente eines einzelnen Tetraeders in allgemeiner Lage

---

1 zu griech. hédra ›Sitz(fläche)‹, ›Basis‹

2 zu griech. polýedros ›vielflächig‹, ein von endlich vielen ebenen Flächen begrenzter Körper

bekannt, dann ergibt sich das Massenmoment des Gesamtkörpers aus der Summe der Teilmomente der einzelnen Tetraeder. Beginnen wir also mit der Untersuchung eines einzelnen Tetraeders (Abb. 3.30).

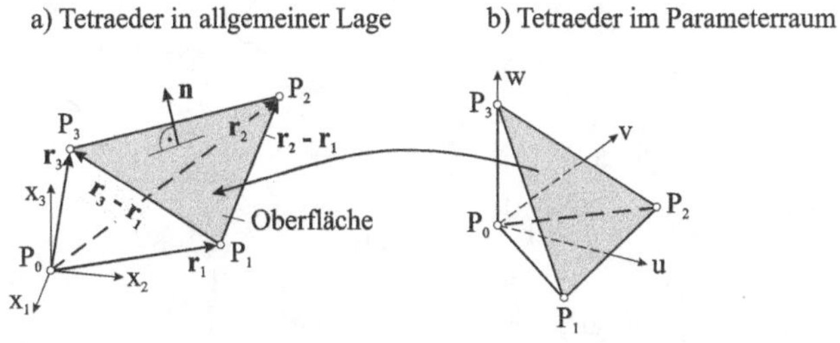

Abb. 3.30 Tetraeder in allgemeiner Lage und im Parameterraum

Um die Integrationsgrenzen bei der Dreifachintegration zu vereinheitlichen, führen wir die *Gauß*[1]*-Parameter* (u,v,w) ein und stellen damit den Ortsvektor

$$\mathbf{r} = \mathbf{r}(u, v, w) = u\,(\mathbf{r}_1 + \mathbf{r}_2) + v\,(\mathbf{r}_2 - \mathbf{r}_1) + w\,\mathbf{r}_3 = u\,\mathbf{s} + v\,\mathbf{d} + w\,\mathbf{r}_3$$

zum Konvergenzpunkt eines Massenelementes des Tetraeders in Abhängigkeit dieser Parameter dar. Darin bezeichnen $\mathbf{s} = \mathbf{r}_1 + \mathbf{r}_2$ und $\mathbf{d} = \mathbf{r}_2 - \mathbf{r}_1$ die Summe und die Differenz der Ortsvektoren der Punkte P_1 und P_2. Die Parametertripel

$$(0, 0, 0), (1/2, -1/2, 0), (1/2, 1/2, 0), (0, 0, 1)$$

kennzeichnen die vier Eckpunkte P_0, P_1, P_2 und P_3 des Tetraeders, das dann im Parameterraum (u,v,w) wie folgt beschrieben werden kann:

$$\{(u, v, w) \mid 0 \le w \le 1 - 2u, -u \le v \le u, 0 \le u \le 1/2\}.$$

Die Tangentenvektoren an die Parameterlinien (u,v,w) sind

$$\frac{\partial \mathbf{r}}{\partial u} = \mathbf{r}_1 + \mathbf{r}_2 = \mathbf{s}, \quad \frac{\partial \mathbf{r}}{\partial v} = \mathbf{r}_2 - \mathbf{r}_1 = \mathbf{d}, \quad \frac{\partial \mathbf{r}}{\partial w} = \mathbf{r}_3,$$

und das infinitesimale Volumenelement zwischen diesen Tangentenvektoren berechnet sich zu

$$dV = \left| \left(\frac{\partial \mathbf{r}}{\partial u} \times \frac{\partial \mathbf{r}}{\partial v} \right) \cdot \frac{\partial \mathbf{r}}{\partial w} \right| du\,dv\,dw = |D|\,du\,dv\,dw, \qquad |D| = 2\left|(\mathbf{r}_1 \times \mathbf{r}_2) \cdot \mathbf{r}_3\right|.$$

[1] Carl Friedrich Gauß, deutsch. Mathematiker, Astronom, Geodät und Physiker, 1777–1855

Die drei Vektoren $\frac{\partial \mathbf{r}}{\partial u}, \frac{\partial \mathbf{r}}{\partial v}, \frac{\partial \mathbf{r}}{\partial w}$ spannen ein Parallelepiped (Spat) auf, wobei dem Betrag des Spatproduktes $\left(\frac{\partial \mathbf{r}}{\partial u} \times \frac{\partial \mathbf{r}}{\partial v}\right) \cdot \frac{\partial \mathbf{r}}{\partial w}$ die geometrische Bedeutung des Spatvolumens zukommt. Beachten wir $\frac{\partial \mathbf{r}}{\partial u} \times \frac{\partial \mathbf{r}}{\partial v} = (\mathbf{r}_1 + \mathbf{r}_2) \times (\mathbf{r}_2 - \mathbf{r}_1) = 2\mathbf{r}_1 \times \mathbf{r}_2$, dann ist

$$V = \int dV = \int |D| \, du \, dv \, dw = |D| \int_{u=0}^{1/2} \left[\int_{v=-u}^{u} \left(\int_{w=0}^{1-2u} dw \right) dv \right] du \,.$$

Die Auswertung des Dreifachintegrals erfolgt derart, dass zunächst über *w* von *0* bis *1–2u*, sodann über *v* von *–u* bis *u* und abschließend über *u* von *0* bis *1/2* integriert wird. Mit

$$\int_{u=0}^{1/2} \left[\int_{v=-u}^{u} \left(\int_{w=0}^{1-2u} dw \right) dv \right] du = \frac{1}{12}$$

erhalten wir den Volumeninhalt eines Tetraeders zu

$$V = \frac{|D|}{12} = \frac{1}{6} |(\mathbf{r}_1 \times \mathbf{r}_2) \cdot \mathbf{r}_3| \,.$$

Für einen homogenen Körper folgt dann die Masse m = ρV. Im nächsten Schritt berechnen wir den Ortsvektor des Schwerpunktes (Volumenmittelpunktes)

$$V \mathbf{r}_S = \int \mathbf{r} \, dV = |D| \int_{u=0}^{1/2} \left[\int_{v=-u}^{u} \left(\int_{w=0}^{1-2u} (u\,\mathbf{s} + v\,\mathbf{d} + w\,\mathbf{r}_3) \, dw \right) dv \right] du \,.$$

Die elementare Ausführung der Dreifachintegration liefert mit |D| = 12 V

$$V \mathbf{r}_S = \frac{|D|}{48} (\mathbf{s} + \mathbf{r}_3) = \frac{|D|}{48} (\mathbf{r}_1 + \mathbf{r}_2 + \mathbf{r}_3) \,, \qquad \mathbf{r}_S = \frac{1}{4} (\mathbf{0} + \mathbf{r}_1 + \mathbf{r}_2 + \mathbf{r}_3) \,.$$

Der Ortsvektor $\mathbf{r}_S$ des Schwerpunktes ergibt sich somit als Mittelwert der Ortsvektoren der vier Eckpunkte. Das Ergebnis bleibt im Übrigen auch dann richtig, wenn keiner der Eckpunkte im Koordinatenursprung liegt.

Zur Berechnung der Massenträgheitsmomente eines Tetraeders werden das Quadrat des Ortsvektors **r** und die lineare Dyade $\mathbf{r} \otimes \mathbf{r}$ benötigt. Im Einzelnen sind:

$$\mathbf{r}^2 = \mathbf{r} \cdot \mathbf{r} = u^2 \mathbf{s}^2 + v^2 \mathbf{d}^2 + w^2 \mathbf{r}_3^2 + 2(u\,v\,\mathbf{s} \cdot \mathbf{d} + u\,w\,\mathbf{s} \cdot \mathbf{r}_3 + v\,w\,\mathbf{r}_3 \cdot \mathbf{d})$$

$$\begin{aligned} \mathbf{r} \otimes \mathbf{r} = {} & u^2 \mathbf{s} \otimes \mathbf{s} + v^2 \mathbf{d} \otimes \mathbf{d} + w^2 \mathbf{r}_3 \otimes \mathbf{r}_3 + \\ & u\,v(\mathbf{s} \otimes \mathbf{d} + \mathbf{d} \otimes \mathbf{s}) + u\,w(\mathbf{s} \otimes \mathbf{r}_3 + \mathbf{r}_3 \otimes \mathbf{s}) + v\,w\,(\mathbf{r}_3 \otimes \mathbf{d} + \mathbf{d} \otimes \mathbf{r}_3). \end{aligned}$$

Beachten wir die Teilergebnisse

$$I_1 = \int \mathbf{r}^2 \mathrm{dw\,dv\,du} = \frac{1}{480}\left[3\mathbf{s}^2 + \mathbf{d}^2 + 4(\mathbf{r}_3^2 + \mathbf{s}\cdot\mathbf{r}_3)\right]$$

$$\mathbf{I}_2 = \int \mathbf{r} \otimes \mathbf{r}\,\mathrm{dw\,dv\,du} = \frac{1}{480}[3\mathbf{s}\otimes\mathbf{s} + \mathbf{d}\otimes\mathbf{d} + 4\mathbf{r}_3\otimes\mathbf{r}_3 + 2(\mathbf{s}\otimes\mathbf{r}_3 + \mathbf{r}_3\otimes\mathbf{s})],$$

dann errechnet sich das Massenträgheitsmoment eines einzelnen Tetraeders bezogen auf den Ursprung der (x_1, x_2, x_3)-Achsen zu

$$\mathbf{\Theta}_P = \frac{1}{480}\rho|D|(I_1\mathbf{1} - \mathbf{I}_2).$$

Für das aus *n* Tetraedern zusammengesetztes Polyeder gilt dann

$$V = \sum_{i=1}^{n} V_i, \quad V\mathbf{r}_M = \sum_{i=1}^{n} \mathbf{r}_{Mi}\,V_i, \quad \mathbf{\Theta}_P = \sum_{i=1}^{n} \mathbf{\Theta}_{P,i}.$$

Wird jedoch der Trägheitstensor $\mathbf{\Theta}_P$ bezüglich der zu den (x_1, x_2, x_3)-Achsen parallelen Achsen durch den Schwerpunkt *S* benötigt, dann gilt mit dem Satz von Steiner für parallele Achsen

$$\mathbf{\Theta}_S = \mathbf{\Theta}_P - m(r_{SP}^2\mathbf{1} - \mathbf{r}_{SP}\otimes\mathbf{r}_{SP}).$$

Abschließend ist zur Berechnung der Hauptträgheitsmomente und der Hauptträgheitsachsen noch das Matrizen-Eigenwertproblem für $\mathbf{\Theta}_S$ zu lösen.

Beispiel 3-15:

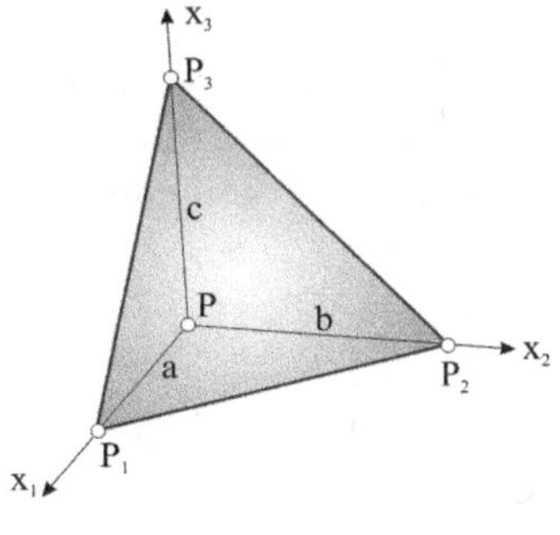

Abb. 3.31 *Geometrie eines Tetraeders, massengeometrische Größen*

Für das homogene Tetraeder in Abb. 3.31 sind der Volumeninhalt *V*, die Masse *m*, der Ortsvektor $\mathbf{r}_S$ des Schwerpunktes, die Trägheitsmomente $\mathbf{\Theta}_P$ bezüglich der Achsen durch den Punkt *P* und die Trägheitsmomente $\mathbf{\Theta}_S$ der dazu parallel verschobenen Achsen durch den Schwerpunkt *S* zu berechnen. Weiterhin sind die Hauptträgheitsmomente (Eigenwerte) und die Lage der Hauptträgheitsachsen (Eigenvektoren) zu ermitteln. Prüfen Sie die Ergebnisse mit der im folgenden Beispiel 3-16 bereitgestellten Maple-Prozedur.

Geg.: ρ, a, b, c.

Lösung: Mit $|\mathrm{D}| = 2(\mathbf{r}_1 \times \mathbf{r}_2)\cdot \mathbf{r}_3 = 2\,a\,b\,c$ erhalten wir den Volumeninhalt $V = \frac{|\mathrm{D}|}{12} = \frac{1}{6}a\,b\,c$ und für den homogenen Körper die Masse $m = \rho V = \frac{1}{6}\rho\,a\,b\,c$. Der Ortsvektor des Schwerpunktes folgt aus der Beziehung

$$\mathbf{r}_S = \frac{1}{4}(\mathbf{r}_1 + \mathbf{r}_2 + \mathbf{r}_3) = \frac{1}{4}\begin{bmatrix} a \\ b \\ c \end{bmatrix}.$$

Mit den Zahlenwerten a = 1, b = 2, c = 3 und ρ = 1 liefert uns Maple die Massenträgheitsmomente bezüglich der Achsen durch den Punkt *P*

$$\mathbf{\Theta}_P = \frac{1}{40}m\begin{bmatrix} 4(b^2+c^2) & -2ab & -2ac \\ & 4(a^2+c^2) & -2bc \\ \mathit{sym.} & & 4(a^2+b^2) \end{bmatrix} = \begin{bmatrix} 1{,}3 & -0{,}1 & -0{,}15 \\ & 1{,}0 & -0{,}3 \\ \mathit{sym.} & & 0{,}5 \end{bmatrix}$$

und den Trägheitstensor bezüglich der zu den (x_1,x_2,x_3)-Achsen parallelen Achsen durch den Schwerpunkt *S*

$$\mathbf{\Theta}_S = \frac{1}{80}m\begin{bmatrix} 3(b^2+c^2) & a\,b & a\,c \\ & 3(a^2+c^2) & b\,c \\ \mathit{sym.} & & 3(a^2+b^2) \end{bmatrix} = \begin{bmatrix} 0{,}4875 & 0{,}0250 & 0{,}0375 \\ & 0{,}3750 & 0{,}0750 \\ \mathit{sym.} & & 0{,}1875 \end{bmatrix}.$$

Wir lösen abschließend das Eigenwertproblem für die auf die Zentralachsen bezogene Matrix $\mathbf{\Theta}_S$ und erhalten im Vektor $\mathbf{\Lambda}$ die drei positiven Eigenwerte (Hauptträgheitsmomente) sowie in der Matrix $\mathbf{\Phi}$ spaltenweise die den Eigenwerten zugeordneten und auf die Länge *1* normierten orthogonalen Eigenvektoren (Hauptträgheitsachsen).

$$\mathbf{\Lambda} = \begin{bmatrix} 0{,}5025 \\ 0{,}3886 \\ 0{,}1589 \end{bmatrix}, \quad \mathbf{\Phi} = \begin{bmatrix} 0{,}9395 & 0{,}3322 & -0{,}0836 \\ 0{,}2908 & -0{,}9023 & -0{,}3181 \\ 0{,}1811 & -0{,}2746 & 0{,}9444 \end{bmatrix}.$$

Wie leicht nachgeprüft werden kann, ist die Spur der Matrix $\mathbf{\Theta}_S$ identisch mit der Summe der Hauptträgheitsmomente

$$\mathrm{Sp}(\mathbf{\Theta}_S) = 0{,}4875 + 0{,}3750 + 0{,}1875 = 0{,}5025 + 0{,}3886 + 0{,}1589\,.$$

Mit dem Eigenvektor $\mathbf{e}_1^T = [0{,}9395 \;\; 0{,}2908 \;\; 0{,}1811]$ liegt die Richtung derjenigen Achse durch den Schwerpunkt *S* fest, die mit $\Theta_1^{(H)} = 0{,}5025$ das absolut größte Trägheitsmoment liefert. Die Achsorientierung selbst spielt hier keine Rolle, da es sich um axiale Massenträgheitsmomente handelt. ■

Beispiel 3-16:

Zur Berechnung der massengeometrischen Größen und der grafischen Ausgabe eines allgemeinen Tetraederensembles sind folgende Maple-Prozeduren zu entwerfen:

1. Eine Prozedur zur Berechnung des Volumens, der Masse, des Ortsvektors des Schwerpunktes, der Trägheitsmomente im Zentralachsensystem (ZA) sowie die Hauptträgheitsmomente im Hauptzentralachsensystem (HZA) eines Polyeders.

2. Eine Prozedur, die zur optischen Kontrolle der Eingabedaten das Tetraederensemble einliest und grafisch darstellt.

3. Eine Prozedur, die das Polyeder im Zentralachsensystem mit der Lage der Hauptzentralachsen grafisch darstellt.

Lösung: Wir bereiten zunächst die Dateneingabe für das Berechnungsprogramm vor. Dazu wählen wir eine Datenstruktur, wie sie auch in der *Methode der finiten Elemente* (FEM) üblich ist und erläutern die weitere Vorgehensweise an dem in Abb. 3.32 dargestellten Quader mit abgeschnittener Ecke (Butterstück).

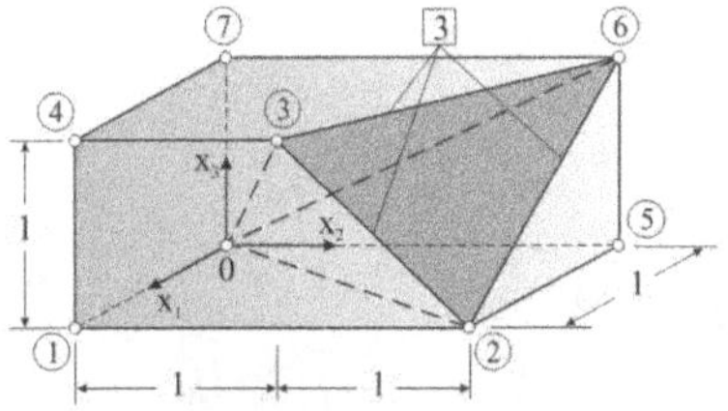

Abb. 3.32 *Quader mit abgeschnittener Ecke*

Sämtliche Berechnungsdaten werden von der Maple-Prozedur aus einer Textdatei gelesen, die folgenden Aufbau besitzt:

```
**************************************************************
Quader mit abgeschnittener Ecke (TM 3, Beispiel 3-16)
7 6
1.00  0.00  0.00
1.00  2.00  0.00
1.00  1.00  1.00
1.00  0.00  1.00
0.00  2.00  0.00
0.00  2.00  1.00
0.00  0.00  1.00
1 3 4
1 2 3
2 6 3
2 5 6
4 3 7
3 6 7
**************************************************************
```

Die erste Zeile ist eine *Textzeile*, die dem Nutzer eine Information zum vorliegenden Datensatz liefern soll. Es folgen in der zweiten Zeile die *Steuerdaten*, das sind die Anzahl der Knoten (NKNO) und der Elemente (NELE). Der Quader besitzt neben dem Koordinatenursprung sieben weitere Knoten (NKNO = 7), deren Koordinaten der folgenden *Knotendatei* entnommen werden können. Im nächsten Schritt ist eine *Elementierung* des Quaders in Tetraederelemente vorzunehmen. Dazu werden die polygonal begrenzten Oberflächen lückenlos in Dreiecke zerlegt und jeder Punkt des Dreiecks mit dem Ursprung des Koordinatensystems verbunden. Dadurch entstehen Tetraederelemente. Die Elementinformationen werden dem Maple-Programm in einer *Elementdatei* zur Verfügung gestellt[1]. Die Ebenen $x_1 = 0$, $x_2 = 0$ und $x_3 = 0$ werden nicht in Dreiecke zerlegt, da die mit ihnen gebildeten Tetraeder keinen Volumeninhalt besitzen. Somit verbleiben für unser Beispiel sechs Tetraederelemente (NELE = 6).

Hinweis: Die Knotennummerierung der Oberflächendreiecke ist dabei so durchzuführen, dass sich im Umfahrungssinn der Elementknoten im Sinne der Rechtsschraubregel ein nach außen gerichteter Normalenvektor ergibt. Für das Element *3* in Abb. 3.32 sind beispielsweise (2,6,3) oder auch zyklisch vertauscht (6,3,2) zulässige Einträge in die Elementdatei. Dagegen würde bei einer Knotennummerierung (3,6,2) das Volumen abgezogen, da sich in diesem Fall ein negatives Spatvolumen ergibt. ■

3.1.9 Die Kinetik der ebenen Bewegung

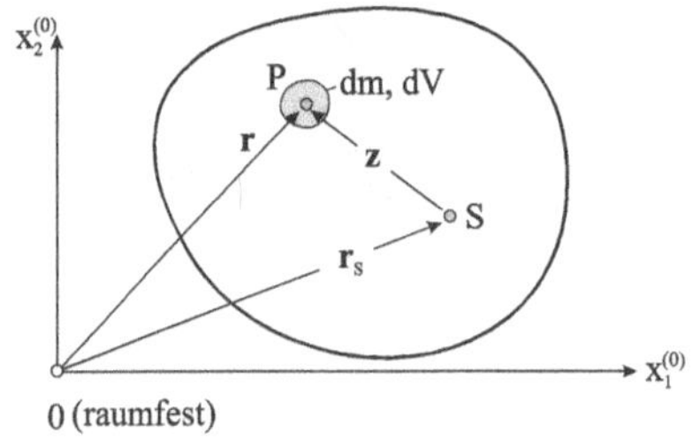

Abb. 3.33 *Ebene Bewegung eines starren Körpers*

Im ebenen Fall bewegt sich der starre Körper parallel zu einer festen Ebene, und der Abstand eines jeden Körperpunktes von dieser Ebene ist zeitlich konstant (s.h. auch Kap. 2.2). Ist die (x_1, x_2)-Ebene diese Bewegungsebene (Abb. 3.33), dann besitzt der Vektor der Winkelgeschwindigkeit mit $\boldsymbol{\omega} = \omega_3 \mathbf{e}_3$ nur eine Komponente. Wie im räumlichen Fall, so ist auch dieser Vektor ein freier Vektor. Die ebene Bewegung eines starren Körpers ist durch dreidimensionale Lagevektoren ($\mathbf{r}$, $\mathbf{r}_S$, $\mathbf{z}$) und planare (zweidimensionale) Geschwindigkeitsvektoren

$$\mathbf{v}_p = \mathbf{v} - (\mathbf{v} \cdot \mathbf{e}_3)\mathbf{e}_3$$

[1] eine solche *Vernetzung* erfolgt in kommerziellen FE-Programmen automatisiert durch *Netzgeneratoren*

gekennzeichnet, wobei der Index *p* für den planaren Anteil des Vektors in der (x_1, x_2)-Ebene steht. Ist *S* der beliebig bewegte Körperschwerpunkt und **z** der Verbindungsvektor von *S* nach *P*, dann liefert die Geschwindigkeitsformel

$$\mathbf{v}(P,t) = \dot{\mathbf{r}}(P,t) = \dot{\mathbf{r}}_{pS}(t) + \omega_3\,\mathbf{e}_3 \times \mathbf{z}(P,t) = \dot{\mathbf{r}}_{pS}(t) + \omega_3\,\mathbf{e}_3 \times \mathbf{z}_p(P,t)$$

Entsprechendes gilt für den Beschleunigungsvektor

$$\begin{aligned}\mathbf{a}(P,t) = \ddot{\mathbf{r}}(P,t) &= \ddot{\mathbf{r}}_{pS} + \dot{\omega}_3\,\mathbf{e}_3 \times \mathbf{z}(P,t) - \omega_3^2\,[\mathbf{z} - (\mathbf{z}\cdot\mathbf{e}_3)\mathbf{e}_3] \\ &= \ddot{\mathbf{r}}_{pS} + \dot{\omega}_3\,\mathbf{e}_3 \times \mathbf{z}(P,t) - \omega_3^2\,\mathbf{z}_p\,.\end{aligned}$$

Die ebene Bewegung eines starren Körpers hat genau drei Freiheitsgrade, das sind die beiden Translationen in der Bewegungsebene sowie ein Rotationsfreiheitsgrad um die x_3-Achse. Vom Schwerpunktsatz (s.h. Kap. 3.1.1) verbleibt

$$\begin{bmatrix} F_1^{(a)} \\ F_2^{(a)} \\ F_3^{(a)} \end{bmatrix} = \begin{bmatrix} m\,\ddot{x}_{1S} \\ m\,\ddot{x}_{2S} \\ 0 \end{bmatrix},$$

wobei die dritte Gleichung die Kraftgleichgewichtsbedingung in x_3-Richtung liefert.

Stellen wir den auf den Schwerpunkt *S* bezogenen Drallvektor für die ebene Bewegung in einem körperfesten System dar, dann verbleibt

$$\begin{bmatrix} M_{S,1}^{(1)(a)} \\ M_{S,2}^{(1)(a)} \\ M_{S,3}^{(1)(a)} \end{bmatrix} = \begin{bmatrix} \dot{\omega}_3^{(1)}(t)\,\Theta_{S,13}^{(1)} - \omega_3^{(1)2}\,\Theta_{S,23}^{(1)} \\ \dot{\omega}_3^{(1)}(t)\,\Theta_{S,23}^{(1)} + \omega_3^{(1)2}\Theta_{S,13}^{(1)} \\ \dot{\omega}_3^{(1)}(t)\,\Theta_{S,33}^{(1)} \end{bmatrix}.$$

Die Zentrifugalmomente verschwinden, wenn die x_3-Achse eine Hauptträgheitsachse ist und man erhält aus der obigen Beziehung

$$M_{S,3}^{(1)(a)} = \dot{\omega}_3^{(1)}(t)\,\Theta_{S,33}^{(1)}\,.$$

Beispiel 3-17:

Eine inhomogene Scheibe der Masse *m* bewegt sich durch reines Rollen unter dem Einfluss der Gewichtskraft **G** längs einer schiefen Ebene mit dem Neigungswinkel α abwärts. Der Schwerpunkt der Scheibe mit dem Radius *a* liegt um die Strecke $\overline{A_0S_0} = c_S$ außermittig. Zum Zeitpunkt $t = 0$ befindet sich die Scheibe in der in Abb. 3.34 gestrichelt dargestellten Ruhelage. Gesucht wird das Bewegungsgesetz, wenn sich die Scheibe nach dem Loslassen unter dem Einfluss der äußeren Gewichtskraft weiterbewegt.

Geg.: $\alpha = \pi/9$, $a = 0{,}5$, $c_S = a/3 = 0{,}167$, $m = 0{,}04$, $\Theta_S = 0{,}005$, $G = 0{,}392$.

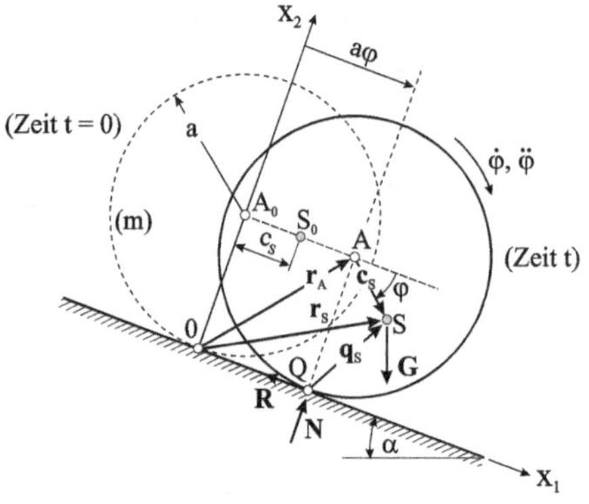

Abb. 3.34 Reines Rollen einer inhomogenen Scheibe

Lösung: Die Scheibe führt in der (x_1,x_2)-Ebene eine Translations- und Rotationsbewegung aus. Wir benötigen daher neben dem Schwerpunktsatz auch den Drallsatz. Um diese Sätze anwenden zu können, muss die Scheibe von der Unterlage freigeschnitten werden. Infolge des Freischneidens treten die äußeren Reaktionskräfte **R** und **N** auf. Da wir reines Rollen unterstellt haben, besitzt die Scheibe nur einen Freiheitsgrad, den wir mit dem Drehwinkel φ festlegen. Wir notieren zuerst den Schwerpunktsatz in der Form

$$m\ddot{\mathbf{r}}_S = \mathbf{G} + \mathbf{R} + \mathbf{N}.$$

Darin sind im raumfesten (x_1,x_2)-Koordinatensystem

$$\ddot{\mathbf{r}}_S = \begin{bmatrix} \ddot{x}_{1,S} \\ \ddot{x}_{2,S} \end{bmatrix}, \quad \mathbf{G} = \begin{bmatrix} G\sin\alpha \\ -G\cos\alpha \end{bmatrix}, \quad \mathbf{R} = \begin{bmatrix} -R \\ 0 \end{bmatrix}, \quad \mathbf{N} = \begin{bmatrix} 0 \\ N \end{bmatrix},$$

und der Schwerpunktsatz liefert uns die beiden Gleichungen

$$\begin{aligned} m\,\ddot{x}_{1,S} &= G\sin\alpha - R \\ m\,\ddot{x}_{2,S} &= -G\cos\alpha + N. \end{aligned} \tag{3.44}$$

Als zweiten unabhängigen Satz notieren wir den Drallsatz bezüglich der körperfesten Achse senkrecht zur Bewegungsebene durch den beliebig bewegten Schwerpunkt *S*. Bei der Bildung des resultierenden Momentes ist zu beachten, dass der Drehwinkel φ positiv um die negative 3-Achse dreht. Damit gilt für das Moment

$$\mathbf{M}_S^{(a)} = \mathbf{q}_S \times (\mathbf{R} + \mathbf{N}) = \begin{vmatrix} \mathbf{e}_1 & \mathbf{e}_2 & \mathbf{e}_3 \\ c_S\cos\varphi & a - c_S\sin\varphi & 0 \\ -R & N & 0 \end{vmatrix} = [R(a - c_S\sin\varphi) + Nc_S\cos\varphi]\,\mathbf{e}_3,$$

und aus dem Drallsatz folgt

$$\Theta_S \ddot{\varphi} = R(a - c_S \sin\varphi) + N c_S \cos\varphi\,. \tag{3.45}$$

Mit den noch unbekannten Reaktionskräften

$$R = G\sin\alpha - m\ddot{x}_{1,S}, \quad N = G\cos\alpha + m\ddot{x}_{2,S}$$

geht dann der Drallsatz zunächst über in

$$\Theta_S \ddot{\varphi} = (G\sin\alpha - m\ddot{x}_{1,S})(a - c_S \sin\varphi) + (G\cos\alpha + m\ddot{x}_{2,S}) c_S \cos\varphi\,. \tag{3.46}$$

Aus der kinematischen Beziehung

$$\mathbf{r}_S = \mathbf{r}_A + \mathbf{c}_S = \begin{bmatrix} a\,\varphi + c_S \cos\varphi \\ a - c_S \sin\varphi \end{bmatrix}$$

folgen Geschwindigkeit und Beschleunigung des Schwerpunktes zu

$$\dot{\mathbf{r}}_S = \begin{bmatrix} \dot{x}_{1,S} \\ \dot{x}_{2,S} \end{bmatrix} = \begin{bmatrix} a\,\dot{\varphi} - c_S \dot{\varphi} \sin\varphi) \\ -c_S \dot{\varphi} \cos\varphi \end{bmatrix}, \quad \ddot{\mathbf{r}}_S = \begin{bmatrix} \ddot{x}_{1,S} \\ \ddot{x}_{2,S} \end{bmatrix} = \begin{bmatrix} (a - c_S \sin\varphi)\ddot{\varphi} - c_S \dot{\varphi}^2 \cos\varphi) \\ c_S \dot{\varphi}^2 \sin\varphi - c_S \ddot{\varphi} \cos\varphi \end{bmatrix}.$$

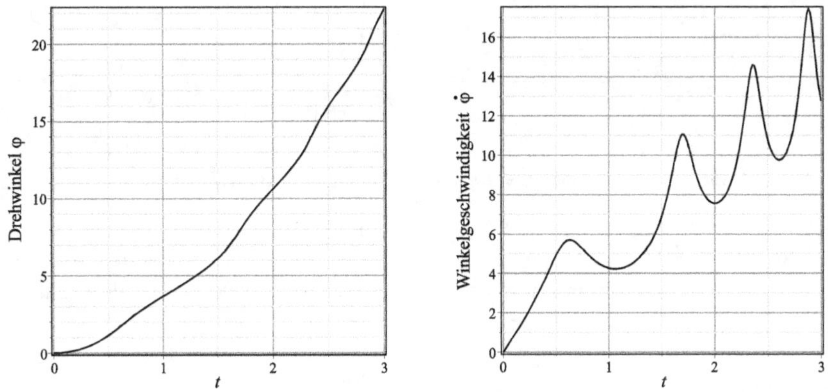

Abb. 3.35 *Inhomogene Scheibe, Drehwinkel und Drehwinkelgeschwindigkeit beim Start aus der Ruhelage*

Setzen wir die Komponenten der Schwerpunktbeschleunigung in den Drallsatz ein, dann erhalten wir die Bewegungsgleichung

$$\left[\Theta_S + m(a^2 + c_S^2 - 2ac_S \sin\varphi)\right]\ddot{\varphi} - mac_S \dot{\varphi}^2 \cos\varphi - G[c_S \cos(\alpha + \varphi) + a\sin\alpha] = 0\,. \tag{3.47}$$

Diese nichtlineare Differenzialgleichung für $\varphi(t)$ kann nur nummerisch gelöst werden. Maple liefert uns für die im Beispiel angegebene Parameterkombination die in der Abb. 3.35 skizzierten Zustandsgrößen.

Wir können aus der Bewegungsgleichung (3.47) noch zwei Sonderformen ableiten:

1. $c_S = 0$: $(\Theta_S + ma^2)\ddot{\varphi} - G a \sin\alpha = 0$

2. $\alpha = 0$: $\left[\Theta_S + m(a^2 + c_S^2 - 2ac_S \sin\varphi)\right]\ddot{\varphi} - mac_S\dot{\varphi}^2 \cos\varphi - Gc_S \cos\varphi = 0$.

Die Lösung zu 1. folgt durch direkte Integration. Unter Beachtung der geforderten Anfangsbedingungen $\varphi(t = 0) = 0$, $\dot{\varphi}(t = 0) = 0$ erhalten wir

$$\varphi(t) = \frac{1}{2}\frac{G a \sin\alpha}{\Theta_S + ma^2} t^2, \quad \dot{\varphi}(t) = \frac{G a \sin\alpha}{\Theta_S + ma^2} t .$$

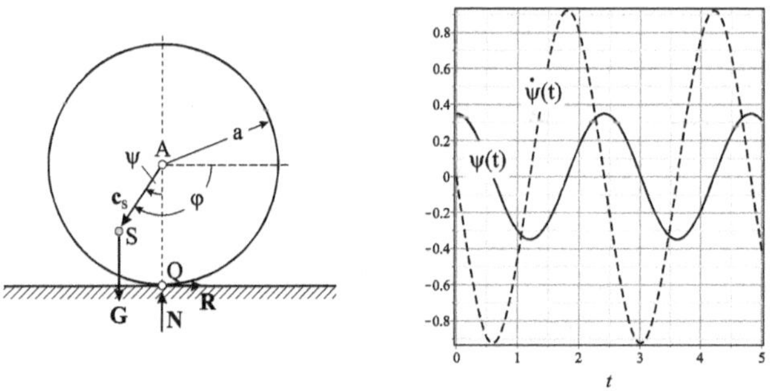

__Abb. 3.36__ Das Rollpendel, Anfangsauslenkung mit $\psi = 20°$ ohne Anfangsgeschwindigkeit

Die Lösung zu 2. muss wieder nummerisch beschafft werden. Wir wollen hierzu das *Rollpendel* in Abb. 3.36 betrachten, und führen mit $\varphi = \pi/2 + \psi$ den neuen aus der Vertikalen zählenden Winkel ψ ein. Das führt auf die Differenzialgleichung

$$\left[\Theta_S + m(a^2 + c_S^2 - 2ac_S \cos\psi)\right]\ddot{\psi} + (mac_S\dot{\psi}^2 + Gc_S)\sin\psi = 0 .$$

Die Animation des Bewegungsvorganges des Rollpendels kann dem entsprechenden Maple-Arbeitsblatt entnommen werden.

Für <u>kleine Winkel</u> ψ ($\cos\psi = 1$, $\sin\psi = \psi$) und <u>kleine Winkelgeschwindigkeiten</u> $\dot{\psi}$ geht bei Vernachlässigung des mit $\dot{\psi}^2$ behafteten nichtlinearen Terms die obige Gleichung über in die lineare Differenzialgleichung

$$\left[\Theta_S + m(a^2 + c_S^2 - 2ac_S)\right]\ddot{\psi} + Gc_S\psi = 0 .$$

Die Lösung der obigen Gleichung

$$\psi(t) = C_1 \sin \omega_0 t + C_2 \cos \omega_0 t\,,\ \dot{\psi}(t) = \omega_0 (C_1 \cos \omega_0 t - C_2 \sin \omega_0 t)$$

stellt eine harmonische Schwingung dar mit der Eigenkreisfrequenz

$$\omega_0 = \sqrt{\frac{G c_S}{\Theta_S + m(a^2 + c_S^2 - 2 a c_S)}}$$

und der Schwingungsdauer

$$T = \frac{2\pi}{\omega_0} = 2\pi \sqrt{\frac{\Theta_S + m(a^2 + c_S^2 - 2 a c_S)}{G c_S}}\,.$$

Wir hätten uns die Elimination der Reaktionsgrößen **R** und **N** auch sparen können, wenn wir den Drallsatz bezüglich des bewegten Punktes Q in der Form $\dot{\mathbf{L}}_S + m\mathbf{q}_S \times \ddot{\mathbf{r}}_S = \mathbf{M}_Q^{(a)}$ notiert hätten. Mit

$$\mathbf{q}_S \times \ddot{\mathbf{r}}_S = \begin{vmatrix} \mathbf{e}_1 & \mathbf{e}_2 & \mathbf{e}_3 \\ c_S \cos\varphi & a - c_S \sin\varphi & 0 \\ \ddot{x}_{1,S} & \ddot{x}_{2,S} & 0 \end{vmatrix} = \left[\ddot{x}_{2,S} c_S \cos\varphi - \ddot{x}_{1,S}(a - c_S \sin\varphi)\right] \mathbf{e}_3$$

und dem Moment der Gewichtskraft **G** bezüglich des Punktes Q

$$\mathbf{q}_S \times \mathbf{G} = \begin{vmatrix} \mathbf{e}_1 & \mathbf{e}_2 & \mathbf{e}_3 \\ c_S \cos\varphi & a - c_S \sin\varphi & 0 \\ G \sin\alpha & -G\cos\alpha & 0 \end{vmatrix} = -[G c_S \cos\alpha \cos\varphi + G \sin\alpha (a - c_S \sin\varphi)]\, \mathbf{e}_3$$

folgt aus dem Drallsatz unter Beachtung der Drehrichtung von φ

$$-\Theta_S \ddot{\varphi} + m\left[\ddot{x}_{2,S} c_S \cos\varphi - \ddot{x}_{1,S}(a - c_S \sin\varphi)\right] = M_Q^{(a)} = -[G c_S \cos\alpha \cos\varphi + G \sin\alpha (a - c_S \sin\varphi)]\,,$$

und damit wieder die bereits bekannte Gleichung (3.46). ■

Beispiel 3-18:

Das mathematische Pendel ist ein idealisiertes Pendel, bei dem in der Modellvorstellung eine konzentrierte Masse *m* (idealerweise eine Punktmasse) an einem masselosen starren Stab befestigt ist (Abb. 3.37). Auf die freigeschnittene Masse, die in der (x_1, x_2)-Ebene eine Kreisbewegung mit dem Radius ℓ durchführt, wirken die Gewichtskraft **G** und die Stabkraft **S**. Für den Ortsvektor zum Massenmittelpunkt gilt $\mathbf{r} = \ell\, \mathbf{e}_r$. Geschwindigkeit und Beschleunigung der Masse *m* sind

$$\dot{\mathbf{r}} = \ell \dot{\mathbf{e}}_r = \ell \dot{\varphi} \mathbf{e}_\varphi\,,\ \ddot{\mathbf{r}} = \ell(\ddot{\varphi} \mathbf{e}_\varphi - \dot{\varphi}^2 \mathbf{e}_r)\,. \tag{3.48}$$

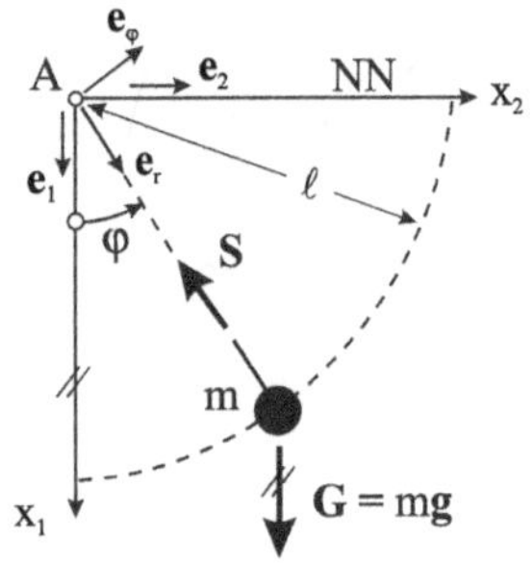

Abb. 3.37 Das mathematische Pendel

Zur Herleitung der Bewegungsgleichung wenden wir das Newtonsche Grundgesetz auf die freigeschnittene Masse *m* an und erhalten $m\ddot{\mathbf{r}} = \mathbf{G} + \mathbf{S}$, und mit (3.48) folgt

$$m\ell(\ddot{\varphi}\mathbf{e}_\varphi - \dot{\varphi}^2\mathbf{e}_r) = \mathbf{G} + \mathbf{S}. \tag{3.49}$$

Beachten wir $\mathbf{G} = G(\cos\varphi\,\mathbf{e}_r - \sin\varphi\,\mathbf{e}_\varphi)$ und $\mathbf{S} = -S\,\mathbf{e}_r$, dann folgt

$$m\ell(\ddot{\varphi}\mathbf{e}_\varphi - \dot{\varphi}^2\mathbf{e}_r) = G(\cos\varphi\,\mathbf{e}_r - \sin\varphi\,\mathbf{e}_\varphi) - S\mathbf{e}_r.$$

Wir eliminieren aus dieser Gleichung die Stabkraft **S**, indem wir von der vorstehenden Gleichung nur die skalare Komponente in $\mathbf{e}_\varphi$-Richtung berücksichtigen, also

$$m\ell\ddot{\varphi} = -G\sin\varphi,$$

und eine Umsortierung liefert die nichtlineare Differenzialgleichung 2. Ordnung

$$\ddot{\varphi}(t) + \omega^2 \sin\varphi(t) = 0, \qquad \omega = \sqrt{g/\ell}. \tag{3.50}$$

Ein erstes Integral dieser Gleichung beschaffen wir uns im Vorgriff auf Kap. 3.2 mittels des dort behandelten *Energieerhaltungssatzes* in der Form

$$E + U = C = \text{const.}$$

Wir benötigen dazu die kinetische Energie $E = m(\ell\dot{\varphi})^2/2$ der Punktmasse *m* sowie die potenzielle Energie $U = -mg\ell\cos\varphi$ der Gewichtskraft G = mg,

die wir auf das Nullniveau (NN) bei $x_1 = 0$ beziehen (Abb. 3.37). Die Auswertung des Energieerhaltungssatzes E + U = const liefert

$$\frac{1}{2}m(\ell\dot{\varphi})^2 - mg\ell\cos\varphi = C.$$

Die noch freie Konstante *C* bestimmen wir aus den Anfangsbedingungen zum Zeitpunkt $t = t_0$. Zu diesem Zeitpunkt sind $\varphi(t = t_0) = \varphi_0$ und $\dot{\varphi}(t = t_0) = \dot{\varphi}_0$, also

$$C = \frac{m\ell^2}{2}(\dot{\varphi}_0^2 - 2\omega^2\cos\varphi_0)$$

und damit

$$\dot{\varphi}^2 = \dot{\varphi}_0^2 + 2\omega^2(\cos\varphi - \cos\varphi_0)\,. \tag{3.51}$$

Auf die Ergebnisse (3.50) und (3.51) werden wir in der folgenden Aufgabe zurückgreifen. ■

Beispiel 3-19:

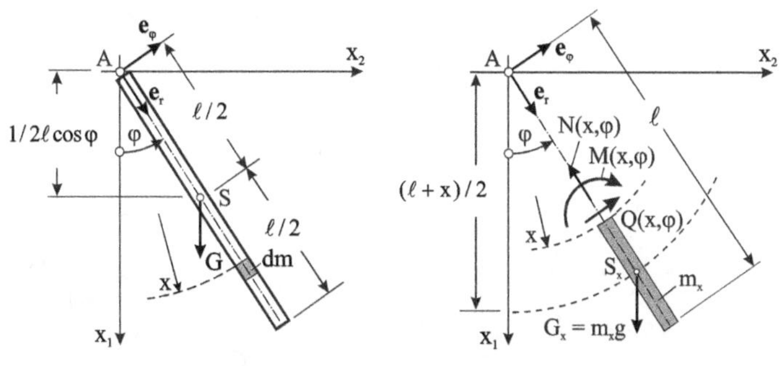

Abb. 3.38 *Schwingender Stab, Freischnittskizze*

Ein homogener dünner Stab ist im Punkt *A* reibungsfrei drehbar gelagert. Ein solches Pendel wird *physisches Pendel* genannt. Gesucht werden die Bewegungsgleichung des schwingenden Stabes, die Schnittlasten *N*, *Q* und *M* sowie die Lagerreaktionslasten bei *A*. Der Stab werde aus der Lage $\varphi = \varphi_0$ mit der Anfangsgeschwindigkeit $\dot{\varphi} = \dot{\varphi}_0$ losgelassen.

Lösung: Die Bestimmung der Schnittlasten in einem schwingenden Stab gehört in die Problemklasse der *Kinetostatik.* Zur Beschreibung des Problems führen wir neben dem raumfesten (x_1, x_2)-Koordinatensystem mit $\mathbf{e}_r$ und $\mathbf{e}_\varphi$ eine körperfeste orthogonale Einheitsvektorbasis ein. Wir beginnen mit der Herleitung der Bewegungsgleichung des starren Stabes. Dazu notieren wir den Drallsatz bezüglich des raumfesten Drehpunktes *A* und erhalten

$$\Theta_A\ddot{\varphi} = -\frac{\ell}{2}G\sin\varphi \qquad \text{oder} \qquad \ddot{\varphi} + \frac{G\ell}{2\Theta_A}\sin\varphi = 0\,. \tag{3.52}$$

Führen wir mit

$$\ell_r = \frac{2\Theta_A}{m\ell}$$

die *reduzierte Pendellänge* ℓ_r ein, dann geht (3.52) über in

$$\ddot{\varphi} + \omega_r^2 \sin\varphi = 0 \qquad \omega_r = \sqrt{g/\ell_r}\,.$$

Vergleichen wir diese Beziehung mit der Gleichung (3.50), dann schwingt das physische Pendel wie ein mathematisches mit der reduzierten Pendellänge ℓ_r.

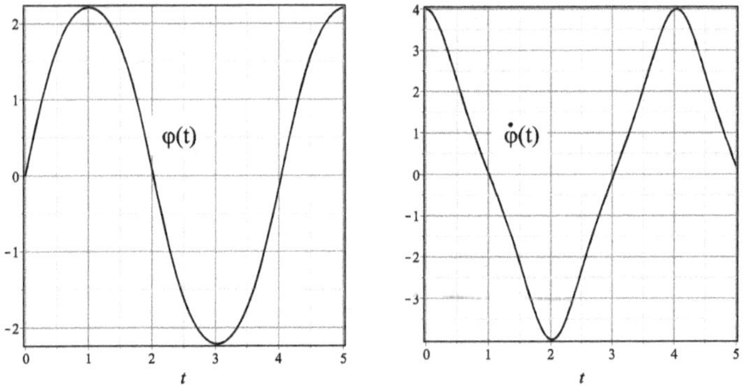

Abb. 3.39 *Zustandsgrößen des schwingenden Stabes ($\varphi_0 = 0,\ \dot{\varphi}_0 = 4$)*

Das Massenträgheitsmoment Θ_A des dünnen Stabes bezüglich des Drehpunktes *A* errechnet sich mit $dm = \rho\ dV = \rho A dx$ und $d\Theta_A = dm\ x^2$ zu

$$\Theta_A = \int d\Theta_A = \rho A \int_{x=0}^{\ell} x^2 dx = \frac{1}{3}\rho A \ell^3 = \frac{1}{3} m \ell^2\,.$$

Für die reduzierte Pendellänge ermitteln wir damit

$$\ell_r = \frac{2\Theta_A}{m\ell} = \frac{2}{3}\ell \qquad \text{und} \qquad \omega_r = \sqrt{\frac{3g}{2\ell}}\,.$$

Wird beispielsweise ein 3 m langer Stab aus der Ruhelage $\varphi(t) = \varphi_0 = 0$ mit einer Anfangsgeschwindigkeit $\dot{\varphi}(t=0) = \dot{\varphi}_0 = 4\,s^{-1}$ angestoßen, dann liefert uns Maple die nummerischen Lösungen in Abb. 3.39. Das Pendel kommt bei einem maximalen Ausschlagwinkel $\varphi_{max} = \alpha$ zum Stehen und kehrt dann seine Bewegungsrichtung um, wobei der maximale Ausschlag entscheidend von der Anfangsgeschwindigkeit $\dot{\varphi}_0$ abhängt. Mit den obigen Anfangsbedingungen liegt ein hin- und herschwingendes physisches Pendel vor. Eine Animation der Pendelbewegung kann dem entsprechenden Maple-Arbeitsblatt entnommen werden.

Zur Berechnung der Schnittlasten schneiden wir den Stab an der Stelle *x* auf und ersetzen an der Schnittstelle die im Stab wirkenden Spannungen durch die resultierenden äußeren Schnittkräfte *N* (Normalkraft), *Q* (Querkraft) und *M* (Schnittmoment). Auf das so freigeschnittene Tragwerksteil wenden wir den Schwerpunktsatz und den Drallsatz an. Der Schwerpunkt S_x des abgeschnittenen Trägerteils bewegt sich auf einer Kreisbahn mit dem Radius $x_s = (\ell + x)/2$. Der Ortsvektor zum Schwerpunkt der freigeschnittenen Masse m_x ist $\mathbf{r}_S = 1/2(\ell + x)\,\mathbf{e}_r$. Damit folgen Geschwindigkeit und Beschleunigung zu

$$\dot{\mathbf{r}}_S = \frac{1}{2}\dot{\varphi}(\ell + x)\,\mathbf{e}_\varphi, \quad \ddot{\mathbf{r}}_S = \frac{1}{2}(\ell + x)\,(\ddot{\varphi}\mathbf{e}_\varphi - \dot{\varphi}^2\mathbf{e}_r). \tag{3.53}$$

Die Anwendung des Schwerpunktsatzes führt auf die Beziehung

$$m_x\ddot{\mathbf{r}}_S = -[N(x,\varphi) - G_x\cos\varphi]\,\mathbf{e}_r + [Q(x,\varphi) - G_x\sin\varphi]\,\mathbf{e}_\varphi$$

und mit (3.53) erhalten wir

$$\frac{1}{2}m_x(\ell + x)\,(\ddot{\varphi}\mathbf{e}_\varphi - \dot{\varphi}^2\mathbf{e}_r) = -[N(x,\varphi) - G_x\cos\varphi]\,\mathbf{e}_r + [Q(x,\varphi) - G_x\sin\varphi]\,\mathbf{e}_\varphi .$$

Ein Komponentenvergleich zeigt

$$N(x,\varphi) = \frac{1}{2}m_x(\ell + x)\dot{\varphi}^2 + G_x\cos\varphi, \qquad Q(x,\varphi) = \frac{1}{2}m_x(\ell + x)\ddot{\varphi} + G_x\sin\varphi . \tag{3.54}$$

Der Drallsatz bezüglich des Punktes S_x liefert für den abgeschnittenen Trägerteil

$$\Theta_{Sx}\,\ddot{\varphi} = -M(x,\varphi) - \frac{1}{2}(\ell - x)\,Q(x,\varphi) .$$

Damit erhalten wir das Schnittmoment

$$M(x,\varphi) = -\Theta_{Sx}\,\ddot{\varphi} - \frac{1}{2}(\ell - x)\,Q(x,\varphi) . \tag{3.55}$$

Im nächsten Schritt eliminieren wir aus (3.54) und (3.55) die Größen $\dot{\varphi}^2$ und $\ddot{\varphi}$. Da der abgeschnittene Tragwerksteil des Pendelstabes wie ein mathematisches Pendel betrachtet werden darf, sind mit den Beziehungen (3.50) und (3.51) aus dem Beispiel 3-18 ($\omega_r = \sqrt{g/\ell_r}$)

$$\ddot{\varphi} = -\omega_r^2\sin\varphi, \quad \dot{\varphi}^2 = \dot{\varphi}_0^2 + 2\omega_r^2(\cos\varphi - \cos\varphi_0) .$$

Mit Einführung der dimensionslosen Koordinate $\xi = x/\ell$ gelten

$$m_x = m(1-\xi),\; G_x = m_x g = m(1-\xi)g,\; \Theta_{Sx} = \frac{1}{12}m_x(\ell - x)^2 = \frac{1}{12}m\ell^2(1-\xi)^3 .$$

Damit folgen nach kurzer Rechnung die Schnittlasten (G = mg), die am freien Rand bei $\xi = 1$ verschwinden:

$$N(\xi, \varphi) = \frac{G}{4}(1-\xi)\left\{3(1+\xi)\left[\left(\frac{\dot{\varphi}_0}{\omega_r}\right)^2 + 2(\cos\varphi - \cos\varphi_0)\right] + 4\cos\varphi\right\}$$

$$Q(\xi, \varphi) = \frac{G}{4}(1-\xi)(1-3\xi)\sin\varphi$$

$$M(\xi, \varphi) = \frac{G\ell}{4}\xi(1-\xi)^2 \sin\varphi.$$

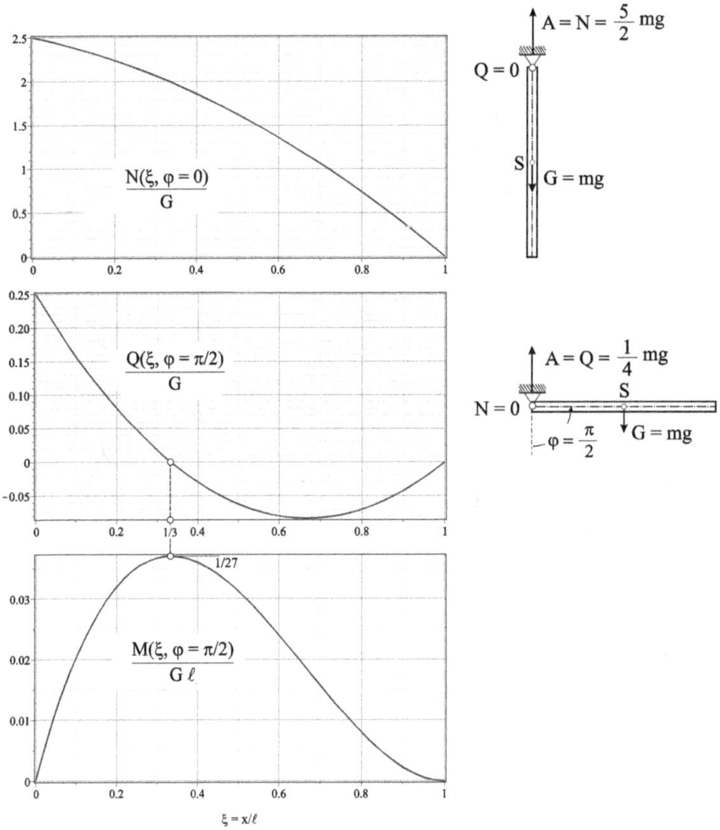

Abb. 3.40 Schnittlasten des schwingenden Stabes, Anfangsbedingungen $\varphi_0 = \pi/2$, $\dot{\varphi}_0 = 0$

Die Querkraft *Q* und das Biegemoment *M* sind offensichtlich unabhängig von den Anfangsbedingungen φ_0 und $\dot{\varphi}_0$. Das Moment verschwindet aufgrund der drehbaren Lagerung auch für $\xi = 0$. Dort ergeben sich die Lagerkräfte

$$N(\xi = 0, \varphi) = \frac{G}{4}\left\{3\left(\frac{\dot{\varphi}_0}{\omega_r}\right)^2 + 10\cos\varphi - 6\cos\varphi_0\right\}$$

$$Q(\xi = 0, \varphi) = \frac{G}{4}\sin\varphi.$$

Wird der Stab aus der Horizontallage ohne Anfangsgeschwindigkeit losgelassen, dann sind die Anfangswerte $\varphi_0 = \pi/2$ und $\dot{\varphi}_0 = 0$ zu wählen. In diesem Fall ergeben sich folgende Schnittlasten (Abb. 3.40):

$$N(\xi, \varphi) = \frac{G}{2}(1-\xi)(5+3\xi)\cos\varphi$$

$$Q(\xi, \varphi) = \frac{G}{4}(1-\xi)(1-3\xi)\sin\varphi$$

$$M(\xi, \varphi) = \frac{G\ell}{4}\xi(1-\xi)^2\sin\varphi,$$

und für die Auflagerkräfte am drehbaren Lager erhalten wir

$$N(\xi = 0, \varphi) = \frac{5}{2}G\cos\varphi, \quad Q(\xi = 0, \varphi) = \frac{G}{4}\sin\varphi.$$

Die Lagerkraft ergibt sich zu

$$A(\varphi) = \sqrt{N^2(\xi = 0, \varphi) + Q^2(\xi = 0, \varphi)} = \frac{G}{4}\sqrt{100\cos^2\varphi + \sin^2\varphi}.$$

Das Lager selbst ist für die größte Kraft

$$A_{max} = A(\varphi = 0) = \frac{5}{2}G$$

zu bemessen. Die extremalen Schnittlasten sind

$$N_{extr} = N(\xi = 0, \varphi = 0) = \frac{5}{2}G, \quad Q_{extr} = Q(\xi = 0, \varphi = \pm\pi/2) = \pm\frac{1}{4}G.$$

Die Querkraft verschwindet an der Stelle $\xi = 1/3$, und mit $\varphi = \pm\pi/2$ hat dort das Biegemoment die Extremwerte (Abb. 3.40)

$$M_{extr} = M(\xi = 1/3, \varphi = \pm\pi/2) = \pm\frac{1}{27}G\ell.$$

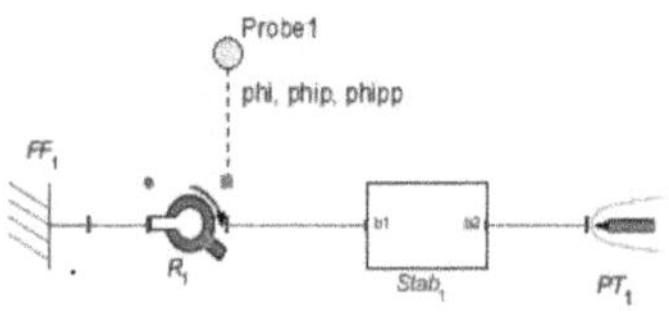

Abb. 3.41 *MapleSim-Modell eines Stabpendels*

Das Stabpendel lässt sich auch sehr vorteilhaft in der Modellierungsumgebung von MapleSim untersuchen, wobei das Aufstellen der Bewegungsgleichung vom Programm selbst übernommen wird. Vom Benutzer sind lediglich die Systemwerte und die Anfangsbedingungen einzugeben. Details zum Modell können dem entsprechenden MapleSim-Arbeitsblatt entnommen werden. ■

3.2 Die kinetische Energie für starre Körper, Arbeits- und Energiesatz

Unter Energie[1] wird die Fähigkeit eines physikalischen Systems verstanden, Arbeit zu verrichten. Wird einem physikalischen System Arbeit zugeführt oder entzogen, so führt das zu einer Änderung des Bewegungszustandes oder der Lage des Systems. Bei mechanischen Systemen wird deshalb zwischen Bewegungs- oder kinetischer Energie und Lageenergie oder potenzieller Energie unterschieden. Werden elastische Körper deformiert, tritt mit der Deformation eine Formänderungsenergie auf (Mathiak, 2013), wobei wir uns im Folgenden auf starre Körper beschränken. Der Energiebegriff ist in der Mechanik von fundamentaler Bedeutung, obwohl ihm selbst keine physikalische Bedeutung zukommt, da es sich hierbei um eine reine Rechengröße handelt.

Für ein Massenelement *dm* mit der Geschwindigkeit **v** eines bewegten Körpers wird die kinetische Energie (engl. *kinetic energie*)

$$dE = \frac{1}{2}\mathbf{v}^2 dm$$

definiert. Die gesamte kinetische Energie des Körpers ist dann

$$E = \int_{(m)} dE = \frac{1}{2}\int_{(m)} \mathbf{v}^2 dm \geq 0\,. \tag{3.56}$$

[1] von griech. enérgeia ›wirkende Kraft‹

$$[E] = \frac{\text{Masse} \cdot (\text{Länge})^2}{(\text{Zeit})^2}, \text{ Einheit: kg m}^2 \text{ s}^{-2} = \text{N m} = \text{J}$$ [1]

Zur Berechnung der kinetischen Energie eines beliebig bewegten starren Körpers benutzen wir die Geschwindigkeitsformel (s.h. Abb. 2.1)

$$\mathbf{v}(t) = \mathbf{v}_A(t) + \boldsymbol{\omega}(t) \times \mathbf{z}(t) .$$

Beachten wir

$$\mathbf{v}^2 = \mathbf{v} \cdot \mathbf{v} = v^2 = (\mathbf{v}_A + \boldsymbol{\omega} \times \mathbf{z})^2 = \mathbf{v}_A^2 + 2\mathbf{v}_A \cdot (\boldsymbol{\omega} \times \mathbf{z}) + (\boldsymbol{\omega} \times \mathbf{z})^2 ,$$

dann folgt für die kinetische Energie des starren Körpers

$$E = \frac{1}{2}\left[\int_{(m)} v_A^2 dm + 2(\mathbf{v}_A \times \boldsymbol{\omega}) \cdot \int_{(m)} \mathbf{z}\, dm + \int_{(m)} (\boldsymbol{\omega} \times \mathbf{z})^2 dm\right].$$

Durch geeignete Wahl des Punktes *A* können wir den mittleren Term auf der rechten Seite zum Verschwinden bringen, denn es ist $(\mathbf{v}_A \times \boldsymbol{\omega}) \cdot \int_{(m)} \mathbf{z}\, dm = 0$ für:

1. *A* ist ein raumfester Punkt, dann ist $\mathbf{v}_A = \mathbf{0}$

2. *A* ist der beliebig bewegte Körperschwerpunkt *S*, dann ist $\int_{(m)} \mathbf{z}\, dm = \mathbf{0}$

3. $\mathbf{v}_A$ ist parallel zu $\boldsymbol{\omega}$, dann ist $(\mathbf{v}_A \times \boldsymbol{\omega}) = \mathbf{0}$.

Ist *A* der beliebig bewegte Körperschwerpunkt (*A* = *S*) dann verbleibt

$$E = \frac{1}{2} m \mathbf{v}_S^2 + \frac{1}{2}\int_{(m)} (\boldsymbol{\omega} \times \mathbf{z})^2 dm = E_{tra} + E_{rot} . \tag{3.57}$$

Die kinetische Energie setzt sich somit aus zwei Anteilen zusammen, dem translatorischen Anteil

$$E_{tra} = \frac{1}{2} m \mathbf{v}_S^2$$

und einem rotatorischen Anteil

$$E_{rot} = \frac{1}{2}\int_{(m)} (\boldsymbol{\omega} \times \mathbf{z})^2 dm ,$$

---

[1] James Prescott Joule, brit. Physiker, 1818–1889 (gesprochen: *dschuul*)

der die Drehung des starren Körpers berücksichtigt. Beachten wir[1]

$$(\boldsymbol{\omega}\times\mathbf{z})^2 = (\boldsymbol{\omega}\times\mathbf{z})\cdot(\boldsymbol{\omega}\times\mathbf{z}) = \boldsymbol{\omega}\cdot(z^2\mathbf{1}-\mathbf{z}\otimes\mathbf{z})\cdot\boldsymbol{\omega}\,,$$

dann erscheint die rotatorische Energie in der Form

$$E_{rot} = \frac{1}{2}\boldsymbol{\omega}\cdot\left[\int_{(m)}(z^2\mathbf{1}-\mathbf{z}\otimes\mathbf{z})dm\right]\cdot\boldsymbol{\omega} = \frac{1}{2}\boldsymbol{\omega}\cdot\boldsymbol{\Theta}_S\cdot\boldsymbol{\omega}$$

und damit insgesamt

$$E = \frac{1}{2}m\,\mathbf{v}_S^2 + \frac{1}{2}\boldsymbol{\omega}\cdot\boldsymbol{\Theta}_S\cdot\boldsymbol{\omega}\,. \tag{3.58}$$

Die Massenträgheitsmomente $\boldsymbol{\Theta}_S$ beziehen sich auf Achsen durch den Schwerpunkt *S* des starren Körpers (Zentralachsensystem). Schreiben wir für den Winkelgeschwindigkeitsvektor $\boldsymbol{\omega} = \omega\,\mathbf{n}$, wobei $\mathbf{n}$ den Einheitsvektor der momentanen Drehachse bezeichnet, dann folgt

$$E_{rot} = \frac{1}{2}\boldsymbol{\omega}\cdot\boldsymbol{\Theta}_S\cdot\boldsymbol{\omega} = \frac{1}{2}\omega^2\,\mathbf{n}\cdot\boldsymbol{\Theta}_S\cdot\mathbf{n} = \frac{1}{2}\omega^2\,\Theta_{S,nn}$$

mit

$$\Theta_{S,nn} = \mathbf{n}\cdot\boldsymbol{\Theta}_S\cdot\mathbf{n}\,.$$

Bei einer ebenen Bewegung einer starren Scheibe in der (x_1,x_2)-Ebene verbleibt mit $\boldsymbol{\omega} = \omega_3\,\mathbf{e}_3$ die kinetische Energie

$$E = \frac{1}{2}m\,\mathbf{v}_S^2 + \frac{1}{2}\omega_3^2\,\Theta_{S,33}\,.$$

Wir wollen im Folgenden den Arbeits- und Energiesatz für starre Körper herleiten. Dazu führen wir zunächst den Arbeitsbegriff ein. Für die Kraft $\mathbf{F}$, deren Angriffspunkt sich auf einer Bahnkurve *C* bewegt (Abb. 3.42), definieren wir die differenzielle Arbeit längs des infinitesimalen Verschiebungsweges $d\mathbf{r}$ als das Skalarprodukt

$$dW = \mathbf{F}\cdot d\mathbf{r} = |\mathbf{F}||d\mathbf{r}|\cos\alpha = (F\cos\alpha)\,dr = F(dr\cos\alpha)\,.$$

Die skalare Größe dW können wir einerseits interpretieren als das Produkt aus der lokalen Kraftkomponente $F\cos\alpha$ in Wegrichtung und dem Verschiebungszuwachs dr, wenn Kraft- und Wegrichtung den Winkel α miteinander einschließen, andererseits ergibt sich dW auch aus dem Produkt der Kraft *F* mit der lokalen Wegkomponente $dr\cos\alpha$ in Kraftrichtung. Der Verschiebungszuwachs $d\mathbf{r}$ tangiert wegen $d\mathbf{r} = \mathbf{v}\,dt$ an jeder Stelle $\mathbf{r}$ die Bahnkurve *C*.

---

[1] Es gilt allgemein: $(\mathbf{a}\times\mathbf{b})\cdot(\mathbf{c}\times\mathbf{d}) = \mathbf{a}\cdot[\mathbf{b}\times(\mathbf{c}\times\mathbf{d})] = \mathbf{a}\cdot[\mathbf{c}(\mathbf{b}\cdot\mathbf{d})-\mathbf{d}(\mathbf{b}\cdot\mathbf{c})] = \mathbf{a}\cdot[(\mathbf{b}\cdot\mathbf{d})\mathbf{1}-\mathbf{d}\otimes\mathbf{b}]\cdot\mathbf{c}$

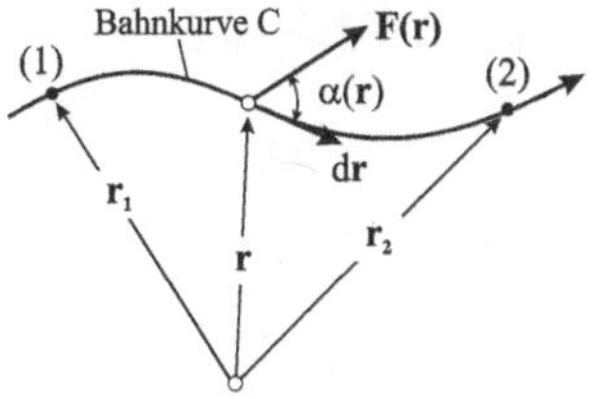

*Abb. 3.42 Die Arbeit einer Kraft **F** längs eines infinitesimalen Verschiebungsweges **dr***

Auf dem endlichen Verschiebungsweg von $\mathbf{r}_1$ nach $\mathbf{r}_2$ verrichtet die Kraft dann die Arbeit

$$W = \int dW = \int_{\mathbf{r}_1}^{\mathbf{r}_2} \mathbf{F} \cdot d\mathbf{r} \,.$$

Die Arbeit kann sowohl positiv, negativ oder auch null sein. Die Definition wurde gerade so gewählt, dass bei positiver Arbeit die Kraft $\mathbf{F}$ Arbeit verrichtet, während für $W < 0$ Arbeit gegen die Kraft aufgewendet werden muss. Für $\mathbf{F} \perp d\mathbf{r}$ ist der differenzielle Arbeitsanteil dW gleich null.

Wirkt auf einen starren Körper ein Kräftepaar mit dem Moment $\mathbf{M}$, dann ist die infinitesimale Arbeit

$$dW = \mathbf{M} \cdot d\boldsymbol{\varphi} \,.$$

Infolge einer endlichen Verdrehung des Körpers von φ_1 nach φ_2 verrichtet das Moment die Arbeit

$$W = \int dW = \int_{\varphi_1}^{\varphi_2} \mathbf{M} \cdot d\boldsymbol{\varphi} \,.$$

Die gesamte Arbeit ist dann

$$W = \int_{\mathbf{r}_1}^{\mathbf{r}_2} \mathbf{F} \cdot d\mathbf{r} + \int_{\varphi_1}^{\varphi_2} \mathbf{M} \cdot d\boldsymbol{\varphi} \,.$$

Die Arbeit *W* hat die Dimension

$$[W] = \frac{\text{Masse} \cdot (\text{Länge})^2}{(\text{Zeit})^2}, \quad \text{Einheit: } \text{kgm}^2\text{s}^{-2} = \text{Nm} = \text{J} \,.$$

Wirken auf einen starren Körper äußere eingeprägte Kräfte und Momente, dann ist die infinitesimale Arbeit

$$dW^{(a)} = \mathbf{F}^{(a)} \cdot d\mathbf{r}_S + \mathbf{M}^{(a)} \cdot d\boldsymbol{\varphi} \,. \tag{3.59}$$

Als Leistung versteht man die je Zeiteinheit verrichtete Arbeit, also

$$P=\frac{dW^{(a)}}{dt}=\mathbf{F}^{(a)}\cdot\frac{d\mathbf{r}_S}{dt}+\mathbf{M}^{(a)}\cdot\frac{d\boldsymbol{\varphi}}{dt}=\mathbf{F}^{(a)}\cdot\mathbf{v}_S+\mathbf{M}^{(a)}\cdot\boldsymbol{\omega}.$$

Die Leistung hat die Dimension

$$[P]=\frac{\text{Masse}\cdot(\text{Länge})^2}{(\text{Zeit})^3}$$, Einheit: kg m^2 s^{-3} = N m s^{-1} = W[1] (Watt).

Hinweis: Zwischen der Einheit Watt (nicht zu verwechseln mit dem Symbol *W* für die Arbeit) und der früher verwendeten Leistungseinheit *PS* besteht der Zusammenhang

$$1\,\text{PS}=0{,}735\ \text{kW}\ .$$

Berechnen wir die zeitliche Änderung der kinetischen Energie, dann folgt

$$\frac{dE}{dt}=\frac{d}{dt}\left(\frac{1}{2}m\,\mathbf{v}_S^2+\frac{1}{2}\boldsymbol{\omega}\cdot\boldsymbol{\Theta}_S\cdot\boldsymbol{\omega}\right)=m\mathbf{v}_S\cdot\dot{\mathbf{v}}_S+\boldsymbol{\omega}\cdot\boldsymbol{\Theta}_S\cdot\dot{\boldsymbol{\omega}}\,.$$

Unter Beachtung von Schwerpunktsatz und Drallsatz folgt

$$\frac{dE}{dt}=\mathbf{F}^{(a)}\cdot\frac{d\mathbf{r}_S}{dt}+\mathbf{M}^{(a)}\cdot\frac{d\boldsymbol{\varphi}}{dt}=\mathbf{F}^{(a)}\cdot\mathbf{v}_S+\mathbf{M}^{(a)}\cdot\boldsymbol{\omega}\equiv P\,. \tag{3.60}$$

Aus dem Vergleich der Beziehungen (3.59) und (3.60) folgt in differenzieller Form der *Arbeitssatz für starre Körper*

$$dW^{(a)}=dE\ .$$

Die Integration der obigen Gleichung zwischen zwei Bewegungszuständen (1) und (2) ergibt

$$W_{1-2}^{(a)}=E_2-E_1\,. \tag{3.61}$$

Damit kann folgender Satz formuliert werden, der Arbeitssatz für starre Körper genannt wird:

Die Zunahme der kinetischen Energie in einem beliebigen Zeitintervall $\Delta t=t_2-t_1$ ist gleich der Arbeit aller äußeren Kräfte in diesem Zeitintervall.

Für den Fall, dass nur konservative Kräfte wirken, kann deren Arbeit aus der Potenzialdifferenz der beiden Zustände (1) und (2) allein berechnet werden (Mathiak, 2013)

$$W_{1-2}^{(a)}=U_1-U_2\,. \tag{3.62}$$

---

[1] James Watt, brit. Ingenieur und Erfinder, 1736–1819

Der Arbeitssatz (3.61) geht dann über in den Energiesatz der Mechanik oder den Satz von der *Erhaltung der mechanischen Energie* (Energieerhaltungssatz)

$$E_1 + U_1 = E_2 + U_2 , \qquad \text{oder} \qquad E + U = \text{const} .$$

Damit lautet der Energieerhaltungssatz in Worten:

> *Für ein mechanisches System, das nur unter dem Einfluss konservativer Kräfte steht, ist die Summe aus kinetischer und potenzieller Energie konstant.*

In differenzieller Form lautet dieser Satz

$$\frac{d}{dt}(E + U) = \dot{E} + \dot{U} = 0 . \tag{3.63}$$

Beispiel 3-20:

Welche Geschwindigkeit hat der Schwerpunkt einer Walze (Masse *m*, Massenträgheitsmoment Θ_S), nachdem diese die Höhe *h* durchlaufen hat? Der Körper soll sich im Zustand (1) aus der Ruhe heraus in Bewegung setzen.

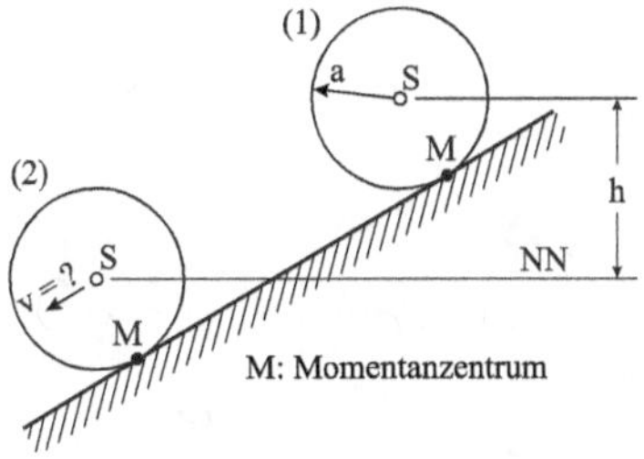

Abb. 3.43 Walze auf einer schiefen Ebene

Lösung: Da die Walze nur unter dem Einfluss der Schwerkraft steht, lässt sich hier vorteilhaft mit dem Energieerhaltungssatz arbeiten. Dieser Satz kann auch als erstes Integral des Schwerpunktsatzes angesehen werden, da er direkt (ohne Integration) die Geschwindigkeit liefert. Wir notieren potenzielle und kinetische Energien für beide Zustände:

Zustand (1): $E_1 = 0,$ $\qquad U_1 = mgh,$

Zustand (2): $E_2 = \frac{1}{2}\omega^2\Theta_M = \frac{1}{2}\omega^2(\Theta_S + ma^2) ,$ $\qquad U_2 = 0,$

Energiesatz: $0 + mgh = \frac{1}{2}\omega^2(\Theta_S + ma^2) + 0 .$

Die Kinematik für reines Rollen erfordert $v_S = a\omega$.

Berücksichtigen wir diesen Sachverhalt im Energiesatz, dann folgt die gesuchte Schwerpunktsgeschwindigkeit

$$v_S = \sqrt{\frac{2gh}{1+\Theta_S/(ma^2)}}\,.$$

Hinweis: Die Bewegung der Walze geht umso langsamer vor sich, je größer ihr Massenträgheitsmoment Θ_S ist. ■

3.3 Die Eulerschen Kreiselgleichungen

Eine wesentliche Vereinfachung des Drallsatzes lässt sich erreichen, wenn wir die körperfesten Koordinaten so wählen, dass sie parallel zu den *Hauptachsen* der Basisvektoren $\langle \mathbf{e}_j^{(H)} \rangle$ mit (j = 1,2,3) verlaufen. In diesem *Hauptachsensystem* gilt für die *Hauptträgheitsmomente* um die Achsen $\mathbf{e}_j^{(H)}$

$$\Theta_{0,jj}^{(H)} = \int_{(m)} (\mathbf{r}^{(H)2} - x_j^{(H)2})\,dm, \quad (j=1,2,3), \quad x_j^{(H)} = \mathbf{r}^{(H)} \cdot \mathbf{e}_j^{(H)},$$

und die Deviationsmomente

$$\Theta_{jk}^{(H)} = \int_{(m)} x_j^{(H)} x_k^{(H)}\,dm = 0, \quad (j \neq k),$$

verschwinden, womit für den Drallvektor und dessen zeitliche Änderung

$$\mathbf{L}_0(t) = \begin{bmatrix} \Theta_{0,11}^{(H)}\,\omega_1^{(H)}(t) \\ \Theta_{0,22}^{(H)}\,\omega_2^{(H)}(t) \\ \Theta_{0,33}^{(H)}\,\omega_3^{(H)}(t) \end{bmatrix}, \quad \dot{\mathbf{L}}_0 = \begin{bmatrix} \dot\omega_1^{(H)}\Theta_{0,11}^{(H)} - \omega_2^{(H)}\omega_3^{(H)}(\Theta_{0,22}^{(H)} - \Theta_{0,33}^{(H)}) \\ \dot\omega_2^{(H)}\Theta_{0,22}^{(H)} - \omega_3^{(H)}\omega_1^{(H)}(\Theta_{0,33}^{(H)} - \Theta_{0,11}^{(H)}) \\ \dot\omega_3^{(H)}\Theta_{0,33}^{(H)} - \omega_1^{(H)}\omega_2^{(H)}(\Theta_{0,11}^{(H)} - \Theta_{0,22}^{(H)}) \end{bmatrix}$$

verbleiben. Mit dem im Hauptachsensystem dargestellten Momentenvektor

$$\mathbf{M}_0^{(a)} = \sum_{j=1}^{3} M_{0,j}^{(H)(a)}\,\mathbf{e}_j^{(H)}$$

können wir den Drallsatz bei einer reinen Drehung des starren Körpers um einen raumfesten Punkt in einer nun wesentlich übersichtlicheren Form wie folgt notieren:

$$\begin{bmatrix} M_{0,1}^{(H)(a)} \\ M_{0,2}^{(H)(a)} \\ M_{0,3}^{(H)(a)} \end{bmatrix} = \begin{bmatrix} \dot\omega_1^{(H)}\Theta_{0,11}^{(H)} - \omega_2^{(H)}\omega_3^{(H)}(\Theta_{0,22}^{(H)} - \Theta_{0,33}^{(H)}) \\ \dot\omega_2^{(H)}\Theta_{0,22}^{(H)} - \omega_3^{(H)}\omega_1^{(H)}(\Theta_{0,33}^{(H)} - \Theta_{0,11}^{(H)}) \\ \dot\omega_3^{(H)}\Theta_{0,33}^{(H)} - \omega_1^{(H)}\omega_2^{(H)}(\Theta_{0,11}^{(H)} - \Theta_{0,22}^{(H)}) \end{bmatrix}.$$

Jede Komponentengleichung folgt aus der vorstehenden durch zyklische Vertauschung aller Größen. Zur Vereinfachung der Schreibweise lassen wir vorübergehend den Index $^{(H)}$ fort, führen für die Hauptträgheitsmomente die auf Euler zurückgehende Schreibweise

$$\Theta_{0,11}^{(H)} = A, \quad \Theta_{0,22}^{(H)} = B, \quad \Theta_{0,33}^{(H)} = C$$

ein und erhalten die Komponentengleichungen

$$\begin{aligned} A\dot{\omega}_1 - (B - C)\,\omega_2\,\omega_3 &= M_1 \\ B\dot{\omega}_2 - (C - A)\,\omega_3\,\omega_1 &= M_2 \\ C\dot{\omega}_3 - (A - B)\,\omega_1\,\omega_2 &= M_3. \end{aligned} \tag{3.64}$$

Diese drei gekoppelten nichtlinearen Differenzialgleichungen werden *Eulersche Kreiselgleichungen*[1] (engl. *Euler's equations of motion*) genannt. Sie liefern –mit entsprechenden Anfangswerten[2] versehen– als Lösung die Winkelgeschwindigkeiten ω_i (i = 1,2,3). Allerdings ist damit noch nicht die Lage des Körpers im Raum bekannt. Dazu stehen uns die Euler- und Kardanwinkel zur Verfügung, deren zeitliche Änderungen dem Kap. 2.1.13 entnommen werden können. Die Winkelgeschwindigkeiten für die Eulerwinkel (ψ,ϑ,φ) sind

$$\begin{aligned} \omega_1 &= \dot{\psi}\sin\vartheta\sin\varphi + \dot{\vartheta}\cos\varphi \\ \omega_2 &= \dot{\psi}\sin\vartheta\cos\varphi - \dot{\vartheta}\sin\varphi \\ \omega_3 &= \dot{\psi}\cos\vartheta + \dot{\varphi}. \end{aligned} \tag{3.65}$$

und für die Kardanwinkel (α,β,γ) gilt

$$\begin{aligned} \omega_1 &= \dot{\alpha}\cos\beta\cos\gamma + \dot{\beta}\sin\gamma \\ \omega_2 &= -\dot{\alpha}\cos\beta\sin\gamma + \dot{\beta}\cos\gamma \\ \omega_3 &= \dot{\alpha}\sin\beta + \dot{\gamma}. \end{aligned} \tag{3.66}$$

Mit den Gleichungen (3.64) und (3.65) oder (3.64) und (3.66) liegt insgesamt ein Integrationsproblem sechster Ordnung vor, das durch sechs Anfangswerte ergänzt wird. Eine analytische Lösung dieser Gleichungen ist nur in einigen Spezialfällen möglich. Wir konzentrieren uns deshalb auf die nummerische Lösung des Problems. Dazu können prinzipiell zwei Wege beschritten werden:

---

1 Als Kreisel wird ein starrer Körper bezeichnet, der sich um einen raumfesten Punkt dreht.

2 Mit der Bezeichnung *Anfangswertproblem* (AWP) wird die mathematische Aufgabe bezeichnet, diejenige Lösung einer Differenzialgleichung oder eines Differenzialgleichungssystems zu finden, die aus der Vielfalt der allgemeinen Lösung für einen beliebigen Zeitpunkt $t = t_0$ vorgeschriebene *Anfangswerte* (AW) für die Lösung und ihre zeitliche Änderung liefert. Durch die Vorgabe der Anfangswerte werden die Integrationskonstanten festgelegt, die Bestandteil der allgemeinen Lösung sind. Damit ist der physikalische Zustand des betrachteten Systems für alle Zeiten $t > t_0$ vollständig bestimmt.

1. Weg: Wir setzen die durch Euler- bzw. Kardanwinkel ausgedrückten Winkelgeschwindigkeiten ω_i in die Eulerschen Kreiselgleichungen ein und erhalten damit ein Differenzialgleichungssystem von drei Gleichungen zweiter Ordnung, also insgesamt wieder ein Integrationsproblem sechster Ordnung. Mit den Abkürzungen

$$\eta = \frac{B}{A}, \ \zeta = \frac{C}{A}, \ \overline{M}_1 = \frac{M_1}{A}, \ \overline{M}_2 = \frac{M_2}{A}, \ \overline{M}_3 = \frac{M_3}{A},$$

führt das im Fall der Eulerwinkel auf das Gleichungssystem

$$\begin{aligned}
\overline{M}_1 &= \ddot{\psi}\sin\vartheta\sin\varphi + \dot{\psi}(\dot{\vartheta}\cos\vartheta\sin\varphi + \dot{\varphi}\sin\vartheta\cos\varphi) + \ddot{\vartheta}\cos\varphi - \dot{\vartheta}\dot{\varphi}\sin\varphi \\
&\quad - (\eta - \zeta)(\dot{\psi}\sin\vartheta\cos\varphi - \dot{\vartheta}\sin\varphi)(\dot{\psi}\cos\vartheta + \dot{\varphi}) \\
\overline{M}_2 &= \eta\left[\ddot{\psi}\sin\vartheta\cos\varphi + \dot{\psi}(\dot{\vartheta}\cos\vartheta\cos\varphi - \dot{\varphi}\sin\vartheta\sin\varphi) - \ddot{\vartheta}\sin\varphi - \dot{\vartheta}\dot{\varphi}\cos\varphi\right] \\
&\quad + (1 - \zeta)(\dot{\psi}\sin\vartheta\sin\varphi + \dot{\vartheta}\cos\varphi)(\dot{\psi}\cos\vartheta + \dot{\varphi}) \\
\overline{M}_3 &= \zeta(\ddot{\psi}\cos\vartheta - \dot{\psi}\dot{\vartheta}\sin\vartheta + \ddot{\varphi}) + (\eta - 1)(\dot{\psi}\sin\vartheta\sin\varphi + \dot{\vartheta}\cos\varphi)(\dot{\psi}\sin\vartheta\cos\varphi - \dot{\vartheta}\sin\varphi).
\end{aligned} \tag{3.67}$$

Bei Verwendung von Kardanwinkeln erhalten wir

$$\begin{aligned}
\overline{M}_1 &= \ddot{\alpha}\cos\beta\cos\gamma - \dot{\alpha}(\dot{\beta}\sin\beta\cos\gamma + \dot{\gamma}\cos\beta\sin\gamma) + \ddot{\beta}\sin\gamma + \dot{\beta}\dot{\gamma}\cos\gamma \\
&\quad + (\eta - \zeta)(\dot{\alpha}\cos\beta\sin\gamma - \dot{\beta}\cos\gamma)(\dot{\alpha}\sin\beta + \dot{\gamma}) \\
\overline{M}_2 &= \eta\left[-\ddot{\alpha}\cos\beta\sin\gamma + \dot{\alpha}(\dot{\beta}\sin\beta\sin\gamma - \dot{\gamma}\cos\beta\cos\gamma) + \ddot{\beta}\cos\gamma - \dot{\beta}\dot{\gamma}\sin\gamma\right] \\
&\quad + (1 - \zeta)(\dot{\alpha}\cos\beta\cos\gamma + \dot{\beta}\sin\gamma)(\dot{\alpha}\sin\beta + \dot{\gamma}) \\
\overline{M}_3 &= \zeta(\ddot{\alpha}\sin\beta + \dot{\alpha}\dot{\beta}\cos\beta + \ddot{\gamma}) - (\eta - 1)(\dot{\alpha}\cos\beta\cos\gamma + \dot{\beta}\sin\gamma)(\dot{\alpha}\cos\beta\sin\gamma - \dot{\beta}\cos\gamma).
\end{aligned} \tag{3.68}$$

Die Gleichungen (3.67) und (3.68) werden durch Anfangswerte der Euler- bzw. Kardandrehwinkel und deren Geschwindigkeiten ergänzt. Maple stellt uns zur Lösung des Anfangswertproblems das Kommando `dsolve/numeric/rkf45` mit der Option *numeric* und der Integrationsmethode *rkf45* nach Runge[1] und Kutta[2] zur Verfügung. Die Erfindung der Schrittweitensteuerung im klassischen Runge-Kutte-Verfahren verdanken wir Fehlberg[3]. Auf die Methoden selbst können wir hier nicht näher eingehen und verweisen stattdessen auf die in den Fußnoten angegeben Originalarbeiten.

Bei einem *unsymmetrischen Kreisel* sind alle drei Hauptträgheitsmomente (HTM) bezüglich der Achsen durch den Drehpunkt verschieden. Können Symmetrien in den Trägheitsmomenten ausgenutzt werden, dann vereinfachen sich die obigen Gleichungen teils erheblich. Ein Kreisel heißt *symmetrisch*, wenn zwei der drei HTM gleich sind, also etwa A = B, und damit ist $\eta = 1$. Dazu muss jedoch keine geometrische Rotationssymmetrie vorliegen, denn auch für

---

1 Carl David Tolmé Runge, Math. An. Bd. 46 (1895) S. 167-178

2 Martin Wilhelm Kutta, Z. Math. Phys. Bd. 46 (1901) S. 435-453

3 Erwin Fehlberg, Computing. 6, Nr. 1-2, 1970, S. 61–71

einen dreiflügeligen Rotor einer Windkraftanlage oder einen Quader ist diese Form der Symmetrie gegeben.

In der Beschreibung der Kreiselbewegung wird zwischen schlanken und abgeplatteten Kreiseln unterschieden:

Kreisel mit $C > A = B$ ($\zeta > 1$) heißen *abgeplattete Kreisel*,

Kreisel mit $C < A = B$ ($\zeta < 1$) heißen *schlanke Kreisel.*

Sind mit $\eta = \zeta = 1$ alle drei *HTM* gleich, dann wird von einem *Kugelkreisel* gesprochen.

2. Weg: Bei dieser Vorgehensweise wird ein nichtlineares Differenzialgleichungssystem aus sechs Gleichungen erster Ordnung betrachtet, das sind die drei Eulergleichungen (3.64) und drei kinematische Gleichungen (3.65) oder (3.66). Als Anfangswerte sind bei dieser Vorgehensweise die drei Winkelgeschwindigkeiten ω_i sowie die drei Euler- oder Kardanwinkel vorzugeben.

Beispiel 3-21:

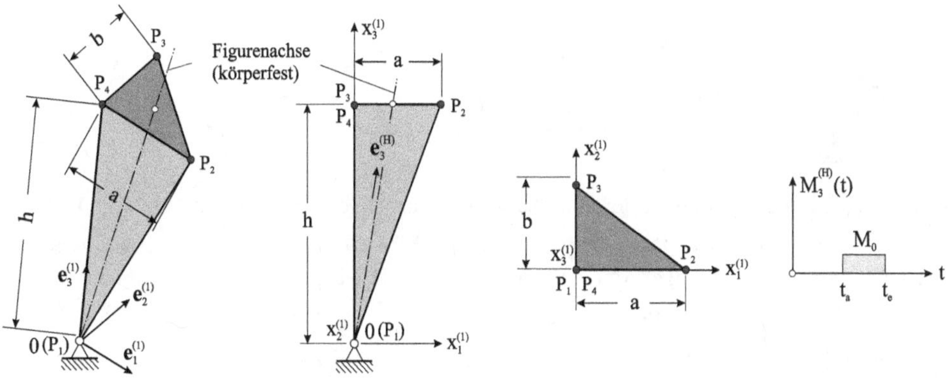

Abb. 3.44 Der unsymmetrische Kreisel

Der unsymmetrische Kreisel in Abb. 3.44 in Form eines Tetraeders ist mit seiner Spitze am Punkt *0* drehbar gelagert. Er besteht aus trockenem Eichenholz der Wichte $\rho_E = 670$ kg m^{-3}. Der Kreisel erhält zum Zeitpunkt $t = t_a$ einen *Momentenstoß* der konstanten Intensität M_0 mit der Dauer $\Delta t = t_e - t_a$. Das äußere Moment wirke um die körperfeste Achse $\mathbf{e}_3^{(H)}$, die wir als *Figurenachse* bezeichnen. Zur Lagebeschreibung des starren Körpers im Raum sollen Eulerwinkel zur Anwendung kommen. Von der Drehwirkung der Gewichtskraft bezüglich des Punktes *0* wird abgesehen.

Das Tetraeder hat folgende Abmessungen: a = 6 cm, b = 3 cm, h = 9 cm. Es sind folgende Teilaufgaben zu lösen:

1. Berechnung der Trägheitsmomente $\mathbf{\Theta}_1^{(1)}$ des Tetraeders bezüglich der körperfesten Basis $\mathbf{e}_j^{(1)}$ (j = 1,2,3) mit dem Ursprung im Punkt P_1.
2. Ermittlung der Eigenwerte $\mathbf{\Lambda}$ (Hauptträgheitsmomente A, B, C) und Eigenvektoren $\mathbf{\Phi}$ (Hauptträgheitsachsen $\mathbf{e}_j^{(H)}$) der Matrix $\mathbf{\Theta}_1^{(1)}$.
3. Nummerische Lösung der Bewegungsgleichungen (3.67) und grafische Darstellung sämtlicher Zustandsgrößen sowie der Animation des Bewegungsvorgangs. Das äußere Moment mit der Intensität $M_0 = 5\cdot 10^{-3}$ N m wirkt kurzzeitig im Zeitraum $t_a = 0{,}4$ s bis $t_e = 0{,}42$ s um die Figurenachse. Die Simulationsdauer beträgt eine Sekunde. Zum Startzeitpunkt t = 0 besitzt der Kreisel folgende Anfangswerte:

$$\psi_0 = 0,\ \vartheta_0 = \pi/4,\ \varphi_0 = 0,\ \dot\psi_0 = 5\,s^{-1},\ \dot\vartheta_0 = 3\,s^{-1}, \dot\varphi_0 = 5\,s^{-1}.$$

Lösung zu 1.: Mit der im Beispiel 3-15 bereitgestellten Prozedur erhalten wir den Volumeninhalt $V = a\,b\,h/6 = 27{,}0\ cm^3$, die Masse $m = \rho\ V = 18{,}09$ Gramm sowie die Massenträgheitsmomente im körperfesten Bezugssystem $\langle \mathbf{e}_j^{(1)} \rangle$ ($a = \alpha\ h$, $b = \beta\ h$)

$$\mathbf{\Theta}_1^{(1)} = \frac{m\,h^2}{10}\begin{bmatrix} 6+\beta^2 & -1/2\alpha\beta & -2\alpha \\ & 6+\alpha^2 & -2\beta \\ sym. & & \alpha^2+\beta^2 \end{bmatrix} = \begin{bmatrix} 895{,}455 & -16{,}281 & -195{,}372 \\ & 944{,}298 & -97{,}686 \\ sym. & & 81{,}405 \end{bmatrix}.$$

Lösung zu 2.: Zur Bestimmung der Hauptachsen ist das Eigenwertproblem $(\mathbf{\Theta}_1^{(1)} - \lambda\mathbf{1})\cdot\mathbf{e} = \mathbf{0}$ zu lösen. Im Vektor $\mathbf{\Lambda}$ liefert uns Maple drei reelle Eigenwerte und die dazu spaltenweise in der Eigenvektormatrix $\mathbf{\Phi}$ angeordneten Eigenvektoren. Die Eigenwerte entsprechen den axialen Hauptträgheitsmomenten und die drei Eigenvektoren $\mathbf{e}_j^{(H)}$ geben die Richtungen (nicht die Orientierungen) der Hauptachsen durch den Punkt 0 an. Im Bedarfsfall ist zu prüfen, ob es sich bei den von Maple gelieferten Eigenvektoren tatsächlich um ein Rechtssystem handelt. Das ist sichergestellt, wenn die Determinante der von Einheitsvektoren gebildete Eigenvektormatrix $\mathbf{\Phi}$ den Wert +1 besitzt. Andernfalls muss umsortiert werden, etwa in der Art, dass aus den ersten beiden Vektoren $\mathbf{e}_1^{(H)}$ und $\mathbf{e}_2^{(H)}$ ein dritter Vektor $\mathbf{e}_3^{(H)} = \mathbf{e}_1^{(H)} \times \mathbf{e}_2^{(H)}$ gebildet wird. Das so konstruierte Basissystem ist dann immer ein Rechtssystem und programmtechnisch leicht realisierbar.

Maple liefert uns mit der Prozedur `LinearAlgebra[Eigenvectors]` folgende Eigenwerte und Eigenvektoren der Matrix $\mathbf{\Theta}_1^{(1)}$

$$\mathbf{\Lambda} = \begin{bmatrix} \lambda_1 \\ \lambda_2 \\ \lambda_3 \end{bmatrix} = \begin{bmatrix} 937{,}958 \\ 956{,}903 \\ 26{,}297 \end{bmatrix}, \quad \mathbf{\Phi} = \begin{bmatrix} 0{,}931 & 0{,}291 & 0{,}220 \\ -0{,}320 & 0{,}941 & 0{,}107 \\ -0{,}176 & -0{,}170 & 0{,}970 \end{bmatrix}.$$

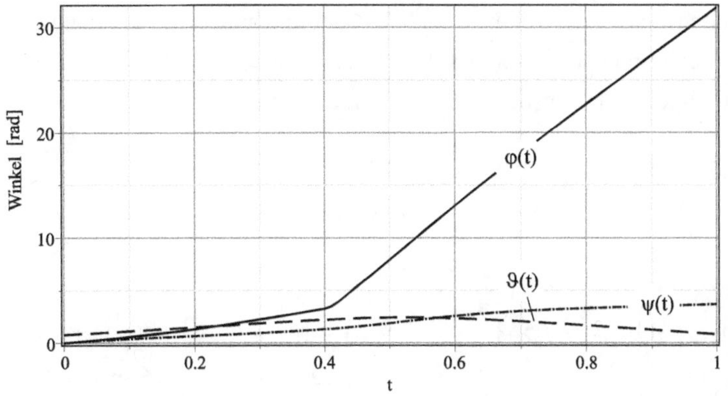

Abb. 3.45 *Eulersche Winkel für den unsymmetrischen Kreisel*

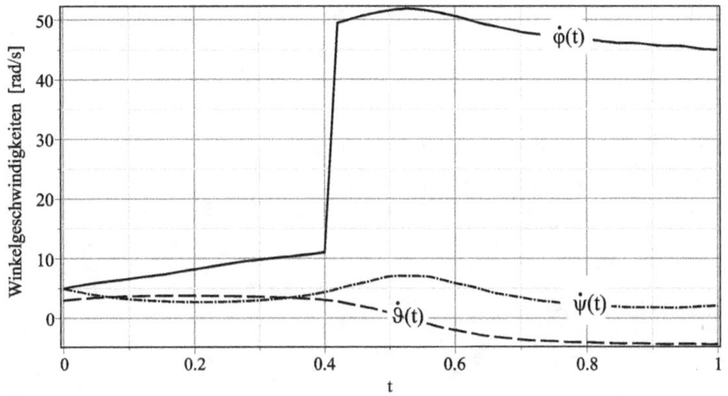

Abb. 3.46 *Eulersche Winkelgeschwindigkeiten für den unsymmetrischen Kreisel*

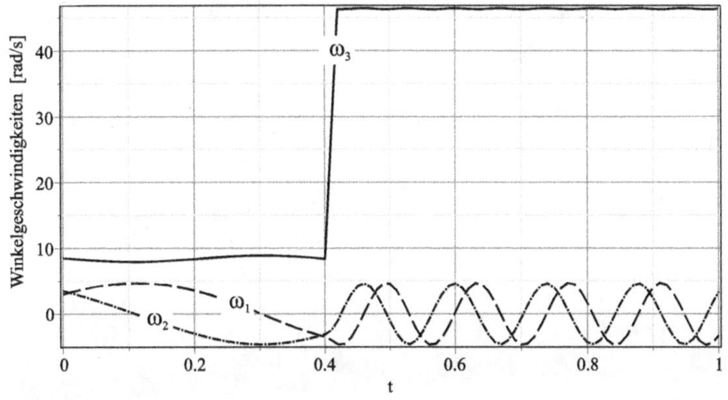

Abb. 3.47 *Winkelgeschwindigkeiten ω_i (i = 1,2,3) für den unsymmetrischen Kreisel*

Die in der Matrix $\mathbf{\Phi}$ spaltenweise angeordneten Einheitsvektoren bilden ein orthogonales Rechtssystem (Beweis durch Ausrechnen), wobei der Einheitsvektor $\mathbf{e}_3^{(H)}$ (3. Spalte in $\mathbf{\Phi}$) die Richtung der körperfesten Figurenachse festlegt (Abb. 3.44). Ein Punkt P in der körperfesten Basis $\mathbf{e}_i^{(1)}$ transformiert sich dann in die körperfeste Hauptachsenbasis $\mathbf{e}_j^{(H)}$ in der Form $\mathbf{r}^{(H)} = \mathbf{\Phi}^T \cdot \mathbf{r}^{(1)}$. Im Einzelnen errechnen wir für die Ortsvektoren der Tetraederpunkte sowie den Schwerpunkt

$$\mathbf{r}_1^{(H)} = \begin{bmatrix} 0 \\ 0 \\ 0 \end{bmatrix}, \mathbf{r}_2^{(H)} = \begin{bmatrix} 4{,}003 \\ 0{,}216 \\ 10{,}046 \end{bmatrix}, \mathbf{r}_3^{(H)} = \begin{bmatrix} -2{,}542 \\ 1{,}294 \\ 9{,}048 \end{bmatrix}, \mathbf{r}_4^{(H)} = \begin{bmatrix} -1{,}583 \\ -1{,}530 \\ 8{,}727 \end{bmatrix}, \mathbf{r}_S^{(H)} = \begin{bmatrix} -0{,}031 \\ -0{,}005 \\ 6{,}955 \end{bmatrix}.$$

Lösung zu 3.: Die zeitabhängigen Zustandsgrößen und die Animation des Bewegungsvorganges können dem entsprechenden Maple-Arbeitsblatt entnommen werden. Wir geben hier lediglich die Eulerwinkel (Abb. 3.45), die Eulerschen Winkelgeschwindigkeiten (Abb. 3.46) und die Winkelgeschwindigkeiten ω_i im Hauptachsensystem (Abb. 3.47) aus.

Beispiel 3-22:

Stellen Sie zusätzlich eine Maple-Prozedur zur Verfügung, die den Bewegungsvorgang eines unsymmetrischen Kreisels in Kardanwinkeln animiert. Modifizieren Sie dazu die Maple-Prozedur aus Beispiel 3-21, indem Sie die Gleichungen (3.65) durch die Gleichungen(3.66) ersetzen. ■

3.3.1 Der schwere Kreisel

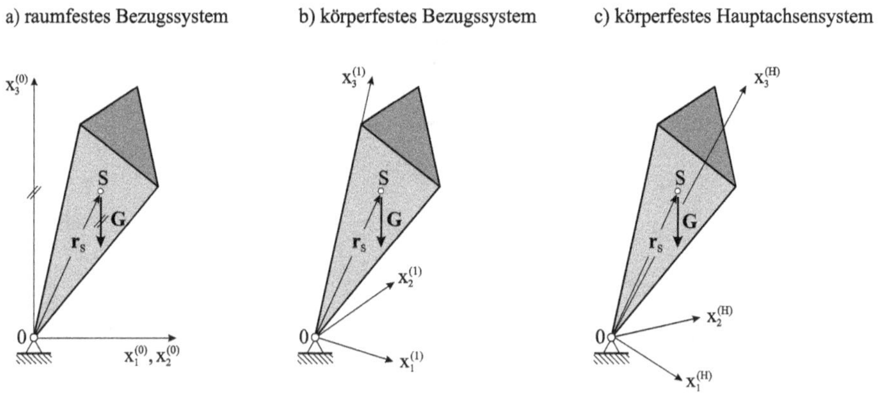

Abb. 3.48 Der schwere unsymmetrische Kreisel

Resultiert das einwirkende äußere Moment bezüglich des Drehpunktes nur aus der Gravitationskraft, dann wird von einem *schweren Kreisel* gesprochen. Die Gewichtskraft **G**, die wir uns im Scherpunkt *S* angreifend denken, erzeugt bezüglich des raumfesten Drehpunktes *0* das äußere Moment

$$\mathbf{M}_0 = \mathbf{r}_S \times \mathbf{G}\,,$$

das von der momentanen Lage des Kreisels abhängt. Ohne Beschränkung der Allgemeinheit wird die raumfeste $x_3^{(0)}$ – Achse parallel zur Wirkungsrichtung der Gewichtskraft angenommen (Abb. 3.48). Damit ist $\mathbf{G}^{(0)} = -mg\mathbf{e}_3^{(0)} = -G\mathbf{e}_3^{(0)}$. Zur Bildung des Momentes benötigen wir die Gewichtskraft **G** und den Ortsvektor $\mathbf{r}_S$ zum Schwerpunkt (Volumenmittelpunkt) des Kreisels in Komponenten hinsichtlich des aus einer Eigenwertberechnung der Matrix $\mathbf{\Theta}_0^{(1)}$ resultierende körperfesten Hauptachsensystems $\mathbf{e}_j^{(H)}$. Liegt der Ortsvektor $\mathbf{r}_S^{(1)}$ des Schwerpunktes im körperfesten Ausgangsbasissystem $\mathbf{e}_j^{(1)}$ vor, dann erhalten wir seine Komponentendarstellung im gedrehten Hauptachsensystem ($\mathbf{\Phi}$: Eigenvektormatrix) aus der Beziehung

$$\mathbf{r}_S^{(H)} = \mathbf{\Phi}^T \cdot \mathbf{r}_S^{(1)} = \begin{bmatrix} x_{S,1}^{(H)} \\ x_{S,2}^{(H)} \\ x_{S,3}^{(H)} \end{bmatrix}.$$

Verwenden wir zur Darstellung der Gewichtskraft im Hauptachsensystem die Eulerschen Winkel, dann ist

$$\mathbf{G}^{(H)} = \mathbf{T}_E^T \cdot \mathbf{G}^{(0)} = -G \begin{bmatrix} \sin\vartheta \sin\varphi \\ \sin\vartheta \cos\varphi \\ \cos\vartheta \end{bmatrix},$$

und für den Momentenvektor folgt

$$\mathbf{M}_0^{(H)} = \mathbf{r}_S^{(H)} \times \mathbf{G}^{(H)} = G \begin{bmatrix} -x_{S,2}^{(H)} \cos\vartheta + x_{S,3}^{(H)} \sin\vartheta \cos\varphi \\ x_{S,1}^{(H)} \cos\vartheta - x_{S,3}^{(H)} \sin\vartheta \sin\varphi \\ -x_{S,1}^{(H)} \sin\vartheta \cos\varphi + x_{S,2}^{(H)} \sin\vartheta \sin\varphi \end{bmatrix}.$$

Ist der schwere Kreisel mit A = B symmetrisch, dann gehen die Eulerschen Kreiselgleichungen (3.64) mit $\zeta = C/A$ über in

$$\begin{aligned} \dot{\omega}_1 - (1-\zeta)\,\omega_2\,\omega_3 &= \overline{M}_1 \\ \dot{\omega}_2 + (1-\zeta)\,\omega_3\,\omega_1 &= \overline{M}_2 \\ \zeta\dot{\omega}_3 &= \overline{M}_3\,. \end{aligned} \tag{3.69}$$

Bei der speziellen Wahl der in Abb. 3.49 skizzierten Basis besitzt der Ortsvektor des Schwerpunktes im körperfesten Hauptachsensystem mit

$$\mathbf{r}_S^{(H)} = x_{S,3}^{(H)}\,\mathbf{e}_3^{(H)}$$

nur eine Komponente, da eine Symmetrieachse (hier die Figurenachse) auch immer eine Hauptachse darstellt. Die verbleibenden beiden Eigenvektoren liegen dann in der zur Figurenachse senkrechten Ebene. Diese spezielle Wahl der Basis liefert nun vorteilhaft folgenden Momentenvektor

$$\mathbf{M}_0^{(H)} = G\,x_{S,3}^{(H)} \begin{bmatrix} \sin\vartheta\cos\varphi \\ -\sin\vartheta\sin\varphi \\ 0 \end{bmatrix}, \tag{3.70}$$

der offensichtlich nur einen planaren Anteil besitzt. Der letzten Gleichung in (3.69) entnehmen wir $\dot{\omega}_3 = 0$ und damit

$$\omega_3 \equiv \omega_{30} = \dot{\psi}\cos\vartheta + \dot{\varphi} = \text{const.}$$

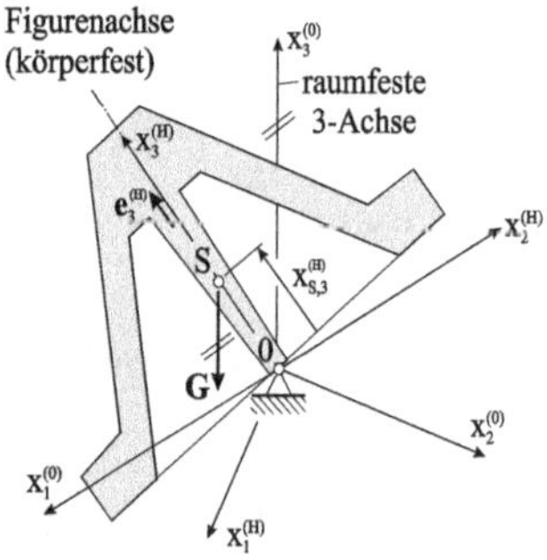

Abb. 3.49 *Der schwere symmetrische Kreisel*

Die Bewegungsgleichungen gehen mit (3.70) zunächst über in

$$\begin{aligned}
\overline{M}_1 &= \ddot{\psi}\sin\vartheta\sin\varphi + \dot{\psi}(\dot{\vartheta}\cos\vartheta\sin\varphi + \dot{\varphi}\sin\vartheta\cos\varphi) + \ddot{\vartheta}\cos\varphi - \dot{\vartheta}\dot{\varphi}\sin\varphi \\
&\quad - (1-\zeta)(\dot{\psi}\sin\vartheta\cos\varphi - \dot{\vartheta}\sin\varphi)(\dot{\psi}\cos\vartheta + \dot{\varphi}) \\
\overline{M}_2 &= \ddot{\psi}\sin\vartheta\cos\varphi + \dot{\psi}(\dot{\vartheta}\cos\vartheta\cos\varphi - \dot{\varphi}\sin\vartheta\sin\varphi) - \ddot{\vartheta}\sin\varphi - \dot{\vartheta}\dot{\varphi}\cos\varphi \\
&\quad + (1-\zeta)(\dot{\psi}\sin\vartheta\sin\varphi + \dot{\vartheta}\cos\varphi)(\dot{\psi}\cos\vartheta + \dot{\varphi}) \\
0 &= \ddot{\psi}\cos\vartheta - \dot{\psi}\dot{\vartheta}\sin\vartheta + \ddot{\varphi}.
\end{aligned} \tag{3.71}$$

Darin sind

$$\overline{M}_1 = \sigma\sin\vartheta\cos\varphi, \quad \overline{M}_2 = -\sigma\sin\vartheta\sin\varphi, \quad \sigma = \frac{G\,x_{S,3}^{(H)}}{A}.$$

Durch geschickte Umformungen lassen sich die ersten beiden Gleichungen in (3.71) noch vereinfachen. Eine neue Gleichung entsteht, wenn wir die erste Gleichung mit $\cos\varphi$ und die zweite mit $\sin\varphi$ multiplizieren und sodann beide voneinander abziehen. Eine weitere neue Gleichung erhalten wir, wenn wir die Faktoren vertauschen und die so entstandenen Gleichungen addieren. Das Ergebnis ist

$$\begin{aligned}
&\ddot{\vartheta}+\left[(\zeta-1)\dot{\psi}^2\cos\vartheta+\zeta\dot{\psi}\dot{\varphi}-\sigma\right]\sin\vartheta=0\\
&\ddot{\psi}\sin\vartheta+[(2-\zeta)\dot{\psi}\cos\vartheta-\zeta\dot{\varphi}]\,\dot{\vartheta}=0\\
&\ddot{\varphi}+\ddot{\psi}\cos\vartheta-\dot{\psi}\dot{\vartheta}\sin\vartheta=0.
\end{aligned}\tag{3.72}$$

Bei der Verwendung von Kardanwinkeln lauten die zu (3.72) entsprechenden Gleichungen

$$\begin{aligned}
&\ddot{\alpha}\cos\beta-(2-\zeta)\dot{\alpha}\dot{\beta}\sin\beta-\sigma\sin\alpha=0\\
&\ddot{\beta}\sin\vartheta+\left[(1-\zeta)\dot{\alpha}^2\cos\beta-\sigma\cos\alpha\right]\sin\beta=0\\
&\ddot{\gamma}+\ddot{\alpha}\sin\beta+\dot{\alpha}\dot{\beta}\cos\beta=0.
\end{aligned}\tag{3.73}$$

Auch diese Gleichungen werden wir mit Maple unter der Vorgabe allgemeiner Anfangswerte nur nummerisch lösen können[1].

Es stellt sich noch die Frage, unter welchen Bedingungen beim symmetrischen schweren Kreisel eine reguläre Präzession mit $\vartheta(t) = \vartheta_0 = \text{const}$ und damit $\dot{\vartheta}(t)=0$ möglich ist. In diesem Fall entnehmen wir der zweiten Gleichung (3.72) die Beziehung $\ddot{\psi}\sin\vartheta_0=0$. Es lassen sich drei Fälle unterscheiden.

<u>1. Fall</u>: Mit $\sin\vartheta_0 = 0$ ist $\vartheta_0 = (0,\pi)$ sowie $\cos\vartheta_0 = (1,-1)$. Im Fall $\vartheta_0 = 0$ wird vom *stehenden* und für $\vartheta_0 = \pi$ vom *hängenden Kreisel* gesprochen. Die erste Gleichung in (3.72) ist damit erfüllt. Nach der zweiten Gleichung ist $\ddot{\psi}$ beliebig, und von der dritten verbleibt $\ddot{\varphi}\pm\ddot{\psi}=0$ mit den Lösungen $\varphi(t)=\mp\psi(t)+C_1+C_2\,t$.

<u>2. Fall</u>: Ist $\vartheta_0 = \pi/2$ und damit $\cos\vartheta_0 = 0$ sowie $\sin\vartheta_0 = 1$, dann sprechen wir vom *waagerechten Kreisel*. In diesem Fall sind $\dot{\varphi}=\dot{\varphi}_0=\text{const}$ und $\dot{\psi}=\dot{\psi}_0=\sigma/(\zeta\dot{\varphi}_0)=\text{const}$.

<u>3. Fall</u>: Für $\sin\vartheta_0 \neq 0$ ist $\ddot{\psi}(t)=0$ und somit $\dot{\psi}=\dot{\psi}_0=\text{const}$ zu fordern. Aus der dritten Gleichung (3.72) folgt dann $\ddot{\varphi}=0$ und damit $\dot{\varphi}=\dot{\varphi}_0=\text{const}$, und von der ersten Gleichung verbleibt dann

$$(\zeta-1)\dot{\psi}_0^2\cos\vartheta_0+\zeta\dot{\psi}_0\dot{\varphi}_0-\sigma=0\tag{3.74}$$

Das ist eine quadratische Gleichung für $\dot{\psi}_0$ mit der Lösung

[1] Das Anfangswertproblem des schweren symmetrischen Kreisels kann jedoch auch vollständig analytisch durch die Angabe dreier elliptischer Integrale gelöst werden, deren zahlenmäßige Auswertungen dann allerdings auch wieder nummerisch erfolgen muss.

$$\dot{\psi}_{0(1,2)} = \frac{\zeta\dot{\varphi}_0 \mp \sqrt{(\zeta\dot{\varphi}_0)^2 - 4(1-\zeta)\sigma\cos\vartheta_0}}{2(1-\zeta)\cos\vartheta_0}.$$

Der kleinere Wert wird *langsame* und der größere *schnelle Präzession* genannt. Reelle Lösungen existieren nur für

$$\dot{\varphi}_0^2 \geq \frac{4(1-\zeta)\sigma\cos\vartheta_0}{\zeta^2} = \dot{\varphi}_{0,Gr}^2(\vartheta_0).$$

Im Falle des Gleichheitszeichens liegt mit

$$\dot{\psi}_{0(1,2)} = \frac{\zeta\dot{\varphi}_0}{2(1-\zeta)\cos\vartheta_0}$$

eine Doppelwurzel vor. Für den kräftefreien Kreisel ($\sigma = 0$) erhalten wir die beiden reellen Lösungen

$$\dot{\psi}_{0(1,2)} = \left(0, \frac{\zeta\,\dot{\varphi}_0}{(1-\zeta)\cos\vartheta_0}\right),$$

und für den Sonderfall des Kugelkreisels mit A = C und damit $\zeta = 1$ verbleibt

$$\dot{\psi}_0 = \frac{\sigma}{\dot{\varphi}_0} \qquad (\dot{\varphi}_0 \neq 0).$$

Ein praktisch wichtiger Spezialfall der regulären Präzession ergibt sich bei schnell umlaufenden Rotoren, für die $|\dot{\varphi}_0| >> |\dot{\psi}_0|$ gilt. Bei Vernachlässigung des quadratischen Terms in (*3.74*) erhalten wir die Näherung

$$\dot{\psi}_0 \approx \frac{\sigma}{\zeta\dot{\varphi}_0} = \frac{Gs}{C\dot{\varphi}_0} \approx \frac{1}{\dot{\varphi}_0},$$

die unabhängig vom Nutationswinkel ϑ ist.

Beispiel 3-23:

Für den unsymmetrischen schweren Pyramidenkreisel in Abb. 3.50 sollen mit der in Beispiel 3-21 bereitgestellten Maple-Prozedur sämtliche Zustandsgrößen berechnet und der Bewegungsvorgang animiert werden. Verwenden Sie dazu Euler-Koordinaten. Zum Zeitpunkt t = 0 hat der Kreisel folgende Anfangswerte:

$\psi_0 = 0$, $\vartheta_0 = \pi/4$, $\varphi_0 = 0$, $\dot{\psi}_0 = 5\,s^{-1}$, $\dot{\vartheta}_0 = 3\,s^{-1}$, $\dot{\varphi}_0 = 5\,s^{-1}$.

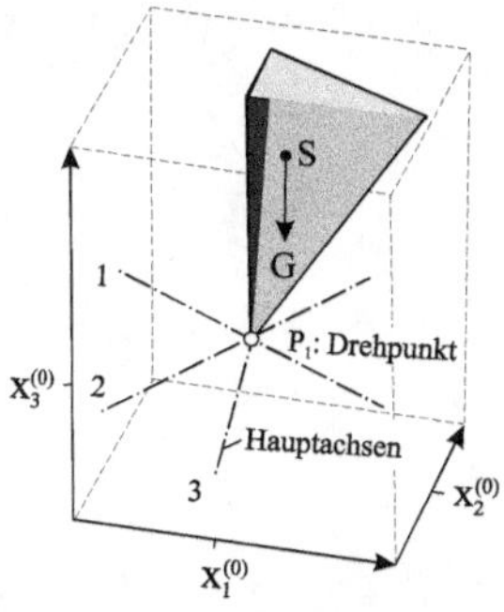

Abb. 3.50 Der unsymmetrische schwere Pyramidenkreisel, Hauptachsendarstellung

Lösung: Dem Beispiel 3-21 entnehmen wir folgende geometrische Größen und Eigenwerte:

$$\mathbf{r}_S^{(0)} = \begin{bmatrix} 1{,}50 \\ 0{,}75 \\ 6{,}75 \end{bmatrix}, \quad \mathbf{r}_S^{(H)} = \begin{bmatrix} -0{,}031 \\ -0{,}005 \\ 6{,}955 \end{bmatrix}, \quad \mathbf{\Lambda} = \begin{bmatrix} \lambda_1 \\ \lambda_2 \\ \lambda_3 \end{bmatrix} = \begin{bmatrix} 937{,}958 \\ 956{,}903 \\ 26{,}297 \end{bmatrix}.$$

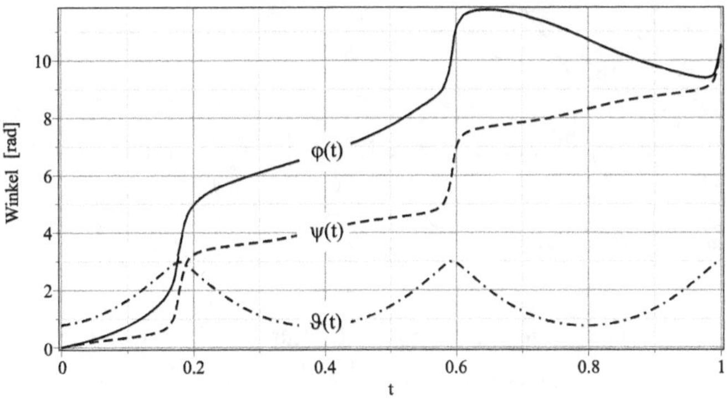

Abb. 3.51 Eulersche Winkel für den unsymmetrischen schweren Kreisel

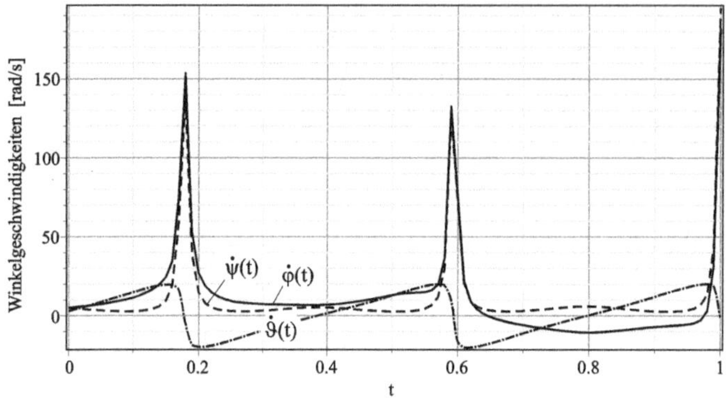

Abb. 3.52 *Eulersche Winkelgeschwindigkeiten für den unsymmetrischen schweren Kreisel*

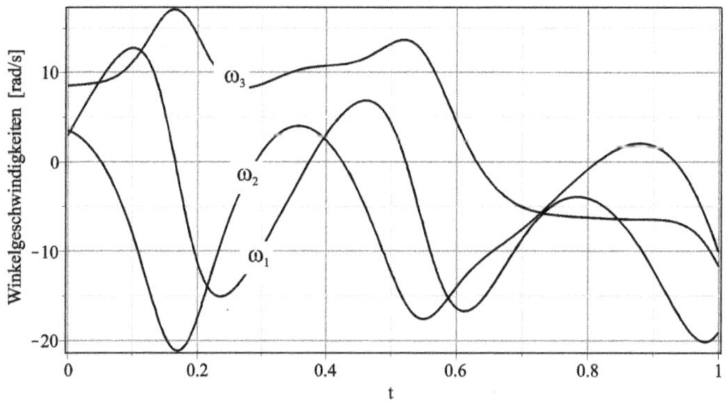

Abb. 3.53 *Winkelgeschwindigkeiten ω_i (i = 1,2,3) für den unsymmetrischen schweren Kreisel*

Die Gewichtskraft G = 0,177 kg m s^{-2} wirkt in negativer $x_3^{(0)}$ – Richtung. Maple liefert uns die in den obigen Abbildungen skizzierten Zustandsgrößen. Die Animation des Bewegungsvorganges unter den gegebenen Anfangsbedingungen kann dem entsprechenden Maple-Arbeitsblatt entnommen werden. ■

Beispiel 3-24:

Der symmetrische Spielkreisel in Abb. 3.54 besteht aus Kunststoff der Wichte ρ_K. Es soll eine Maple-Prozedur bereitgestellt werden, die sämtliche Zustandsgrößen unter Berücksichtigung des Eigengewichtes berechnet und den Bewegungsvorgang animiert. Verwenden Sie dazu Euler-Koordinaten. Geben Sie ferner die Bedingungen an, unter denen eine *reguläre Präzession* mit $\dot{\vartheta}(t) = 0$ und damit $\vartheta = \vartheta_0 = \text{const}$ möglich ist. Überprüfen Sie das Ergebnis mit der in Beispiel 3-21 bereitgestellten Maple-Prozedur.

Geg.: $h_1 = 2$ cm, $h_2 = 1$ cm, $h_3 = 2{,}4$ cm, $r_1 = 2$ cm, $r_2 = 4$ cm, $d_3 = 1$ cm, $\rho_K = 1{,}0$ g cm^{-3}.

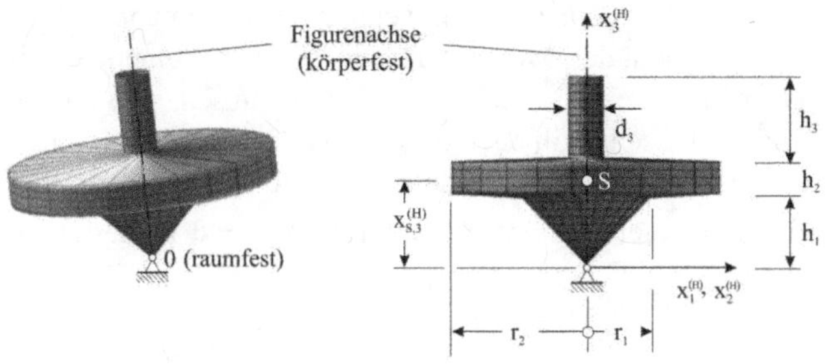

Abb. 3.54 *Der symmetrische schwere Kreisel*

Lösung: Volumeninhalt V = 60,53 cm^3, Masse m = 60,53 g, Gewicht G = 0,594 kg m s^{-2}, Schwerpunktskoordinate im Hauptachsensystem $x_{S,3}^{(H)} = 2{,}41\,\text{cm}$, Massenträgheitsmomente A = B = 578,82 g cm^2, C = 412,41 g cm^2, $\zeta = C/A = 0{,}713 < 1$, $\sigma = G\,x_{S,3}^{(H)}/A = 247{,}7\ \text{s}^{-2}$.

Für den allgemeinen Fall muss das nichtlineare gekoppelte Differenzialgleichungssystem (3.72) nummerisch gelöst werden. Es sind folgende Anfangswerte vorgegeben:

$\varphi_0 = 0,\ \dot{\varphi}_0 = 30\ \text{s}^{-1},\ \vartheta_0 = \pi/6,\ \dot{\vartheta}_0 = 0,\ \psi_0 = 0,\ \dot{\psi}_0 = 0.$

Die grafischen Darstellungen der zeitabhängigen Zustandsgrößen können dem entsprechenden Maple-Arbeitsblatt entnommen werden. Die Grenzwerte, unter denen eine *reguläre Präzession* möglich ist, ermitteln wir aus der Beziehung

$$\dot{\psi}_{0(1,2)} = \frac{\zeta\dot{\varphi}_0 \mp \sqrt{(\zeta\dot{\varphi}_0)^2 - 4(1-\zeta)\sigma\cos\vartheta_0}}{2(1-\zeta)\cos\vartheta_0} = \left(13{,}81\,\text{s}^{-1};\ 72{,}04\,\text{s}^{-1}\right).$$

■

3.3.2 Der momentenfreie Kreisel

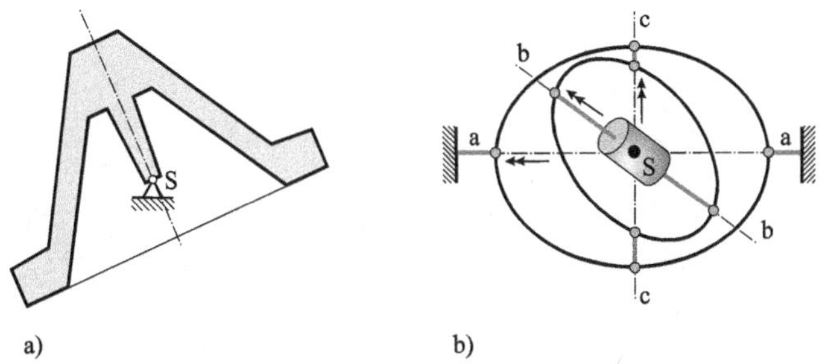

Abb. 3.55 *a) Im Schwerpunkt unterstützter Körper, b) Äußere kardanische Aufhängung eines Zylinders*

Ein Kreisel heißt momentenfrei (engl. *torque-free gyro*), wenn das resultierende äußere Moment bezüglich des Drehpunktes verschwindet. Momentenfreiheit kann für einen allein unter Eigengewicht stehenden Körper erreicht werden, wenn dieser drehbar in seinem Schwerpunkt *S* unterstützt wird (Abb. 3.55, links). Dasselbe gilt auch für den in einem äußeren Rahmensystem *kardanisch* aufgehängten Kreisel in Abb. 3.55 (rechts), der alle drei Freiheitsgrade der Rotationsbewegung besitzt. Für den momentenfreien Kreisel mit $\mathbf{M}_0^{(a)} = \mathbf{0}$ ist der Drall konstant, also

$$\mathbf{L}_0^{(H)} = \mathbf{const.} \quad .$$

Die Gleichungen (3.64) gehen dann über in den homogenen Gleichungssatz

$$\begin{aligned} A\dot{\omega}_1 - (B-C)\,\omega_2\,\omega_3 &= 0 \\ B\dot{\omega}_2 - (C-A)\,\omega_3\,\omega_1 &= 0 \\ C\dot{\omega}_3 - (A-B)\,\omega_1\,\omega_2 &= 0. \end{aligned} \tag{3.75}$$

Ist der Kreisel überdies mit A = B symmetrisch, dann verbleiben

$$\begin{aligned} A\dot{\omega}_1 - (A-C)\,\omega_2\,\omega_3 &= 0 \\ A\dot{\omega}_2 - (C-A)\,\omega_3\,\omega_1 &= 0 \\ \dot{\omega}_3 &= 0. \end{aligned} \tag{3.76}$$

Für den momentenfreien Kugelkreisel mit A = B = C sind die Gleichungen (3.75) entkoppelt und es gilt:

$$\dot{\omega}_1 = 0,\ \dot{\omega}_2 = 0,\ \dot{\omega}_3 = 0.$$

Bezeichnen wir wieder die körperfeste 3-Achse als *Figurenachse*, dann entnehmen wir der letzten Gleichung in (3.76), dass die auf diese Achse bezogene Winkelgeschwindigkeit $\omega_3 = \omega_{30}$ konstant ist. Zur Lösung des verbleibenden Gleichungssystems fassen wir die noch unbekannten Winkelgeschwindigkeiten ω_1 und ω_2 zur komplexwertigen Winkelgeschwindigkeit

$$z(t) = \omega_1(t) + i\,\omega_2(t) \qquad (i^2 = -1) \tag{3.77}$$

zusammen. Differenzieren wir nach der Zeit *t* und beachten die ersten beiden Gleichungen von (3.76), dann erhalten wir mit $\omega_3 = \omega_{30} = \text{const}$

$$\dot{z}(t) = i\,\lambda\,z(t)\,, \tag{3.78}$$

wobei die Abkürzung

$$\lambda = \frac{C-A}{A}\,\omega_{30} = (\zeta - 1)\,\omega_{30}$$

eingeführt wurde. Die gewöhnliche Differenzialgleichung erster Ordnung (3.78) hat die Lösung

$$z(t) = D\exp(i\lambda t), \tag{3.79}$$

in der $D = D_1 + iD_2$ eine komplexwertige Konstante darstellt. Zerlegen wir obige Lösung in Real- und Imaginärteil, dann folgt

$$z(t) = (D_1 + iD_2)(\cos\lambda t + i\sin\lambda t) = D_1\cos\lambda t - D_2\sin\lambda t + i(D_1\sin\lambda t + D_2\cos\lambda t),$$

und ein Vergleich mit (3.77) liefert den planaren Anteil des Winkelgeschwindigkeitsvektors

$$\omega_1(t) = D_1\cos\lambda t - D_2\sin\lambda t = E\cos(\lambda t + \delta)$$
$$\omega_2(t) = D_1\sin\lambda t + D_2\cos\lambda t = E\sin(\lambda t + \delta).$$

Die Konstanten D_1 und D_2 bzw. E und δ mit

$$E = \sqrt{D_1^2 + D_2^2}, \qquad \tan\delta = D_2 / D_1,$$

werden aus den Anfangsbedingungen ermittelt. Mit

$$\omega_1(t=0) = \omega_{10}, \quad \omega_2(t=0) = \omega_{20}, \text{ und damit } D_1 = \omega_{10}, D_2 = \omega_{20}$$

erhalten wir abschließend

$$\omega_1(t) = \omega_{10}\cos\lambda t - \omega_{20}\sin\lambda t, \quad \omega_2(t) = \omega_{20}\cos\lambda t + \omega_{10}\sin\lambda t.$$

Mit dem Winkelgeschwindigkeitsvektor

$$\boldsymbol{\omega} = \begin{bmatrix} E\cos(\lambda t + \delta) \\ E\sin(\lambda t + \delta) \\ \omega_{30} \end{bmatrix}, \qquad |\boldsymbol{\omega}| = \omega = \sqrt{\omega_{10}^2 + \omega_{20}^2 + \omega_{30}^2} = \text{const}$$

ist auch die momentane Drehachse des Kreisels festgelegt.

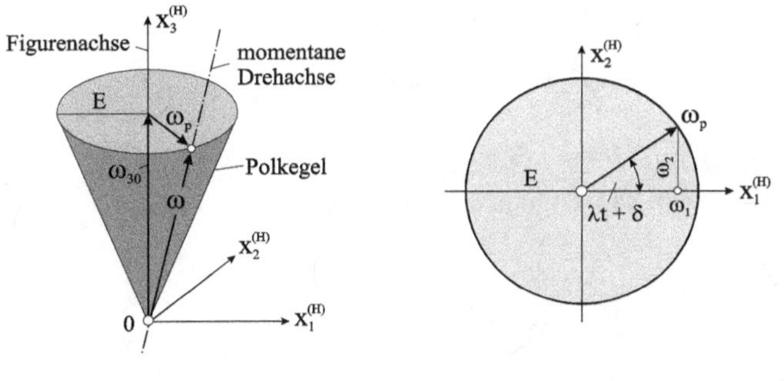

Abb. 3.56 *Polkegel und planarer Anteil des Winkelgeschwindigkeitsvektors*

Die Spitze des Winkelgeschwindigkeitsvektors $\boldsymbol{\omega}$ bewegt sich im körperfesten Koordinatensystem auf dem Mantel eines geraden Kreiskegels mit der konstanten Höhe $h = \omega_{30}$ und dem Radius der Grundfläche $E = |\omega_p|$ (Abb. 3.56). Dieser Kegel wird *Polkegel* genannt. Weiterhin ist festzustellen, dass die Spitze des Winkelgeschwindigkeitsvektors $\boldsymbol{\omega}$ eine gleichförmige Kreisbewegung um die Figurenachse mit der Periode

$$T = \frac{2\pi}{|\lambda|}$$

ausführt, und das ist auch die Umlaufzeit des Kreisels.

Der raumfeste Drallvektor erscheint im körperfesten Hauptachsensystem in der Form

$$\mathbf{L}_0^{(H)}(t) = \begin{bmatrix} A\,\omega_1(t) \\ A\,\omega_2(t) \\ C\,\omega_{30} \end{bmatrix} = \begin{bmatrix} AE\cos(\lambda t + \delta) \\ AE\sin(\lambda t + \delta) \\ C\,\omega_{30} \end{bmatrix}$$

und sein Betrag ist

$$\left|\mathbf{L}_0^{(H)}\right| = L_0^{(H)} = \sqrt{(AE)^2 + (C\,\omega_{30})^2} = A\sqrt{\omega_{10}^2 + \omega_{20}^2 + (C/A)^2\,\omega_{30}^2} = \text{const}\,.$$

Es soll nun die Lage eines Punktes des Kreisels im Raum festgelegt werden. Dazu müssen wir die im körperfesten Hauptachsensystem berechneten Zustandsgrößen in das raumfeste System transformieren, wozu uns die Euler- oder Kardanwinkel zur Verfügung stehen. Wir verwenden im Folgenden die Eulerwinkel und legen die raumfeste $x_3^{(0)}$-Achse parallel zum konstanten Drallvektor –was im Übrigen immer möglich ist und keine Einschränkung bedeutet– dann erscheint im raumfesten System der Drallvektor in der Form

$$\mathbf{L}_0^{(0)} = \begin{bmatrix} 0 \\ 0 \\ L_0 \end{bmatrix}.$$

Mit der in Kap. 2.1.11 hergeleiteten Transformationsformel erhalten wir für den Drallvektor des momentenfreien Kreisels im körperfesten Hauptachsensystem

$$\mathbf{L}_0^{(H)} = \mathbf{T}_E^T \cdot \mathbf{L}_0^{(0)} = \begin{bmatrix} L_0 \sin\vartheta(t)\sin\varphi(t) \\ L_0 \sin\vartheta(t)\cos\varphi(t) \\ L_0 \cos\vartheta(t) \end{bmatrix} = \boldsymbol{\Theta}^{(H)} \cdot \boldsymbol{\omega}^{(H)} = \begin{bmatrix} A\omega_1(t) \\ A\omega_2(t) \\ C\omega_{30} \end{bmatrix}$$

Der letzten Gleichung entnehmen wir den konstanten Nutationswinkel

$$\cos\vartheta(t) = \frac{C\,\omega_{30}}{L_0} \quad \rightarrow \quad \vartheta(t) = \vartheta_0 = \arccos\left(\frac{C\,\omega_{30}}{L_0}\right).$$

Nach Kap. 2.1.13 ist dann der Zusammenhang

$$\begin{bmatrix}\omega_1\\ \omega_2\\ \omega_3\end{bmatrix}^{(H)} = \begin{bmatrix}\sin\vartheta\sin\varphi & \cos\varphi & 0\\ \sin\vartheta\cos\varphi & -\sin\varphi & 0\\ \cos\vartheta & 0 & 1\end{bmatrix} \cdot \begin{bmatrix}\dot\psi\\ \dot\vartheta\\ \dot\varphi\end{bmatrix}$$

zwischen den Winkelgeschwindigkeiten $\omega^{(H)}$ in körperfesten Koordinaten und den Eulergeschwindigkeiten hergeleitet. Mit $\vartheta = \vartheta_0$, $\dot\vartheta = 0$ und $\omega_3 = \omega_{30}$ verbleibt im Hauptachsensystem

$$\begin{bmatrix}\omega_1\\ \omega_2\\ \omega_{30}\end{bmatrix}^{(H)} = \begin{bmatrix}\dot\psi\sin\vartheta_0\sin\varphi\\ \dot\psi\sin\vartheta_0\cos\varphi\\ \dot\psi\cos\vartheta_0 + \dot\varphi\end{bmatrix} = \begin{bmatrix}(L_0/A)\sin\vartheta_0\sin\varphi\\ (L_0/A)\sin\vartheta_0\cos\varphi\\ (L_0/C)\cos\vartheta_0\end{bmatrix}. \tag{3.80}$$

Aus der ersten Gleichung folgt unmittelbar die konstante *Präzessionswinkelgeschwindigkeit*

$$\omega_{Pr} \equiv \dot\psi = \frac{L_0}{A} = \text{const}$$

und durch Integration der *Präzessionswinkel*

$$\psi(t) = \psi_0 + \frac{L_0}{A} t\,.$$

Der dritten Gleichung in (3.80) entnehmen wir die konstante Eigenrotationswinkelgeschwindigkeit

$$\omega_{Ei} \equiv \dot\varphi = \omega_{30} - \dot\psi\cos\vartheta_0 = \left(1 - \frac{C}{A}\right)\omega_{30} = -\lambda = \text{const}\,.$$

Durch Integration erhalten wir den *Eigenrotationswinkel*

$$\varphi(t) = \varphi_0 - \lambda t\,.$$

Wegen $\dot\psi = \dfrac{\omega_{30} - \dot\varphi}{\cos\vartheta_0} = \dfrac{C\omega_{30}}{A\cos\vartheta_0}$ verlaufen für $|\vartheta_0| < \pi/2$ die Rotation ω_{30} um die Figurenachse und die Nutationsbewegung dieser Achse um die Drallachse mit $\dot\psi$ immer gleichsinnig.

Der Winkel α zwischen Drall- und Winkelgeschwindigkeitsvektor folgt aus der Beziehung

$$\cos\alpha = \frac{\mathbf{L}_0 \cdot \boldsymbol{\omega}}{|\mathbf{L}_0||\boldsymbol{\omega}|} = \frac{AE^2 + C\omega_{30}^2}{\sqrt{\left[(AE)^2 + C^2\omega_{30}^2\right]\left[E^2 + \omega_{30}^2\right]}} = \text{const.}$$

Damit ist der Geschwindigkeitszustand des Kreisels bekannt. Bei einem symmetrischen, momentenfreien Kreisel rotieren demnach Figurenachse und momentane Drehachse mit der konstanten Winkelgeschwindigkeit

$$\dot{\psi} = \frac{\omega_{30} - \dot{\varphi}}{\cos\vartheta_0} = \frac{L_0}{A}$$

um die raumfeste Drallachse, wobei

$$\dot{\varphi} \equiv \omega_{Ei} = \omega_{30} - \dot{\psi}\cos\vartheta_0 = \frac{A-C}{A}\omega_{30} = -\lambda$$

die konstante Eigenrotationswinkelgeschwindigkeit um die Figurenachse bezeichnet.

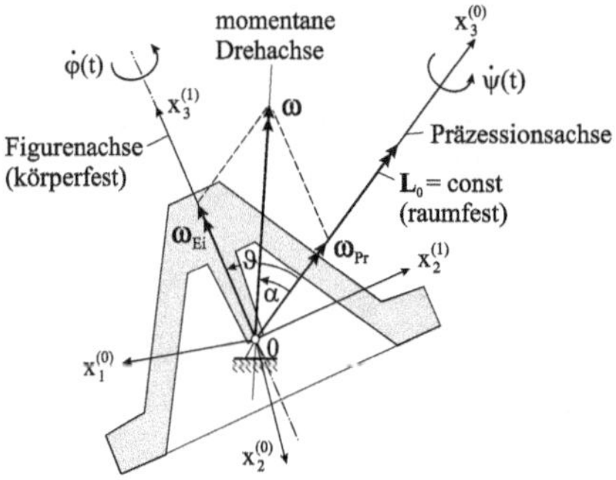

Abb. 3.57 *Drall- und Winkelgeschwindigkeitsvektor*

Die hier auftretende Präzessionsbewegung des momentenfreien Kreisels mit $\vartheta = \text{const}$, $\dot{\psi} = \text{const}$ und $\dot{\varphi} = \text{const}$ wird *reguläre Präzession* genannt.

3.3.3 Stabilität der Kreiselbewegung

Von praktischem Interesse ist noch die Beantwortung der Frage, wie sich die Drehung des momentenfreien Kreisels bei einer kleinen Störung verhält. Dazu betrachten wir einen bestehenden Bewegungszustand, dem wir im Sinne der *Störungsrechnung* (engl. *pertubation method*) ein kleine Störung der Winkelgeschwindigkeit

$$\boldsymbol{\omega}(t) = \omega_0\, \mathbf{e}_3^{(H)} + \varepsilon\, \overline{\boldsymbol{\omega}}(t)$$

überlagern. Die Gleichungen (*3.75*) gehen damit über in

$$\begin{aligned}
&A\varepsilon\dot{\overline{\omega}}_1 - (B-C)\,\varepsilon\overline{\omega}_2\,(\omega_{30} + \varepsilon\overline{\omega}_3) = 0\\
&B\varepsilon\dot{\overline{\omega}}_2 - (C-A)\,\varepsilon\overline{\omega}_1\,(\omega_{30} + \varepsilon\overline{\omega}_3) = 0\\
&C\varepsilon\dot{\overline{\omega}}_3 - (A-B)\,\varepsilon^2\,\overline{\omega}_1\,\overline{\omega}_2 = 0.
\end{aligned}$$

Vernachlässigen wir die quadratischen Terme in den Störgrößen, dann folgt

$$A\,\dot{\bar{\omega}}_1 - (B - C)\,\omega_{30}\,\bar{\omega}_2 = 0$$
$$B\,\dot{\bar{\omega}}_2 - (C - A)\,\omega_{30}\,\bar{\omega}_1 = 0$$
$$C\,\dot{\bar{\omega}}_3 = 0.$$

Die Ausgangsbewegung wird nun als stabil definiert, wenn die durch die aufgebrachte kleine Störung hervorgerufene Abweichung in der Umgebung der Grundbewegung verbleibt. Andernfalls wird von einer instabilen Grundbewegung gesprochen. Aus der letzten Gleichung folgt unmittelbar $\bar{\omega}_3 = \text{const}$, womit die Störbewegung um die 3-Achse beschränkt bleibt. Die beiden ersten Gleichungen werden in zwei gleichwertige entkoppelte gewöhnliche Differenzialgleichungen zweiter Ordnung umgeformt:

$$AB\,\ddot{\bar{\omega}}_1 + (A - C)(B - C)\,\omega_{30}^2\,\bar{\omega}_1 = 0$$
$$AB\,\ddot{\bar{\omega}}_2 + (A - C)(B - C)\,\omega_{30}^2\,\bar{\omega}_2 = 0.$$

Wir bringen die erste Gleichung noch auf Normalform und erhalten

$$\ddot{\bar{\omega}}_1 + \eta^2\,\bar{\omega}_1 = 0, \quad \eta^2 = \frac{(A - C)(B - C)}{AB}\,\omega_{30}^2.$$

Es können nun folgende Fälle unterschieden werden:

1. $A > C$ und $B > C$ oder $A < C$ und $B < C$.

In diesem Fall ist $\eta^2 > 0$, und die Partikulärlösungen sind harmonische Funktionen in der Zeit, womit die Störbewegung beschränkt bleibt.

2. $A < C$ und $B > C$ oder $A > C$ und $B < C$ oder $A = C$ oder $B = C$.

Es ist jetzt $\eta^2 \leq 0$, und es entstehen zeitlich unbeschränkt anwachsende Lösungen, womit die Bewegung sich immer mehr vom Ausgangszustand entfernt und damit als instabil zu bezeichnen ist.

Allgemein kann folgendes gesagt werden:

Die Bewegung des momentenfreien Kreisels um die Achse des größten oder kleinsten Hauptträgheitsmomentes ist stabil. Dagegen ist die permanente Drehung um die Achse des mittleren Trägheitsmomentes instabil.

Hinweis: Die Stabilität der Bewegung eines Kreisels um seine Hauptachsen wird in technischen Anwendungen vielfach ausgenutzt, etwa in Navigationsgeräten sowie in Kreiselgeräten zur aktiven Lageregelung, insbesondere in der Luft- und Raumfahrt.

4 Bewegungswiderstände

Im Folgenden wird der Einfluss von Widerständen auf den Bewegungszustand fester Körper berücksichtigt. Der Widerstand äußert sich dadurch, dass ein durch eine kurzfristig wirkende äußere Kraft in Bewegung gesetzter Körper nach gewisser Zeit zur Ruhe kommt, was bei einer fehlenden Widerstandskraft dem Trägheitsgesetz (s. h. Kap. 3.1) widersprechen würde. Wie experimentelle Befunde zeigen, hängen alle Widerstandskräfte von der Beschaffenheit des Körpers und der Umgebung ab, in der er sich bewegt. Bewegt sich der Körper in flüssigen oder gasförmigen Medien (Wasser, Luft), dann werden die Widerstandskräfte von der Bewegung selbst hervorgerufen, womit sie ferner von der Geschwindigkeit und deren Richtung abhängig sind. Allgemein können wir die Abhängigkeit der Widerstandskraft $\mathbf{F}_w$ von der Geschwindigkeit $\mathbf{v}$ durch die Potenzreihe

$$\mathbf{F}_w = -F_w(v)\frac{\mathbf{v}}{v} = -(k_0 + k_1 v + k_2 v^2 + \ldots)\frac{\mathbf{v}}{v} \qquad (v = |\mathbf{v}|)$$

darstellen. In diesem Gesetz kommt mit dem Minuszeichen zunächst zum Ausdruck, dass alle Widerstandskräfte als äußere eingeprägte Kräfte entgegen der Bewegungsrichtung wirken. Man unterscheidet i. Allg. folgende wichtige Typen von Widerstandskräften, die bereits durch die ersten drei Glieder der Potenzreihe für praktische Anwendungen hinreichend genau wiedergegeben werden:

1.) Die Gleitreibung (Coulomb[1]-Morinsche[2] Reibung): $\mathbf{F}_w = -k_0 \frac{\mathbf{v}}{v}$,

2.) Die viskose Reibung (Stokes[3]-Reibung): $\mathbf{F}_w = -k_1 \mathbf{v}$,

3.) Die turbulente Reibung (Newton-Reibung): $\mathbf{F}_w = -k_2 v\, \mathbf{v}$.

Die Gleitreibung tritt beim Aneinandergleiten fester Körper auf und hängt in erster Näherung nicht vom Betrag, sondern nur von der Richtung der Geschwindigkeit ab. Die viskose Reibung mit dem geschwindigkeitsproportionalen Glied wird beispielsweise bei sehr langsamen Bewegungen in zähen Flüssigkeiten beobachtet (s.h. Beispiel 1-4), und die turbulente Reibung kommt näherungsweise bei schnellen Bewegungen in Gasen und Flüssigkeiten mit geringer Viskosität vor.

---

1 Charles Augustin de Coulomb, frz. Physiker und Ingenieur, 1736–1806

2 Arthur Jules Morin, frz. Physiker, 1795–1880

3 Sir (seit 1889) George Gabriel Stokes, brit. Mathematiker und Physiker, 1819–1903

Dass Reibungskräfte zwischen zwei sich berührenden Körpern auftreten können, hat ihre Ursache in der Beschaffenheit ihrer Oberflächen, die nie ideal glatt (geschmiert) sein können. Sie sind teilweise erwünscht, wenn wir an das Gehen und Fahren denken, und teilweise auch unerwünscht, etwa bei Rollen- und Zapflagern. Von großer Bedeutung sind Widerstandskräfte bei der Wirkungsweise von Auflagern, die in einer Richtung Kräfte aufnehmen können und in der dazu senkrechten Richtung Verschiebungen zulassen. Diese Verschiebungsmöglichkeit wird durch den Einbau von Rollen oder Gleitschichten erreicht. Als störend werden die Widerstandskräfte empfunden, wenn sie bewegungshemmend und energieschluckend (dissipativ) sind, wie beispielsweise Kräfte, die beim Anfahren von Maschinen überwunden werden müssen.

4.1 Haften

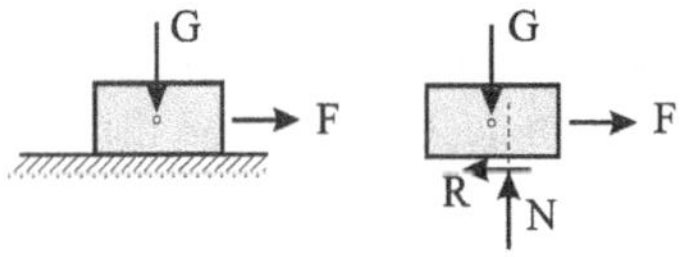

Abb. 4.1 *Stein auf rauer Unterlage*

Auf den skizzierten Körper in Abb. 4.1, etwa ein Stein auf rauer Unterlage, lassen wir eine äußere Kraft *F* einwirken. Solange diese Kraft einen bestimmten Grenzwert nicht erreicht hat, bleibt der Stein in Ruhe. Erst wenn diese Grenzkraft überschritten ist, wird sich der Stein in Kraftrichtung in Bewegung setzen. Offensichtlich bleibt der Stein nicht nur für eine bestimmte Kraft in Ruhe, sondern für einen ganzen Wertebereich. Ursache für die Aufrechterhaltung des Ruhezustandes ist eine in der Kontaktfläche zwischen Stein und Unterlage wirkende Tangentialkraft *R*, die *Haftkraft* genannt wird. Wir sehen von der Bezeichnung *"Haftreibungskraft"* ab, da bei der Haftung (engl. *static friction*) das charakteristische Element der Reibung, nämlich die notwendige Relativverschiebung von Körpern, nicht gegeben ist. Die Anwendung der Gleichgewichtsbedingungen auf den freigeschnittenen Körper liefert:

$$\uparrow: \quad N = G.$$

$$\rightarrow: \quad R = F.$$

Die Haftkraft *R* ist wie die Normalkraft *N* eine *Reaktionskraft* und damit zunächst unbekannt. Größe und Richtung von *N* und *R* lassen sich aus Gleichgewichtsbedingungen am freigeschnittenen Körper ermitteln. Die sich im Kontakt befindenden Körper verharren im Zustand der Ruhe. Die Haftkraft *R* hat denselben Betrag wie *F*, ist dieser jedoch entgegengerichtet. Das Momentengleichgewicht am starren Körper gibt Auskunft über die Lage von *N*, die aber hier nicht benötigt wird.

Zur Verallgemeinerung unserer Aussagen betrachten wir den auf einer schiefen Ebene mit dem Neigungswinkel α ruhenden Körper in Abb. 4.2. Mit zunehmendem Neigungswinkel der Ebene beobachten wir, dass der Körper bis zu einem Grenzwinkel $\alpha = \rho_0$ in Ruhe bleibt. Wird dieser Grenzwinkel allerdings überschritten, setzt sich der Körper beschleunigt in Bewegung. Der Zustand der relativen Ruhe ist hier nur dann möglich, wenn die Gewichtskraft *G* und die zunächst unbekannte Auflagerreaktionskraft *A* im Gleichgewicht stehen. Die Auflagerreaktionskraft *A* zerlegen wir in die zur Berührungsfläche senkrecht stehende Normalkraft *N* und die in der Berührungsfläche wirkende tangentiale Haftkraft *R*. Das Kraftgleichgewicht liefert:

$\nearrow$: $R = G \sin \alpha,$

$\nwarrow$: $N = G \cos \alpha.$

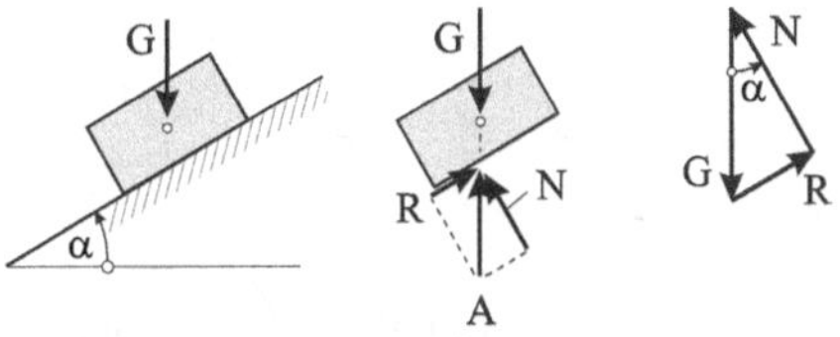

Abb. 4.2 Körper auf schiefer Ebene

Der Grenzwert der Haftung, die *Grenzhaftkraft*, ist nach Coulomb

$$R_0 = \mu_0 N .$$

Die dimensionslose Konstante μ_0 heißt *Grenzhaftzahl.* Aus Versuchen ist bekannt, dass für die Grenzhaftzahl, die einen empirischen Wert darstellt und stark schwanken kann, die folgenden Gesetzmäßigkeiten gelten:

a) μ_0 ist nicht abhängig von der Größe der Berührungsfläche,
b) μ_0 ist abhängig vom Material und vom Zustand der sich berührenden Flächen (Rauigkeit, Schmierung),
c) μ_0 ist nicht abhängig von der Größe der Normalkraft *N*.

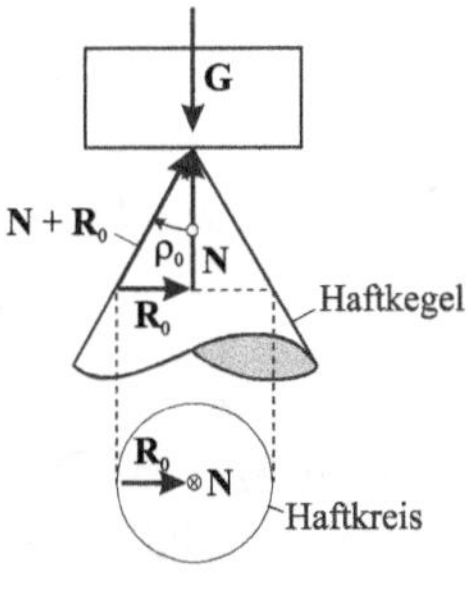

Abb. 4.3 Haftkegel

Haften ist immer dann gegeben, wenn die *Haftbedingung*

$$R \leq \mu_0 N$$

erfüllt ist. Die Neigung ρ_0 der Resultierenden aus Normalkraft N und Grenzhaftkraft R_0 gegenüber der Normalen zur Berührungsfläche ist:

$$\frac{R_0}{N} = \tan\rho_0 = \mu_0 = \text{const} .$$

Ist μ_0 unabhängig vom Ort in der Berührungsebene, dann bildet ρ_0 die Spitze eines Haftkegels. Haftung ist immer dann gewährleistet, wenn die resultierende Reaktionsgröße aus N und R_0 innerhalb des *Haftkegels* liegt (Abb. 4.3). Bei vorgegebener Normalkraft N muss R innerhalb des *Haftkreises* mit dem Radius R_0 liegen.

4.2 Gleitreibung

Ist die Haftbedingung $R \leq \mu_0 N$ nicht mehr erfüllt, dann kann Bewegung auftreten, wobei die Körper aufeinander gleiten (engl. *sliding friction*). Das Gleitreibungsgesetz

$$\mathbf{R} = -\mu N \frac{\mathbf{v}}{|\mathbf{v}|}$$

geht auf Coulomb zurück und wurde von Morin durch umfangreiche Versuche experimentell bestätigt. Es wird deshalb auch *Coulomb-Morinsches Gesetz* der Gleitreibung genannt. Die dimensionslose Konstante μ heißt *Gleitreibungszahl.* Im Allgemeinen ist die Gleitreibungszahl kleiner als die Grenzhaftzahl μ_0. Die im Kap. 4.1 genannten Bedingungen für die Haftzahl μ_0 gelten genauso für die Gleitreibungszahl μ. Experimente zeigen zusätzlich:

d) μ ist nicht abhängig vom Betrag der Geschwindigkeit $\mathbf{v}$.

Hinweis: Die Gleitreibungskraft ist im Gegensatz zur Haftkraft eine eingeprägte Kraft, die von vornherein bekannt ist. Sie wird aus einem physikalischen Gesetz ermittelt.

Zusammenfassend können somit drei Fälle unterschieden werden:

1.) **Haftung:** $R < \mu_0 N$

Der Körper verharrt im Zustand der relativen Ruhe zu seiner Unterlage. Die Haftkraft R ist eine Reaktionskraft, die aus den Gleichgewichtsbedingungen berechnet wird.

2.) **Grenzhaftung:** $R_0 = \mu_0 N$

Dieser Zustand beschreibt die Grenze zwischen Haftung und Gleitung. Der Körper befindet sich gerade noch im Zustand der relativen Ruhe zur Unterlage. Eine kleine Störung dieser Gleichgewichtslage führt zur Bewegung des Körpers.

3.) **Gleitreibung:** $R = \mu N$

Im Fall der relativen Bewegung zur Unterlage wirkt auf den Körper eine eingeprägte Kraft, die aus einem physikalischen Gesetz (Stoffgesetz) ermittelt wird.

Hinweis: Die Gesetze zur Haftung und Gleitreibung können keinen axiomatischen[1] Charakter zu Eigen haben, weil sie rein empirisch aus Experimenten gewonnen werden. Da die Material- und Oberflächeneigenschaften realer Körper nicht reproduzierbar sind, streuen die Haft- und Gleitreibungszahlen in mehr oder weniger weiten Bereichen. Weiterhin sind die Gleitreibungszahlen von der Relativgeschwindigkeit der Berührungsflächen abhängig. Bei sehr kleinen Geschwindigkeiten ($v < 1 \text{ m s}^{-1}$) ist μ am größten und bleibt dann bis etwa $v = 5 \text{ m s}^{-1}$ nahezu konstant. Darüber hinaus kann μ, je nach Werkstoffpaarung, erheblich zu- oder auch abnehmen. In Tab. 4.1 sind grobe Richtwerte von Reibungszahlen für einige technisch interessierende Materialkombinationen angegeben.

Tab. 4.1 *Haft- und Gleitreibungszahlen für einige ausgewählte Materialkombinationen*

Materialien	**Grenzhaftzahl μ_0**		**Gleitreibungszahl μ**	
	trocken	geschmiert	trocken	geschmiert
Stahl auf Stahl	0,19	0,1	0,18	--
Stahl auf Eis	0,027	--	0,014	--
Stahl auf Grauguss	0,22	0,15	0,18	0,11
Holz auf Holz	0,5	0,16	0,3	--
Gummi auf Asphalt	0,8	--	0,6	--

Beispiel 4-1:

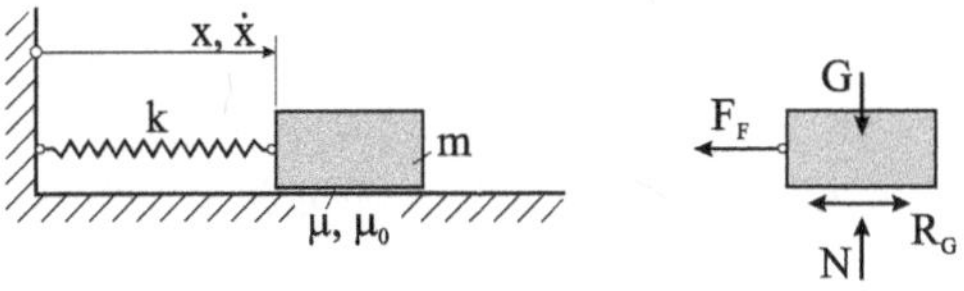

Abb. 4.4 *Gleitende Masse auf einer festen Unterlage*

Es soll der Bewegungszustand einer Masse *m* betrachtet werden, die auf einer festen Unterlage gleitet. Die Masse ist mit einer linearen Feder an der Wand befestigt. Besitzt die Feder mit der Federkonstanten *k* in der entspannten Lage die Länge ℓ_0, dann lautet das Federgesetz

$$F_F = k(x - \ell_0).$$

[1] griech. –nlat., eigtl. ›als absolut richtig anerkannter Grundsatz, gültige Wahrheit, die keines Beweises bedarf‹

Im Fall der Bewegung rechnen wir mit der konstanten Gleitreibungskraft

$$R = \mu N = \mu m g\,, \quad (N = m\,g = G),$$

die der Bewegung entgegengerichtet ist (s.h. auch Kap. 7.4.9). Aufgrund der Unstetigkeit der Belastung müssen wir das Lösungsgebiet in Teilbereiche zerlegen. Für $\dot{x} = v > 0$ bewegt sich die Masse nach rechts, und die Gleitreibungskraft wirkt nach links. Entsprechendes folgt für $\dot{x} = v < 0$, dann bewegt sich die Masse nach links, und die Gleitreibungskraft wirkt in entgegengesetzter Richtung nach rechts. Der Schwerpunktsatz liefert dementsprechend für die einzelnen Bewegungsphasen die gewöhnlichen Differenzialgleichungen

$$m\,\ddot{x}(t) = -k[x(t) - \ell_0] - \mu m g \qquad \text{für} \quad \dot{x} > 0$$

$$m\,\ddot{x}(t) = -k[x(t) - \ell_0] + \mu m g \qquad \text{für} \quad \dot{x} < 0\,.$$

Unter Beachtung von $\omega^2 = k/m$ erhalten wir abschnittsweise die allgemeinen Lösungen

$$\left.\begin{aligned} x(t) &= A_1 \cos\omega t + A_2 \sin\omega t + \ell_0 - \frac{\mu\,g}{\omega^2} \\ \dot{x}(t) &= -\omega A_1 \sin\omega t + \omega A_2 \cos\omega t \end{aligned}\right\} \quad \text{für} \quad \dot{x} > 0 \tag{4.1}$$

$$\left.\begin{aligned} x(t) &= B_1 \cos\omega t + B_2 \sin\omega t + \ell_0 + \frac{\mu\,g}{\omega^2} \\ \dot{x}(t) &= -\omega B_1 \sin\omega t + \omega B_2 \cos\omega t \end{aligned}\right\} \quad \text{für} \quad \dot{x} < 0\,. \tag{4.2}$$

Damit ein Hin- und Herschwingen zustande kommt, muss $k|x - \ell_0| > \mu m g$ erfüllt sein, also der Betrag der Federkraft größer sein als die Gleitreibungskraft. Für $\dot{x} = 0$ befindet sich die Masse relativ in Ruhe, und es wirkt momentan die Grenzhaftkraft $R_0 = \mu_0 N = \mu_0 m g$. Ist in diesem Zustand der Betrag der Federkraft kleiner als die Haftkraft, dann bleibt die Masse in Ruhe, andernfalls setzt sie sich wieder in Bewegung.

Wir konkretisieren unsere Lösungen und nehmen an, dass sich die Masse *m* zum Zeitpunkt $t = 0$ gerade in einem Umkehrpunkt ihrer Bewegung befindet. Damit ergeben sich folgende Anfangsbedingungen:

$$x(t = 0) = x_0, \; \dot{x}(t = 0) = 0\,.$$

Unterstellen wir weiterhin, dass sich die Masse *m* in der ersten Bewegungsphase nach links bewegt, dann ist $\dot{x} < 0$ und die Anfangsbedingungen erfordern mit (4.2)

$$B_1 = x_0 - \ell_0 - \frac{\mu\,g}{\omega^2}, \; B_2 = 0\,,$$

und damit

$$\left.\begin{aligned} x(t) &= B_1 \cos\omega t + \ell_0 + \frac{\mu\, g}{\omega^2} \\ \dot{x}(t) &= -\omega B_1 \sin\omega t \end{aligned}\right\} \quad \text{für} \quad \dot{x} < 0 \ \text{ und } \ 0 \le t \le \frac{\pi}{\omega}.$$

Das Ende der 1. Bewegungsphase ist mit $v_1 = 0$ zum Zeitpunkt $t_1 = \pi/\omega$ erreicht. Dazu gehört die Auslenkung

$$x_1 \equiv x(t = t_1) = -B_1 + \ell_0 + \frac{\mu\, g}{\omega^2} = 2\left(\ell_0 + \frac{\mu\, g}{\omega^2}\right) - x_0 .$$

Bei der sich anschließenden Bewegungsphase dreht sich mit $\dot{x} > 0$ das Vorzeichen der Geschwindigkeit um, und es ist jetzt das Gleichungssystem (4.1) unter Berücksichtigung der Anfangsbedingungen

$$x(t = t_1) = x_1,\ \dot{x}(t = t_1) = 0$$

zu lösen. Das führt auf die Konstanten:

$$A_1 = \ell_0 - x_1 - \frac{\mu\, g}{\omega^2} = x_0 - \ell_0 - 3\frac{\mu\, g}{\omega^2},\ A_2 = 0 .$$

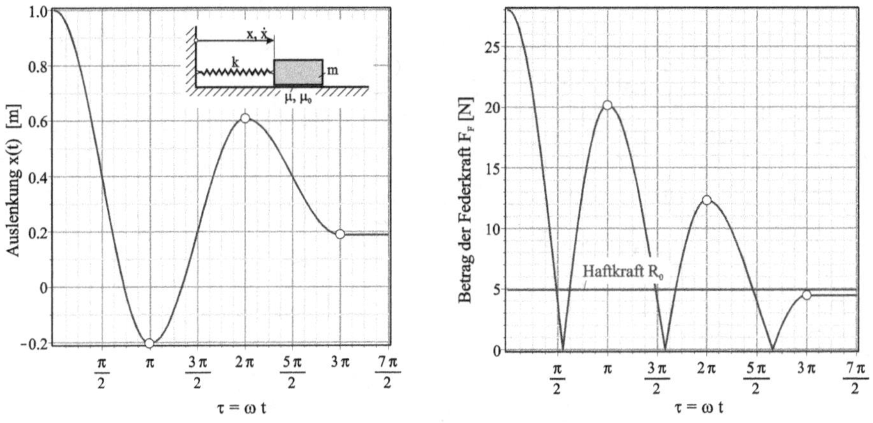

Abb. 4.5 Durch eine Reibungskraft konstanten Betrages gedämpfte Schwingung

Damit sind

$$\left.\begin{aligned} x(t) &= A_1 \cos\omega t + \ell_0 - \frac{\mu\, g}{\omega^2} \\ \dot{x}(t) &= -\omega A_1 \sin\omega t \end{aligned}\right\} \quad \text{für} \quad \dot{x} > 0 \ \text{ und } \ \frac{\pi}{\omega} \le t \le \frac{2\pi}{\omega}$$

Zum Zeitpunkt $t_2 = 2\pi/\omega$ errechnen wir die Auslenkung

$$x(t=t_2) = A_1 + \ell_0 - \frac{\mu\, g}{\omega^2} = x_0 - 4\frac{\mu\, g}{\omega^2}\,.$$

Am Ende einer jeden Bewegungsphase ist jeweils zu prüfen, ob die momentan wirkende Federkraft F_F größer als die Haftkraft R_0 ist:

$\dot{x} = 0$ und $k|x - \ell_0| > \mu_0\, m\, g$: *Masse setzt sich wieder in Bewegung,*

$\dot{x} = 0$ und $k|x - \ell_0| \le \mu_0\, m\, g$: *Masse bleibt in Ruhe.*

Abb. 4.5 zeigt, wie sich die einzelnen Bewegungsphasen aneinanderreihen. Bei unserem Beispiel mit den Systemwerten

$k = 40{,}0$ N m^{-1}, $m = 1{,}0$ kg, $\ell_0 = 0{,}3$ m, $x_0 = 1{,}0$ m, $g = 9{,}81$ m s^{-2}, $\mu = 0{,}4$, $\mu_0 = 0{,}5$

kommt die Masse m bei einer Anfangsauslenkung x_0 nach zwei Nulldurchgängen zur Ruhe. MapleSim gestattet uns eine nummerische Lösung des Problems. Um die Bewegungsgleichungen über den gesamten Lösungsbereich zu vereinheitlichen, schreiben wir

$$m\,\ddot{x}(t) = -k\,[x(t) - \ell_0] - \text{signum}\,[\dot{x}(t)]\,\mu\, m\, g\,. \tag{4.3}$$

In Maple berechnet die Funktionen `signum` das Vorzeichen einer reellen Variablen x gemäß

$$\text{signum}(x) = \begin{cases} 1, & \text{wenn } x > 0, \\ -1, & \text{wenn } x < 0, \\ 0, & \text{wenn } x = 0. \end{cases}$$

Den Wert von *signum*(0) kann der Benutzer in Maple abändern. Führen wir die Abkürzungen

$y = x - \ell_0$, $\omega^2 = k/m$, $\tau = \omega\, t$ und $\lambda = \mu\, g / \omega^2 = \mu\, m\, g / k$

ein, dann geht (4.3) über in die abschnittsweise lineare Differenzialgleichung zweiter Ordnung

$$\ddot{y}(\tau) = -y(\tau) - \text{signum}[\dot{y}(\tau)]\,\lambda\,, \qquad y(\tau = 0) = x_0 - \ell_0,\ \dot{y}(\tau = 0) = 0\,, \tag{4.4}$$

wobei der übergesetzte Punkt die Ableitung nach der dimensionslosen Zeit τ bezeichnet. Zur nummerischen Integration dieses Anfangswertproblems dient das MapleSim-Blockschaltbild in Abb. 4.6. Im ersten Schritt wird die linke Seite mittels der Integrierer I_1 und I_2 zweimal integriert. Das führt auf die Geschwindigkeit sowie unter Berücksichtigung der entspannten Federlänge ℓ_0 auf die Auslenkung der Masse m. Im zweiten Schritt erfolgt der Aufbau der rechten Seite. Dazu werden die Größen m, k, g, μ, μ_0 als konstante Signale in die Schaltung eingebaut. Die erforderlichen Produkt- und Divisionsbildungen erfolgen dann mittels der MapleSim-Komponenten *Product*, *Division* und *Gain*. Der Block *Gain* berechnet das Ausgangssignal als Produkt des Eingangssignals mit einer Konstanten k. Die Komponente *Sign* berücksichtigt, dass die Gleitreibungskraft der Geschwindigkeit entgegengerichtet ist. Im Block A_1

werden die beiden Terme y und $signum(\dot{y})\lambda$ vorzeichengerecht addiert. Da der Ausgang des Blockes A_1 entsprechend (4.3) die Beschleunigung darstellt, wird dieser mit dem Eingang der ersten Integrierers I_1 verbunden (rückgekoppelt). Es verbleibt die Auswertung der Haftbedingung, die wir mit der Funktion y in der Form

$$\dot{y}=0 \qquad \text{und} \qquad \frac{k}{\mu_0\, m\, g}|y| \le 1$$

notieren. Die Simulation wird gestoppt, wenn beide Eingangssignale des Blockes *And* (logisches *und*) als wahr erkannt werden. Die Komponente *Terminate* beendet dann die Simulation.

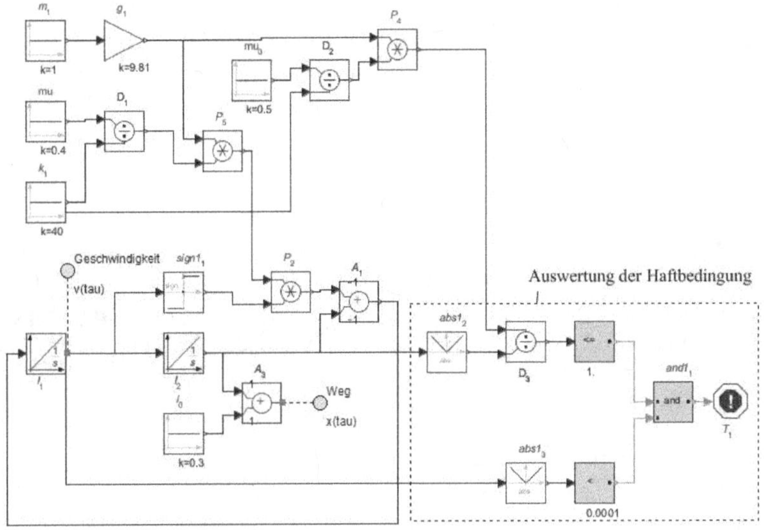

Abb. 4.6 *MapleSim-Blockschaltbild zur nummerischen Berechnung des Gleitvorganges einer Masse mit einer Reibungskraft konstanten Betrages nach Coulomb-Morin*

Die Anfangswerte (engl. *Initial Values*) der Simulation werden in den Integrierer-Blöcken gesetzt. Der Block I_1 erhält die Anfangsgeschwindigkeit $v(\tau = 0) = 0$ und der Block I_2 die Anfangsauslenkung $y(\tau = 0) = 0{,}7$. Mit der entspannten Federlänge $\ell_0 = 0{,}3$ ist dann

$$x(t = 0) = y(\tau = 0) + \ell_0 = 1.$$

Im Abschnitt *Simulation* kann der Nutzer die Simulationsdauer, den zu verwendenden Löser und weitere Parameter spezifizieren, die den Löser betreffen. Voreingestellt ist ein Runge-Kutta-Verfahren 4. Ordnung mit variabler Schrittweite und einer Simulationsdauer t_d von 10 s bei einer Startzeit von $t_s = 0$ s. Die Ergebnisse der Simulation werden mittels der Komponente *Attach probe* (hier Geschwindigkeit und Weg) auf dem Bildschirm dargestellt. ■

4.3 Seilreibung

Ein Seil umschlingt einen zylindrischen Körper mit dem *Umschlingungswinkel* α. Gesucht werden diejenigen Seilkräfte S_1 und S_2, die ein Abrutschen des Seils in der einen oder anderen Richtung gerade verhindern. Wir unterstellen zunächst, dass die Kraft S_2 größer ist als die Kraft S_1. Aus der Untersuchung der Haftung zwischen festen Körpern ist bekannt, dass die Haftkraft eine Reaktionskraft ist, deren Betrag sich aus $R = \mu\, N$ berechnet und höchstens den Grenzwert $R_0 = \mu_0\, N$ annehmen kann.

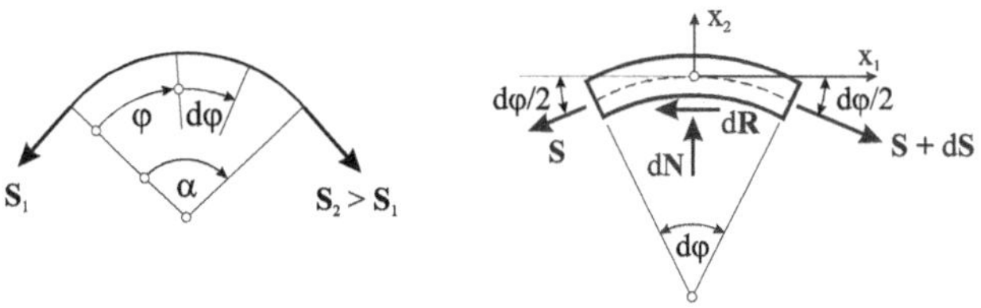

Abb. 4.7 *Kräfte am freigeschnittenen Seilelement*

Um die Seilkraft in Abhängigkeit von α zu berechnen, betrachten wir ein zum Zentriwinkel $d\varphi$ gehörendes infinitesimales Seilelement der Länge ds. Abb. 4.7 zeigt das freigeschnittene Seilelement, an dem die Haft- und Normalkräfte als äußere eingeprägte Kräfte eingetragen sind. Die Kraftgleichgewichtsbedingungen in horizontaler und vertikaler Richtung liefern:

$$\sum F_{x_1} = 0 = -S\cos(d\varphi/2) - dR + (S + dS)\cos(d\varphi/2)$$

$$\sum F_{x_1} = 0 = -S\sin(d\varphi/2) + dN - (S + dS)\sin(d\varphi/2).$$

Für hinreichend kleine Winkel $d\varphi$ können wir mit guter Näherung $\sin(d\varphi/2)$ durch $d\varphi/2$ und $\cos(d\varphi/2)$ durch 1 ersetzen. Die obigen Beziehungen gehen dann über in

$$dS - dR = 0, \qquad dN - S\, d\varphi = 0,$$

wenn wir das Produkt $ds\, d\varphi/2$ als klein von höherer Ordnung vernachlässigen. Beachten wir noch den im Grenzfall der Haftung geltenden differentiellen Zusammenhang $dR = \mu_0\, dN$, so folgt

$$\left.\begin{aligned} dS - \mu_0\, dN = 0 \\ dN - S\, d\varphi = 0 \end{aligned}\right\} \rightarrow \frac{dS}{S} = \mu_0\, d\varphi .$$

In der obigen Gleichung sind die Variablen S und φ bereits separiert. Die Integration liefert

$$\int_{S_1}^{S_2} \frac{dS}{S} = \ln S\Big|_{S_1}^{S_2} = \ln\frac{S_2}{S_1} = \mu_0 \int_{\varphi=0}^{\alpha} d\varphi = \mu_0 \alpha ,$$

und der Zusammenhang zwischen S_1 und S_2 lautet

$$S_2 = S_1 e^{\mu_0 \alpha}.$$

Die obige Beziehung wird Euler-Eytelwein[1]-Formel genannt. Die gleiche Rechnung für beginnendes Abrutschen nach links ($S_1 > S_2$) würde zu dem Ergebnis $S_1 = S_2 e^{\mu_0 \alpha}$ führen. Damit können wir Gleichgewicht für folgenden Wertebereich von S_2/S_1 feststellen:

$$e^{-\mu_0 \alpha} \le \frac{S_2}{S_1} \le e^{\mu_0 \alpha}.$$

Beispiel 4-2:

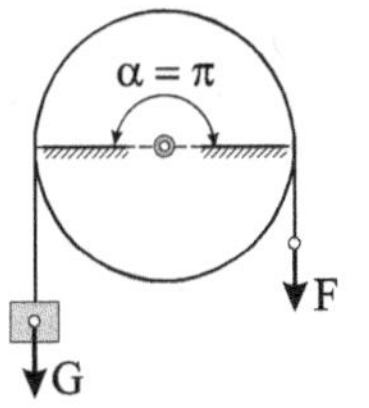

Abb. 4.8 *Um eine fixierte Rolle gelegtes Seil, Umschlingungswinkel $\alpha = \pi$*

Um eine fixierte Rolle ist ein biegeschlaffes Seil mit dem Umschlingungswinkel α gelegt. Zwischen welchen Grenzen kann die Haltekraft *F* liegen, damit der Körper mit dem Gewicht *G* im Zustand der Ruhe verbleibt?

Lösung: Der Körper kann sich nach oben und unten bewegen. An der Grenze zur Aufwärtsbewegung ist die Kraft $F = G\,e^{\mu_0 \alpha}$ aufzubringen. Im Grenzfall der gerade beginnenden Abwärtsbewegung wäre die Kraft $F = G\,e^{-\mu_0 \alpha}$ erforderlich. Damit bleibt der Körper in Ruhe, wenn die Bedingung $e^{-\mu_0 \alpha} \le F/G \le e^{\mu_0 \alpha}$ erfüllt ist. Für eine Grenzhaftzahl $\mu_0 = 0{,}3$ und $\alpha = \pi$ erhalten wir dann $0{,}39 \le F/G \le 2{,}56$. Um ein Abrutschen des Körpers zu verhindern, ist demzufolge eine Kraft *F* erforderlich, die nur 39% der Gewichtskraft *G* beträgt.

Hinweis: Das Seil kann auch mehrfach um den Zylinder gelegt werden. ■

Beispiel 4-3:

Die Abb. 4.9 zeigt eine drehbar gelagerte Scheibe, die durch einen Motor mit dem Drehmoment *M* angetrieben wird. Um die Scheibe ist ein vorgespannter Riemen gelegt, der eine Arbeitsmaschine antreibt. Die größere Riemenkraft S_2 herrscht dann am sogenannten Lasttrum und die kleinere S_1 am Leertrum. Gesucht wird das größtmögliche Antriebsmoment *M*, wenn der Riemen nicht auf der Antriebsscheibe gleiten soll.

---

1 Johann Albert Eytelwein, deutsch. Wasserbauingenieur und Hochschullehrer, legte die Häfen von Memel, Pillau und Swinemünde an, 1765–1849

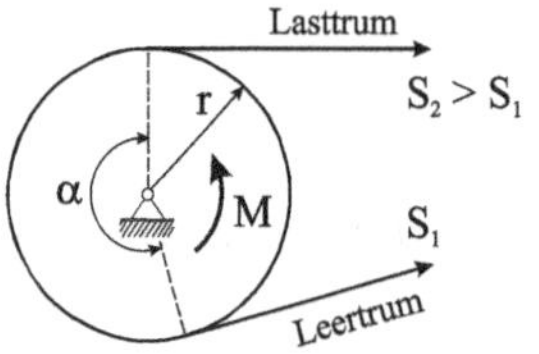

Abb. 4.9 *Riemenantrieb einer Arbeitsmaschine*

Lösung: Notieren wir das Momentengleichgewicht, dann erhalten wir

$$-M + (S_2 - S_1)\,r = 0\,.$$

Zur Berechnung des größtmöglichen Antriebsmomentes ist die Grenzhaftzahl μ_0 zu verwenden, was mit $S_2 = S_1 e^{\mu_0 \alpha}$ zu

$$M = S_1 r (e^{\mu_0 \alpha} - 1)$$

führt. Damit das Antriebsmoment *M* übertragen werden kann, ist grundsätzlich eine Vorspannkraft $S_1 > 0$ erforderlich, wobei *M* linear von S_1 abhängt. ■

4.4 Luftwiderstand

Im Falle größerer Geschwindigkeiten, etwa $3\,\mathrm{m\,s}^{-1} < |\mathbf{v}| < 0{,}8\,v_{\mathrm{Schall}}$, wird mit hinreichender Genauigkeit das *Newtonsche Widerstandsgesetz*

$$\mathbf{R} = -r_2\, \mathbf{v}^2 \frac{\mathbf{v}}{|\mathbf{v}|}$$

verwendet, wobei die Schallgeschwindigkeit v_{Schall} in Luft bei 0° C und Normaldruck 331 m/s beträgt. Die Widerstandskraft ist somit proportional zum Quadrat der Geschwindigkeit. Der Beiwert r_2 wird dabei in der Form $r_2 = 1/2\, \rho c_w A$ angegeben, wobei:

ρ: Dichte des Mediums,

c_w: Widerstandsbeiwert, der u. a. von der Form des Körpers abhängt,

A: Querschnittsfläche, die der Strömung ausgesetzt ist (Schattenfläche des Körpers).

Beispiel 4-4:

In diesem Beispiel (Abb. 4.10) behandeln wir den schiefen Wurf mit dem geschwindigkeitsabhängigen Luftwiderstand

$$\mathbf{F}_w(v) = -F_w(v)\mathbf{e}_t\,, \qquad \text{mit} \qquad \mathbf{e}_t = \frac{\mathbf{v}}{|\mathbf{v}|} = \frac{\mathbf{v}}{v}\,. \tag{4.5}$$

Neben dem Luftwiderstand wirkt auf die Masse *m* die Gewichtskraft $\mathbf{G} = -mg\mathbf{e}_2$. Zwischen den raumfesten Einheitsvektoren und dem begleitenden Zweibein bestehen folgende Beziehungen: $\mathbf{e}_1 = \cos\alpha\,\mathbf{e}_t - \sin\alpha\,\mathbf{e}_n$, $\mathbf{e}_2 = \sin\alpha\,\mathbf{e}_t + \cos\alpha\,\mathbf{e}_n$.

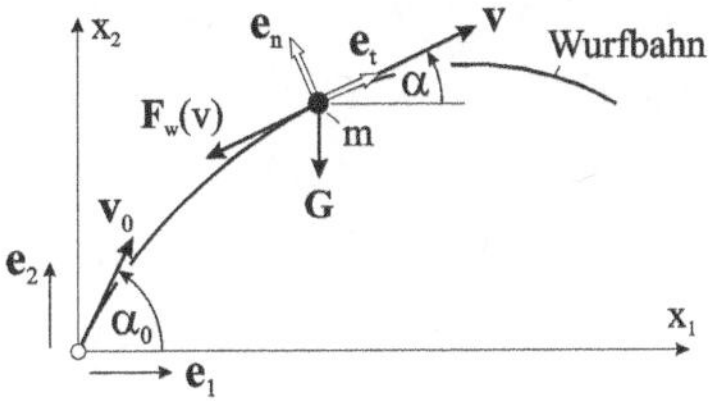

Abb. 4.10 *Der schiefe Wurf mit Luftwiderstand $F_w(v)$*

Zur Herleitung des Bewegungsgesetzes notieren wir für die freie Bewegung der Masse *m* den Schwerpunktsatz und erhalten

$$m\ddot{\mathbf{r}}_S = \mathbf{G} + \mathbf{F}_w = -mg\mathbf{e}_2 - F_w(v)\mathbf{e}_t\,. \tag{4.6}$$

Wir zerlegen diese Vektorgleichung in Tangential- und Normalenrichtung und notieren dazu mit (1.14) die Beschleunigung in natürlichen Koordinaten

$$m\ddot{\mathbf{r}}_S = m(\mathbf{a}_t + \mathbf{a}_n) = m[\dot{v}(t)\mathbf{e}_t + \kappa v^2\mathbf{e}_n]\,.$$

In der obigen Beziehung ist

$$\kappa = \frac{d\alpha}{ds} = \frac{d\alpha}{dt}\frac{dt}{ds} = \frac{1}{v}\dot{\alpha}$$

die *Krümmung* der ebenen Wurfbahn. Dann ist

$$m(\dot{v}\mathbf{e}_t + \dot{\alpha}v\mathbf{e}_n) = -mg\mathbf{e}_2 - F_w(v)\mathbf{e}_t\,,$$

und die Komponentendarstellung ergibt die beiden skalaren Differenzialgleichungen

$$m\dot{v} = -mg\sin\alpha - F_w(v)\,,\quad m\dot{\alpha}v = -mg\cos\alpha \quad \to \dot{\alpha}v = -\frac{g}{v}\cos\alpha\,.$$

Beachten wir ferner

$$\dot{v}(t) = \frac{dv(t)}{dt} = \frac{dv(\alpha)}{d\alpha}\frac{d\alpha}{dt} = \dot{\alpha}\,v'(\alpha) = -\frac{g}{v(\alpha)}v'(\alpha)\cos\alpha\,,$$

dann folgt die *Hauptgleichung der äußeren Ballistik*[1]

$$v' = \frac{v}{\cos\alpha}\left[\sin\alpha + \frac{F_w(v)}{m\,g}\right] = f(v,\alpha)\,. \tag{4.7}$$

Im Fall der turbulenten Reibung gilt das Widerstandsgesetz $F_w(v) = k_2 v^2(\alpha)$. Damit folgt aus (4.7) die nichtlineare Bernoullische[2] Differenzialgleichung

$$v'(\alpha) = \frac{v(\alpha)}{\cos\alpha}\left[\sin\alpha + \frac{k_2}{m\,g}v^2(\alpha)\right],$$

die mittels der Variablentransformation

$$u(\alpha) = v^{-2}(\alpha) \quad \to u'(\alpha) = -2v^{-3}(\alpha)\,v'(\alpha) \tag{4.8}$$

in die gewöhnliche Differenzialgleichung

$$u'(\alpha) + 2\,u(\alpha)\tan\alpha + \frac{2k_2}{\cos\alpha} = 0$$

übergeführt wird und dann mit dem Standardverfahren für diesen Differenzialgleichungstyp gelöst werden kann. Maple liefert uns die Lösung ($\sec\alpha = 1/\cos\alpha$)

$$u(\alpha) = C_1\cos^2\alpha - \frac{k_2}{m\,g}\left[\cos^2\alpha\,\ln(\sec\alpha + \tan\alpha) + \sin\alpha\right],$$

und die Auflösung nach $v(\alpha)$ unter Beachtung von (4.8) ergibt

$$v(\alpha) = \frac{1}{\sqrt{u(\alpha)}} = \frac{1}{\sqrt{C_1\cos^2\alpha - \frac{k_2}{m\,g}\left[\cos^2\alpha\,\ln(\sec\alpha + \tan\alpha) + \sin\alpha\right]}}\,.$$

Die Integrationskonstante C_1 wird aus der Anfangsbedingung $v(\alpha_0) = v_0$ bestimmt. Damit erhalten wir abschließend

$$v(\alpha) = v_0\frac{\cos\alpha_0}{\cos\alpha}\frac{1}{\sqrt{1 + \frac{k_2}{m\,g}v_0^2\cos^2\alpha_0\left[\frac{\sin\alpha_0}{\cos^2\alpha_0} - \frac{\sin\alpha}{\cos^2\alpha} + \ln\frac{\tan(\alpha_0/2 + \pi/4)}{\tan(\alpha/2 + \pi/4)}\right]}} \tag{4.9}$$

---

1 zu griech. bállein ›werfen‹, ›schleudern‹, die Lehre von der Bewegung und dem Verhalten geworfener, geschossener oder auch durch Rückstoß angetriebener Körper. Die *äußere Ballistik* befasst sich mit der Beschreibung von Körpern, die mit einer bestimmten Anfangsgeschwindigkeit in eine bestimmte Richtung geworfen werden.

2 nach Jakob Bernoulli, schweizer. Mathematiker, 1654–1705

Sind der Parameter k_2 sowie die Anfangsbedingungen v_0 und α_0 bekannt, dann kann $v(\alpha)$ berechnet werden. Fehlt mit $k_2 = 0$ der Luftwiderstand, dann folgt

$$v(\alpha)\cos\alpha = v_0 \cos\alpha_0 ,$$

womit dann die Horizontalkomponente der Geschwindigkeit konstant ist. Weiterhin liefert uns Maple den Grenzwert der Geschwindigkeit

$$\lim_{\alpha\to-\pi/2} v(\alpha) = \sqrt{\frac{m\,g}{k_2}} ,$$

der sich im freien Fall – allerdings erst nach unendlich langer Zeit – einstellen würde.

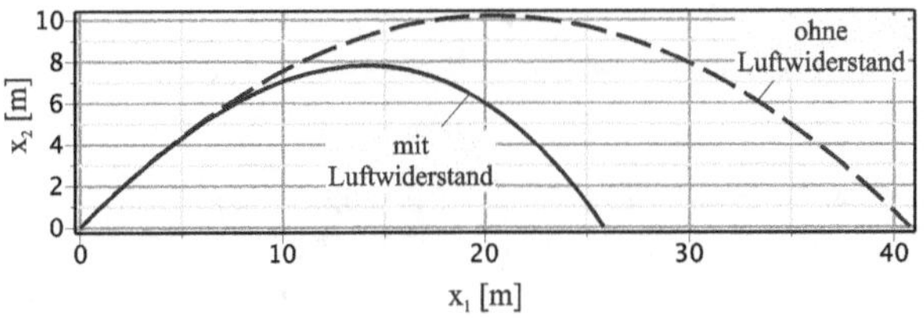

Abb. 4.11 *Der schiefe Wurf mit Luftwiderstand: $m = 0{,}5$ kg, $v_0 = 20$ m/s, $\alpha_0 = \pi/4$, $k_3 = 0{,}01$ kg/m*

Zur Berechnung der Bahnkurve benutzen wir die Beziehungen

$$\dot{x}_1(\alpha) = \dot{\alpha}\frac{dx_1}{d\alpha} = v(\alpha)\cos\alpha , \qquad \dot{x}_2(\alpha) = \dot{\alpha}\frac{dx_2}{d\alpha} = v(\alpha)\sin\alpha .$$

Integrieren wir diese Gleichungen unter Beachtung von $\dot{\alpha} = -\dfrac{g}{v(\alpha)}\cos\alpha$, dann folgen

$$x_1(\alpha) = x_{10} - \frac{1}{g}\int_{\overline{\alpha}=\alpha_0}^{\alpha} v^2(\overline{\alpha})\,d\overline{\alpha} , \quad x_2(\alpha) = x_{20} - \frac{1}{g}\int_{\overline{\alpha}=\alpha_0}^{\alpha} v^2(\overline{\alpha})\tan\overline{\alpha}\,d\overline{\alpha} .$$ ■

Beispiel 4-5:

Ein Fallschirmspringer mit der Masse $m = 85$ kg springt aus einer Höhe $h = 3000$ m aus einem Sportflugzeug. Am Ende der Freifallzone, in der Höhe $h_1 = 1500$ m über Grund, zieht der Springer die Reißleine, und der Fallschirm öffnet sich, womit die gewünschte Verzögerung einsetzt. Der Weg bis zur vollständigen Öffnung des Schirms wird mit $\Delta h = 200$ m angenommen. Während dieser *Entfaltungszone* soll die *Schattenfläche* des sich öffnenden Schirms, das ist dessen Projektion auf die Ebene senkrecht zur Fallrichtung, näherungsweise linear anwachsen (Abb. 4.12, rechts), und zwar von $A_1 = 0{,}5$ m² (Schattenfläche des Springers bei geschlossenem Schirm) bis zum vollständig geöffneten Schirm mit $A_2 = 15$ m² (Schattenfläche des Schirms). Nach der vollständigen Öffnung des Schirms beginnt die Sinkzone mit gleichbleibender Geschwindigkeit.

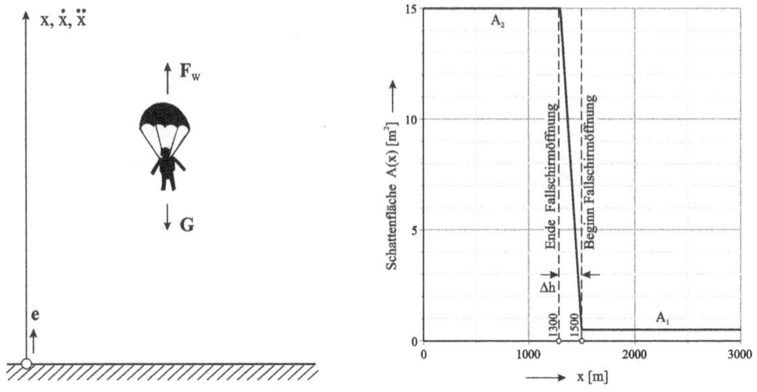

Abb. 4.12 *Fallschirmspringer mit einwirkenden Kräften, Funktion der Schattenfläche A(x)*

Lösung: Auf den Springer (Abb. 4.12, links) wirken während des Sprungs die äußeren Kräfte des Eigengewichts $G = -mg\mathbf{e}$ ($g = 9{,}81$ m s^{-2}: Erdbeschleunigung) und der aus einer turbulenten Reibung resultierende Luftwiderstand

$$\mathbf{F}_W = -F_W \frac{\mathbf{v}}{|v|} = -F_W \mathbf{e} \qquad \text{mit} \qquad F_W = k_2 v^2 .$$

In der Strömungsmechanik wird der Luftwiderstand zweckmäßig in der Form

$$F_w = c_w q A = \frac{1}{2} c_w A \rho_L v^2 , \qquad q = \frac{1}{2} \rho_L v^2 ,$$

angegeben, wobei folgende Bezeichnungen üblich sind:

c_W: Widerstandsbeiwert (engl. c_d: *drag-coefficient*),
A: Schattenfläche,
ρ_L: Dichte des Mediums (hier Luft),
q: Staudruck.

Der c_w-Wert wird mit 1,3 (Vergleich PKW: $c_w \approx 0{,}3$) und die Dichte der Luft mit $\rho_L = 1{,}2$ kg/m^3 angenommen. Wir stellen nun die Bewegungsgleichung auf. Vom Schwerpunktsatz verbleibt nur die Komponente

$$m\ddot{x}(t) = F^{(a)}(x,t) = F_w(x,t) - G = \frac{1}{2} c_w A(x) \rho_L \dot{x}(t)^2 - mg$$

in positiver x-Richtung und damit ist

$$\ddot{x}(t) - k(x)\dot{x}(t)^2 + g = 0 , \quad k(x) = \frac{c_w A(x) \rho_L}{2m} > 0 , \qquad (0 \le x \le h). \tag{4.10}$$

Zum Zeitpunkt $t = 0$ muss die Lösung $x(t)$ den Anfangswerten $x(t=0)=h$ und $\dot{x}(t=0)=0$ genügen.

Die zwar während der Öffnungsphase stetig verlaufende aber nicht stetig differenzierbare Schattenfläche des Systems Springer/Schirm wird näherungsweise über die x-Koordinate als stückweise linear in folgender Form angenommen:

$$A(x)=\begin{cases} A_2 & \text{für} \quad 0 \le x < h_1-\Delta h \\ A_2-(A_2-A_1)(x-h_1-\Delta h)/\Delta h & \text{für} \quad h_1-\Delta h \le x < h_1 \\ A_1 & \text{für} \quad h_1 \le x \le h \end{cases}$$

Darin bedeuten

A_1: Schattenfläche des Springers (0,5 m^2),

A_2: Schattenfläche des geöffneten Fallschirms (15 m^2),

h_1: Höhe, in der sich der Fallschirm öffnet (1500 m),

Δh: Öffnungsweg des Fallschirms (200 m).

Wir betrachten zunächst den Weg in der Freifallzone vom Absprung aus der Höhe h bis zum Beginn der Öffnung des Fallschirms in der Höhe h_1. In dieser Zone gilt mit $\dot{x}(t)=v(t)$ nach (4.10) die Differenzialgleichung

$$\dot{v}(t)-k\,v^2(t)+g=0\,, \qquad k=\frac{c_W\,A_1\,\rho_L}{2m}=\text{const}\,. \tag{4.11}$$

Mit zunehmender Zeit *t* nähert sich der Springer asymptotisch der durch die Beschleunigung $\dot{v}=0$ gekennzeichneten *Grenzgeschwindigkeit*

$$v_{Gr}=-\sqrt{g/k}<0\,, \tag{4.12}$$

die negativ ist, da sich der Springer entgegen der positiv eingeführten x-Richtung bewegt. Mit den Werten unseres Beispiels ist $v_{Gr}=-46{,}24\ \text{m/s}=-166{,}46\ \text{km/h}$. Die Integration der Differenzialgleichung (4.11) erfolgt durch Trennung der Variablen

$$\frac{\dot{v}(t)}{k\,v^2(t)-g}=1 \qquad \rightarrow \int\frac{dv(t)}{g/k-v^2(t)}=-k\int dt\,.$$

Nach (Bronstein & Semendjajew, 1991) erhalten wir mit $|v(t)|<|v_{Gr}|$

$$\frac{1}{\sqrt{g/k}}\,\text{ar tanh}\,\frac{v(t)}{\sqrt{g/k}}=-k\,t+C_1\,.$$

Wegen $v(t = 0) = 0$ muss $C_1 = 0$ gefordert werden. Damit ergibt sich aus der obigen Beziehung unter Beachtung von (4.12) und der dimensionslosen Zeit τ die Geschwindigkeit

$$v(\tau) = v_{Gr} \tanh \tau , \qquad \tau = \sqrt{g\,k}\; t . \tag{4.13}$$

Durch Ableitung nach der Zeit *t* erhalten wir aus (4.13) mit $\frac{d}{dt} = \frac{d}{d\tau}\frac{d\tau}{dt} = \sqrt{g\,k}\,\frac{d}{d\tau}$ die Beschleunigung

$$a(\tau) = -g\,(1 - \tanh^2 \tau) .$$

Das Weg-Zeit-Gesetz ermitteln wir durch Integration aus der Beziehung (4.13) zu

$$x(\tau) = \frac{v_{Gr}}{\sqrt{g\,k}} \int \tanh \tau \, d\tau + C_2 = -\frac{1}{k} \ln(\cosh \tau) + C_2 .$$

Die noch freie Konstante C_2 bestimmen wir aus der Forderung $x(\tau = 0) = h = C_2$. Damit ist

$$x(\tau) = h \left[1 - \frac{\ln(\cosh \tau)}{k\,h} \right] . \tag{4.14}$$

Der Fallschirmspringer zieht die Reißleine in der Höhe $x(\tau^*) = h_1$. Lösen wir (4.14) nach der dimensionslosen Zeit τ auf, dann erhalten wir die zum Erreichen von h_1 benötigte Zeit

$$\tau^* = \operatorname{ar\,cosh}\,[e^{k(h-h_1)}] \qquad \text{und damit} \qquad t^* = \frac{\tau^*}{\sqrt{g\,k}} = \frac{1}{\sqrt{g\,k}} \operatorname{ar\,cosh}[e^{k(h-h_1)}] .$$

Mit den Werten des Beispiels sind $k = 0{,}0045$, $\tau = 0{,}212\ t$, $\tau^* = 7{,}576$ und damit $t^* = 35{,}71$ s. Der Fallschirm öffnet sich also nach 35,71 s in einer Höhe von 1500 m bei einer Geschwindigkeit $v = -46{,}24$ m/s $= -166{,}46$ km/h, die praktisch der Grenzgeschwindigkeit $v_{Gr} = -\sqrt{g/k}$ entspricht. Zum Zeitpunkt $t = 0$ sind $v = 0$ und $a = -g$.

Zur Berechnung der Zustandsgrößen in der Entfaltungs- und Sinkzone entscheiden wir uns für eine nummerische Lösung, da wegen des von der x-Koordinate abhängigen und nicht stetig differenzierbaren Koeffizienten k(x) in der Differenzialgleichung (4.10) eine analytische Lösung ausscheidet. Maple stellt uns dazu den Befehl `dsolve` mit dem Parameter `numeric` zur Verfügung. Hinsichtlich der weiteren Berechnung wird auf das entsprechende Maple-Arbeitsblatt verwiesen. Die Ergebnisse der Berechnungen können Abb. 4.13 entnommen werden. Der Sprung dauert etwa 204 s, und die Landegeschwindigkeit beträgt dann nur noch –8,45 m/s = –30,4 km/h.

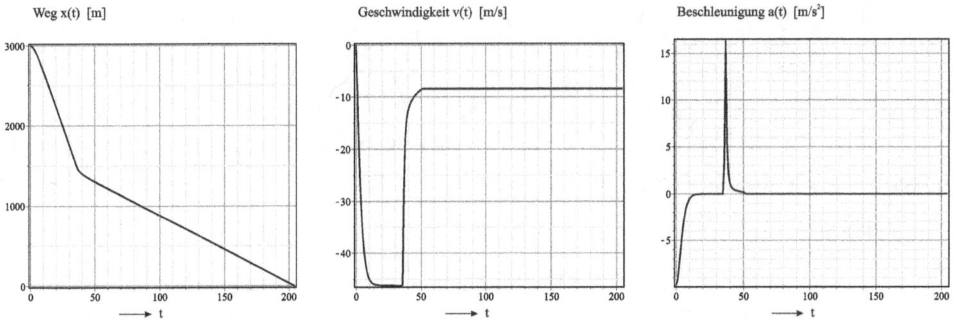

Abb. 4.13 *Fallschirmsprung aus 3000 m Höhe, Weg x(t), Geschwindigkeit v(t) und Beschleunigung a(t)*

Während der kurzen Entfaltungszeit des Schirms treten große Geschwindigkeitsänderungen auf, womit die dortigen Verzögerungen stark ansteigen (Abb. 4.13, rechts). Würde sich der Schirm nicht öffnen, dann wäre der Sprung (mit unabsehbaren Folgen für den Springer) bereits nach $t^* = \operatorname{arccos} h[\exp(kh)]/\sqrt{gk} = 68{,}15\,\mathrm{s}$ beendet. ■

4.5 Viskose Reibung

Bewegen sich feste Körper durch ein zähflüssiges Medium, etwa der an einer Stange befestigte und mit kleinen Öffnungen versehene Kolben eines Stoßdämpfers in einem mit Öl befüllten Zylinder in Abb. 4.14, oder werden feste Körper durch zähe Flüssigkeiten angeströmt, dann treten als Folge dieser Bewegung ebenfalls Reibungskräfte auf, die der Bewegungsrichtung des Körpers oder der Strömungsrichtung des Mediums entgegengerichtet sind.

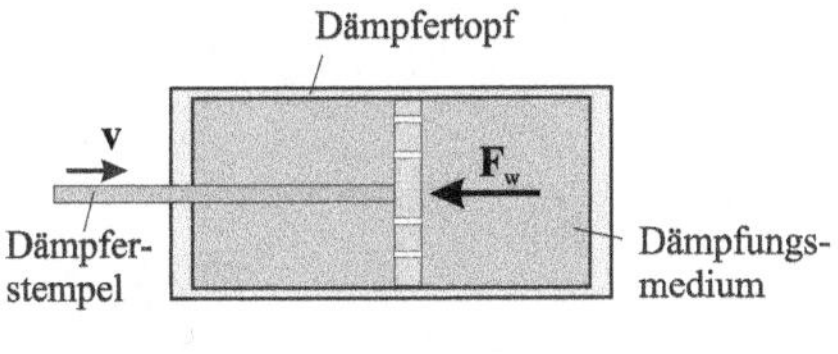

Abb. 4.14 *Viskose Reibung bei einem hydraulischen Stoßdämpfer*

In guter Übereinstimmung mit experimentellen Befunden kann die auftretende Widerstandskraft proportional und entgegengesetzt zur Geschwindigkeit des Körpers bzw. des strömenden Mediums in folgender Form angesetzt werden:

$$\mathbf{F}_w = -k_1\,\mathbf{v}\,. \tag{4.15}$$

$$[k_1] = \frac{\text{Masse}}{\text{Zeit}}, \quad \text{Einheit: kg s}^{-1}.$$

Dieser Ansatz geht auf Stokes zurück und gilt nur im Bereich kleiner Geschwindigkeiten, etwa $|\mathbf{v}| \leq 0{,}1$ m/s. In (4.15) bezeichnet k_1 die dimensionsbehaftete Dämpfungskonstante, die aus Experimenten bestimmt werden muss und von der Dichte und Zähigkeit des Mediums abhängt.

Beispiel 4-6:

In einer viskosen Flüssigkeit wird ein Körper unter dem Winkel α_0 gegenüber der Horizontalen mit der Anfangsgeschwindigkeit v_0 abgeworfen. Gesucht wird das Geschwindigkeits-Zeit-Gesetz, die Gleichung der Wurfbahn, die Steigzeit t_H und die Koordinaten x_{1H} und x_{2H} des Scheitelpunktes der Wurfbahn.

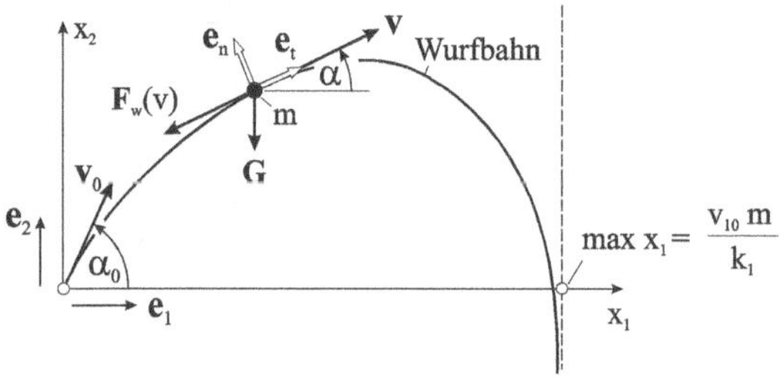

Abb. 4.15 Wurfbahn eines Körpers bei viskoser Reibung, vertikale Asymptote

Lösung: Im Fall der viskosen Reibung rechnen wir mit der Widerstandskraft $F_W = k_1$ v. Damit geht die Gleichung (4.7) über in das Anfangswertproblem

$$v'(\alpha) = \frac{v(\alpha)}{\cos\alpha}\left[\sin\alpha + \frac{k_1\, v(\alpha)}{m g}\right], \qquad v(\alpha = \alpha_0) = v_0\,,$$

mit der Lösung

$$v(\alpha) = \frac{v_0 \cos\alpha_0}{\eta \sin(\alpha_0 - \alpha) + \cos\alpha}, \qquad \eta = \frac{k_1 v_0}{m g}. \tag{4.16}$$

Für $\alpha \to -\pi/2$ geht $v(\alpha)$ gegen v_∞, und damit gegen die Endgeschwindigkeit

$$v_\infty \equiv \lim_{\alpha \to -\frac{\pi}{2}} v(\alpha) = \frac{m g}{k_1}.$$

Im Scheitelpunkt der Wurfbahn ($\alpha = 0$) hat der Geschwindigkeitsvektor nur die Horizontalkomponente

$$v(\alpha = 0) = \frac{v_0 \cos\alpha_0}{\eta \sin\alpha_0 + 1}.$$

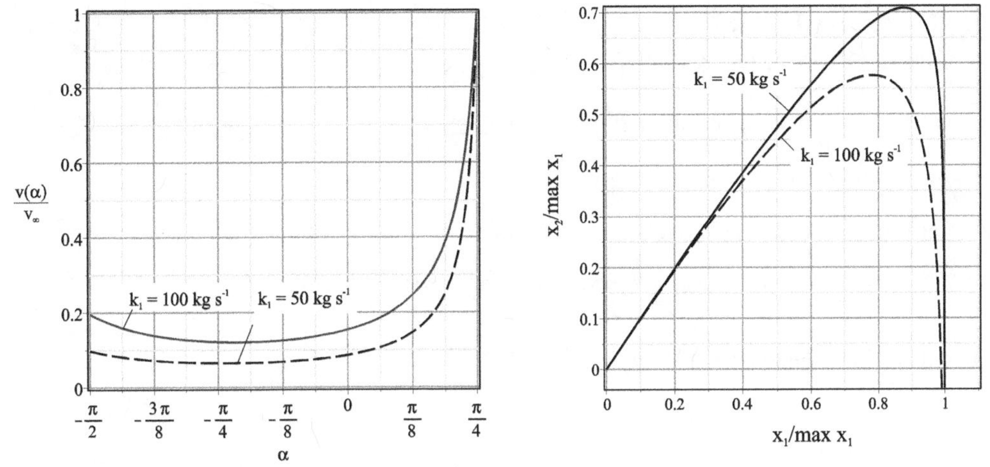

Abb. 4.16 *Geschwindigkeit und Bahnkurve eines Körpers bei viskoser Reibung, $m = 0{,}1$ kg, $\alpha_0 = \pi/4$*

Fehlt mit $k_1 = 0$ der Reibungswiderstand, dann folgt aus (4.16)

$$v(\alpha)\cos\alpha = v_0\cos\alpha_0\,,$$

womit in diesem Fall die Horizontalkomponente der Geschwindigkeit konstant ist. Zur Berechnung der Bahnkurve können wir die Beziehungen aus Beispiel 4-4

$$x_1(\alpha) = -\frac{1}{g}\int_{\bar\alpha=\alpha_0}^{\alpha} v^2(\bar\alpha)\,d\bar\alpha\,, \qquad x_2(\alpha) = -\frac{1}{g}\int_{\bar\alpha=\alpha_0}^{\alpha} v^2(\bar\alpha)\tan\bar\alpha\;d\bar\alpha\,.$$

mit $x_{10} = x_{20} = 0$ nutzen. Die Integration liefert unter der Bedingung $\alpha \le \alpha_0$:

$$x_1(\alpha) = \frac{v_0^2}{g}\frac{\cos\alpha_0(\tan\alpha\cos\alpha_0 - \sin\alpha_0)}{\eta(\tan\alpha\cos\alpha_0 - \sin\alpha_0) - 1}\,,$$

$$x_2(\alpha) = -g\left(\frac{m}{k_1}\right)^2\left\{\ln(|z|) + \eta\frac{\eta[\cos\alpha_0\cos(\alpha_0-\alpha) - \cos\alpha] - \sin(\alpha_0-\alpha)}{\eta\sin(\alpha_0-\alpha) + \cos\alpha}\right\},$$

wobei wir zur Abkürzung

$$z = \eta(\tan\alpha\cos\alpha_0 - \sin\alpha_0) - 1$$

eingeführt haben. Statt des Parameters α, der die Neigung des Geschwindigkeitsvektors bezüglich der positiven x_1-Achse beschreibt, können wir auch die Zeit *t* als unabhängige Variable einführen. Dazu notieren wir den Schwerpunktsatz für die Masse *m* und erhalten mit dem Tangenteneinheitsvektor $\mathbf{e}_t = \cos\alpha\,\mathbf{e}_1 + \sin\alpha\,\mathbf{e}_2$ die Differenzialgleichung

$$m\ddot{\mathbf{r}}_S = -mg\,\mathbf{e}_2 - F_w(v)\,\mathbf{e}_t$$
$$= -mg\,\mathbf{e}_2 - k_1 v\,(\cos\alpha\,\mathbf{e}_1 + \sin\alpha\,\mathbf{e}_2) = -k_1\dot{x}_1\,\mathbf{e}_1 - (mg + k_1\dot{x}_2)\,\mathbf{e}_2.$$

Diese Vektorgleichung zerfällt in die beiden entkoppelten Differenzialgleichungen

$$m\ddot{x}_1 = -k_1\dot{x}_1\,,\quad m\ddot{x}_2 = -mg - k_1\dot{x}_2.$$

Unter Berücksichtigung der Anfangsbedingungen

$$x_1(t=0)=0,\quad \dot{x}_1(t=0)=v_{10},\quad x_2(t=0)=0,\quad \dot{x}_2(t=0)=v_{20}$$

und den Abkürzungen $\tau = \frac{k_1}{m}t$, $\zeta = \frac{k_1 v_{20}}{mg}$ sind

$$x_1(\tau) = v_{10}\frac{m}{k_1}\left(1-e^{-\tau}\right),\quad x_2(\tau) = \frac{m^2 g}{k_1^2}\left[(1+\zeta)\left(1-e^{-\tau}\right)-\tau\right].$$

Durch Ableitungen nach der Zeit *t* erhalten wir unter Beachtung von $\frac{d}{dt} = \frac{k_1}{m}\frac{d}{d\tau}$ die Komponenten des Geschwindigkeitsvektors

$$v_1(\tau) = v_{10}e^{-\tau},\quad v_2(\tau) = \frac{mg}{k_1}\left[(1+\zeta)e^{-\tau}-1\right].$$

Die Wurfbahn hat für $\tau \to \infty$ die vertikale Asymptote

$$\max x_1 = \lim_{\tau\to\infty} x_1(\tau) = \frac{v_{10}\,m}{k_1},$$

und der Körper besitzt im Grenzfall nur die Geschwindigkeitskomponente

$$\lim_{\tau\to\infty} v_2(\tau) \equiv v_{2\infty} = -\frac{mg}{k_1}.$$

Wegen $v_2(t = t_H) = 0$ vergeht zum Erreichen des Scheitelpunktes die Steigzeit

$$t_H = \frac{m}{k_1}\ln(1+\zeta).$$

Damit erhalten wir die Koordinaten des Scheitelpunktes zu

$$x_{1H} = \frac{v_{10}\,m}{k_1}\frac{\zeta}{1+\zeta},\quad x_{2H} = g\left(\frac{m}{k_1}\right)^2\left[\zeta - \ln(1+\zeta)\right].$$

Hinsichtlich weiterer Details wird auf die entsprechenden Maple-Arbeitsblätter verwiesen. ■

4.6 Rollwiderstand

Obwohl oft von *Rollreibung* gesprochen wird, hat das Phänomen des Rollwiderstandes im physikalischen Sinne nichts mit der Reibung zu tun. Beim Fortrollen realer Körper ist erfahrungsgemäß immer ein Widerstand zu überwinden, so beispielsweise beim Rad-Schiene-Kontakt einer Eisenbahn oder beim Abrollen einer Walze auf einer schiefen Ebene. Ohne einen Antrieb würde die Walze nach gewisser Zeit zur Ruhe kommen. Rollt dagegen ein starrer Körper – ohne zu gleiten – auf einer starren Unterlage ab, dann tritt theoretisch kein Rollwiderstand auf, da zwischen beiden Körpern nur ein linienhafter Kontakt bestehen kann. Beim Abrollen auf einer schiefen Ebene liegen in diesem Fall die Reaktionskraft und die Gewichtskraft nicht in einer Geraden, womit ein Gleichgewichtszustand nicht möglich ist. Wir müssen also bei der Betrachtung realer Körper die Fiktion des starren Körpers aufgeben und unterstellen, dass sich beide Körper in der Umgebung des Kontaktes mehr oder weniger verformen.

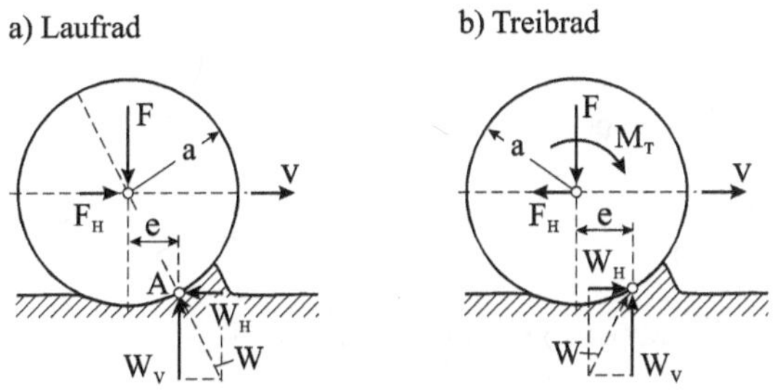

Abb. 4.17 *Rollwiderstand am a) Laufrad und b) Treibrad*

Beim Rad-Schiene-Kontakt wird i. Allg. das Rad der härtere Körper sein und damit die Schiene verformen. Vor dem Rad bildet sich eine kleine Wölbung, wodurch ein flächenhafter Kontakt entsteht und das Rad gewissermaßen eine fortdauernde Bergaufbewegung durchführt. In diesem Kontaktbereich wirken Druckspannungen, die wir zur schräg wirkenden resultierenden Kraft *W* zusammenfassen. Den Angriffspunkt *A* dieser Druckkraft verlegen wir um das Maß *e* nach vorn. Es lassen sich zwei Grundfälle unterscheiden (Abb. 4.17). Als *Treibrad* wird in einem kinematischen Getriebe ein Rad bezeichnet, das durch ein äußeres Moment M_T angetrieben wird. Fehlt dieses Moment, dann sprechen wir von einem *Laufrad*. Unterstellen wir der Einfachheit halber mit $v = |\mathbf{v}| = \text{const}$ eine gleichförmig geradlinige Bewegung, dann müssen das Kraft- und Momentengleichgewicht erfüllt sein. Betrachten wir zunächst das Laufrad, dann ist das Momentengleichgewicht erfüllt, wenn die Wirkungslinie der resultierenden Widerstandskraft *W* durch den Radmittelpunkt verläuft. Damit das horizontale Kraftgleichgewicht erfüllt ist, muss außerdem die Antriebskraft F_H über die Achse in das Rad eingeleitet werden. Die Kraftgleichgewichtsbedingungen ergeben:

$$\uparrow: \quad W_V - F = 0,$$

$$\rightarrow: \quad F_H - W_H = 0.$$

Wenn wir das geringe Eindringen des Rades in die Unterlage näherungsweise vernachlässigen, dann liefert das Momentengleichgewicht

$$a\,W_H - e\,W_V = 0,$$

und unter Berücksichtigung des Kraftgleichgewichts folgt die horizontale Widerstands- bzw. Antriebskraft eines Laufrades

$$W_H = F_H = \frac{e}{a}F = c_R\,F\,.$$

Der Quotient *e/a* heißt *Rollwiderstandskoeffizient* und wird aus dem Versuch ermittelt. Für ein Eisenbahnrad auf einer Stahlschiene ist $c_R = 0{,}001\ldots0{,}002$.

Beim Treibrad lauten die Kraftgleichgewichtsbedingungen

$$\uparrow: \qquad W_V - F = 0,$$

$$\rightarrow: \qquad W_H - F_H = 0,$$

und das Momentengleichgewicht erfordert wieder näherungsweise

$$M_T - \underbrace{a\,W_H}_{=M_z} - \underbrace{e\,W_V}_{=M_R} = 0\,.$$

Um den Rollwiderstand eines Treibrades zu überwinden, ist somit das Moment

$$M_R = e\,W_V = e\,F$$

erforderlich. Das Moment M_T bringt die horizontale Zug- oder Druckkraft F_H auf und gleicht das Moment des Rollwiderstandes M_R aus.

5 Über den Stoß fester Körper

Prallen zwei oder auch mehrere feste Körper aufeinander, dann kommt es in kürzester Zeit zu erheblichen Änderungen der Geschwindigkeiten ihrer Massenmittelpunkte (Schwerpunkte) und ihrer Winkelgeschwindigkeiten. Das passiert auch bei plötzlichen Fixierungen von Körpern, und in all diesen Fällen sprechen wir vom Stoß (engl. *impact*). Historisch ist anzumerken, dass die ersten quantitativen Ergebnisse zum Stoßproblem auf Galilei[1], Huygens[2] und Newton zurückgehen.

Der nächstliegende Fall ist der Zusammenstoß lediglich zweier Körper (Abb. 5.1), die ohne Fesselungen frei beweglich sind. Als Folge des Stoßes kommt es – hauptsächlich in der Umgebung der Kontaktbereiches – zu Verformungen beider Körper, wobei diese unter Einwirkung der Stoßkräfte zu schwingen beginnen.

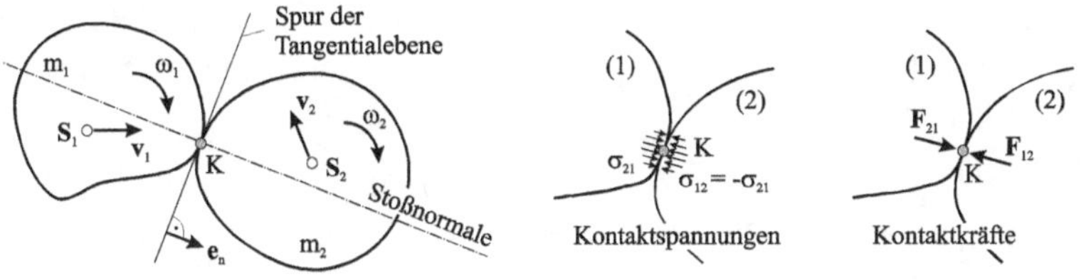

Abb. 5.1 *Zusammenstoß zweier fester Körper, Kontaktspannungen und resultierende Kontaktkräfte*

Aufgrund der Komplexität praktischer Stoßprobleme sind zur mathematischen Beschreibung erhebliche Vereinfachungen erforderlich. So werden die am Stoß beteiligten Körper vor und nach dem Stoß als starr vorausgesetzt. Lediglich während der i. Allg. sehr kurzen Kontaktphase werden die Körper als deformierbar angenommen, womit es möglich wird, den Spannungsbegriff in die Betrachtungen mit einzubeziehen. Während des Stoßes bauen sich im Kontaktbereich beider Körper innerhalb einer sehr kurzen Zeitspanne $\Delta t = t_1 - t_0$ zeit- und ortsabhängige Druckspannungen $\sigma_{12} = -\sigma_{21}$ auf, die dem Reaktionsprinzip genügen, und die wir zu resultierenden Kräften

---

1 Galileo Galilei, italien. Mathematiker, Physiker und Philosoph, 1564–1642

2 Christiaan Huygens, niederländ. Mathematiker, Physiker, Astronom und Uhrenbauer, 1629–1695

$$\mathbf{F}_{12} = \int_A \sigma_{12}\, dA = -\mathbf{F}_{21} = -\int_A \sigma_{21}\, dA$$

zusammenfassen, die dann im Kontaktpunkt *K* wirken. Der erste Index bei den doppeltindizierten Spannungen und Kräften bezeichnet den Körper, auf den die Kraft einwirkt, und der zweite Index den Körper, von dem die Kraft ausgeht. Über den quantitativen Verlauf der Kontaktspannungen kann allerdings keine Aussage getroffen werden.

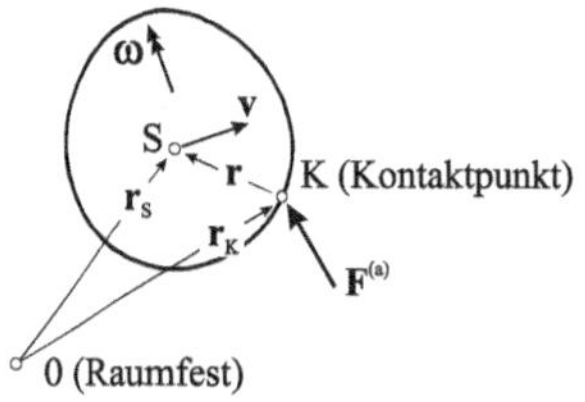

Abb. 5.2 *Körper mit Kontaktkraft* $\boldsymbol{F}^{(a)}$

Ausgangspunkte für die Herleitung der Grundgleichungen sind der Schwerpunktsatz und der Drallsatz. Mit diesen Sätzen erfassen wir in integraler Form die am Stoß beteiligten Kräfte und Momente. Das Zeitintegral über die äußere Kraft $\mathbf{F}^{(a)}(t)$ vom Beginn t_0 bis zum Ende t_1 des Stoßvorganges wird *Kraftstoß* $\boldsymbol{J}$ oder auch kurz *Stoß* genannt. Nach Gleichung (3.5) ist dieses Integral identisch mit der Impulsänderung, also

$$\mathbf{J} = \int_{t_0}^{t_1} \mathbf{F}^{(a)}(t)\, dt = m \int_{\mathbf{v}_0}^{\mathbf{v}_1} d\mathbf{v} = m(\underbrace{\mathbf{v}_1 - \mathbf{v}_0}_{=\Delta \mathbf{v}_S}) = m\,\Delta \mathbf{v}_S = \underbrace{\mathbf{p}_1 - \mathbf{p}_0}_{=\Delta \mathbf{p}}\,.$$

Da das Produkt $m\,\Delta\mathbf{v}_S$ eine endliche Größe darstellt, und die Stoßdauer $\Delta t = t_1 - t_0$ i. Allg. sehr klein ist, muss die unter dem Integral stehende Stoßkraft $\mathbf{F}^{(a)}$ sehr groß sein, was dazu Veranlassung gibt, alle sonstigen äußeren Kräfte, dazu gehört auch die Schwerkraft, zu vernachlässigen. Wir können den Kraftstoß $\boldsymbol{J}$ zerlegen in den

Normalstoß $\quad \mathbf{J}_n = (\mathbf{J} \cdot \mathbf{e}_n)\mathbf{e}_n$

und den

Tangentialstoß $\quad \mathbf{J}_t = (\mathbf{J} \cdot \mathbf{e}_t)\mathbf{e}_t\,.$

Erfolgt der Stoß reibungsfrei, dann ist $\mathbf{J}_t = \mathbf{0}$, und der Kraftstoß

$$\mathbf{J} = J\,\mathbf{e}_n$$

fällt mit der Stoßnormalen zusammen.

Ausgehend vom Drallsatz bezogen auf den beliebig bewegten Schwerpunkt *S* in der Form

$$\mathbf{M}_S^{(a)}(t) = \dot{\mathbf{L}}_S = \frac{d}{dt}\int_{(m)} \mathbf{z}\times\dot{\mathbf{z}}\,dm = \frac{d}{dt}(\Theta_S\cdot\omega) = -\mathbf{r}\times\mathbf{F}^{(a)}(t)$$

erhalten wir durch Integration über die Stoßzeit $\Delta t = t_1 - t_0$:

$$\int_{t=t_0}^{t_1}\mathbf{M}_S^{(a)}\,dt = \mathbf{L}_0^1 - \mathbf{L}_0^0 = \Delta\mathbf{L}_0 = \Theta_S\cdot\int_{\omega=\omega_0}^{\omega_1}d\omega = \Theta_S\cdot(\omega_1-\omega_0) = -\mathbf{r}\times\int_{t_0}^{t_1}\mathbf{F}^{(a)}(t)\,dt = \mathbf{J}\times\mathbf{r}\,,$$

wobei wir während der sehr kurzen Stoßphase näherungsweise von einem stetigen und konstanten Vektor $\mathbf{r}$ ausgegangen sind. Die Änderung $\Delta\mathbf{L}_0$ des Drallvektors während der Stoßzeit ist folglich identisch mit dem Moment des Kraftstoßes, das auch als *Drehstoß* bezeichnet wird. Zur Terminologie des Stoßes ist noch folgendes anzumerken: Die gemeinsame Flächennormale im Kontaktpunkt *K* wird *Stoßnormale* genannt, die senkrecht auf der Tangentialebene steht. Eine eindeutige Festlegung der Stoßnormalen ist immer dann möglich, wenn die Körper im Kontaktpunkt *K* keine Ecken und Kanten aufweisen. Wir sprechen vom *zentralen Stoß*, wenn die Stoßkraft in der Verbindungsgeraden der Schwerpunkte beider Körper liegt. Von einem *geraden zentralen Stoß* wird gesprochen, wenn noch zusätzlich die Geschwindigkeitsvektoren der Körperschwerpunkte in die Verbindungsgerade fallen, andernfalls handelt es sich um den *schiefen zentralen Stoß*. Fallen weder die Stoßkräfte noch die Geschwindigkeitsvektoren in die Verbindungsgerade, dann liegt ein *schiefer exzentrischer Stoß* vor.

5.1 Der gerade zentrale Stoß

Wir betrachten der Einfachheit halber die beiden zum Stoß kommenden Kugeln in Abb. 5.3. Wie bereits erwähnt, liegen beim geraden zentralen Stoß sowohl die Stoßkräfte wie auch die Geschwindigkeitsvektoren in der Verbindungsgeraden der beiden Schwerpunkte. Vor und nach dem Stoß sind die Winkelgeschwindigkeiten beider Körper null. Da hier ein eindimensionales Problem vorliegt – die Stoßnormale haben wir in die x_1-Achse gelegt – verzichten wir auf den Vektorcharakter und ersetzen im Folgenden die Vektoren durch ihre entsprechenden skalaren Größen. Die Geschwindigkeiten der beiden Kugelschwerpunkte S_1 und S_2 unmittelbar vor dem Stoß sind v_1 und v_2, und die gesuchten Geschwindigkeiten direkt nach dem Stoß werden mit c_1 und c_2 abgekürzt.

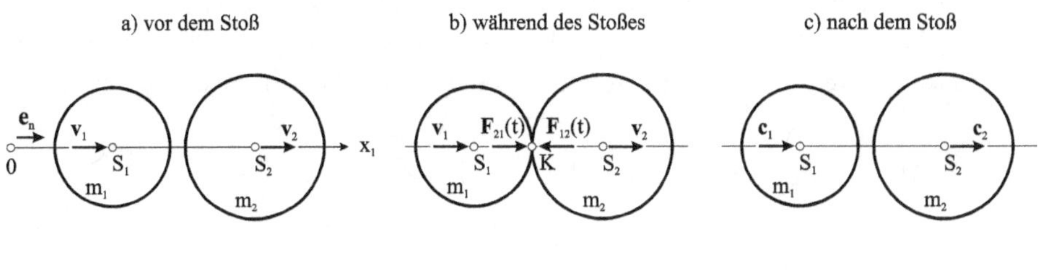

Abb. 5.3 Der gerade zentrale Stoß zweier Kugeln

Wir notieren zunächst unter Beachtung des Reaktionsprinzips die auf beide Massen einwirkenden Kraftstöße und erhalten:

$$\underline{\text{Körper 1}}: \quad J_1 = \int_{t_0}^{t_1} F_{12}(t)\,dt = m_1(c_1 - v_1)\,,$$

$$\underline{\text{Körper 2}}: \quad J_2 = \int_{t_0}^{t_1} F_{21}(t)\,dt = -\int_{t_0}^{t_1} F_{12}(t)\,dt = -J_1 = m_2(c_2 - v_2)\,.$$

Durch Addition beider Gleichungen folgt $m_1(c_1 - v_1) + m_2(c_2 - v_2) = 0$ oder

$$m_1 v_1 + m_2 v_2 = m_1 c_1 + m_2 c_2\,, \tag{5.1}$$

und das ist die Erhaltung des Impulses. Da die obige Gleichung mit c_1 und c_2 die beiden unbekannten Geschwindigkeiten nach dem Stoß enthält, benötigen wir zur Lösung des Problems eine weitere Beziehung. Dazu denken wir uns beide Körper als deformierbar und zerlegen den Stoßvorgang in eine *Kompressionsphase* (Index *K*) und eine *Restitutionsphase* (Index *R*).

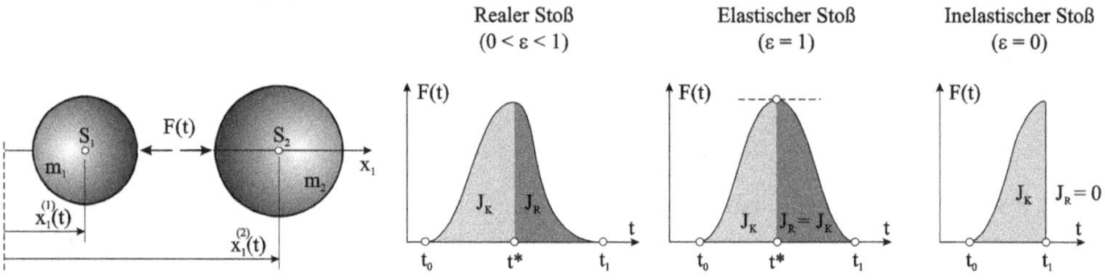

Abb. 5.4 *Freischnittskizze und qualitativer Kraftverlauf F(t) während des Stoßes*

Die Kompressionsphase, in der sich der anfängliche Abstand im Verlauf des Stoßes verkleinert, findet in der Zeit von t_0 bis t^*, und die Restitutionsphase, in der der Abstand mehr oder weniger wieder das ursprüngliche Maß annimmt, findet in der Zeit von t^* bis t_1 statt. Die Kraft F(t), die von den Körpern aufeinander ausgeübt wird, steigt mit der Zeit von t_0 beginnend stetig an, um bei t^* ihren Größtwert zu erreichen. Die Kompressionsphase soll dann beendet sein, wenn die beiden Schwerpunkte den geringsten Abstand $x_1^{(2)}(t) - x_1^{(1)}(t)$ haben. Das erfordert

$$\frac{d}{dt}\left[x_1^{(2)}(t) - x_1^{(1)}(t)\right]_{t=t^*} = 0 = v_2(t^*) = v_1(t^*)\,.$$

Kürzen wir die gemeinsamen Schwerpunktsgeschwindigkeiten $v_1(t^*) = v_2(t^*)$ mit *u* und die Kontaktkräfte mit F(t) ab und werten die Kompressionsphase beider Massen aus, dann erhalten wir unter Beachtung des Reaktionsprinzips

$$m_1(u - v_1) = -\int_{t_0}^{t^*} F(t)\,dt = -J_K, \quad m_2(u - v_2) = \int_{t_0}^{t^*} F(t)\,dt = J_K . \tag{5.2}$$

Entsprechend folgt für die Restitutionsphase

$$m_1(c_1 - u) = -\int_{t^*}^{t_1} F(t)\,dt = -J_R, \quad m_2(c_2 - u) = \int_{t^*}^{t_1} F(t)\,dt = J_R . \tag{5.3}$$

Zur Berechnung der fünf Unbekannten u, J_K, J_R, c_1, c_2 reichen die vier Gleichungen in (5.2) und (5.3) nicht aus. Wir benötigen noch die auf Newton zurückgehende *Stoßhypothese*, nach der die Kraftstöße der Kompressions- und Restitutionsphase in einem festen Verhältnis zueinander stehen

$$J_R = \varepsilon J_K \qquad \text{mit} \qquad 0 \le \varepsilon \le 1 . \tag{5.4}$$

Bei einem ideal elastischen Stoß ist $\varepsilon = 1$, und für einen ideal inelastischen Stoß gilt $\varepsilon = 0$. Die Stoßzahl ε, die von den Materialien der am Stoß beteiligten Körper und der Differenz der Auftreffgeschwindigkeiten abhängt, muss aus Versuchen bestimmt werden.

Mit den nun vorliegenden fünf Gleichungen in (5.2), (5.3) und (5.4) ermitteln wir die Unbekannten

$$u = \frac{m_1 v_1 + m_2 v_2}{m_1 + m_2} \quad J_K = \frac{m_1 m_2 (v_1 - v_2)}{m_1 + m_2}, \qquad J_R = \varepsilon \frac{m_1 m_2 (v_1 - v_2)}{m_1 + m_2},$$
$$c_1 = v_1 - \frac{(1+\varepsilon)(v_1 - v_2)}{1 + m_1/m_2}, \quad c_2 = v_2 + \frac{(1+\varepsilon)(v_1 - v_2)}{1 + m_2/m_1} . \tag{5.5}$$

Der gesamte Stoß ist dann

$$J = J_K + J_R = \frac{(1+\varepsilon)\, m_1 m_2 (v_1 - v_2)}{m_1 + m_2} . \tag{5.6}$$

Der Geschwindigkeitsdifferenz $c_2 - c_1 = \varepsilon (v_2 - v_1)$ beider Körper entnehmen wir folgende Beziehung, die auch als *Stoßbedingung* bezeichnet wird:

$$\varepsilon = -\frac{c_1 - c_2}{v_1 - v_2}, \tag{5.7}$$

womit ε das Verhältnis der Relativgeschwindigkeiten beider Körper nach und vor dem Stoß wiederspiegelt. Die kinetischen Energien beider Körper vor und nach dem Stoß sind

$$E_V = \frac{1}{2} m_1 v_1^2 + \frac{1}{2} m_2 v_2^2 , \qquad E_N = \frac{1}{2} m_1 c_1^2 + \frac{1}{2} m_2 c_2^2 .$$

Infolge des Stoßes verliert das System die kinetische Energie

$$\Delta E_{Verl} = E_V - E_N = \frac{1}{2} m_1 (v_1^2 - c_1^2) + \frac{1}{2} m_2 (v_2^2 - c_2^2) = \frac{1-\varepsilon^2}{2} \frac{m_1 m_2}{m_1 + m_2} (v_1 - v_2)^2 \tag{5.8}$$

die erfahrungsgemäß in eine andere Energieform wie Verformungs- und Wärmeenergie umgewandelt wird und als kinetische Energie nach dem Stoß nicht mehr zur Verfügung steht. Beim inelastischen Stoß mit $\varepsilon = 0$ entfällt mit $J_R = 0$ die Restitutionsphase, und es folgt

$$\Delta E_{Verl} = \frac{1}{2} \frac{m_1 m_2}{m_1 + m_2} (v_1 - v_2)^2 .$$

Im ideal elastischen Fall mit $\varepsilon = 1$ tritt kein Energieverlust auf, und es gilt dann mit (5.8) der *Energieerhaltungssatz* in der Form:

$$\frac{1}{2} m_1 v_1^2 + \frac{1}{2} m_2 v_2^2 = \frac{1}{2} m_1 c_1^2 + \frac{1}{2} m_2 c_2^2 .$$

Es sollen noch einige Sonderfälle betrachtet werden:

1. Fall: $\varepsilon = 1$ (der ideal elastische Stoß)

$$c_1 = \frac{2 m_2 v_2 + (m_1 - m_2) v_1}{m_1 + m_2} , \qquad c_2 = \frac{2 m_1 v_1 - (m_1 - m_2) v_2}{m_1 + m_2} , \qquad \Delta E_{Verl} = 0 .$$

2. Fall: $\varepsilon = 0$ (der ideal inelastische Stoß)

$$c_1 = c_2 = \frac{m_1 v_1 + m_2 v_2}{m_1 + m_2} = u , \qquad \Delta E_{Verl} = \frac{1}{2} \frac{m_1 m_2}{m_1 + m_2} (v_1 - v_2)^2 .$$

Beide Körper bewegen sich nach dem Stoß mit derselben Geschwindigkeit *u* weiter. Der Energieverlust ist maximal.

3. Fall: $m_1 = m_2 = m$:

$$c_1 = \frac{1}{2} [v_1 + v_2 - \varepsilon (v_1 - v_2)] , \quad c_2 = \frac{1}{2} [v_1 + v_2 + \varepsilon (v_1 - v_2)] , \quad \Delta E_{Verl} = \frac{1-\varepsilon^2}{4} m (v_1 - v_2)^2 .$$

Insbesondere gilt für

$\varepsilon = 0$: $\quad c_1 = c_2 = \frac{1}{2} (v_1 + v_2) , \quad \Delta E_{Verl} = \frac{1}{4} m (v_1 - v_2)^2$

$\varepsilon = 1: \quad c_1 = v_2, \; c_2 = v_1, \qquad \Delta E_{Verl} = 0.$

Die letzte Beziehung zeigt das interessante Ergebnis, wonach sich die Geschwindigkeiten beider Körper nach dem verlustfreien Stoß ausgetauscht haben.

Für Billardkugeln, die heute nicht mehr aus Elfenbein sondern aus einem Kunststoff (etwa Aramith) hergestellt werden, kann mit guter Näherung $\varepsilon = 1$ gesetzt werden. Stößt beispielsweise eine solche Kugel mit v_1 auf eine ruhende Kugel gleichen Materials und gleicher Masse, dann gilt mit $v_2 = 0$:

$$c_1 = 0, \quad c_2 = v_1.$$

Die erste Kugel bleibt demzufolge liegen und die zweite bewegt sich nach dem Stoß mit der Geschwindigkeit v_1 weiter. Stoßen dagegen die Kugeln mit den Geschwindigkeiten $v_2 = -v_1$ zusammen, dann bewegen sich beide nach dem Stoß mit umgekehrt gerichteten Geschwindigkeiten

$$c_1 = -v_1, \quad c_2 = v_1$$

weiter.

4. Fall: $m_2 \to \infty$, $v_2 = 0$ (Stoß gegen eine ruhende starre Wand):

$$c_1 = -\varepsilon v_1, \quad c_2 = 0, \qquad \Delta E_{Verl} = \frac{1-\varepsilon^2}{2} m_1 v_1^2.$$

Beispiel 5-1:

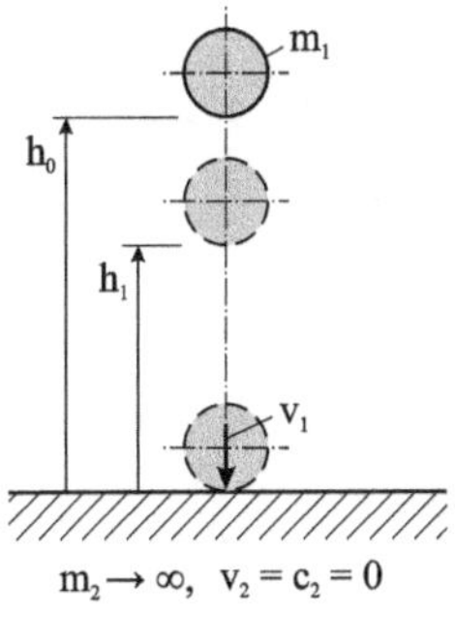

Abb. 5.5 *Rücksprunghöhe h_1 einer Kugel*

Die Gleichungen des 4. Falls können zur experimentellen Bestimmung der Stoßzahl ε benutzt werden. Dazu lässt man eine kleine Kugel aus der Höhe h_0 auf eine glatte möglichst steife Platte fallen. Da während des Stoßes unvermeidlich kinetische Energie verlorengeht, erreicht die Kugel beim ersten Rückprall nur noch die Höhe h_1 (Abb. 5.5). Gesucht werden die Stoßzahl ε, die wir aus den Beziehungen des oben behandelten 4. Falls bestimmen können, und die nach dem *n*-fachen Rückprall verlorengegangene kinetische Energie. Es sollen ferner die Kraftstöße der Kompressions- und Restitutionsphase und die mittlere Stoßkraft $F_m = J/\Delta t$ berechnet werden, wenn aus experimentellen Befunden die Stoßdauer Δt bekannt ist.

Lösung: Nach den Gesetzen des freien Falls besitzt die Kugel beim ersten Aufprall auf die starre Platte die Geschwindigkeit $v_1 = \sqrt{2g\,h_0}$. Unmittelbar nach dem Stoß muss die Rückprallgeschwindigkeit $c_1 = -\varepsilon\, v_1 = -\varepsilon\sqrt{2g\,h_0}$ sein. Das Minuszeichen zeigt an, dass c_1 der Aufprallgeschwindigkeit v_1 entgegengerichtet ist. Mit dieser Anfangsgeschwindigkeit erreicht die Kugel die Steighöhe h_1. Damit ist aber auch $c_1 = -\sqrt{2g\,h_1}$, womit aus der Gleichung $c_1 = -\varepsilon\sqrt{2g\,h_0} = -\sqrt{2g\,h_1}$ die Stoßzahl $\varepsilon = \sqrt{h_1/h_0}$ errechnet werden kann. Der Energieverlust nach dem ersten Stoß berechnet sich zu $\Delta E_{\mathrm{Verl}} = \dfrac{1-\varepsilon^2}{2} m_1\, v_1^2 = (1-\varepsilon^2)\, m_1\, g\, h_0$. Für die Kraftstöße der Kompressions- und Restitutionsphase errechnen wir

$$J_K = m_1\, v_1\,,\ J_R = \varepsilon\, J_K\,,\ J = J_K + J_R = (1+\varepsilon)\, m_1\, v_1\,.$$

Nach dem freien Fall aus der Höhe h_1 hat die Kugel lediglich die Rückprallgeschwindigkeit $c_2 = -\varepsilon\sqrt{2g\,h_1} = -\sqrt{2g\,h_2}$, womit nur noch die Höhe h_2 erreicht wird, was zu der Beziehung $h_2 = \varepsilon^2\, h_1 = \varepsilon^4\, h_0$ führt. Allgemein erreicht die Kugel nach dem *n*-fachen Rückprall die Höhe $h_n = \varepsilon^{2n}\, h_0$ (n = 1, 2, …). So errechnet sich für eine Stahlkugel mit $\varepsilon = 0{,}8$ nach dem ersten Rückprall (n = 1) eine Steighöhe von $h_1 = 0{,}8^2\, h_0 = 0{,}64 h_0$ und nach dem dritten Rückprall ist $h_3 = 0{,}8^6\, h_0 = 0{,}26\, h_0$. Bei jedem Rückprall verliert die Kugel für $0 < \varepsilon < 1$ kinetische Energie. Prallt die Kugel insgesamt n-fach zurück, dann beträgt der Energieverlust

$$\Delta E_{\mathrm{Verl}}^{(n)} = (1-\varepsilon^2)\, m_1\, g\, h_0 \sum_{k=1}^{n} \varepsilon^{2(k-1)} = m_1\, g\, h_0 \left(1-\varepsilon^{2n}\right),$$ und im Grenzfall $n \to \infty$ ist wegen

$$\sum_{k=1}^{\infty} \varepsilon^{2(k-1)} = \frac{1}{1-\varepsilon^2}$$

der Energieverlust

$$\Delta E_{\mathrm{Verl}}^{(n\to\infty)} = m_1\, g\, h_0\,,$$

was physikalisch sofort einleuchtet. Wir können noch, und das auch nur näherungsweise, eine Aussage zur gemittelten Stoßkraft F_m selbst machen, wenn die Stoßzeit Δt aus experimentellen Befunden bekannt ist. Fällt beispielsweise die Kugel der Masse m = 0,2 kg aus eine Höhe h_0 = 1,5 m auf eine starre Platte, dann beträgt bei einer gemessenen Kontaktdauer von Δt = 0,05 s und einer Stoßzahl (ε = 0,9) die mittlere Stoßkraft (g = 9,81 m s^{-2})

$$F_m = \frac{J}{\Delta t} = \frac{(1+\varepsilon)\, m\sqrt{2g\, h_0}}{\Delta t} = 41{,}2\,\mathrm{N}.$$ ■

5.2 Der schiefe zentrale Stoß

Ein schiefer zentraler Stoß zweier Körper liegt vor, wenn die Stoßkräfte in der Verbindungslinie beider Schwerpunkte liegen, nicht aber die Geschwindigkeitsvektoren selbst. Um hier zu einer praktikablen Lösung zu kommen, wird von Kräften senkrecht zur Stoßnormalen abgesehen, beispielsweise von immer vorhandenen Reibungskräften. Der Einfachheit halber wird der Stoß in der (x_1, x_2)-Ebene betrachtet, wobei die Stoßnormale $\mathbf{e}_n$ in der x_1-Achse liegt und durch den Kontaktpunkt *K* verläuft (Abb. 5.6).

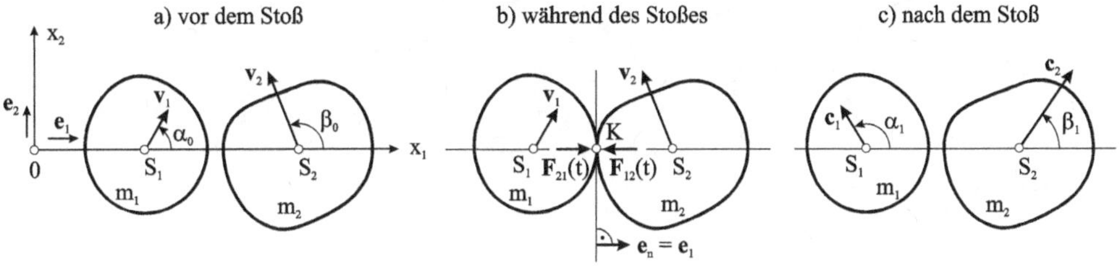

Abb. 5.6 *Der schiefe zentrale Stoß*

Unter dieser Voraussetzung können dann senkrecht zur Stoßnormalen $\mathbf{e}_n$ keine Geschwindigkeitsänderungen auftreten, was

$$v_1 \sin\alpha_0 = c_1 \sin\alpha_1, \quad v_2 \sin\beta_0 = c_2 \sin\beta_1 \tag{5.9}$$

erfordert. In Richtung der Stoßnormalen folgt mit (5.5), wenn wir dort v_1, v_2, c_1 und c_2 durch $v_1 \cos\alpha_0$, $v_2 \cos\beta_0$, $c_1 \cos\alpha_1$ und $c_2 \cos\beta_1$ ersetzen:

$$\begin{aligned} c_1 \cos\alpha_1 &= v_1 \cos\alpha_0 - \frac{(1+\varepsilon)(v_1 \cos\alpha_0 - v_2 \cos\beta_0)}{1 + m_1 / m_2}, \\ c_2 \cos\beta_1 &= v_2 \cos\beta_0 + \frac{(1+\varepsilon)(v_1 \cos\alpha_0 - v_2 \cos\beta_0)}{1 + m_2 / m_1}. \end{aligned} \tag{5.10}$$

Die vier Gleichungen in (5.9) und (5.10) gestatten die Berechnung der vier Unbekannten α_1, β_1, c_1 und c_2. Wir erhalten

$$\begin{aligned} \tan\alpha_1 &= \frac{(m_1 + m_2) v_1 \sin\alpha_0}{m_1 v_1 \cos\alpha_0 + m_2 v_2 \cos\beta_0 - \varepsilon m_2 (v_1 \cos\alpha_0 - v_2 \cos\beta_0)}, \\ \tan\beta_1 &= \frac{(m_1 + m_2) v_2 \sin\beta_0}{m_1 v_1 \cos\alpha_0 + m_2 v_2 \cos\beta_0 + \varepsilon m_1 (v_1 \cos\alpha_0 - v_2 \cos\beta_0)}. \end{aligned} \tag{5.11}$$

Mit den Gleichungen (5.10) liegen dann auch die Geschwindigkeiten c_1 und c_2 fest.

Beispiel 5-2:

Für den schiefen zentralen Stoß in Abb. 5.7 sind die Geschwindigkeiten beider Körper nach dem Stoß zu berechnen.

Geg.: $m_1 = 1$, $m_2 = 2$, $v_1 = 2$, $v_2 = 1$, $\alpha_0 = \pi/4$, $\beta_0 = 3/4\pi$, $\varepsilon = 1/2$.

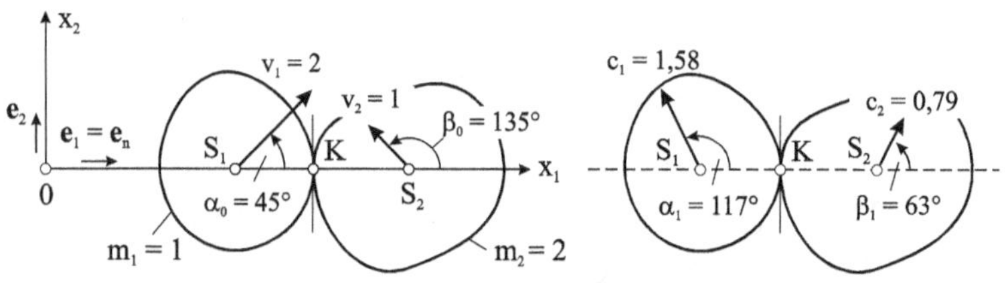

Abb. 5.7 Der schiefe zentrale Stoß

Lösung: Maple liefert uns mit den Werten des Beispiels:

$$\alpha_1 = -\arctan(2) + \pi = 2{,}034\,(= 116{,}57°),\ \beta_1 = \arctan(2) = 1{,}107\,(= 63{,}43°)\,,$$

$$c_1 = 1/2\sqrt{10} = 1{,}58,\ c_2 = 1/4\sqrt{10} = 0{,}79\,.$$ ■

Beispiel 5-3:

Entwerfen Sie eine Maple-Prozedur zur automatisierten Berechnung der Zustandsgrößen für den geraden sowie den schiefen zentralen Stoß zweier Körper. Berechnen Sie ferner die kinetischen Energien des Systems vor und nach dem Stoß und den infolge des Stoßes eintretenden Energieverlust. Die Prozedur soll auch den Stoß eines Körpers gegen eine starre ruhende Wand simulieren können. Wenden Sie die Prozedur auf die Systeme in Beispiel 5-1 und Beispiel 5-2 an, und kontrollieren Sie die dort erzielten Ergebnisse. ■

Beispiel 5-4:

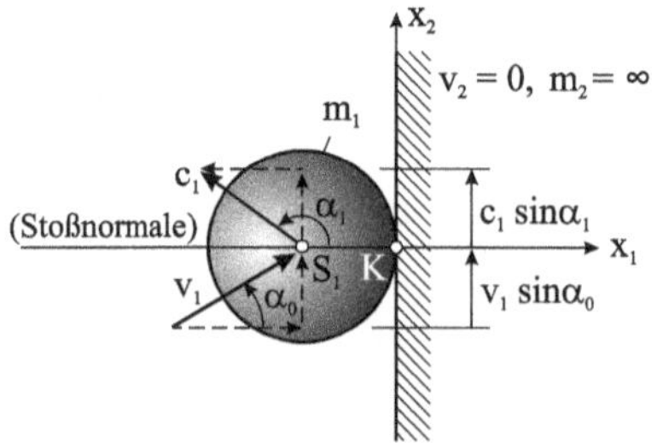

Abb. 5.8 Schiefer zentraler Stoß einer nicht rotierenden Kugel gegen eine glatte Wand

Es soll der schiefe zentrale Stoß einer nicht rotierenden Kugel der Masse m_1 gegen eine glatte Wand untersucht werden (Abb. 5.8). Wir interessieren uns für die Geschwindigkeit c_1 der Kugel nach dem Stoß und den Reflexionswinkel α_1. Ermitteln Sie ferner die kinetische Energie der Kugel vor und nach dem Stoß sowie den Energieverlust als Folge des Stoßes.

Geg.: m_1, v_1, α_0.

Lösung: Aus der ersten Beziehung der Gleichungen (5.11) folgt für $v_2 = 0$ und $m_2 \to \infty$ der Reflexionswinkel

$$\alpha_1 = -\arctan\left(\frac{1}{\varepsilon}\tan\alpha_0\right), \quad \to \sin\alpha_1 = -\frac{\tan\alpha_0}{\sqrt{\varepsilon^2+\tan^2\alpha_0}}, \cos\alpha_1 = \frac{\varepsilon}{\sqrt{\varepsilon^2+\tan^2\alpha_0}},$$

und die erste Gleichung in (5.10) liefert uns die Geschwindigkeit der Kugel nach dem Stoß

$$c_1 = -\varepsilon v_1 \frac{\cos\alpha_0}{\cos\alpha_1} = -v_1\cos\alpha_0\sqrt{\varepsilon^2+\tan^2\alpha_0}\,.$$

Für den ideal elastischen Stoß mit $\varepsilon = 1$ sind $\alpha_1 = -\alpha_0$ und $c_1 = -v_1$, und das ist das *Reflexionsgesetz* (engl. *reflection law*), wonach der Einfallswinkel gleich dem Ausfallswinkel ist. Für den ideal inelastischen Stoß mit $\varepsilon = 0$ wird $\alpha_1 = \operatorname{sign}(\tan\alpha_0)\pi/2$. Die Masse m_1 bewegt sich in diesem Fall mit der Geschwindigkeit $c_1 = v_1\sin\alpha_0$ an der Wand entlang, und zwar nach oben für $0 < \alpha_0 < 90°$ und nach unten für $-90° < \alpha_0 < 0°$. Die kinetischen Energien der Kugel vor und nach dem Stoß sind

$$E_V = \frac{1}{2}m_1 v_1^2,\; E_N = \frac{1}{2}m_1 c_1^2 = \frac{1}{2}m_1 v_1^2\left[1-(1-\varepsilon^2)\cos^2\alpha_0\right].$$

Damit folgt der Energieverlust $\Delta E_{Verl} = \dfrac{1-\varepsilon^2}{2}m_1 v_1^2\cos^2\alpha_0$. ■

5.3 Der schiefe exzentrische Stoß

Der schiefe exzentrische Stoß soll hier auch nur für den ebenen Sonderfall behandelt werden. Für die folgenden Untersuchungen werden einige der vorab im Zusammenhang mit dem geraden zentralen Stoß getroffenen Vereinbarungen fallengelassen:

1. Vor dem Stoß sind die Winkelgeschwindigkeiten nicht mehr null.
2. Die Stoßnormale verläuft nicht mehr durch die beiden Körperschwerpunkte.
3. Die Geschwindigkeitsvektoren der Schwerpunkte liegen vor dem Stoß nicht mehr auf der Stoßnormalen.

Zur Beschreibung des Problems verwenden wir das Koordinatensystem in Abb. 5.9 mit dem Ursprung *0* im Kontaktpunkt *K*. Die Bewegungsebene ist die (1,2)-Ebene und die Tangentialebene fällt mit der (2,3)-Ebene zusammen. Der Einheitsvektor der Stoßnormalen $\mathbf{e}_n$ liegt auf der 1-Achse. Unmittelbar vor dem Stoß hat der Starrkörper 1 die Schwerpunktsgeschwindigkeit $\mathbf{v}_1$ und die Winkelgeschwindigkeit $\boldsymbol{\omega}_1$. Für den Starrkörper 2 gilt entsprechendes. Unmittelbar nach dem Stoß sind die Geschwindigkeiten und Winkelgeschwindigkeit der zusammenstoßenden Körper $\mathbf{c}_1$, $\boldsymbol{\Omega}_1$, $\mathbf{c}_2$ und $\boldsymbol{\Omega}_2$, die es zu berechnen gilt.

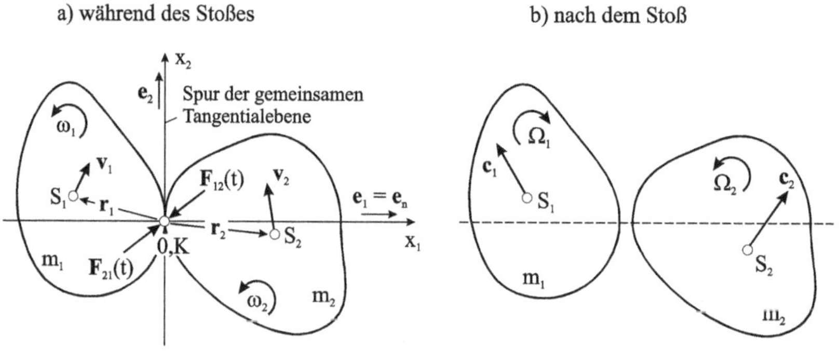

Abb. 5.9 *Der schiefe exzentrische Stoß, ebenes Problem*

Es gilt weiterhin der Impulserhaltungssatz (jetzt aber in der vektoriellen Form)

$$\mathbf{0} = m_1(\mathbf{c}_1 - \mathbf{v}_1) + m_2(\mathbf{c}_2 - \mathbf{v}_2)\,. \tag{5.12}$$

Mit dem Satz von der Erhaltung des Drehimpulses notieren wir für beide Körper

$$\begin{aligned} \mathbf{0} &= \boldsymbol{\Theta}_1 \cdot (\boldsymbol{\Omega}_1 - \boldsymbol{\omega}_1) + m_1\,\mathbf{r}_1 \times (\mathbf{c}_1 - \mathbf{v}_1) \\ \mathbf{0} &= \boldsymbol{\Theta}_2 \cdot (\boldsymbol{\Omega}_2 - \boldsymbol{\omega}_2) + m_2\,\mathbf{r}_2 \times (\mathbf{c}_2 - \mathbf{v}_2) \end{aligned}\,. \tag{5.13}$$

Zur Lösung dieses Gleichungssystems notieren wir die Koordinatengleichungen der Beziehungen (5.12) und (5.13)

$$\begin{aligned} 0 &= m_1(c_{11} - v_{11}) + m_2(c_{21} - v_{21}), \\ 0 &= m_1(c_{12} - v_{12}) + m_2(c_{22} - v_{22}), \\ 0 &= \Theta_1(\Omega_1 - \omega_1) + m_1[x_{11}(c_{12} - v_{12}) - x_{12}(c_{11} - v_{11})], \\ 0 &= \Theta_2(\Omega_2 - \omega_2) + m_2\,[x_{21}(c_{22} - v_{22}) - x_{22}(c_{21} - v_{21})]. \end{aligned} \tag{5.14}$$

Darin bezeichnen Θ_i (i = 1,2) die axialen Massenträgheitsmomente der beiden Körper bezogen auf Achsen durch den jeweiligen Schwerpunkt S_i und

$$\mathbf{r}_i = \begin{bmatrix} x_{i1} \\ x_{i2} \end{bmatrix}, \ \mathbf{v}_i = \begin{bmatrix} v_{i1} \\ v_{i2} \end{bmatrix}, \ \mathbf{c}_i = \begin{bmatrix} c_{i1} \\ c_{i2} \end{bmatrix}$$

die Ortsvektoren zu den Körperschwerpunkten sowie die Geschwindigkeitsvektoren vor und nach dem Stoß. Die vier Gleichungen (5.14) enthalten mit $c_{11}, c_{12}, \Omega_1, c_{21}, c_{22}, \Omega_2$ genau sechs Unbekannte; es fehlen also noch zwei Gleichungen. Eine weitere Gleichung beschaffen wir uns mittels der Newtonschen Stoßhypothese, wonach die Relativgeschwindigkeiten am Kontaktpunkt *K* vor und nach dem Stoß in Richtung der Stoßnormalen im Verhältnis

$$\varepsilon = -\frac{\mathbf{c}_{rel}^{(P)} \cdot \mathbf{e}_n}{\mathbf{v}_{rel}^{(P)} \cdot \mathbf{e}_n} = -\frac{[(\mathbf{c}_1 - \mathbf{\Omega}_1 \times \mathbf{r}_1) - (\mathbf{c}_2 - \mathbf{\Omega}_2 \times \mathbf{r}_2)] \cdot \mathbf{e}_n}{[(\mathbf{v}_1 - \omega_1 \times \mathbf{r}_1) - (\mathbf{v}_2 - \omega_2 \times \mathbf{r}_2)] \cdot \mathbf{e}_n} = -\frac{c_{11} - c_{21} + \Omega_1 x_{12} - \Omega_2 x_{22}}{v_{11} - v_{21} + \omega_1 x_{12} - \omega_2 x_{22}} \tag{5.15}$$

zueinander stehen. Die letzte noch ausstehende Gleichung könnten wir beispielsweise dadurch gewinnen, indem wir eine Aussage über die Tangentialkomponente der Stoßkraft treffen, wozu allerdings experimentelle Befunde erforderlich wären. Wir wollen deshalb nur zwei Sonderfälle betrachten.

1. Fall: Die Oberflächen beider Körper sind ideal glatt.

2. Fall: Beide Körper haften während des Kontaktes aneinander.

Im 1. Fall sprechen wir auch von einem reibungsfreien Stoß. Die Stoßkraft besitzt dann nur eine Komponente in Richtung der Stoßnormalen, womit bei beiden Körpern senkrecht zur Stoßnormalen keine Geschwindigkeitsänderungen auftreten können. Das erfordert

$$m_1(\mathbf{v}_1 - \mathbf{c}_1) \cdot \mathbf{e}_2 = 0, \qquad m_2(\mathbf{v}_2 - \mathbf{c}_2) \cdot \mathbf{e}_2 = 0,$$

und die zweite Gleichung in (5.14) wird somit ersetzt durch die beiden Beziehungen

$$c_{12} = v_{12}, \quad c_{22} = v_{22}.$$

Damit liegen nun genau sechs Gleichungen zur Berechnung der sechs Unbekannten vor. Maple liefert uns mit den Hilfsfunktionen

$$\overline{m} = m_1\left(1 + \frac{m_2 x_{22}^2}{\Theta_2}\right) + m_2\left(1 + \frac{m_1 x_{12}^2}{\Theta_1}\right), \quad \Delta v_K = v_{11} + \omega_1 x_{12} - (v_{21} + \omega_2 x_{22}),$$

die Lösungen

$$\begin{aligned} c_{11} &= v_{11} - (1+\varepsilon)\frac{m_2}{\overline{m}}\Delta v_K, \quad \Omega_1 = \omega_1 - (1+\varepsilon)\frac{m_2}{\overline{m}}\frac{m_1 x_{12}^2}{\Theta_1}\frac{\Delta v_K}{x_{12}}, \\ c_{21} &= v_{21} + (1+\varepsilon)\frac{m_1}{\overline{m}}\Delta v_K, \quad \Omega_2 = \omega_2 + (1+\varepsilon)\frac{m_1}{\overline{m}}\frac{m_2 x_{22}^2}{\Theta_2}\frac{\Delta v_K}{x_{22}}. \end{aligned} \tag{5.16}$$

Beispiel 5-5:

Die Abb. 5.10 zeigt zwei Crash-Situationen. Im oberen Teil des Bildes (Situation 1) prallen zwei Fahrzeuge in gerader Fahrt seitlich versetzt aufeinander (offset-crash). Unter der Annahme ideal glatter Oberflächen sind die Geschwindigkeiten und Winkelgeschwindigkeiten beider Fahrzeuge nach dem Zusammenstoß gesucht. Stellen Sie dazu eine Maple-Prozedur zur Verfügung. Im unteren Teil des Bildes (Situation 2) prallt das Fahrzeug 1 seitlich versetzt auf eine starre Wand. Berechnen Sie für den schiefen exzentrischen Stoß unter der Annahme ideal glatter Oberflächen der beiden starren Fahrzeuge die Zustandsgrößen und den Energieverlust nach dem Stoß. Die Stoßzahl betrage in beiden Fällen $\varepsilon = 0{,}4$. Es sind folgende Fahrzeugdaten gegeben:

Fahrzeug 1: $m_1 = 2000$ kg, $\Theta_1 = 1500$ kg m^2, $v_{11} = 120$ km/h, $\omega_1 = 0$, $x_{12} = -a_1 = -0{,}40$ m.

Fahrzeug 2: $m_2 = 1500$ kg, $\Theta_2 = 1200$ kg m^2, $v_{21} = -80$ km/h, $\omega_2 = 0$, $x_{22} = a_2 = 0{,}30$ m.

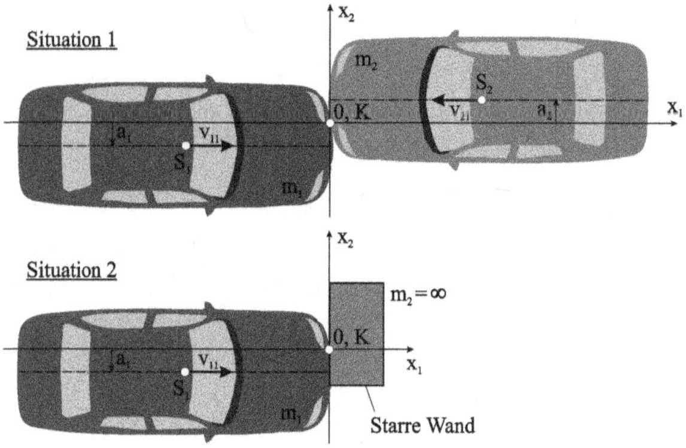

Abb. 5.10 Versetzter Frontalaufprall (offset-crash)

Lösung Situation 1: Mit den Werten des Beispiels gehen die Hilfsfunktionen über in

$$\overline{m} = m_1\left(1+\frac{m_2 a_2^2}{\Theta_2}\right)+m_2\left(1+\frac{m_1 a_1^2}{\Theta_1}\right), \qquad \Delta v_K = v_{11} - v_{21},$$

und für die Zustandsgrößen nach dem Stoß folgt mit (5.16)

$$c_{11} = v_{11} - (1+\varepsilon)\frac{m_2}{\overline{m}}\Delta v_K,\; c_{12} = 0,\; \Omega_1 = -(1+\varepsilon)\frac{m_2}{\overline{m}}\frac{m_1 a_1^2}{\Theta_1}\frac{\Delta v_K}{a_1},$$

$$c_{21} = v_{21} + (1+\varepsilon)\frac{m_1}{\overline{m}}\Delta v_K,\; c_{22} = 0,\; \Omega_2 = (1+\varepsilon)\frac{m_1}{\overline{m}}\frac{m_2 a_2^2}{\Theta_2}\frac{\Delta v_K}{a_2}.$$

Maple liefert uns den Energieverlust $\Delta E_{\mathrm{Verl}} = \frac{1-\varepsilon^2}{2} \frac{m_1 m_2}{\overline{m}} \Delta v_K^2$.

Mit den Werten des Beispiels können wir weiter konkretisieren und erhalten

$c_{11} = 16{,}17 \text{ km h}^{-1}$, $\Omega_1 = 15{,}38 \text{ s}^{-1}$, $c_{21} = 58{,}44 \text{ km h}^{-1}$, $\Omega_2 = 14{,}42 \text{ s}^{-1}$.

Der Energieverlust errechnet sich zu $\Delta E_{\mathrm{Verl}} = 9{,}61 \cdot 10^5 \text{ kg m}^2 \text{ s}^{-2}$.

Lösung Situation 2:

Da die starre Wand sich vor und nach dem Stoß in Ruhe befindet, sind $v_{21} = v_{22} = 0$ sowie $c_{21} = c_{22} = \Omega_2 = 0$ zu fordern. Damit ist $\Delta v_K = v_{11}$. Der Grenzübergang $m_2 \to \infty$ liefert mit

$$\lim_{m_2 \to \infty} \frac{m_2}{\overline{m}} = 1 + \frac{m_1 a_1^2}{\Theta_1}$$

folgende Geschwindigkeit und Winkelgeschwindigkeit der Masse m_1 nach dem Stoß:

$$c_{11} = v_{11}\left[1 - \frac{1+\varepsilon}{1 + m_1 a_1^2/\Theta_1}\right], \quad \Omega_1 = -\frac{1+\varepsilon}{1+\Theta_1/(m_1 a_1^2)} \frac{v_{11}}{a_1}.$$

Der Energieverlust beträgt in diesem Fall $\Delta E_{\mathrm{Verl}} = \frac{1-\varepsilon^2}{2} \frac{m_1 v_{11}^2}{1 + m_1 a_1^2/\Theta_1}$.

Mit den Zahlenwerten des Beispiels erhalten wir

$c_{11} = -18{,}46 \text{ km h}^{-1}$, $\Omega_1 = 20{,}51 \text{ s}^{-1}$, $\Delta E_{\mathrm{Verl}} = 7{,}69 \cdot 10^5 \text{ kg m}^2 \text{ s}^{-2}$.

Im 2. Fall (beide Körper haften während des Kontakts aneinander) wird auch vom rauen Stoß gesprochen, bei dem wir unterstellen, dass am Berührpunkt *K* die Komponente der Relativgeschwindigkeit in Tangentialrichtung verschwindet. Zu den bereits vorhandenen Gleichungen in (5.14) und (5.15) erhalten wir dann als sechste Gleichung

$$\mathbf{c}_{\mathrm{rel}}^{(P)} \cdot \mathbf{e}_2 = [(\mathbf{c}_1 - \boldsymbol{\Omega}_1 \times \mathbf{r}_1) - (\mathbf{c}_2 - \boldsymbol{\Omega}_2 \times \mathbf{r}_2)] \cdot \mathbf{e}_2 = 0,$$

oder als Koordinatengleichung notiert

$$c_{12} - \Omega_1 x_{11} - (c_{22} - \Omega_2 x_{21}) = 0. \tag{5.17}$$

Der Formelsatz für den allgemeinen Fall ist schon recht umfangreich, weshalb wir hier auf dessen Wiedergabe verzichten und stattdessen auf das entsprechende Maple-Arbeitsblatt verweisen. ■

Beispiel 5-6:

Die Crash-Situationen in Beispiel 5-5 sollen unter der Bedingung des rauen Stoßes berechnet werden. Stellen Sie dazu eine Maple-Prozedur zur Verfügung. Vergleichen Sie beide Ergebnisse miteinander. ■

Beispiel 5-7:

Ein homogener Kunststoffball trifft mit der Geschwindigkeit $\mathbf{v}_1$ und der Winkelgeschwindigkeit ω_1 auf die raue Wand in Abb. 5.11. Berechnen Sie den Bewegungszustand nach dem Stoß.

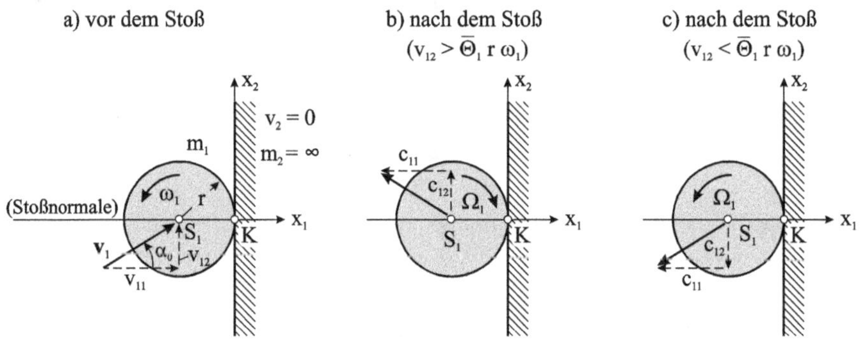

Abb. 5.11 *Stoß eines homogenen Kunststoffballs gegen eine raue Wand*

Lösung: Maple liefert uns

$$c_{11} = -\varepsilon\, v_{11},\; c_{12} = \frac{v_{12} - \overline{\Theta}_1 r\,\omega_1}{1+\overline{\Theta}_1},\; \Omega_1 = -\frac{v_{12} - \overline{\Theta}_1 r\,\omega_1}{r\,(1+\overline{\Theta}_1)},\quad \left(\overline{\Theta}_1 = \frac{\Theta_1}{m_1 r^2} = \frac{2}{5}\right),$$

$$\Delta E_{\text{Verl}} = \frac{m_1}{2}\frac{(1-\varepsilon^2)v_{11}^2(1+m_1 r^2/\Theta_1)+(v_{12}+\omega_1 r)^2}{1+m_1 r^2/\Theta_1}.$$

Insbesondere gilt für $\varepsilon = 1$ der nun nicht verschwindende Verlust an Energie

$$\Delta E_{\text{Verl}} = \frac{1}{2}\frac{m_1 (v_{12}+\omega_1 r)^2}{1+m_1 r^2/\Theta_1}.$$

Den obigen Gleichungen entnehmen wir ein bemerkenswertes Bewegungsverhalten des Balls nach dem Stoß, das auch experimentell nachgewiesen werden kann, etwa mit einem hochelastischen *Flummi-Ball*, der eine Stoßzahl ε nahe 1 besitzt und die geforderte Haftbedingung während des Stoßes näherungsweise erfüllt.

Fall 1 $v_{12} > \overline{\Theta}_1 r\,\omega_1$:

Wegen $c_{12} > 0$ und $\Omega_1 < 0$ prallt der Ball nach oben ab und ändert dabei seine Drehrichtung.

Fall 2: $v_{12} < \overline{\Theta}_1 r\,\omega_1$:

Wegen $c_{12} < 0$ und $\Omega_1 > 0$ prallt der Ball nach unten ab und behält dabei seine Drehrichtung. ■

5.4 Der Stoß auf einen drehbar gelagerten Körper

Ein für die Praxis wichtiger Sonderfall ist der in Abb. 5.12 dargestellte gerade exzentrische Stoß eines Körpers 1 der Masse m_1 auf einen drehbar gelagerten Körper 2 mit der Masse m_2 und dem Massenträgheitsmoment Θ_A bezüglich der Achse durch den Aufhängepunkt *A*. Vor dem Stoß hat der Körper 2 die Winkelgeschwindigkeit ω_2. Der Abstand des Schwerpunktes S_2 vom Aufhängepunkt beträgt *s*. Die Stoßkräfte und die Geschwindigkeit des Körpers 1 liegen in der Stoßnormalen. Damit ist in diesem Fall der Stoß lediglich hinsichtlich des drehbar gelagerten Körpers 2 exzentrisch.

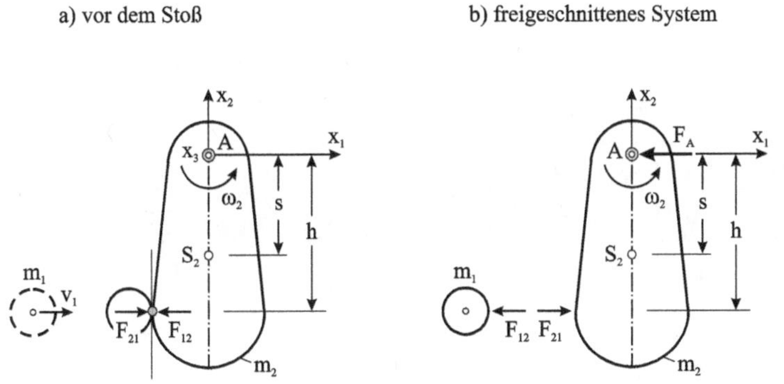

Abb. 5.12 *Der gerade exzentrische Stoß eines Körpers 1 auf einen in A drehbar gelagerten Körper 2*

Wir erhalten aus dem über die Stoßzeit integrierten Schwerpunktsatz für die Masse m_1

$$m_1(c_{11} - v_{11}) = -\int_{t_0}^{t_1} F_{12}\,dt = -J_1$$

und durch Integration des Drallsatzes, den wir hier vorteilhaft bezüglich des raumfesten Punktes *A* notieren

$$\Theta_A(\Omega_2 - \omega_2) = \int_{t=t_0}^{t_1} M_A(t)dt = \int_{t=t_0}^{t_1} F_{21}(t)\,h\,dt = J_1\,h\,.$$

Die Newtonsche Stoßhypothese lautet in diesem Fall

$$\varepsilon = -\frac{c_{11} - \Omega_2 h}{v_{11} - \omega_2 h}.$$

Damit können c_{11}, Ω_2 und J_1 ermittelt werden. Maple liefert uns

$$c_{11} = v_{11} - \frac{(1+\varepsilon)(v_{11} - h\omega_2)}{1 + m_1 h^2 / \Theta_A}, \quad \Omega_2 = \omega_2 + \frac{(1+\varepsilon)(v_{11}/h - \omega_2)}{1 + \Theta_A/(m_1 h^2)},$$
$$J_1 = \frac{(1+\varepsilon)\, m_1 (v_{11} - h\omega_2)}{1 + m_1 h^2 / \Theta_A}. \tag{5.18}$$

Insbesondere gilt für $\omega_2 = 0$:

$$c_{11} = v_{11} - \frac{(1+\varepsilon)\, v_{11}}{1 + m_1 h^2 / \Theta_A}, \quad \Omega_2 = \frac{(1+\varepsilon)\, v_{11}/h}{1 + \Theta_A/(m_1 h^2)}, \quad J_1 = \frac{(1+\varepsilon)\, m_1 v_{11}}{1 + m_1 h^2 / \Theta_A}. \tag{5.19}$$

Den vom Lager *A* aufzunehmenden Kraftstoß J_A ermitteln wir, indem wir für den Körper 2 den Schwerpunktsatz in x_1-Richtung notieren, also

$$m_2 s (\Omega_2 - \omega_2) = J_1 - J_A.$$

Berücksichtigen wir noch Ω_2 aus (5.18), dann folgt

$$J_A = \frac{m_1 (1+\varepsilon)(h\,\omega_2 - v_{11})(m_2 s h / \Theta_A - 1)}{1 + m_1 h^2 / \Theta_A}$$

und speziell für $\omega_2 = 0$

$$J_A = \frac{(1+\varepsilon)\, m_1 v_{11} (1 - m_2 s h / \Theta_A)}{1 + m_1 h^2 / \Theta_A}.$$

Den letzten beiden Gleichungen entnehmen wir, dass der durch den Aufprall der Masse m_1 hervorgerufene Stoßvorgang dann keinen Kraftstoß im Lager *A* hervorruft, wenn die Masse m_1 im Abstand

$$h = h_r = \frac{\Theta_A}{m_2 s} \tag{5.20}$$

auf den drehbar gelagerten Körper trifft. Dieser durch die reduzierte Pendellänge h_r festgelegte Punkt heißt *Stoßmittelpunkt* (engl. *impact center*).

Beispiel 5-8:

In Abb. 5.13 sind zwei Ausführungen eines ballistischen Pendels[1] (engl. *ballistic pendulum*) skizziert, die von einem Körper mit der Masse m_1 und der Geschwindigkeit v_1 getroffen werden. Der dabei gemessene maximale Ausschlagwinkel ist α. Das Massenträgheitsmoment des Pendels bezüglich des Drehpunktes *A* ist jeweils Θ_A. Gesucht wird die Auftreffgeschwindigkeit v_1 der Masse m_1 für beide Systeme.

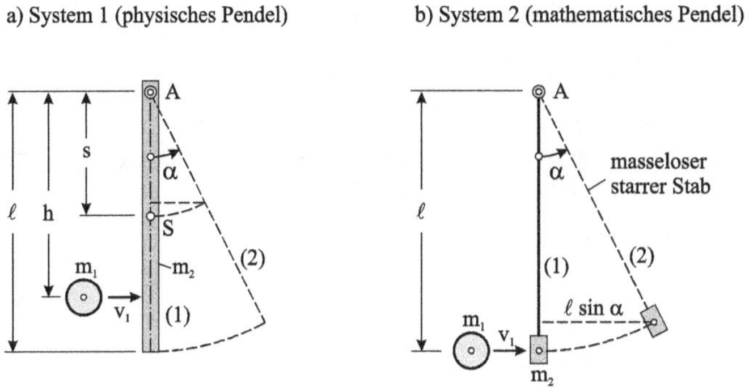

Abb. 5.13 *Das ballistische Pendel*

<u>Lösung</u>: Wir lösen das Problem zunächst für das *System1* und verwenden dazu den Energieerhaltungssatz in der Form $E_1 + U_1 = E_2 + U_2$. Dazu betrachten wir zwei Zustände. Der Zustand (1) bezeichnet den Zeitpunkt unmittelbar nach dem Auftreffen der Masse m_1 und der Zustand (2) den Zeitpunkt des Maximalausschlags des physischen Pendels. Dann sind:

Zustand (1): $E_1 = \frac{1}{2}\Theta_A \Omega_2^2, \qquad U_1 = -m_2 g s ,$

Zustand (2): $E_2 = 0 , \qquad U_2 = -m_2 g s \cos\alpha .$

Mit dem Energieerhaltungssatz

$$\frac{1}{2}\Theta_A \Omega_2^2 - m_2 g s = -m_2 g s \cos\alpha$$

folgt bei Wahl des positiven Vorzeichens der Wurzelausdrucks die Winkelgeschwindigkeit des Pendels zu

$$\Omega_2 = \sqrt{\frac{2 m_2 g s}{\Theta_A}(1-\cos\alpha)} .$$

[1] Benjamin Robins, britischer Mathematiker und Militäringenieur, 1707–1751

Weiterhin erhalten wir mit Ω_2 aus (5.19) die Geschwindigkeit der Masse m_1

$$v_{11} = \frac{\Theta_A + m_1 h^2}{(1+\varepsilon)\Theta_A m_1 h}\sqrt{2\Theta_A m_2 g s(1-\cos\alpha)}.$$

Bleibt das Geschoss im Körper 2 hängen, etwa wenn es sich beim Körper 2 um einen Holzklotz oder Sandsack handelt, dann kann mit $\varepsilon = 0$ gerechnet werden. Es liegt dann der vollkommen inelastische Stoß vor und es gilt

$$v_{11} = \frac{\Theta_A + m_1 h^2}{\Theta_A m_1 h}\sqrt{2\Theta_A m_2 g s(1-\cos\alpha)}.$$

Ist der Winkel α aus einer Messung bekannt, dann kann die Auftreffgeschwindigkeit v_{11} der Masse m_1 berechnet werden. Mit $\varepsilon = 0$ liegt dann auch der Stoß

$$J_A = \frac{m_1 v_{11}(1 - m_2 s h/\Theta_A)}{1 + m_1 h^2/\Theta_A}$$

auf das Lager *A* fest. Die Lösung für das *System 2* beschaffen wir uns aus den soeben hergeleiteten Beziehungen. Wir betrachten wieder den inelastischen Stoß mit $\varepsilon = 0$ und setzen für das mathematische Pendel $h = s = \ell$, $\Theta_A = m_2 \ell^2$. Das liefert

$$v_{11} = \frac{m_1 + m_2}{m_1}\sqrt{2g\ell(1-\cos\alpha)}, \quad \Omega_2 = \frac{1}{\ell}\sqrt{2g\ell(1-\cos\alpha)}, \quad J_A = 0.$$

Der Lagerstoß J_A verschwindet deshalb, weil bei einem mathematischen Pendel die Masse m_2 als konzentrierte Punktmasse angenommen wird. Für Winkel $|\alpha| < \pi/4$ kann linearisiert werden, und es gilt mit guter Näherung (α im Bogenmaß)

$$v_{11} = \frac{m_1 + m_2}{m_1}\sqrt{g\ell}\,\alpha, \quad \Omega_2 = \frac{1}{\ell}\sqrt{g\ell}\,\alpha.$$ ■

5.5 Stoßbelastungen an Trägern und Stützen

Auf den Biegeträger in Abb. 5.14 mit der Gesamtmasse m_B und der Biegesteifigkeit EI schlägt an der Stelle x_0 eine Masse m_1 mit der Geschwindigkeit v_1 auf. Vor dem Stoß befindet sich der Träger in gestreckter Lage im Zustand der Ruhe. Gesucht wird die maximale Auslenkung w_{max} der Trägerachse an der Stelle $x = x_0$ unter angenäherter Berücksichtigung der Trägermasse. Vereinfachend soll angenommen werden, dass der Stoßvorgang am Ende der Kompressionsphase zum Zeitpunkt $t = t^*$ abgeschlossen ist, und ein Ablösen beider Körper findet nach der Kompressionsphase nicht mehr statt. Es soll sich also um einen ideal elastischen Stoß handeln. Zu diesem Zeitpunkt haben dann die Masse m_1 und das darunterliegende Trägerelement dm_B am Kontaktpunkt die gemeinsame Geschwindigkeit

$$u = \frac{m_1 v_1}{m_1 + \overline{m}},$$

wobei die im obigen Ausdruck verwendete Vergleichsmasse $\overline{m}$ noch ermittelt werden muss. Der Impuls der Kompressionsphase

$$J_K = \int dJ_K = \overline{m}\,u$$

zum Zeitpunkt t = t* wird näherungsweise durch Summation aller durch den Stoß hervorgerufenen Elementarimpulse

$$dJ_K = dm_B\,\dot{w}(x,t^*) = \frac{m_B}{\ell}dx\,\dot{w}(x,t^*)$$

der einzelnen Massenelemente dm_B ermittelt. Dazu werden deren Geschwindigkeiten $\dot{w}(x,t^*)$ benötigt.

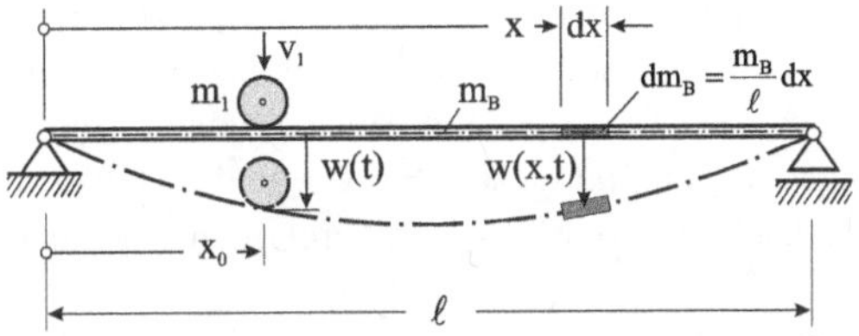

Abb. 5.14 *Querstoß einer Masse m_1 mit der Geschwindigkeit v_1 auf einen Biegeträger*

Es soll weiterhin unterstellt werden, dass die aus dem Stoß resultierende Biegelinie dieselbe Form wie die statische Auslenkung infolge einer Einzelkraft an der Stelle x_0 besitzt. Das stellen wir sicher, indem wir für die Durchbiegung den Ansatz

$$w(x,t) = \frac{w_{st}(x)}{w_{st}(x_0)}w(t) = f(x)\,w(t)$$

wählen. Die Ortsfunktion

$$f(x) = \frac{w_{st}(x)}{w_{st}(x_0)}$$

entspricht der bezogenen statischen Auslenkung der Trägerachse infolge einer Einzelkraft an der Stelle $x = x_0$. Die Geschwindigkeit des Massenelementes dm_B ist dann

$$\dot{w}(x,t) = f(x)\,\dot{w}(t),$$

und zum Zeitpunkt t = t* ermitteln wir

$$\dot{w}(x,t^*) = f(x)\,\dot{w}(t^*) = f(x)\,u\ .$$

Für den Impuls der Kompressionsphase erhalten wir dann

$$J_K = \int dJ_K = \int_{x=0}^{\ell} \frac{m_B}{\ell} dx\, \dot{w}(x,t^*) = \frac{m_B}{\ell} u \int_{x=0}^{\ell} f(x)\,dx = \overline{m}\,u\ ,$$

und ein Vergleich der letzten beiden Terme im obigen Ausdruck zeigt

$$\overline{m} = m_B \frac{1}{\ell} \int_{x=0}^{\ell} f(x)\,dx = \kappa_1\, m_B, \quad \kappa_1 = \frac{1}{\ell} \int_{x=0}^{\ell} f(x)\,dx\ .$$

Damit liegt auch die gemeinsame Geschwindigkeit

$$u = \frac{m_1 v_1}{m_1 + \kappa_1\, m_B}$$

am Ende der Kompressionsphase fest. Zur Berechnung der maximalen Auslenkung w_{max} werten wir den Energieerhaltungssatz am Ende der Kompressionsphase (Zustand 1) zum Zeitpunkt t = t* und zum Zeitpunkt der maximalen Auslenkung (Zustand 2) aus. Dabei wird der in Wirklichkeit ausgelenkte Zustand 1 näherungsweise mit der gestreckten Lage des Biegeträgers identifiziert. Wir notieren zunächst die kinetische Energie eines Trägerelementes und erhalten

$$dE_B = \frac{1}{2} dm_B \dot{w}^2(x,t) = \frac{1}{2}\frac{m_B}{\ell} dx [f(x)\dot{w}(t)]^2 = \frac{1}{2}\frac{m_B}{\ell}\dot{w}^2(t) f^2(x)\,dx\ .$$

Die gesamte kinetische Energie des Trägers folgt dann durch Summation

$$E_B = \int dE_B = \frac{1}{2}\frac{m_B}{\ell}\dot{w}^2(t) \int_{x=0}^{\ell} f^2(x)\,dx = \frac{1}{2} m_B \dot{w}^2(t)\,\kappa_2, \quad \kappa_2 = \frac{1}{\ell}\int_{x=0}^{\ell} f^2(x)\,dx\ .$$

Zur Berechnung der potentiellen Energie des Biegeträgers ersetzen wir diesen durch eine lineare Feder mit der Federsteifigkeit *k* und der Formänderungsenergie $U = ½\, k\, w^2(t)$. Insbesondere gilt für die beiden Zustände 1 und 2

Zustand 1: $E_1 = \frac{1}{2} m_1 u^2 + \frac{1}{2} m_B u^2 \kappa_2\,,\ U_1 = 0\,,$

Zustand 2: $E_2 = 0\,,\ U_2 = -m_1\, g\, w_{max} + \frac{1}{2} k\, w_{max}^2\,.$

Die Energiebilanz erfordert $E_1 + U_1 = E_2 + U_2$ oder

$$\frac{1}{2} m_1 u^2 + \frac{1}{2} m_B u^2\, \kappa = -m_1 g\, w_{max} + \frac{1}{2} k\, w_{max}^2\ .$$

Die Auflösung dieser Gleichung nach w_{max} ergibt

$$w_{max} = \frac{m_1 g}{k}\left(1+\sqrt{1+k\frac{v_1^2}{g^2}\frac{m_1+\kappa_2 m_B}{(m_1+\kappa_1 m_B)^2}}\right) = w_{0,st}\left(1+\sqrt{1+\eta\frac{\mu+\kappa_2}{(\mu+\kappa_1)^2}}\right).$$

Zur Abkürzung wurden

$$w_{0,st} = \frac{m_1 g}{k} = \frac{G_1}{k}, \quad \eta = \frac{k v_1^2}{m_B g^2} = \frac{k v_1^2}{G_B g}, \quad \mu = \frac{m_1}{m_B} = \frac{G_1}{G_B}$$

eingeführt.

Hinweis: Im statischen Fall denkt man sich die Lasten unendlich langsam bis zu ihrem Endwert aufgebracht. Wird dagegen die Masse m_1 schlagartig auf den Träger aufgebracht ($v_1 = 0$), dann ist $w_{max} = 2\, w_{0,st}$ und damit doppelt so groß wie im statischen Fall.

Beispiel 5-9:

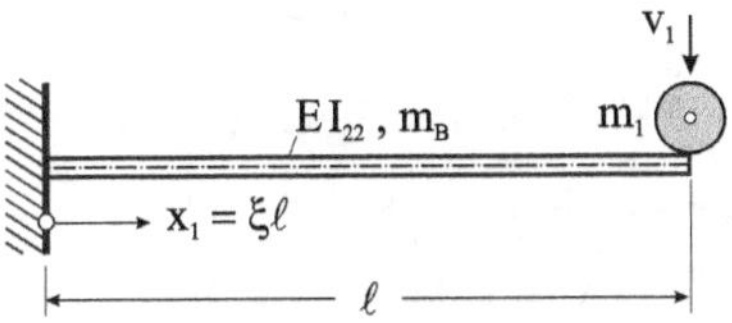

Abb. 5.15 *Querstoß einer Masse m_1 auf einen Kragträger*

Auf das Ende des Kragträgers in Abb. 5.15 fällt aus der Höhe *h* eine Masse m_1. Gesucht wird die maximale Durchbiegung w_{max} am Trägerende.

Geg.: h = 1 m, m_1 = 50 kg, g = 10 m/s^2.

Stahlträger: $\ell = 5$ m, $E = 210000\,\mathrm{N/mm^2}$, A = 106 cm^2, $I_{22} = 11260\,\mathrm{cm^4}$, ρ = 7,85 g/cm^3.

Lösung: Wenn der Körper mit der Masse m_1 die Höhe *h* durchfallen hat, besitzt er die Geschwindigkeit $v_1 = \sqrt{2gh} = 4{,}47\,\mathrm{m/s}$. Die statische Verschiebungsfunktion und die Durchbiegung des Kontaktpunktes des Kragträgers unter einer Einzelkraft *F* kann Tabellenwerken der Ingenieurliteratur entnommen werden. Im Einzelnen sind ($\xi = x_1/\ell$)

$$w_{st}(\xi) = \frac{F\ell^3}{6EI_{22}}\xi^2(3-\xi) \quad \text{und} \quad w_{st}(\xi=1) = \frac{F\ell^3}{3EI_{22}}.$$

In den obigen Beziehungen ist *E* der materialabhängige Elastizitätsmodul, und I_{22} bezeichnet das Eigenflächenträgheitsmoment des Querschnitts bezogen auf die x_2-Achse durch den Flächenmittelpunkt (Mathiak, 2012). Mit der statischen Auslenkung am Trägerende liegt unter

Beachtung des linearen Federgesetzes $F = k\,w_{st}(\xi = 1)$ auch die Steifigkeit $k = 3\,EI_{22}/\ell^3$ des als Feder benutzen Balkens fest. Damit sind

$$w_{0,st} = \frac{m_1 g}{k} = \frac{m_1 g \ell^3}{3EI_{22}}, \quad \eta = \frac{k v_1^2}{m_B g^2} = \frac{6EI_{22} h}{m_B g \ell^3}, \quad \mu = \frac{m_1}{m_B}.$$

Für die Ortsfunktion folgt $f(\xi) = \dfrac{w_{st}(\xi)}{w_{st}(\xi = 1)} = \dfrac{1}{2}\xi^2(3-\xi)$ und damit

$$\kappa_1 = \frac{1}{\ell}\int_{x=0}^{\ell} f(x_1)\,dx_1 = \int_{\xi=0}^{1} f(\xi)\,d\xi = \frac{1}{2}\int_{\xi=0}^{1} \xi^2(3-\xi)\,d\xi = \frac{3}{8},$$

$$\kappa_2 = \frac{1}{\ell}\int_{x=0}^{\ell} f^2(x_1)\,dx_1 = \int_{\xi=0}^{1} f^2(\xi)\,d\xi = \frac{1}{4}\int_{\xi=0}^{1} [\xi^2(3-\xi)]^2\,d\xi = \frac{33}{140}.$$

Um eine Vorstellung von der Größe der Durchbiegung w_{max} zu erhalten, wird mit den Werten des Beispiels eine Zahlenrechnung durchgeführt. Das Eigengewicht des Trägers beträgt $G_B = 4{,}16\,kN$ und die Steifigkeit errechnen wir zu $k = 5{,}675$ kN/cm. Das Gewicht der Masse m_1 ist $G_1 = 500$ N. Damit sind unter Beachtung der Trägermasse $m_B = \rho A \ell = 416{,}05\,kg$

$$w_{0,st} = \frac{m_1 g}{k} = 0{,}088\,cm, \quad \eta = \frac{k v_1^2}{m_B g^2} = 272{,}81, \quad \mu = \frac{m_1}{m_B} = 0{,}12\,.$$

Die maximale Durchbiegung des Trägerendes beträgt damit $w_{max} = 20{,}92\,w_{0,st} = 1{,}84\,cm$. Sind wir noch am Impuls des Kraftstoßes J_K interessiert, dann folgt mit

$$u = \frac{m_1 v_1}{m_1 + \kappa_1 m_B} = \frac{v_1}{1 + \kappa_1 \mu} = 4{,}28\,m/s \text{ und } \overline{m} = \kappa_1 m_B = 156\,kg \text{ der Kraftstoß}$$

$J_K = \overline{m} u = 667{,}7\,kg\,m/s$. Die Dauer der Kompressionsphase liegt mit $t_K = 0{,}01$ s aus einer Messung vor. Damit beträgt die mittlere Kontaktkraft $F_K = J_K/t_k = 66{,}67$ kN. ■

Beispiel 5-10:

Die in Abb. 5.16 skizzierte Stab der Länge $\ell = 5$ m wird in Längsrichtung durch die anprallende Masse $m_1 = 50$ kg mit der Geschwindigkeit $v_1 = 3$ m/s belastet. Der Stab besteht aus Kiefernholz mit einem Elastizitätsmodul $E = 11000$ N/mm² parallel zur Faserrichtung und einer Querschnittsfläche $A = 400$ cm². Die Rohdichte des Kiefernholzes ist $\rho_k = 520$ kg/m³. Unter der Voraussetzung gerade bleibender Stabachse (kein Knicken), ist die maximale Kopfpunktverschiebung w_{max} zu berechnen.

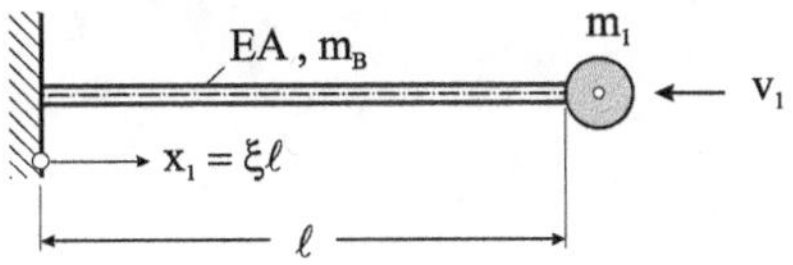

Abb. 5.16 *Der Längsstoß einer Masse m_1 mit der Geschwindigkeit v_1 auf einen Stab*

Lösung: Im statischen Fall stellt sich unter Berücksichtigung der eingeführten Koordinate x_1 und der Einzelkraft *F* (als Druckkraft positiv) die Verschiebungsfunktion

$$w_{st}(\xi) = -\frac{F\ell}{EA}\xi \qquad \text{mit} \qquad w_{st}(\xi = 1) = -\frac{F\ell}{EA} \qquad \text{und} \quad k = \frac{EA}{\ell} = 8{,}8 \cdot 10^4 \,\text{kN/m}$$

ein. Damit ist $f(\xi) = \xi$ und es folgen

$$\kappa_1 = \int_{\xi=0}^{1} f(\xi)\,d\xi = \int_{\xi=0}^{1} \xi\,d\xi = \frac{1}{2}, \qquad \kappa_2 = \int_{\xi=0}^{1} f^2(\xi)\,d\xi = \int_{\xi=0}^{1} \xi^2\,d\xi = \frac{1}{3}.$$

Mit den Werten des Beispiels sind unter Beachtung von m_B =104 kg und g = 10 m/s^2:

$$\eta = \frac{k\,v_1^2}{m_B\,g^2} = 76153{,}8\,, \qquad \mu = \frac{m_1}{m_B} = 0{,}48\,,$$

$$w_{max} = w_{0,st}\left(1 + \sqrt{1 + \eta\frac{\mu + \kappa_2}{(\mu + \kappa_1)^2}}\right) = 254{,}88 \cdot w_{0,st}\,.$$

■

6 Grundzüge der analytischen Mechanik

Die Bewegungsgleichungen lassen sich prinzipiell herleiten, wenn wir für ein System, bestehend aus *m* starren Körpern und *n* Freiheitsgraden, für jeden Teilkörper Schwerpunktsatz und Drallsatz notieren. Aus diesen Grundgleichungen folgen insgesamt *6m* Gleichungen, in denen zunächst die *n* Freiheitsgradparameter $q_j(t)$ $(j = 1,\ldots,n)$ unbekannt sind. Außerdem unbekannt sind die Kontaktlasten, etwa die Gelenkkräfte zwischen den Körpern sowie die Lagerreaktionslasten, die mittels $6m - n$ der insgesamt *6m* Gleichungen durch die Freiheitsgradparameter $q_j(t)$ ausdrückt werden können. Anschließend lassen sich die eigentlichen *n* Bewegungsgleichungen des Systems generieren, die als Unbekannte nur noch die Freiheitsgradparameter und deren zeitliche Ableitungen bis zur zweiten Ordnung enthalten.

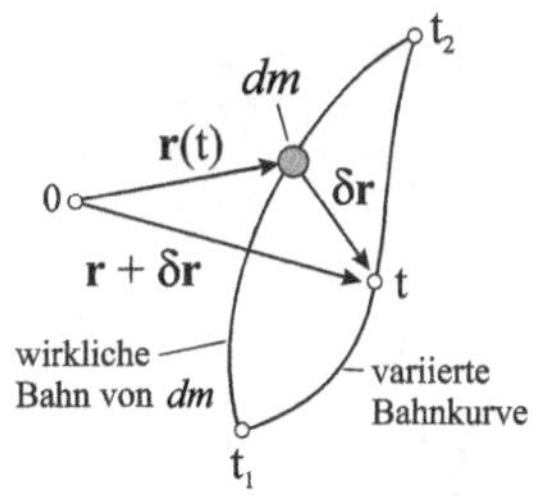

Abb. 6.1 *Örtlich variierte Bahnkurve des Massenelementes dm*

Wie wir im Folgenden sehen werden, lassen sich die Bewegungsgleichungen eines konservativen Systems direkt herleiten, und zwar ohne vorherige Elimination der Kontakt- und Lagerreaktionslasten. Dazu benutzen wir energetische Aussagen in Form des Arbeits- und Energieerhaltungssatzes. In diesen Sätzen treten Auflagerlasten a priori nicht auf, da diese keine Arbeit leisten. Befinden sich im System deformierbare Kontaktelemente (Federn), so kann die Arbeit der Kontaktlasten mittels der Materialgesetze der Kontinuumsmechanik durch Elementdeformationen ausgedrückt werden. Für den Fall einer linearelastischen Feder (Federkonstante *k*) ist beispielsweise mit deren Längenänderung $\Delta\ell$ die Arbeit der Kontaktkraft gleich der potenziellen Energie $U_F = 1/2\, k\Delta\ell^2$ der Feder. Diese Arbeit lässt sich dann wieder durch die Freiheitsgradparameter $q_j(t)$ des Systems ausdrücken.

6.1 Die Lagrangeschen Bewegungsgleichungen

Zur Herleitung der *Lagrangeschen*[1] *Bewegungsgleichungen* gehen wir von folgender Fragestellung aus (s.h. Abb. 6.1):

> *Durch welche Eigenschaft zeichnet sich eine im endlichen Zeitintervall $t_1 \le t \le t_2$ durchlaufene Bahn $\mathbf{r} = \mathbf{r}(t)$ eines Massenelementes dm gegenüber anderen kinematisch möglichen (virtuellen) Bahnen $\mathbf{r} + \delta\mathbf{r}$ aus?*

Diese Frage wird durch das *Hamiltonsche*[2] *Prinzip* beantwortet. Es lautet für nichtkonservative Systeme

$$\int_{t=t_1}^{t_2} (\delta A^{(e)} + \delta E)\,dt = 0\,. \tag{6.1}$$

Darin bezeichnet $\delta A^{(e)}$ die virtuelle Arbeit der eingeprägten Kräfte und δE die virtuelle Änderung der kinetischen Energie. Lassen sich die äußeren eingeprägten Kräfte aus einem Potenzial ableiten, ist also $\delta A^{(e)} = -\delta U$ ein totales Differenzial, dann lautet das Hamiltonsche Prinzip für konservative Systeme, wenn wir beachten, dass beim δ-Prozess die Zeit nicht variiert wird:

$$\int_{t=t_1}^{t_2} (\delta E - \delta U)\,dt = \int_{t=t_1}^{t_2} \delta(E - U)\,dt = \int_{t=t_1}^{t_2} \delta L\,dt = 0\,,$$

wobei

$$L = E - U \tag{6.2}$$

Lagrangesche Funktion genannt wird. Das Hamiltonsche Prinzip besagt, dass das Zeitintegral[3] über die Lagrangesche Funktion für die wirklich eintretende Bahn stationär ist, es nimmt also einen Extremwert (Maximum, Minimum, Sattelpunkt) an.

Die in der Lagrangeschen Funktion auftretende Energiedifferenz E − U kann bei einem konservativen System immer durch die *n* Freiheitsgradparameter und deren Ableitungen

$$L = L(q_1, q_2, \ldots, q_n; \dot{q}_1, \dot{q}_2, \ldots, \dot{q}_n)$$

ausgedrückt werden. Die Variation von *L* ist

---

[1] Joseph Louis de Lagrange, eigtl. Giuseppe Ludovico Lagrangia, frz. Mathematiker und Physiker italien. Herkunft, 1736–1813

[2] Sir William Rowan Hamilton, irischer Mathematiker und Physiker, 1805–1865

[3] weshalb solche Prinzipe auch *Integralprinzipe* genannt werden

$$\delta L = \sum_{i=1}^{n} \left(\frac{\partial L}{\partial q_i} \delta q_i + \frac{\partial L}{\partial \dot{q}_i} \delta \dot{q}_i \right) . \tag{6.3}$$

Unter Beachtung der *Schwarzschen*[1] *Vertauschungsregel* gilt

$$\delta \dot{q}_i = \delta \left(\frac{dq_i}{dt} \right) = \frac{d}{dt} (\delta q_i) .$$

Für den weiteren Rechengang bilden wir die folgende Ableitung:

$$\frac{d}{dt} \left(\frac{\partial L}{\partial \dot{q}_i} \delta q_i \right) = \frac{\partial L}{\partial \dot{q}_i} \delta \dot{q}_i + \frac{d}{dt} \left(\frac{\partial L}{\partial \dot{q}_i} \right) \delta q_i .$$

Damit haben wir

$$\frac{\partial L}{\partial \dot{q}_i} \delta \dot{q}_i = \frac{d}{dt} \left(\frac{\partial L}{\partial \dot{q}_i} \delta q_i \right) - \frac{d}{dt} \left(\frac{\partial L}{\partial \dot{q}_i} \right) \delta q_i . \tag{6.4}$$

Einsetzen der rechten Seite von (6.4) in (6.3) liefert

$$\delta L = \sum_{i=1}^{n} \left[\frac{\partial L}{\partial q_i} \delta q_i + \frac{d}{dt} \left(\frac{\partial L}{\partial \dot{q}_i} \delta q_i \right) - \frac{d}{dt} \left(\frac{\partial L}{\partial \dot{q}_i} \right) \delta q_i \right] .$$

Das Hamiltonsche Prinzip geht damit über in

$$\int_{t=t_1}^{t_2} \delta L \, dt = \sum_{i=1}^{n} \left[\frac{\partial L}{\partial \dot{q}_i} \delta q_i \right]_{t_1}^{t_2} + \int_{t=t_1}^{t_2} \sum_{i=1}^{n} \left[\frac{\partial L}{\partial q_i} - \frac{d}{dt} \left(\frac{\partial L}{\partial \dot{q}_i} \right) \right] \delta q_i = 0 .$$

Da zu den beiden Zeitpunkten t_1 und t_2 die wirklichen und die virtuellen Bahnendpunkte übereinstimmen, also $\delta q_i(t_1) = \delta q_i(t_2) = 0$ zu fordern sind (Abb. 6.1), verschwindet im obigen Ausdruck die erste Summe. Außerdem sollen die virtuellen Verschiebungen $\delta q_i(t)$ willkürlich sein. Damit ist die obige Gleichung nur dann identisch erfüllt, wenn jeweils die Inhalte der *n* Klammerausdrücke unter dem Integral je für sich verschwinden. Dies führt zu den *n* Lagrangeschen Bewegungsgleichungen für konservative Systeme

$$\frac{d}{dt} \left(\frac{\partial L}{\partial \dot{q}_i} \right) - \frac{\partial L}{\partial q_i} = 0 \qquad (i = 1, \ldots, n) . \tag{6.5}$$

Berücksichtigen wir noch, dass die potenzielle Energie $U = U(q_1, \ldots, q_n)$ nur von den Freiheitsgradparametern q_i nicht jedoch von deren Geschwindigkeiten $\dot{q}_i$ abhängt, dann können wir mit $L = E - U$ die Lagrangeschen Bewegungsgleichungen auch in der Form

---

1 Hermann Armandus Schwarz, deutsch. Mathematiker, 1834–1921

$$\frac{d}{dt}\left(\frac{\partial E}{\partial \dot{q}_i}\right)-\frac{\partial E}{\partial q_i}=-\frac{\partial U}{\partial q_i}=Q_i \qquad (i=1,\ldots,n) \tag{6.6}$$

notieren, die in diesem Fall auch *Lagrangesche Bewegungsgleichungen 2. Art* genannt werden. Die negative Ableitung der potenziellen Energie *U* nach der generalisierten Koordinate q_i wird *generalisierte Kraft* Q_i genannt.

Beispiel 6-1:

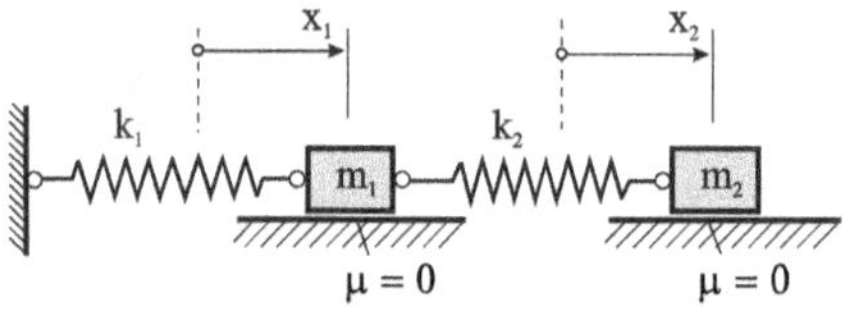

Abb. 6.2 *Schwinger mit zwei Freiheitsgraden*

Es sind die Bewegungsgleichungen für den Zweimassenschwinger in Abb. 6.2 mithilfe der Lagrangeschen Bewegungsgleichungen aufzustellen. Für $x_1 = 0$ und $x_2 = 0$ sind beide Federn entspannt. Beide Massen m_1 und m_2 sind reibungsfrei gelagert.

Lösung: Das System besitzt genau zwei Freiheitsgrade. Als generalisierte Koordinaten wählen wir die beiden Auslenkungen der Einzelmassen $q_1 = x_1$ und $q_2 = x_2$. Die Beziehung (6.6) geht mit $n = 2$ dann über in

$$\frac{d}{dt}\left(\frac{\partial E}{\partial \dot{x}_1}\right)-\frac{\partial E}{\partial x_1}=-\frac{\partial U}{\partial x_1}, \quad \frac{d}{dt}\left(\frac{\partial E}{\partial \dot{x}_2}\right)-\frac{\partial E}{\partial x_2}=-\frac{\partial U}{\partial x_2}.$$

Wir benötigen die kinetische und die potenzielle Energie des Gesamtsystems ausgedrückt durch die generalisierten Koordinaten x_1 und x_2. Für die kinetische Energie folgt

$$E=\frac{1}{2}m_1\dot{x}_1^2+\frac{1}{2}m_2\dot{x}_2^2,$$

und die potenzielle Energie der Federkräfte ist

$$U=\frac{1}{2}k_1x_1^2+\frac{1}{2}k_2(x_2-x_1)^2.$$

Wir benötigen ferner folgende Ableitungen:

$$\frac{\partial E}{\partial x_1}=0, \quad \frac{\partial E}{\partial \dot{x}_1}=m_1\dot{x}_1, \quad \frac{d}{dt}\left(\frac{\partial E}{\partial \dot{x}_1}\right)=m_1\ddot{x}_1, \quad \frac{\partial U}{\partial x_1}=k_1x_1-k_2(x_2-x_1),$$

$$\frac{\partial E}{\partial x_2}=0, \quad \frac{\partial E}{\partial \dot{x}_2}=m_2\dot{x}_2, \quad \frac{d}{dt}\left(\frac{\partial E}{\partial \dot{x}_2}\right)=m_2\ddot{x}_2, \quad \frac{\partial U}{\partial x_2}=k_2(x_2-x_1).$$

Damit erhalten wir die beiden gekoppelten Bewegungsgleichungen

$$m_1\ddot{x}_1 = -k_1 x_1 + k_2(x_2 - x_1)$$
$$m_2\ddot{x}_2 = -k_2(x_2 - x_1),$$

die wir auch in Matrizenschreibweise notieren können

$$\begin{bmatrix} m_1 & 0 \\ 0 & m_2 \end{bmatrix}\begin{bmatrix} \ddot{x}_1 \\ \ddot{x}_2 \end{bmatrix} + \begin{bmatrix} k_1 + k_2 & -k_2 \\ -k_2 & k_2 \end{bmatrix}\begin{bmatrix} x_1 \\ x_2 \end{bmatrix} = \begin{bmatrix} 0 \\ 0 \end{bmatrix}.$$

■

Beispiel 6-2:

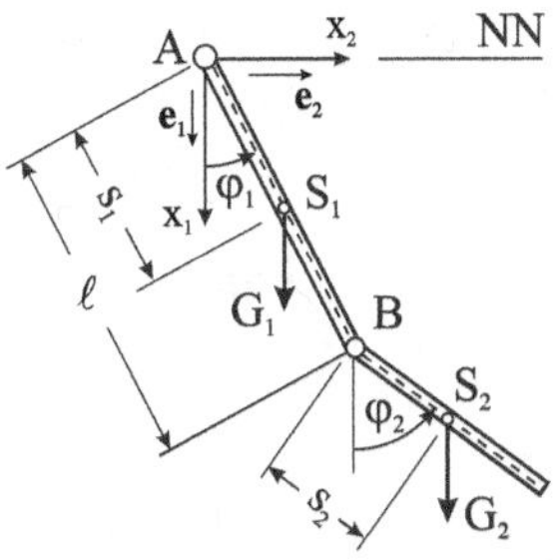

Abb. 6.3 Das physische Doppelpendel

Für das in Abb. 6.3 skizzierte *physische Doppelpendel* sollen unter Zuhilfenahme des Lagrangeschen Formalismus die Bewegungsgleichungen aufgestellt werden. Das System besitzt mit den beiden Drehwinkel φ_1 und φ_2 genau zwei Freiheitsgrade. Zur Bestimmung des Potenzials der Gewichtskräfte $G_1 = m_1 g$ und $G_2 = m_2 g$ führen wir das Nullniveau (NN) bei $x_1 = 0$ ein. Dann erhalten wir mit $\overline{AB} = \ell$ und $\overline{BS_2} = s_2$

$$U = U_1 + U_2 = -G_1 s_1 \cos\varphi_1 - G_2(\ell\cos\varphi_1 + s_2\cos\varphi_2)$$
$$= -[(G_1 s_1 + G_2\ell)\cos\varphi_1 + G_2 s_2 \cos\varphi_2].$$

Die kinetische Energie des Gesamtsystems ist

$$E = E_1 + E_2 = \frac{1}{2}\Theta_A^{(1)}\,\dot{\varphi}_1^2 + \frac{1}{2}m_2 v_{S2}^2 + \frac{1}{2}\Theta_{S2}^{(2)}\,\dot{\varphi}_2^2.$$

$\Theta_A^{(1)}$: Massenträgheitsmoment des Stabes 1 bezogen auf den Punkt *A*

$\Theta_{S2}^{(2)}$: Massenträgheitsmoment des Stabes 2 bezogen auf den Schwerpunkt S_2.

Wir benötigen noch das Quadrat der Schwerpunktsgeschwindigkeit des Stabes 2. Mit

$$\mathbf{r}_{S2} = (\ell\cos\varphi_1 + s_2\cos\varphi_2)\,\mathbf{e}_1 + (\ell\sin\varphi_1 + s_2\sin\varphi_2)\,\mathbf{e}_2$$

folgt durch Ableitung nach der Zeit *t*

$$\mathbf{v}_{S2} = \dot{\mathbf{r}}_{S2} = -(\ell\dot{\varphi}_1 \sin\varphi_1 + s_2\dot{\varphi}_2 \sin\varphi_2)\mathbf{e}_1 + (\ell\dot{\varphi}_1 \cos\varphi_1 + s_2\dot{\varphi}_2 \cos\varphi_2)\mathbf{e}_2$$

und damit

$$\begin{aligned} v_{S2}^2 &= (\ell\dot{\varphi}_1 \sin\varphi_1 + s_2\dot{\varphi}_2 \sin\varphi_2)^2 + (\ell\dot{\varphi}_1 \cos\varphi_1 + s_2\dot{\varphi}_2 \cos\varphi_2)^2 \\ &= (\ell\dot{\varphi}_1)^2 + (s_2\dot{\varphi}_2)^2 + 2\ell s_2\dot{\varphi}_1\dot{\varphi}_2 \cos(\varphi_1 - \varphi_2). \end{aligned}$$

Damit ist die kinetische Energie des Gesamtsystems

$$\begin{aligned} E &= \frac{1}{2}\Theta_A^{(1)}\,\dot{\varphi}_1^2 + \frac{1}{2}m_2[(\ell\dot{\varphi}_1)^2 + (s_2\dot{\varphi}_2)^2 + 2\ell s_2\dot{\varphi}_1\dot{\varphi}_2 \cos(\varphi_1 - \varphi_2)] + \frac{1}{2}\Theta_{S2}^{(2)}\,\dot{\varphi}_2^2 \\ &= \frac{1}{2}(\Theta_A^{(1)} + m_2\ell^2)\dot{\varphi}_1^2 + \frac{1}{2}(\Theta_{S2}^{(2)} + m_2 s_2^2)\dot{\varphi}_2^2 + m_2\ell s_2\dot{\varphi}_1\dot{\varphi}_2 \cos(\varphi_1 - \varphi_2). \end{aligned}$$

Für den weiteren Rechengang werden zur Vereinfachung der Schreibweise die folgenden Abkürzungen eingeführt:

$$\begin{aligned} &A = \Theta_A^{(1)} + m_2\ell^2, \quad B = \Theta_{S2}^{(2)} + m_2 s_2^2 = \Theta_B^{(2)}, \quad C = m_2\ell s_2 \\ &D = G_1 s_1 + G_2\ell = g(m_1 s_1 + m_2\ell), \quad E = G_2 s_2. \end{aligned}$$

Damit folgt die Lagrangefunktion

$$L = E - U = \frac{1}{2}A\dot{\varphi}_1^2 + \frac{1}{2}B\dot{\varphi}_2^2 + C\dot{\varphi}_1\dot{\varphi}_2\cos(\varphi_1 - \varphi_2) + D\cos\varphi_1 + E\cos\varphi_2\,.$$

Die Bewegungsgleichungen ermitteln wir aus den Beziehungen

$$\frac{d}{dt}\left(\frac{\partial L}{\partial\dot{\varphi}_1}\right) - \frac{\partial L}{\partial\varphi_1} = 0 \quad \text{und} \quad \frac{d}{dt}\left(\frac{\partial L}{\partial\dot{\varphi}_2}\right) - \frac{\partial L}{\partial\varphi_2} = 0\,.$$

Im Einzelnen sind:

$$\frac{\partial L}{\partial\varphi_1} = -C\dot{\varphi}_1\dot{\varphi}_2 \sin(\varphi_1 - \varphi_2) - D\sin\varphi_1\,, \qquad \frac{\partial L}{\partial\varphi_2} = C\dot{\varphi}_1\dot{\varphi}_2 \sin(\varphi_1 - \varphi_2) - E\sin\varphi_2\,,$$

$$\frac{\partial L}{\partial\dot{\varphi}_1} = A\dot{\varphi}_1 + C\dot{\varphi}_2\cos(\varphi_1 - \varphi_2)\,, \qquad \frac{\partial L}{\partial\dot{\varphi}_2} = B\dot{\varphi}_2 + C\dot{\varphi}_1\cos(\varphi_1 - \varphi_2)\,,$$

$$\frac{d}{dt}\left(\frac{\partial L}{\partial\dot{\varphi}_1}\right) = A\ddot{\varphi}_1 + C\ddot{\varphi}_2\cos(\varphi_1 - \varphi_2) - C\dot{\varphi}_2(\dot{\varphi}_1 - \dot{\varphi}_2)\sin(\varphi_1 - \varphi_2)$$

$$\frac{d}{dt}\left(\frac{\partial L}{\partial\dot{\varphi}_2}\right) = B\ddot{\varphi}_2 + C\ddot{\varphi}_1\cos(\varphi_1 - \varphi_2) - C\dot{\varphi}_1(\dot{\varphi}_1 - \dot{\varphi}_2)\sin(\varphi_1 - \varphi_2)$$

und damit

$$A\ddot{\varphi}_1 + C\ddot{\varphi}_2\cos(\varphi_1-\varphi_2) + C\dot{\varphi}_2^2\sin(\varphi_1-\varphi_2) + D\sin\varphi_1 = 0$$

$$B\ddot{\varphi}_2 + C\ddot{\varphi}_1\cos(\varphi_1-\varphi_2) - C\dot{\varphi}_1^2\sin(\varphi_1-\varphi_2) + E\sin\varphi_2 = 0.$$

Dieses nichtlineare gekoppelte Differenzialgleichungssystem 2. Ordnung lässt sich unter allgemeinen Anfangsbedingungen analytisch nicht mehr lösen. Die Integration erfolgt deshalb nummerisch. Beschränken wir uns jedoch auf kleine Ausschläge φ_1 und φ_2, dann können die obigen Gleichungen linearisiert werden. Mit

$$\cos(\varphi_1-\varphi_2) = 1\,,\ \sin\varphi_1 = \varphi_1\,,\ \sin\varphi_2 = \varphi_2\,,$$

$$\dot{\varphi}_1^2\sin(\varphi_1-\varphi_2) = 0\,,\ \dot{\varphi}_2^2\sin(\varphi_1-\varphi_2) = 0$$

erhalten wir die linearisierten Bewegungsgleichungen des Doppelpendels

$$\begin{aligned} A\ddot{\varphi}_1 + C\ddot{\varphi}_2 + D\varphi_1 &= 0 \\ C\ddot{\varphi}_1 + B\ddot{\varphi}_2 + E\varphi_2 &= 0 \end{aligned} \quad \rightarrow \begin{bmatrix} A & C \\ C & B \end{bmatrix}\begin{bmatrix} \ddot{\varphi}_1 \\ \ddot{\varphi}_2 \end{bmatrix} + \begin{bmatrix} D & 0 \\ 0 & E \end{bmatrix}\begin{bmatrix} \varphi_1 \\ \varphi_2 \end{bmatrix} = \begin{bmatrix} 0 \\ 0 \end{bmatrix}.$$

Auf die Lösung dieses linearen homogenen Differenzialgleichungssystems werden wir später näher eingehen. Wir wollen hier lediglich den Spezialfall $\varphi_1 = \varphi_2 = \varphi$ untersuchen. Mit dieser Annahme folgt

$$\begin{aligned} (A+C)\ddot{\varphi} + D\varphi &= 0 \\ (B+C)\ddot{\varphi} + E\varphi &= 0 \end{aligned} \quad \rightarrow \left[\begin{array}{c|c} A+C & D \\ \hline B+C & E \end{array}\right]\begin{bmatrix} \ddot{\varphi} \\ \varphi \end{bmatrix} = \begin{bmatrix} 0 \\ 0 \end{bmatrix}.$$

Notwendige Bedingung für die Lösbarkeit dieses Gleichungssystems ist das Verschwinden der Determinante der Koeffizientenmatrix, also

$$\begin{vmatrix} A+C & D \\ B+C & E \end{vmatrix} = (A+C)E - (B+C)D = 0\,.$$

Mit den gewählten Abkürzungen und der Einführung der *reduzierten Pendellängen*

$$\ell_{r1} = \Theta_0^{(1)}/(m_1 s_1) \quad \text{und} \quad \ell_{r2} = \Theta_0^{(2)}/(m_2 s_2)$$

fordern die linearisierten Bewegungsgleichungen

$$\ell = \frac{\ell_{r1} - \ell_{r2}}{1 + \dfrac{m_2}{m_1}\dfrac{\ell_{r2} - s_2}{s_1}}\,.$$

Hinweis: Glocken bilden mit dem Klöppel ein Doppelpendel, wobei die Klöppelmasse m_2 in der Regel wesentlich kleiner als die Glockenmasse m_1 ist. Führen wir in die obige Gleichung das Massenverhältnis $\overline{\mu} = m_2/m_1$ ein, dann liefert eine Reihenentwicklung

$$\ell = \frac{\ell_{r1} - \ell_{r2}}{1 + \overline{\mu}\dfrac{\ell_{r2} - s_2}{s_1}} = (\ell_{r1} - \ell_{r2})\left[1 - \frac{\ell_{r2} - s_2}{s_1}\overline{\mu} + O(\overline{\mu}^2)\right] \approx \ell_{r1} - \ell_{r2}.$$

Ist also bei einer langsam schwingenden Glocke mit kleinen Ausschlägen, für die $\varphi_1 = \varphi_2 = \varphi$ zutrifft, die Bedingung $\ell = \ell_{r1} - \ell_{r2}$ näherungsweise gegeben, dann läutet diese Glocke nicht. Dies war die Ursache für das Versagen der Kaiserglocke des Kölner Doms im Jahre 1876. Durch einige Abänderungen wurde die Glocke zwar zum Läuten gebracht, allerdings konnte die Forderung nach der großen Terz für den ersten Oberton nicht erreicht werden.

Zur Herleitung der nichtlinearen Bewegungsgleichungen des *mathematischen Doppelpendels* haben wir lediglich

$$\ell = \ell_1, \; s_1 = \ell_1, \; s_2 = \ell_2, \; \Theta_A^{(1)} = m_1 \ell_1^2$$

zu setzen. Das Ergebnis ist

$$A = (m_1 + m_2)\ell_1^2, \; B = m_2 \ell_2^2, \; C = m_2 \ell_1 \ell_2, \; D = (m_1 + m_2) g \ell_1, \; E = m_2 g \ell_2.$$

Mit Einführung des Massenverhältnisses $\mu = m_2 /(m_1 + m_2)$ folgen damit nach kurzer Rechnung die nichtlinearen Bewegungsgleichungen des *mathematischen Doppelpendels*

$$\begin{aligned}
0 &= \ell_1 \ddot{\varphi}_1 + \mu \ell_2 \ddot{\varphi}_2 \cos(\varphi_1 - \varphi_2) + \mu \ell_2 \dot{\varphi}_2^2 \sin(\varphi_1 - \varphi_2) + g \sin \varphi_1 \\
0 &= \ell_2 \ddot{\varphi}_2 + \ell_1 \ddot{\varphi}_1 \cos(\varphi_1 - \varphi_2) - \ell_1 \dot{\varphi}_1^2 \sin(\varphi_1 - \varphi_2) + g \sin \varphi_2 .
\end{aligned}$$

Im Fall kleiner Drehwinkel erhalten wir durch Linearisierung der obigen Gleichungen

$$\begin{aligned}
0 &= \ell_1 \ddot{\varphi}_1 + \mu \ell_2 \ddot{\varphi}_2 + g \varphi_1 \\
0 &= \ell_2 \ddot{\varphi}_2 + \ell_1 \ddot{\varphi}_1 + g \varphi_2
\end{aligned}$$

oder in Matrizenschreibweise

$$\begin{bmatrix} \ell_1 & \mu \ell_2 \\ \ell_1 & \ell_2 \end{bmatrix} \begin{bmatrix} \ddot{\varphi}_1 \\ \ddot{\varphi}_2 \end{bmatrix} + \begin{bmatrix} g & 0 \\ 0 & g \end{bmatrix} \begin{bmatrix} \varphi_1 \\ \varphi_2 \end{bmatrix} = \begin{bmatrix} 0 \\ 0 \end{bmatrix}.$$

■

Beispiel 6-3:

In der Abb. 6.4 ist das MapleSim-Blockschaltbild eines Doppelpendels gezeigt, dass der entsprechenden MapleSim-Datei entnommen ist.

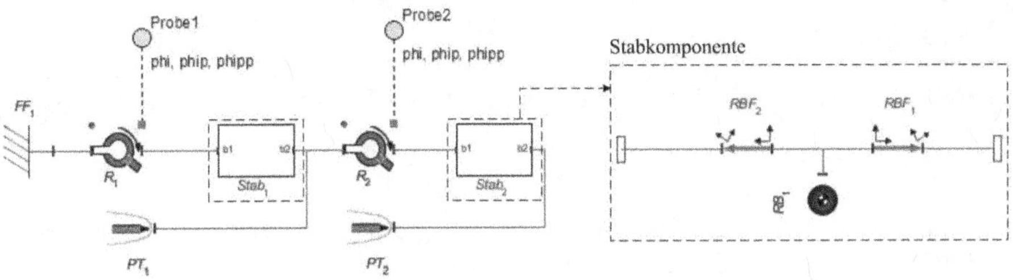

Abb. 6.4 MapleSim-Blockschaltbild eines Doppelpendels

Variieren Sie die dortigen Parameter und stellen Sie die Ergebnisse grafisch dar. ■

6.2 Das d'Alembertsche Prinzip

Dieses auf d'Alembert[1] zurückgehende Prinzip besagt, dass an einem bewegten System die verlorenen Kräfte und Momente im Gleichgewicht stehen. Als *verlorene Kraft* eines im Massenverbund *m* stehenden Massenelementes *dm* wird dabei

$$d\mathbf{V} = d\mathbf{F}^{(a)} - \mathbf{a}\,dm$$

definiert. Dabei ist $d\mathbf{F}^{(a)}$ die auf das freigeschnittene Element einwirkende äußere Kraft und $\mathbf{a}$ die Beschleunigung des Konvergenzpunktes des Massenelementes. Im Sinne der Statik lauten dann die *Gleichgewichtsbedingungen*

$$\mathbf{V} = \int_{(m)} d\mathbf{V} = \int_{(m)} (d\mathbf{F}^{(a)} - \mathbf{a}\,dm) = \mathbf{0}\,, \qquad \mathbf{M}_0^{(V)} = \mathbf{0}\,,$$

wobei $\mathbf{M}_0^{(V)}$ das Moment aller verlorenen Kräfte bezüglich des Punktes *0* bedeutet. Besteht das System aus Teilmassen m_k ($k = 1,\dots,n$), die in Form von kinematischen Gelenkketten miteinander verbunden sind, dann liefert die Anwendung der *Gleichgewichtsbedingungen* auf das Gesamtsystem

$$\sum_{k=1}^{n} (\mathbf{F}_k^{(a)} - m_k \mathbf{a}_{Sk}) = \mathbf{0}$$

$$\sum_{k=1}^{n} [(\mathbf{M}_{Sk}^{(a)} - \dot{\mathbf{L}}_{Sk}) + \mathbf{r}_{Sk} \times (\mathbf{F}_k^{(a)} - m_k \mathbf{a}_{Sk})] = \mathbf{0}.$$

Es ist also an jeder Teilmasse m_k des Massenverbandes ein *verlorenes Moment*

---

[1] Jean Le Ronde d'Alembert, frz. Philosoph, Mathematiker und Literat, 1717–1783

$$\mathbf{M}_{Vk} = \mathbf{M}_{Sk}^{(a)} - \dot{\mathbf{L}}_{Sk}$$

und im jeweiligen Schwerpunkt *S* eine verlorene Kraft

$$\mathbf{V}_k = \mathbf{F}_k^{(a)} - m_k \mathbf{a}_{Sk}$$

anzubringen und sodann für diese Belastung die *Gleichgewichtsbedingungen* am Gesamtsystem zu formulieren.

Beispiel 6-4:

Für das ebene System in Abb. 6.5 ist mit dem d'Alembertschen Prinzip die Winkelbeschleunigung $\ddot{\varphi}$ der Rolle zu berechnen. Die reibungsfrei gelagerten Massen m_1 und m_2 sind über ein undehnbares Seil miteinander verbunden, das über eine in *A* drehbar gelagerte Rolle mit dem Massenträgheitsmoment Θ geführt wird.

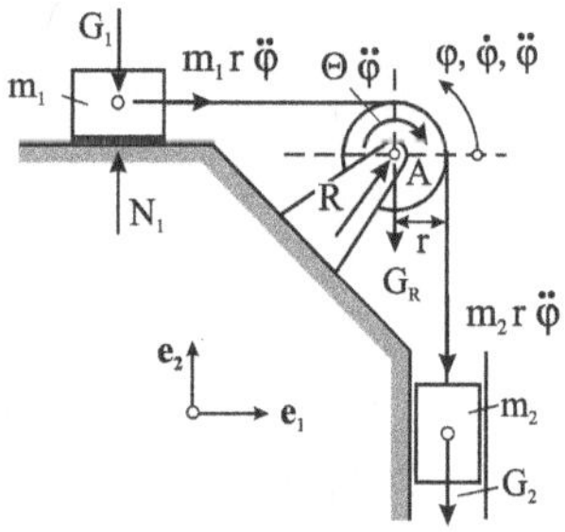

Abb. 6.5 Verlorene Kräfte und Momente

Lösung: Das System besitzt nur einen Freiheitsgrad, den wir als den Drehwinkel φ festlegen. Aus der Kinematik folgt, dass die Massen m_1 und m_2 die Schwerpunktsbeschleunigung $r\ddot{\varphi}$ besitzen. An jeder Masse sind nun im Sinne des Prinzips die verlorenen Kräfte und Momente anzubringen. Auf die Masse m_1 wirkt die verlorene Kraft

$$\mathbf{V}_1 = (N_1 - G_1)\mathbf{e}_2 + m_1 r \ddot{\varphi} \mathbf{e}_1,$$

wohingegen das verlorene Moment verschwindet, da einerseits m_1 eine reine Translationsbewegung durchführt und andererseits die verlorene Kraft durch den Schwerpunkt verläuft. Das trifft auch auf die Masse m_2 zu, an der die verlorene Kraft

$$\mathbf{V}_2 = -(G_2 + m_2 r \ddot{\varphi})\mathbf{e}_2$$

angreift. Für die Rolle ist mit der unbekannten Lagerreaktionskraft **R** die verlorene Kraft

$$\mathbf{V}_R = \mathbf{R} - G_r \mathbf{e}_2$$

zu notieren, und für das verlorene Moment verbleibt

$$\mathbf{M}_{VR} = \Theta\ddot{\varphi}\mathbf{e}_3 .$$

Schreiben wir nun das *Momentengleichgewicht* bezüglich des Punktes *A* an, und beachten, dass Seile keine Querkräfte übertragen können, dann erhalten wir

$$-r\,m_1 r\ddot{\varphi} - \Theta\ddot{\varphi} - r\,m_2 r\ddot{\varphi} - G_2 r = 0$$

und damit

$$\ddot{\varphi} = -\frac{G_2 r}{\Theta + r^2(m_1 + m_2)},$$

ohne die Seilkraft selbst berechnet zu haben. ■

7 Die Kinetik der Schwingungen

Unter Schwingungen[1] werden mehr oder weniger regelmäßig erfolgende zeitliche Schwankungen von Zustandsgrößen verstanden. Als Schwingung kann in mathematischem Sinne jede zeitabhängige Funktion bezeichnet werden, die mehrfach das Vorzeichen wechselt. Schwingungen können in der Natur und in vielen Bereichen der Technik beobachtet werden, etwa als Hin- und Herbewegung eines Pendels, als Wellengang der See oder die zufällige Schwingung eines durch Windböen erregten Gebäudes sowie als Geräusch oder Ton. Die Kenntnis über die Ursachen von Schwingungen und deren Auswirkungen erlaubt es dem Ingenieur, Schwingungen in erträglichen Grenzen zu halten.

Der Zustand eines schwingenden Systems kann durch geeignet ausgewählte Zustandsgrößen, etwa durch Lagekoordinaten, Geschwindigkeiten, Winkel, Druck, Temperatur, elektrische Spannung oder Ähnliches, gekennzeichnet werden. Sei q(t) eine derartige Zustandsgröße, so interessiert bei der Schwingungsuntersuchung deren zeitliche Änderung. Eine wichtige Klasse von Schwingungen sind die *periodischen Schwingungen* (engl. *periodical oscillations*). Diese sind dadurch gekennzeichnet, dass sich der Vorgang q(t) nach Ablauf einer bestimmten Zeit, der Schwingungsdauer oder Periodendauer *T*, jeweils vollständig wiederholt. Die Zustandsgröße q(t) erfüllt dabei die *Periodizitätsbedingung*

$$q(t) = q(t+T) = q(t+nT) \qquad (n = 1,2,3,\dots)$$

Ein Ausschnitt dieser Schwingung von der Dauer *T* heißt eine Periode[2] der Schwingung. Der Kehrwert der Schwingungsdauer *T* ist die Frequenz[3]

$$f = \frac{1}{T}. \tag{7.1}$$

Die Frequenz *f* gibt an, wie oft sich der Vorgang in der Zeiteinheit abspielt, also die Zahl der Schwingungen in einer Sekunde.

$$[f] = \frac{1}{\text{Zeit}}, \quad \text{Einheit: } s^{-1} = \text{Hz} \ (\text{Hz} = \text{Hertz}^4).$$

---

1 s.h. DIN 1311-1: 2000-02, Schwingungen und schwingungsfähige Systeme

2 lat. periodus ›Gliedersatz‹, von griech. periodos ›das Herumgehen‹, ›Umlauf‹, ›Wiederkehr‹

3 lat. frequentia ›Häufigkeit‹, allgemein Synonym für Häufigkeit

4 Heinrich Rudolf Hertz, Physiker, 1857–1894

Für die rechnerische Behandlung der Schwingungen wird neben der Frequenz *f* noch die Kreisfrequenz ω verwendet. Darunter wird die Zahl der Schwingungen in 2π Sekunden verstanden

$$\omega = 2\pi f = \frac{2\pi}{T}. \tag{7.2}$$

$[\omega] = \frac{1}{\text{Zeit}}$, Einheit: s^{-1} (auch rad/s: siehe DIN 1301-1: 2002-10).

Die Einheit für die im Bogenmaß gemessene Größe eines ebenen Winkels ist der Radiant (Abk. rad), der Winkel, für den die Bogenlänge des Einheitskreises den Wert 1 hat:

$$1\ \text{rad} = 360°/(2\pi) \approx 57°17'44{,}8''.$$

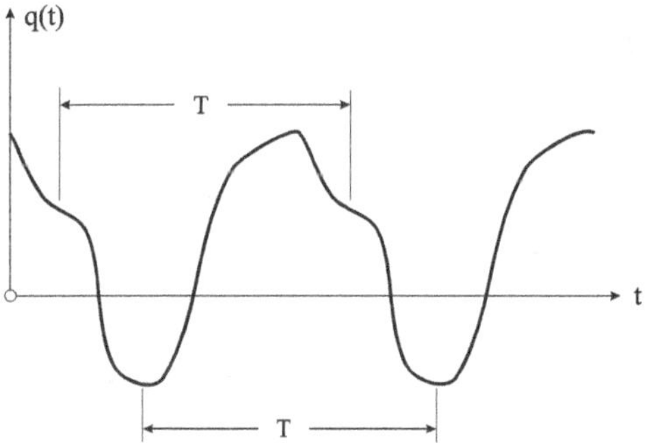

Abb. 7.1 *Periodische Schwingung, Periodendauer T*

Periodendauer und Frequenz bestimmen den Rhythmus einer Schwingung. Ihre Größe wird durch die Amplitude *A* angegeben. Darunter verstehen wir den halben Wert der gesamten Schwingungsweite, das ist der Bereich, den die Zustandsgröße *q* im Verlauf einer Periode durchläuft. Innerhalb der Periodenzeit *T* können folgende Größen definiert werden:

q_{max} :	Größtwert
q_{min} :	Kleinstwert
$q_{max} - q_{min}$:	Schwingungsweite
$\frac{1}{2}(q_{max} - q_{min})$:	Amplitude A
$\frac{1}{2}(q_{max} + q_{min})$:	Mittelwert q_m

Der Wert der Zustandsgröße *q* schwankt bei periodischen Schwingungen um den Mittelwert q_m. Bei symmetrischen Schwingungen entspricht diese Mittellage zugleich der Ruhelage oder Gleichgewichtslage. Durch die lineare Koordinatentransformation

$$\bar{q} = q - q_m$$

kann immer erreicht werden, dass

$$\bar{q}_m = 0$$

und

$$q_{max} = |q_{min}| = a$$

gilt.

7.1 Darstellung von Schwingungsvorgängen

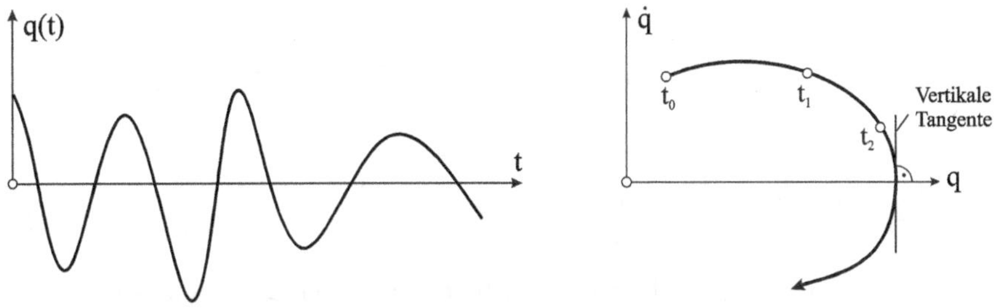

Abb. 7.2 *Ausschlag-Zeit-Diagramm (links) und Phasenkurve (rechts)*

Zur Darstellung zeitabhängiger Zustandsgrößen werden verschiedene Diagramme verwendet. Die wichtigsten sind das Ausschlag-Zeit-Diagramm und die Darstellung in der Phasenebene. Im Ausschlag-Zeit-Diagramm wird die Zustandsgröße q(t) über der Zeit *t* aufgetragen. Aus diesem Diagramm lassen sich sofort charakteristische Größen der Schwingung wie Amplitude und Mittellage ablesen. Die Phasenkurve (engl. *phase curve*) einer Schwingung erhalten wir, wenn wir die Geschwindigkeit $\dot{q}(t) = v(t)$ über der Auslenkung q(t) auftragen. Bei einem Einmassenschwinger legen die Auslenkung q(t) und die Geschwindigkeit v(t) den mechanischen Zustand des Systems fest, weshalb q(t) und v(t) auch *Zustandsgrößen* genannt werden. Die Beschleunigung $\ddot{q}(t) = a(t)$ ist übrigens keine Zustandsgröße im eigentlichen Sinne, da sie sich mittels des Newtonschen Grundgesetzes durch die Resultierende der äußeren Kräfte ausdrücken lässt. Da die Darstellung der Phasenkurve in der Form

$$\dot{q} = \dot{q}(q)$$

erfolgt, kann der zeitliche Verlauf einer Schwingung aus dem Phasenbild selbst nicht entnommen werden, denn dort erscheint die Zeit *t* lediglich als Bahnparameter. Über den Durchlaufsinn der Phasenkurve kann Folgendes gesagt werden: Da bei positiver Geschwindigkeit *v* die Auslenkung *q* zunehmen muss, verläuft die Phasenkurve im oberen Bereich von links nach rechts und im unteren Bereich von rechts nach links. Wegen

$$\frac{d\dot{q}}{dq} = \frac{d\dot{q}}{dt}\frac{dt}{dq} = \frac{\ddot{q}}{\dot{q}}$$

schneidet die Phasenkurve die q-Achse immer senkrecht, denn an diesem stationären Punkt gilt

$$\dot{q} = v = 0 .$$

Ausgenommen sind Fälle, für die neben $\dot{q} = 0$ auch $\ddot{q} = 0$ ist. Solche Punkte heißen *singuläre Punkte* der Phasenkurve; sie stellen Gleichgewichtslagen des Schwingers dar.

Aus der Gleichung einer Phasenkurve $\dot{q}(q)$ folgt durch Trennung der Variablen

$$dt = \frac{dq}{\dot{q}(q)} \qquad \rightarrow t = t_0 + \int_{\bar{q}=q_0}^{q} \frac{d\bar{q}}{\dot{\bar{q}}(\bar{q})} .$$

Die Gesamtheit aller möglichen Phasenkurven eines Schwingers wird *Phasenporträt* genannt.

7.2 Einteilung der Schwingungen

Die Schwingungen lassen sich nach DIN 1311-1: 2000-02 in zwei Gruppen einteilen:

1. Einteilung nach dem Entstehungsmechanismus (Abb. 7.3) und
2. Einteilung hinsichtlich des Zeitverlaufs (Abb. 7.4).

Wird der Schwingungsvorgang durch den Schwinger selbst bestimmt, dann sprechen wir von einer *autonomen*[1] *Schwingung* und im Falle eines fremdgesteuerten Schwingungsvorganges von einer *heteronomen*[2] *Schwingung*. Wir bezeichnen einen Schwinger, dem keine Energie zugeführt oder entzogen wird, als freien Schwinger. Überlassen wir einen solchen Schwinger sich selbst, so führt er *Eigenschwingungen* (engl. *natural vibrations*) aus, die gedämpft oder ungedämpft ablaufen können und nur vom System und den Anfangswerten abhängen. Die zugehörigen Differenzialgleichungen sind stets homogen mit zeitinvarianten Koeffizienten.

Selbsterregte Schwingungen (engl. *self-excited vibrations*) unterscheiden sich von den freien Schwingungen durch das Vorhandensein einer Energiequelle – etwa die Unruh einer Uhr oder die Batterie einer Klingel – aus der der Schwinger auf geregelte Weise Energie entnehmen kann, um beispielsweise vorhandenen Verluste infolge Dämpfung auszugleichen.

Zu den heteronomen Schwingungen gehören die *erzwungenen Schwingungen* (engl. *forced vibrations*), die wieder gedämpft oder ungedämpft ablaufen können. Die diesen Schwingern

---

1 zu griech. ›nach eigenen Gesetzen lebend‹, unabhängig, selbständig

2 zu griech. nómos ›Gesetz‹

zugeordneten Differenzialgleichungen besitzen stets zeitabhängige Funktionen, die mit den Zustandsgrößen des Schwingers nicht in Verbindung stehen.

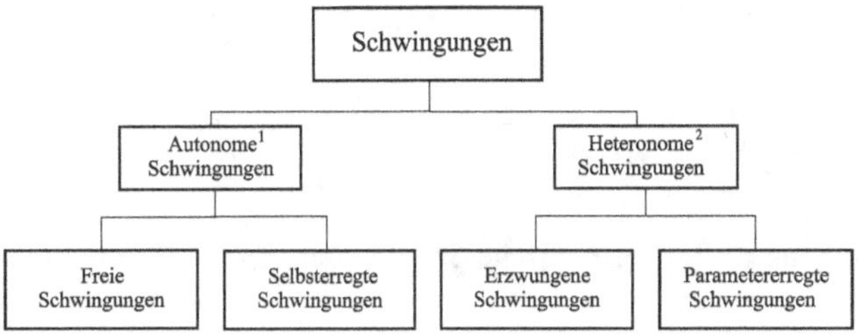

Abb. 7.3 Einteilung der Schwingungen nach dem Entstehungsmechanismus

Treten bei einem schwingungsfähigen System zeitliche Veränderungen der Systemparameter auf, dann spricht man von parametererregten Schwingungen. Die diese Problemklasse beschreibenden Bewegungsdifferenzialgleichungen enthalten nichtkonstante Koeffizienten, womit deren Lösung i. Allg. nicht in analytisch geschlossener Form darstellbar ist. Beispiele dazu sind das Pendel mit periodisch bewegtem Aufhängepunkt oder auch Schwingungen bei einem Rad-Schiene-System.

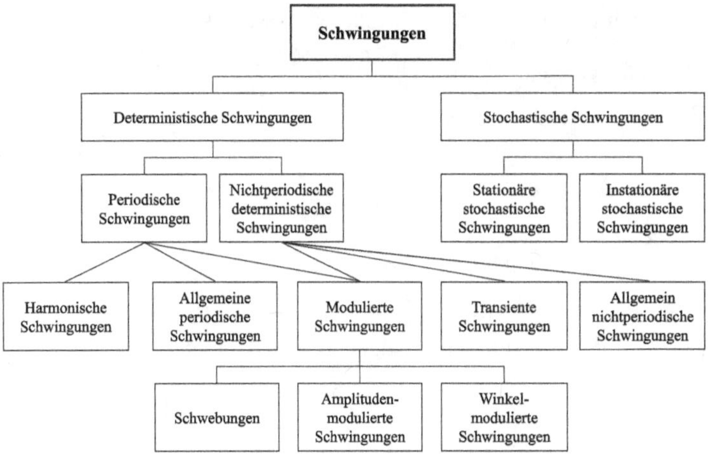

Abb. 7.4 Einteilung der Schwingungen nach dem Zeitverlauf

Schwinger mit nur einem Freiheitsgrad werden einfache Schwinger genannt. Schwingungssysteme mit endlich vielen Freiheitsgraden heißen mehrfache Schwinger, und ein Schwingungssystem mit unendlich vielen Freiheitsgraden ist ein kontinuierlicher Schwinger. Je nachdem, ob die zugehörigen Differenzialgleichungen linear oder nichtlinear sind, wird rein formal nach linearen und nichtlinearen Schwingungen unterschieden. Reale Schwingungen verlaufen in der Regel immer nichtlinear, jedoch können sehr oft die zugehörigen Differenzialgleichungen linearisiert und damit die Untersuchungen auf lineare Schwingungen zurückgeführt werden.

7.3 Harmonische Schwingungen

Die einfachste periodische Schwingung ist die harmonische Schwingung. Sie lässt sich durch eine Sinus- oder Kosinusfunktion beschreiben

$$q(t) = A\sin(\omega t + \varphi) = A\cos(\omega t + \vartheta)\,, \qquad \omega = \frac{2\pi}{T}, \quad \vartheta = \varphi - \frac{\pi}{2}, \tag{7.3}$$

und A ist die Amplitude der Schwingung. Die Argumente der Sinus- bzw. Kosinusfunktion

$$\psi_S = \omega t + \varphi, \quad \psi_C = \omega t + \vartheta$$

heißen *Phasenwinkel* (engl. *phase angels*), da sie den momentanen Zustand der Schwingung, nämlich ihre Phase, festlegen. Entsprechend werden die Winkel ϑ und φ *Nullphasenwinkel* (engl. *zero phase angels*) genannt, weil sie die Phase des schwingenden Systems zum Zeitpunkt $t = 0$ bestimmen.

Jede harmonische Schwingung mit beliebigem Phasenwinkel ψ_S lässt sich wegen

$$q(t) = \underbrace{A\cos\varphi}_{=A_1}\sin\omega t + \underbrace{A\sin\varphi}_{A_2}\cos\omega t$$

und damit

$$q(t) = A_1 \sin\omega t + A_2 \cos\omega t \tag{7.4}$$

immer als Überlagerung einer Sinus- und Kosinusschwingung gleicher Frequenz darstellen. Zwischen den Darstellungen (7.3) und (7.4) bestehen folgende Beziehungen:

$$A_1 = A\cos\varphi, \quad A_2 = A\sin\varphi, \quad A = \sqrt{A_1^2 + A_2^2}\,.$$

Für den Nullphasenwinkel folgt

$$\cos\varphi = \frac{A_1}{A}, \quad \sin\varphi = \frac{A_2}{A}\,.$$

Hinweis: Die Funktion $\tan\varphi = A_2 / A_1$ allein ist ungeeignet, den Winkel φ zu bestimmen, da sie im ersten und dritten bzw. im zweiten und vierten Quadranten die gleichen Werte annimmt.

In den meisten Fällen sind an einem Bewegungsvorgang mehrere Schwingungen beteiligt. Wir beschränken uns zunächst auf den Fall der Überlagerung zweier harmonischer Schwingungen gleicher Frequenz, etwa

$$q_1 = A_1 \sin \omega t \qquad \text{und} \qquad q_2 = A_2 \sin(\omega t + \Delta\varphi) .$$

Ist $\Delta\varphi = 0$, dann sind die Schwingungen phasengleich und gemäß

$$q = q_1 + q_2 = A_1 \sin \omega t + A_2 \sin \omega t = (A_1 + A_2) \sin \omega t$$

addieren sich die Amplituden, und die Verstärkung wird maximal. Für die Überlagerung zweier um $\Delta\varphi = \pi$ phasenverschobener Schwingungen erhalten wir

$$q = q_1 + q_2 = A_1 \sin \omega t + A_2 \sin(\omega t + \pi) = (A_1 - A_2) \sin \omega t .$$

In diesem Fall subtrahieren sich die Amplituden, und für $A_1 = A_2$ heben sich die Schwingungen sogar auf.

Die Überlagerung zweier gleichfrequenter Schwingungen mit $\Delta\varphi \neq 0$ ergibt

$$\begin{aligned} q = q_1 + q_2 &= A_1 \sin \omega t + A_2 \sin(\omega t + \Delta\varphi) \\ &= (A_1 + A_2 \cos \Delta\varphi) \sin \omega t + A_2 \sin \Delta\varphi \cos \omega t \\ &= A \sin(\omega t + \alpha). \end{aligned}$$

Für die resultierende Amplitude erhalten wir

$$A = \sqrt{A_1^2 + A_2^2 + 2 A_1 A_2 \cos \Delta\varphi} ,$$

und für die Phasenverschiebung α folgt

$$\cos \alpha = \frac{A_1 + A_2 \cos \Delta\varphi}{A}, \quad \sin \alpha = \frac{A_2 \sin \Delta\varphi}{A} .$$

Etwas umständlicher als die Überlagerung zweier Schwingungen gleicher Frequenz ω ist die Addition zweier Schwingungen unterschiedlicher Frequenzen

$$q = q_1 + q_2 = A_1 \sin(\omega_1 t + \varphi_1) + A_2 \sin(\omega_2 t + \varphi_2) .$$

Um das Wesentliche zu zeigen, reicht es aus, die beiden Nullphasenwinkel zu null zu setzen, also

$$q = q_1 + q_2 = A_1 \sin \omega_1 t + A_2 \sin \omega_2 t .$$

Wir berechnen zunächst die Periodendauer *T* der resultierenden Schwingung. Mit dem Frequenzverhältnis $\lambda = \omega_2 / \omega_1$ und $\tau = \omega_1 t$ erhalten wir

$$q(t) = A_1 \sin \omega_1 t + A_2 \sin \omega_2 t = A_1 \sin \tau + A_2 \sin \lambda\tau = \overline{q}(\tau) .$$

Ist das Frequenzverhältnis λ rational, lässt es sich also durch den Bruch $\lambda = p/q$ ausdrücken ($p, q \in \mathbb{N}$, teilerfremd), dann hat die resultierende Schwingung die Periode $T = 2\pi q$. Es gilt nämlich

$$\bar{q}(\tau + T) = A_1 \sin(\tau + 2\pi q) + A_2 \sin\left[\frac{p}{q}(\tau + 2\pi q)\right] = A_1 \sin\tau + A_2 \sin\left(\frac{p}{q}\tau\right) = \bar{q}(\tau).$$

Ist dagegen das Verhältnis der beiden Eigenkreisfrequenzen nicht rational, dann existiert keine Periode *T*. Allerdings kann jede irrationale Zahl λ durch eine Folge rationaler Zahlen $\lambda_n = p_n/q_n$ dargestellt werden, die mit wachsendem *n* gegen den Grenzwert λ konvergiert. Die Schwingung wiederholt sich dann näherungsweise nach der Zeit

$$T_n = 2\pi q_n,$$

und zwar umso genauer, je größer *n* gewählt wird. In diesen Fällen wird von einer fastperiodischen Schwingung gesprochen. Ist beispielsweise $\lambda = \sqrt{5}$, dann liefert eine *Kettenbruchentwicklung* mit der von Maple bereitgestellten Prozeduren `numtheory[cfrac]` die Kettenbruchentwicklung von λ und mit dem Befehl `convert(expr,confrac,'cvgts')` die Folge

$$[2, \frac{9}{4}, \frac{38}{17}, \frac{161}{72}, \frac{682}{305}, \frac{2889}{1292}, \frac{12238}{5473}, \ldots].$$

Ersetzen wir beispielsweise den Wert $\lambda = \sqrt{5}$ durch die zweite Näherung $\lambda_2 = 9/4$ der obigen Kettenbruchentwicklung, dann ist mit $q_2 = 4$ die Schwingungszeit $T_2 = 2\pi \cdot 4 = 8\pi$. Für $\lambda_3 = 38/17$ ist $q_3 = 17$ und damit $T_3 = 2\pi \cdot 17 = 34\pi$. Die Addition beider Teilschwingungen ergibt den Näherungswert

$$\bar{q}_n(\tau) = A_1 \sin\tau + A_2 \sin\lambda_n \tau.$$

7.4 Modellbildung

Der Lösungsweg vieler strukturdynamischer Probleme gliedert sich grob in die folgenden Teilschritte, wobei die sequenzielle Abarbeitung des Ablaufplans zum Teil auch parallel erfolgen muss:

1. Formulierung der Aufgabenstellung.
2. Abstrahieren des Problems durch Schaffung eines mechanischen Ersatzmodells.
3. Übersetzung des mechanischen Ersatzmodells in die Sprache der Mathematik durch Schaffung eines mathematischen Ersatzmodells.
4. Lösen des Problems im mathematischen Umfeld.

5. Rücktransformation der mathematischen Lösung in den Bereich der Mechanik.
6. Diskussion und Interpretation der Ergebnisse.

Ziel des letzten Punktes ist die Beantwortung der Frage, ob das erzielte Ergebnis physikalisch sinnvoll ist. Bestehen hier Zweifel, so muss die Prozedur an entsprechender Stelle, meist bei Pkt. 2, wiederholt werden. Gerade dieser Punkt macht erfahrungsgemäß den Studierenden die größten Schwierigkeiten, da das Herausarbeiten eines effektiven mechanischen Ersatzmodells in den Vorlesungen und Übungen gar nicht gelehrt wird, weil zu jeder Aufgabe dieses gewöhnlich gleich mitgeliefert wird. Qualitative Erfahrungen mit den strukturdynamischen Eigenschaften der betrachteten Konstruktionen einschließlich ihrer materiellen Eigenschaften sind unabdingbar, um ein möglichst einfaches und aussagefähiges mechanisches Ersatzmodell zu entwickeln.

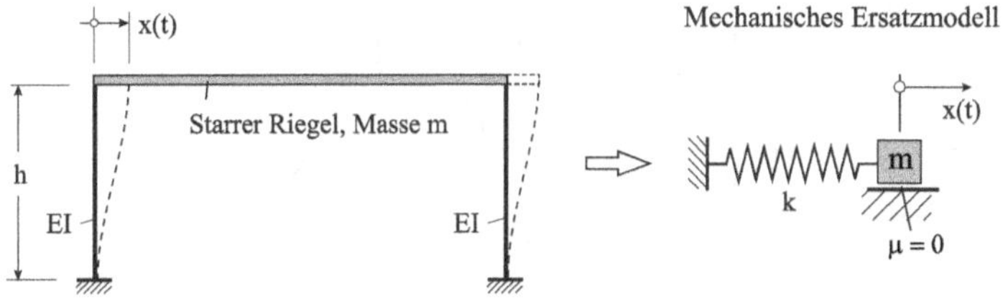

Abb. 7.5 *Mechanisches Ersatzmodell eines Stockwerkrahmens*

Wir wollen das an einem Beispiel demonstrieren. Der Stockwerkrahmen in Abb. 7.5 besteht aus zwei eingespannten Stützen und einem Riegel der Masse *m*. Es soll die Bewegung dieser Konstruktion in der Rahmenebene näherungsweise beschrieben werden. Wir fassen in einem ersten Schritt die Stützen als trägheitslos und den Riegel als starren Körper auf. Der Rahmen besitzt damit in der Ebene drei Freiheitsgrade, das sind zwei Translationen und eine Verdrehung. Da im Massivbau des Bauingenieurwesens oder auch im Stahlbau die Stützen i. Allg. hohe Dehnsteifigkeiten besitzen, können die Vertikalbewegung sowie die Verdrehung des Riegels vernachlässigt werden. Es verbleibt somit lediglich die Ermittlung der Bewegung in horizontaler Richtung. Auf diese Auslenkung des Riegels reagiert jede Stütze mit einer Rückstellkraft, die der Querkraft am oberen Ende der Stütze entspricht. Unter der Voraussetzung kleiner Verformungen soll sich das Stützenmaterial näherungsweise linear elastisch verhalten, und wir können jede beidseitig eingespannte Stütze als lineare Feder ansehen, für die mit baustatischen Methoden die Steifigkeit

$$\frac{k}{2} = 12\frac{EI}{h^3}$$

ermittelt werden kann. Das Ergebnis dieser Betrachtungen ist das in Abb. 7.5 rechts dargestellte mechanische Ersatzmodell, welches aus einer reibungsfrei gelagerten Masse *m* besteht, die an einer Feder mit der Federsteifigkeit

$$k = 24\frac{EI}{h^3}$$

befestigt ist. Für x = 0 sei die Feder entspannt, und für die Federkraft folgt dann

$$F_F(t) = k\,x(t)\,.$$

<u>Hinweis</u>: Aufgrund der angenommenen Starrheit des Riegels spielt hier die Verteilung der Masse keine Rolle, sie kann deshalb als konzentrierte Einzelmasse angenommen werden.

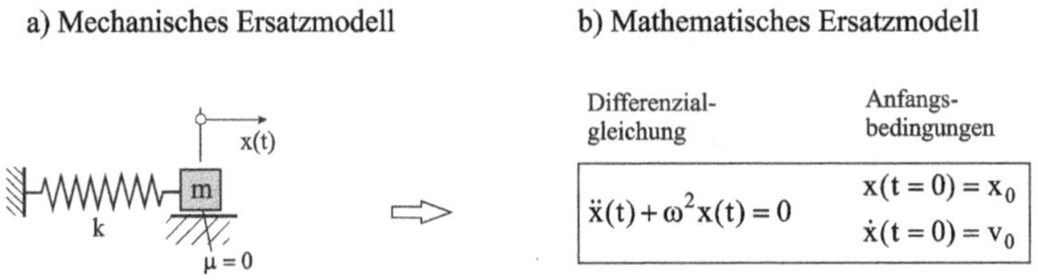

Abb. 7.6 *Mechanisches u. mathematisches Ersatzmodell*

Im nächsten Schritt beschaffen wir uns ein mathematisches Ersatzmodell. Da es sich um ein konservatives System handelt, dürfen wir den Energieerhaltungssatz anwenden. Ist

$$E = \frac{1}{2} m\dot{x}^2$$

die kinetische Energie der Masse *m* und

$$U = \frac{1}{2} k x^2$$

das Potenzial der Federkraft, dann folgt mit (3.63)

$$\frac{d}{dt}(E + U) = \frac{d}{dt}\left(\frac{1}{2}m\dot{x}^2 + \frac{1}{2}kx^2\right) = \dot{x}\,(m\ddot{x} + kx) = 0\,.$$

Für alle Zeiten *t* ist diese Gleichung nur dann erfüllt, wenn

$$m\ddot{x} + kx = 0$$

gilt. Mit Einführung der Eigenkreisfrequenz

$$\omega = \sqrt{k/m}$$

erhalten wir die gewöhnliche homogene Differenzialgleichung

$$\ddot{x}(t) + \omega^2 x(t) = 0\,,$$

die durch Anfangsbedingungen zum Zeitpunkt t = 0 zu ergänzen ist. Damit wird eine mathematische Behandlung des Problems ermöglicht. Die Lösung

$$x(t) = A\sin(\omega t + \varphi)$$

entspricht bei allgemeinen Anfangsbedingungen einer phasenverschobenen harmonischen Schwingung, die nie zum Stillstand kommt. Ein solches Verhalten wird jedoch in der Natur nicht beobachtet, vielmehr würde unser Rahmen nach gewisser Zeit zur Ruhe kommen. In der Strukturdynamik wird dieser physikalische Sachverhalt allgemein als Dämpfung bezeichnet. Dem System wird Energie entzogen, die beispielsweise in Form von Wärme oder Schall irreversibel an die Umgebung abgegeben wird. Die Dämpfung kann verschiedene Ursachen haben, etwa durch Reibung zwischen der schwingenden Struktur und dem umgebenden Medium (Luft, Wasser, Boden), durch Reibung in Verbindungen oder Kontaktflächen und durch den Werkstoff selbst. Bei der Werkstoffdämpfung entsteht die Energiedissipation durch die Verformung des Materials. Diese Form der Dämpfung wird auch als innere Dämpfung bezeichnet. Beispiele für Materialien, die Dämpfungseigenschaften besitzen, sind Beton, Elastomere und Kork.

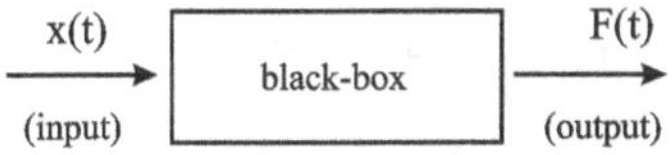

Abb. 7.7 *Mechanisches System als black-box*

Zur Nachbildung des Materialverhaltens eines Tragsystems wird eine phänomenologische[1] Theorie eingesetzt, welche die Verknüpfung von Ein- und Ausgabe beschreibt, ohne auf die innere Struktur des Systems einzugehen. Damit wird das System als *black-box* behandelt. Abb. 7.7 zeigt eine solche *black-box*, an der als Eingangsgröße (*input*) der zeitliche Verlauf der Weggröße x(t) angelegt wird, und die Ausgabe (*output*) den zeitlichen Verlauf der Kraftgröße F(t) liefert. Eine solche Situation tritt beispielsweise bei einer weggesteuerten Zugprobe auf.

Wesentliche Bausteine einer elementaren phänomenologischen Theorie sind rheologische[2] Modelle, deren Grundelemente sich aus einer endlichen Anzahl von Federn, Dämpfern und Reibungselementen zusammensetzen (Krawietz, 1986). Diese Grundelemente werden selbst als trägheitslos betrachtet. Um das im Experiment beobachtete mechanische Verhalten nachzubilden, werden in einem theoretischen Modell diese Elemente in geeigneter Weise miteinander kombiniert. Mit den so erzeugten Modellen sind folgende Vorteile verbunden: Sie besitzen einen einfachen Aufbau und haben den Vorteil einer großen Anschaulichkeit, die zum Einsatz kommenden mathematischen Mittel sind überschaubar und durch geeignete Experimente lassen sich auch quantitative Aussagen treffen.

---

1 die äußere Erscheinung (›Phänomen‹) oder auch Messgrößen betreffend

2 rheo. griechisch rhéos ›das Fließen‹. Mit dem Begriff Rheologie wird die Wissenschaft vom Verformungs- und Fließverhalten der Körper bezeichnet

7.4.1 Grundmodelle

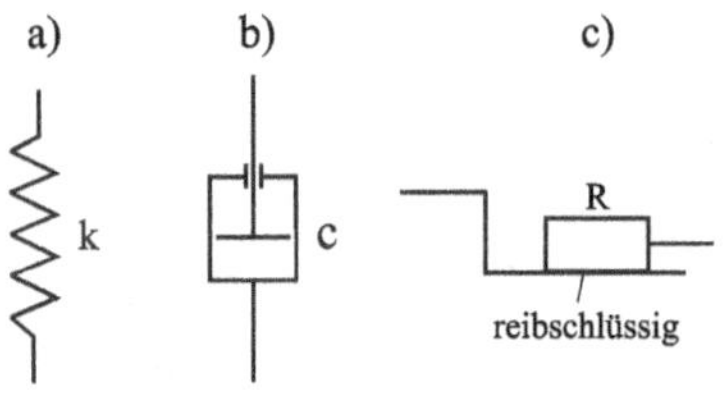

Abb. 7.8 Rheologische Grundmodelle

Die drei rheologischen Grundmodelle in Abb. 7.8 sind a) die lineare Feder, b) der lineare Dämpfer und c) das Trockenreibungselement. Für diese Grundmodelle haben sich spezielle Symbole herausgebildet, etwa für den linearen Dämpfer die stilisierte Form eines Stoßdämpfers mit einem perforierten Kolben, der sich in einem Zylinder mit einer zähen Flüssigkeit bewegt. Zur mechanischen Realisierung des Trockenreibungselements können wir uns einen Stein auf rauer Unterlage vorstellen. Mit diesen Grundmodellen lassen sich elastische, viskose und plastische Materialeigenschaften beschreiben. Rheologische Modelle werden in der Kontinuumsmechanik (engl. *continuum mechanics*) mit großem Erfolg zur Entwicklung von Materialgesetzen benutzt.

7.4.2 Die lineare Feder (Hooke-Modell)

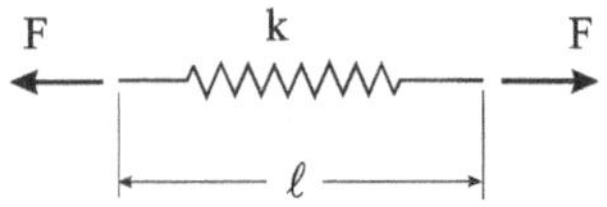

Abb. 7.9 Die lineare Feder

Für eine lineare Feder gilt das von Hooke[1] 1678 formulierte, empirisch gefundene Werkstoffgesetz

$$F = k(\ell - \ell_0),$$

wobei ℓ die aktuelle Federlänge, ℓ_0 die entspannte Federlänge und k die lineare Federkonstante bezeichnet, eine für jede Feder charakteristische Größe.

---

1 Robert Hooke, engl. Naturforscher, 1635–1703

$$[k] = \frac{\text{Masse}}{(\text{Zeit})^2}, \quad \text{Einheit: } \text{kg}\,\text{s}^{-2} = \frac{\text{N}}{\text{m}}.$$

Ein Modell, das durch diese Beziehung beschrieben werden kann, wird *Hooke-Modell* und dessen Verhalten elastisch genannt. Beim *Hooke-Modell* unterliegen der zeitliche Verlauf von F und ℓ keinerlei Beschränkung. Die Funktionen F(t) und $\ell(t)$ dürfen somit auch unstetig verlaufen. Neben der Feder mit linearer Kennlinie existieren nichtlineare Federgesetze, auf die hier nicht näher eingegangen wird. In der Strukturdynamik werden unterschiedliche Federformen eingesetzt. Weit verbreitet sind zylindrische Schraubendruckfedern aus runden Drähten und Stäben. Sie besitzen eine hohe Lastaufnahme und eignen sich deshalb in besonderem Maße für weite Bereiche der Schwingungsisolierung.

Hinweis: Axial belastete Schraubenfedern können bei Erreichen einer bestimmten Länge ausknicken. Darum muss bei der Konstruktion von Federn eine ausreichende Knicksicherheit gewährleistet sein (s.h. EN 13906-1, 9.14 Knickung).

7.4.3 Der lineare Dämpfer (Newton-Modell)

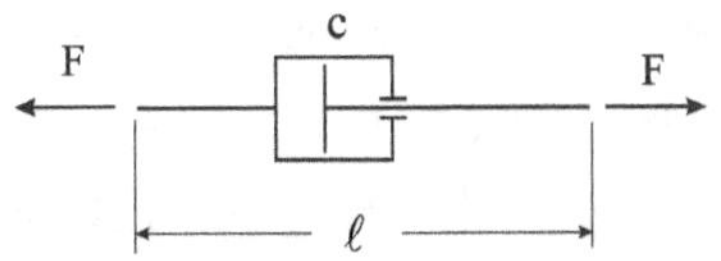

Abb. 7.10 *Der lineare Dämpfer*

Bewegt sich ein Körper in einer zähen Flüssigkeit oder in einem reibungsbehafteten Gas, so ist die dazu erforderliche Kraft F bei hinreichend kleinen Geschwindigkeiten mit guter Näherung der Geschwindigkeit proportional. Ein Modell, das durch die Beziehung

$$F = c\,\dot{\ell}$$

beschrieben wird (s.h. auch Kap. 4.5), nennt man *Newton-Modell.* Die Proportionalitätskonstante c heißt Dämpfungskonstante

$$[c] = \frac{\text{Masse}}{\text{Zeit}}, \quad \text{Einheit: } \frac{\text{kg}}{\text{s}}.$$

Die zeitliche Änderung der Elementlänge ist $\dot{\ell}(t)$, und das Verhalten des Modells wird viskos genannt. Das Newton-Modell setzt voraus, dass die Zeitableitung $\dot{\ell}(t)$ existiert. Sprunghafte Längenänderungen sind damit ausgeschlossen. Wegen der Proportionalität zwischen der Kraft und der zeitlichen Änderung der Elementlänge nennt man das Dämpfungsgesetz linear.

7.4.4 Das Trockenreibungselement (St.-Vénant-Modell)

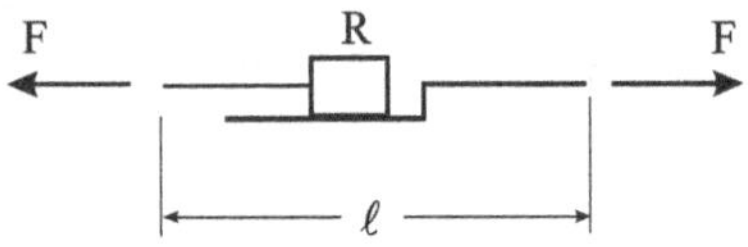

Abb. 7.11 *Das Trockenreibungselement*

Das Reibungsverhalten des Trockenreibungselementes können wir uns mithilfe der Coulombschen Reibung veranschaulichen, wobei der Haftreibungskoeffizient μ_0 und der Gleitreibungskoeffizient μ gleichgesetzt werden ($\mu_0 = \mu$). Der Betrag der Kraft, bei der Gleiten einsetzt, ist *R* und es gilt:

$$|F| \le R, \qquad \text{wenn } \dot{\ell} = 0$$
$$F = R\,\mathrm{sgn}(\dot{\ell}), \qquad \text{wenn } \dot{\ell} \neq 0.$$

Das Verhalten dieses Modells wird starrplastisch genannt. In der obigen Beziehung liefert die Signum-Funktion *sgn* das Vorzeichen von $\dot{\ell}$, wobei *sgn*(0) nicht definiert ist.

Hinweis: Werden die vorab behandelten Elementarmodelle unter Verwendung einer Reihen- bzw. Parallelschaltung kombiniert, dann erhalten wir weitere rheologische Modelle (s.h. VDI-Richtlinie 3830, Werkstoff- und Bauteildämpfung, 5 Einzelblätter). Bei der Reihenschaltung sind die Kräfte in allen Elementen gleich, und die Verschiebungen addieren sich. Bei der Parallelschaltung ist das genau umgekehrt. Die aus diesen Kombinationen hervorgehenden Grundmodelle zeigen sowohl elastische wie auch viskose Eigenschaften. Zu den Stoffen, die viskoelastische Materialeigenschaften aufweisen, gehört beispielsweise der Stahlbeton. Das Verhalten solcher Stoffe wird durch Materialfunktionen festgelegt, die aus Experimenten zu bestimmen sind.

7.4.5 Reihen- und Parallelschaltung von Federn

Im Fall der Reihenschaltung (engl. *series connection*) ist die Gesamtauslenkung wegen der gleichen Längskraft *F* in allen Federn

$$s = \frac{F}{k_1} + \frac{F}{k_2} + \ldots + \frac{F}{k_n} = F \sum_{i=1}^{n} \frac{1}{k_i} = \frac{F}{k_{res}}.$$

Aus dieser Beziehung lesen wir folgenden Kehrwert der resultierenden Federsteifigkeit ab:

$$\frac{1}{k_{res}} = \sum_{i=1}^{n} \frac{1}{k_i}.$$

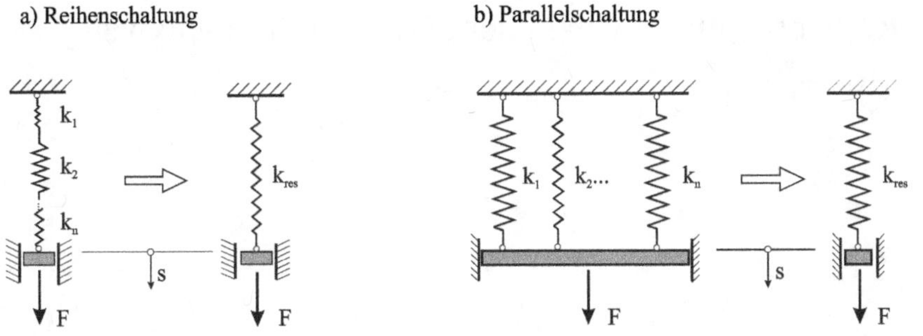

Abb. 7.12 Reihen- und Parallelschaltung von Federn

Beispielsweise errechnen wir für $n = 2$ die resultierende Steifigkeit

$$k_{res} = \frac{k_1 k_2}{k_1 + k_2} .$$

Sind sämtliche Federn parallel geschaltet (engl. *parallel connection*), dann erfahren alle dieselbe Auslenkung

$$s_1 = s_2 = ... = s_n = s ,$$

und ihre Federkräfte $F_i = k_i s$ addieren sich zur Gesamtkraft

$$F = \sum_{i=1}^{n} F_i = k_1 s + k_2 s + \cdots + k_n s = \sum_{i=1}^{n} k_i s = s \sum_{i=1}^{n} k_i = k_{res} \, s ,$$

was

$$k_{res} = \sum_{i=1}^{n} k_i$$

ergibt, und speziell für $n = 2$ erhalten wir die resultierende Steifigkeit

$$k_{res} = k_1 + k_2 .$$

7.4.6 Reihenschaltung von Feder und Dämpfer (Maxwell-Modell)

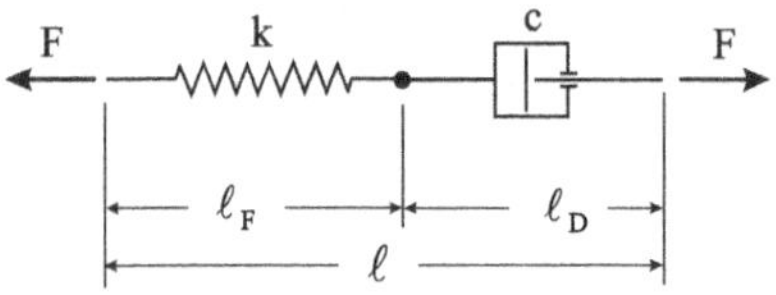

Abb. 7.13 Das Maxwell-Modell

Viskoelastisches Materialverhalten zeigt das aus Federn und Dämpfern zusammengesetzte Modell, das *Maxwell-Modell*[1] genannt wird. Hierbei sind Feder und Dämpfer in Reihe geschaltet. Die Elementlängen

$$\ell = \ell_F + \ell_D$$

addieren sich, und die Kräfte sind in beiden Elementen gleich

$$F = k(\ell_F - \ell_{F0}) = c\dot{\ell}_D \,.$$

In der obigen Beziehung bezeichnet ℓ_{F0} die entspannte Federlänge. Die Funktion $\ell_D(t)$ muss stetig und stückweise stetig differenzierbar sein. Führen wir mit

$$\alpha(t) = \ell_D(t) + \ell_{F0}$$

die *momentan entspannte Elementlänge* ein (Krawietz, 1986), dann folgt

$$F = k(\ell - \alpha) \tag{7.5}$$

sowie

$$\dot{\alpha} = \frac{1}{c}F \,. \tag{7.6}$$

Die Integration von (7.6) zwischen den Zeitpunkten t_0 und t ergibt

---

[1] James Clerk Maxwell, brit. Physiker 1831–1879

$$\alpha(t) = \alpha(t_0) + \frac{1}{c} \int\limits_{\tau=t_0}^{t} F(\tau)\,d\tau \,. \tag{7.7}$$

Einsetzen von (7.7) in (7.5) führt auf

$$\ell(t) = \alpha(t_0) + \frac{F(t)}{k} + \frac{1}{c} \int\limits_{\tau=t_0}^{t} F(\tau)\,d\tau \,. \tag{7.8}$$

Ist $\ell(t)$ stetig und stückweise stetig differenzierbar, dann folgt aus (7.5) mit (7.6) und der Abkürzung $\beta = k/c$ die inhomogene Differenzialgleichung

$$\dot{F} + \beta F = k\dot{\ell} \,. \tag{7.9}$$

Zur Lösung von (7.9) beachten wir

$$\frac{d}{dt}[e^{\beta t}F(t)] = e^{\beta t}(\dot{F} + \beta F) \quad \to \dot{F} + \beta F = e^{-\beta t}\frac{d}{dt}[e^{\beta t}F(t)] \,.$$

Setzen wir diese Beziehung in (7.9) ein, dann folgt

$$\frac{d}{dt}[e^{\beta t}F(t)] = e^{\beta t}k\dot{\ell} \,.$$

Integrieren wir nun zwischen den Zeitpunkten t_0 und t, so erhalten wir

$$F(t) = F(t_0)e^{-\beta(t-t_0)} + \int\limits_{\tau=t_0}^{t} k e^{-\beta(t-\tau)}\,\dot{\ell}(\tau)\,d\tau \,.$$

Lässt sich $\dot{\ell}$ nicht bilden, dann kann wie folgt vorgegangen werden. Aus (7.5) und (7.6) resultiert die Differenzialgleichung

$$\dot{\alpha} + \beta\alpha = \beta\ell \,.$$

Diese Gleichung hat denselben Aufbau wie (7.9), und die Integration zwischen den Zeitpunkten t_0 und t führt hier auf

$$\alpha(t) = \alpha(t_0)e^{-\beta(t-t_0)} + \int\limits_{\tau=t_0}^{t} \beta e^{-\beta(t-\tau)}\,\ell(\tau)\,d\tau \,.$$

Setzen wir diese Beziehung in (7.5) ein, dann erhalten wir

$$F(t) = k[\ell(t) - \alpha(t_0)e^{-\beta(t-t_0)}] - \int_{\tau=t_0}^{t} k\beta e^{-\beta(t-\tau)}\,\ell(\tau)\,d\tau\,.$$

Diese Gleichung kann unter Beachtung von

$$\int_{\tau=t_0}^{t} k\beta e^{-\beta(t-\tau)}\,\ell(t)\,d\tau = k\ell(t)[1 - e^{-\beta(t-t_0)}]$$

noch identisch umgeformt werden, was auf

$$F(t) = k[\ell(t) - \alpha(t_0)]^{-\beta(t-t_0)} + \int_{\tau=t_0}^{t} k\beta e^{-\beta(t-\tau)}\,[\ell(t) - \ell(\tau)]\,d\tau \tag{7.10}$$

führt. Ist F(t) als Eingabe bekannt, dann liefert (7.8) die Ausgabe $\ell(t)$, oder ist umgekehrt in (7.10) die Eingabe $\ell(t)$ bekannt, dann folgt daraus F(t).

7.4.7 Parallelschaltung von Feder und Dämpfer (Kelvin-Modell)

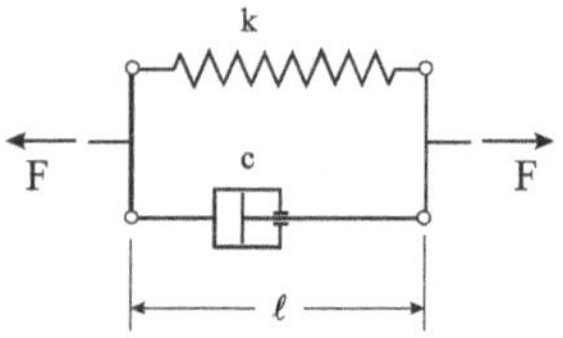

Abb. 7.14 Das Kelvin-Modell

Bei einer Parallelschaltung von Feder und Dämpfer sind die Längen beider Elemente gleich und die Kräfte addieren sich zu

$$F(t) = k[\ell(t) - \ell_0] + c\dot{\ell}(t) \tag{7.11}$$

Dieses rheologische Modell wird *Kelvin-Modell*[1] genannt. Sprunghafte Längenänderungen sind bei diesem Modell nicht möglich. Wir formen die obige Beziehung noch etwas um und erhalten

[1] Thomson, Sir (seit 1866) William Lord Kelvin of Largs, brit. Physiker, 1824–1907

$$\dot{\ell}(t)+\frac{k}{c}\ell(t)=\frac{1}{c}[F(t)+k\ell_0]\,, \tag{7.12}$$

und die Integration zwischen den Zeitpunkten t_0 und t ergibt

$$\Delta\ell(t)=\ell(t)-\ell_0=[\ell(t_0)-\ell_0]e^{-\frac{k}{c}(t-t_0)}+\frac{1}{c}\int\limits_{\tau=t_0}^{t}F(\tau)e^{-\frac{k}{c}(t-\tau)}d\tau\,. \tag{7.13}$$

Ist die Feder zum Zeitpunkt $t=t_0$ entspannt, dann ist $\ell(t_0)=\ell_0$, und es verbleibt

$$\Delta\ell(t)=\frac{1}{c}\int\limits_{\tau=t_0}^{t}F(\tau)e^{-\frac{k}{c}(t-\tau)}d\tau\,. \tag{7.14}$$

7.4.8 Parallelschaltung von Feder und Maxwell-Modell (Standard-Modell)

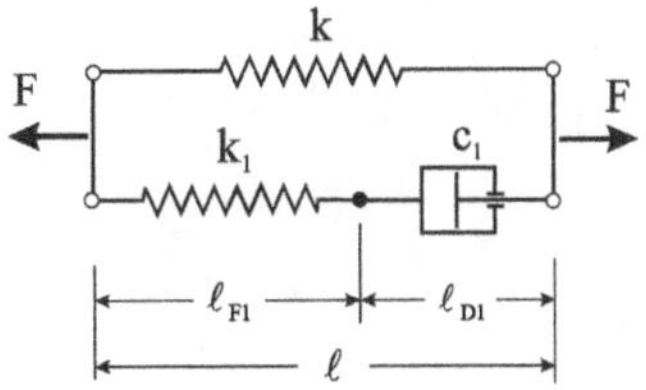

Abb. 7.15 *Das Standard-Modell*

Die bisher vorgestellten einfachen Ersatzmodelle sind nicht immer in der Lage, das Verhalten viskoelastischer Materialien hinreichend genau zu beschreiben. Ein komplexeres Modell, das wir *Standard-Modell* nennen, besteht aus einer Parallelschaltung von Hooke- und Maxwell-Modell. Damit sind die Längenänderungen beider Modelle gleich

$$\Delta\ell=\Delta\ell_H=\Delta\ell_M\,,$$

und die Kräfte addieren sich

$$F=F_H+F_M\,.$$

Gemäß Gleichung (7.6) genügt das Maxwell-Element der Differenzialgleichung

$$\dot{\alpha}_1=\frac{1}{c_1}F_M$$

mit der Lösung

$$\alpha_1(t) = \alpha_1(t_0) + \frac{1}{c_1} \int_{\tau=t_0}^{t} F_M(\tau)d\tau .$$

Berücksichtigen wir die Gleichung (7.8), dann folgt

$$\ell_M(t) = \ell(t) = \alpha_1(t_0) + \frac{F_M(t)}{k_1} + \frac{1}{c_1} \int_{\tau=t_0}^{t} F_M(\tau)d\tau .$$

Sind zum Zeitpunkt t_0 beide Federn kräftefrei, dann ist $\alpha_1(t_0) = \ell_0$, und wegen

$$F_M = F - F_H = F - k\Delta\ell$$

erhalten wir

$$\Delta\ell(t)\left(1 + \frac{k}{k_1}\right) = \frac{F(t)}{k_1} + \frac{1}{c_1} \int_{\tau=t_0}^{t} F(\tau)d\tau - \frac{k}{c_1} \int_{\tau=t_0}^{t} \Delta\ell(\tau)d\tau .$$

Die Lösung dieser *Integralgleichung* ist

$$\Delta\dot{\ell}(t)\left(1 + \frac{k}{k_1}\right) = \frac{\dot{F}(t)}{k_1} + \frac{1}{c_1} F(t) - \frac{k}{c_1} \Delta\ell(t) .$$

Mit den Abkürzungen

$$\beta_1 = \frac{k_1}{c_1}, \quad k_0 = k + k_1, \quad \gamma = \frac{\beta_1 k}{k_0}$$

können wir noch zusammenfassen zu

$$\Delta\dot{\ell} + \gamma\Delta\ell = \frac{1}{k_0}(\dot{F} + \beta_1 F) .$$

Die Struktur dieser Gleichung entspricht derjenigen von (7.12). Integrieren wir unter der Voraussetzung, dass Hooke- und Maxwell-Modell zurzeit t_0 entspannt sind, dann erhalten wir die Längenänderung

$$\Delta\ell(t) = \frac{1}{k_0}\left[F(t) + (\beta_1 - \gamma) \int_{\tau=t_0}^{t} e^{-\gamma(t-\tau)} F(\tau)d\tau \right] . \tag{7.15}$$

Unter dem Integral wurde $\dot{F}$ durch partielle Integration beseitigt. Die Umkehrung ergibt

$$F(t) = k_0 \left[\Delta\ell(t) - (\beta_1 - \gamma) \int_{\tau=t_0}^{t} e^{-\beta_1 (t-\tau)} \Delta\ell(\tau) d\tau \right]. \tag{7.16}$$

Beispiel 7-1:

Es soll ein Schwingungsversuch an einer Probe aus viskoelastischem Material durchgeführt werden. Zur mathematischen Beschreibung des Versuchs verwenden wir das Standardmodell und belasten die spannungsfreie Probe zurzeit $t = 0$ mit der harmonischen Kraft (A: Amplitude; Ω: Erregerkreisfrequenz)

$$F(t) = A \cos \Omega t .$$

Damit ergibt sich gemäß (7.15) die Längenänderung des Standardmodells zu

$$\Delta\ell(t) = \frac{A}{k_0(\gamma^2 + \Omega^2)} \left[(\Omega^2 + \beta_1\gamma) \cos \Omega t + \Omega(\beta_1 - \gamma) \sin \Omega t - \gamma(\beta_1 - \gamma) e^{-\gamma t} \right].$$

Zu Beginn der Lastaufbringung ($t = 0$) reagieren nur die parallel geschalteten Federn mit der Längenänderung

$$\Delta\ell(t = 0) = \frac{A}{k_0},$$

und der Dämpfer wirkt zunächst wie ein starrer Körper. Die Kraft im Hooke-Element ist

$$F_H(t) = k \, \Delta\ell(t) ,$$

und für die Kraft im Maxwell-Element folgt dann

$$F_M(t) = F(t) - F_H(t) .$$

Wir sind noch an der Längenänderung des Dämpfers interessiert. Da beide Federn zu Beginn kräftefrei sind, ist $\alpha(t_0) = \ell_0$. Damit erhalten wir die Längenänderung des Dämpfers zu

$$\Delta\ell_{D1} = \frac{1}{c_1} \int_{\tau=t_0}^{t} F_M(\tau) d\tau .$$

Integrieren wir diesen Ausdruck, dann folgt

$$\Delta\ell_{D1} = \frac{A}{k_0} \frac{k}{c_1(\Omega^2 + \gamma^2)} \left\{ (\beta_1 - \gamma) \cos \Omega t + \frac{\Omega k_1}{k} \sin \Omega t - (\beta_1 - \gamma) e^{-\gamma t} \right\} .$$

Die Längenänderung der Feder im Maxwell-Element ist

$$\Delta\ell_{F1} = \Delta\ell - \Delta\ell_{D1} .$$

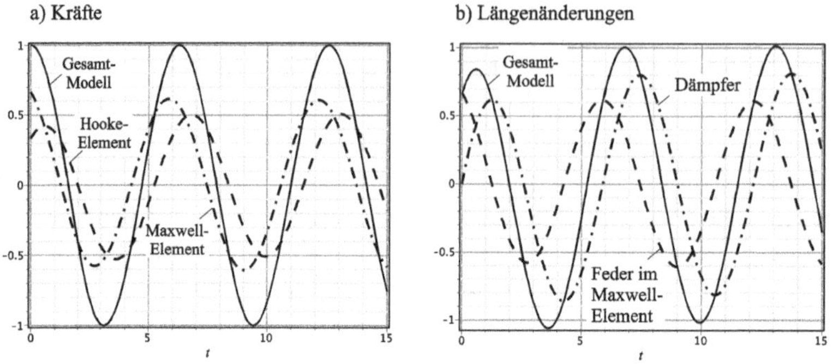

Abb. 7.16 *Zustandsgrößen für das Standard-Modell ($A = 1$, $\Omega = 1$, $k = 1/2$, $k_1 = 1$, $c_1 = 3/4$)*

Die Abb. 7.16 zeigt einige Zustandsgrößen für die dort angegebene Parameterkombination. Im stationären Zustand für $t \to \infty$ verschwinden die Lösungsanteile mit dem Faktor $e^{-\gamma t}$. ■

7.4.9 Reihenschaltung von Feder und Trockenreibungselement (Prandtl-Modell)

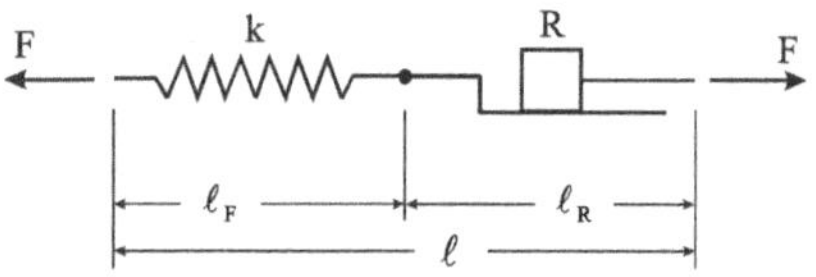

Abb. 7.17 *Das Prandtl-Modell*

Das *Prandtl-Modell*[1] besteht aus einer linearen Feder mit einem in Reihe geschalteten Trockenreibungselement nach St.-Vénant. Dabei ist *k* die Federkonstante und *R* diejenige Grenzkraft, bei der das Reibungselement zu rutschen beginnt. Ein solches Modell zeigt plastisches Materialverhalten. Für die Feder gilt

$$F = k(\ell - \ell_0)\,.$$

Das Reibungselement kennt nur zwei Zustände

1. $|F| < R\,,$ wenn $\dot{\ell}_R(t) = 0\,.$
2. $F = R\,\mathrm{sgn}(\dot{\ell}_R)\,,$ wenn $\dot{\ell}_R(t) \neq 0\,.$

---

[1] Ludwig Prandtl, deutsch. Physiker, 1875–1953

Eine Längenänderung des Reibungselementes ist also nur möglich, wenn *F* die Streckgrenzen $+\mathrm{R}$ oder $-\mathrm{R}$ erreicht. Dann gilt für die Kraft *F*

$$|F| \le R\,.$$

Führen wir mit

$$\alpha(t) = \ell_R(t) + \ell_{F0}$$

die momentan entspannte Länge des Trockenreibungselementes ein, dann ist

$$F(t) = k(\ell_F - \ell_{F0}) = k(\ell - \alpha)\,. \tag{7.17}$$

Solange $|F| < R$ ist, verhält sich das Reibungselement mit

$$\dot{\ell}_R(t) = 0$$

wie ein starrer Körper, und mit (7.17) folgt $\dot{\alpha} = 0$.

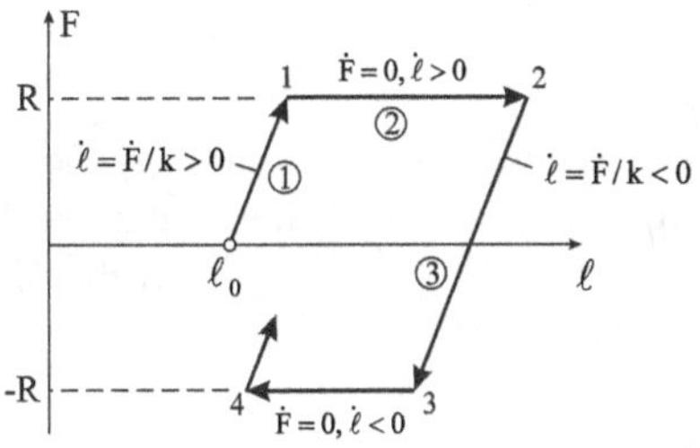

Abb. 7.18 *Kraft-Verschiebungsdiagramm des Prandtl-Modells*

Das Verhalten des Prandtl-Modells verdeutlichen wir uns anhand des Verschiebungs-Kraftdiagramms in Abb. 7.18. Im Ausgangszustand hat das Modell die Länge

$$\ell_0 = \ell_{F0} + \ell_{R0}\,.$$

Verlängern wir das Modell (Pfad 1), dann verhält es sich unterhalb der Streckgrenze rein elastisch. Wegen $\dot{\alpha} = 0$ gilt hier $\dot{\ell} = \dot{F}/k > 0$. Versuchen wir durch weitere Verlängerung die Kraft in der Feder über die Streckgrenze hinaus zu steigern, dann entzieht sich das Modell dieser Beanspruchung durch plastisches Fließen (Pfad 2). Es gilt $\dot{F} = 0$ und $\dot{\ell} = \dot{\alpha} > 0$. Bei einer Verkürzung (Pfad 3) verhält sich das Modell wieder rein elastisch. Mit (7.17) ist hier $\dot{\ell} = \dot{F}/k < 0$. An den Umkehrpunkten 2 und 4 wechseln die Verschiebungen ihr Vorzeichen. Der in Abb. 7.18 dargestellte Sachverhalt kann wie folgt formuliert werden

$$\dot{\alpha} = 0, \quad \text{wenn } |F| = k|\ell - \alpha| < R \text{ oder } |F| = R \text{ und } F\dot{\ell} \leq 0$$

$$\dot{\alpha} = \dot{\ell}, \quad \text{wenn } |F| = R \text{ und } F\dot{\ell} > 0,$$

oder abgekürzt

$$\dot{\alpha} = 0, \quad \text{wenn } \frac{k}{R}(\ell - \alpha)\,\mathrm{sgn}(\dot{\ell}) \neq 1$$

$$\dot{\alpha} = \dot{\ell}, \quad \text{wenn } \frac{k}{R}(\ell - \alpha)\,\mathrm{sgn}(\dot{\ell}) = 1.$$

Diese abschnittsweise formulierten Differenzialgleichungen lassen sich nicht mehr geschlossen integrieren. Die Kraft F(t) kann aus dem Verlauf von $\ell(t)$ eindeutig bestimmt werden. Das Umgekehrte ist jedoch nicht möglich, da für $F(t) = R$ die Länge $\ell(t)$ beliebig anwachsen kann.

7.5 Schwingungen für Systeme mit einem Freiheitsgrad

Wird der Gleichgewichtszustand eines schwingungsfähigen Systems durch inhomogene Anfangsbedingungen (Auslenkung und/oder Geschwindigkeit) gestört und danach sich selbst überlassen, so sprechen wir bei der dann einsetzenden Bewegung von einer freien Schwingung. Diese Schwingung kann gedämpft oder ungedämpft ablaufen.

7.5.1 Freie ungedämpfte Schwingungen

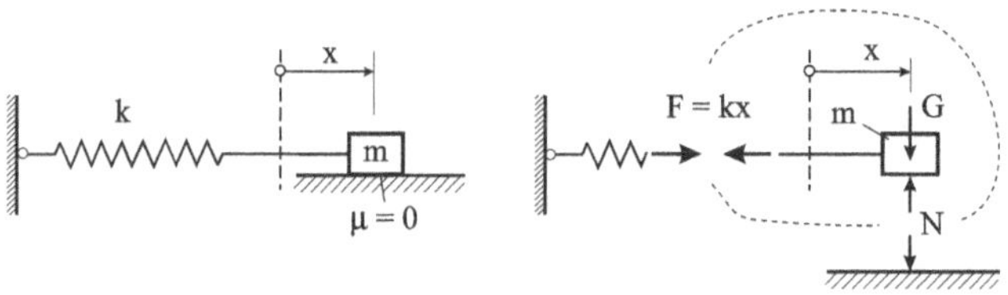

Abb. 7.19 *Der ungedämpfte Einmassenschwinger*

Wir betrachten das in Abb. 7.19 skizzierte System, bestehend aus einer linearen Feder mit der Federsteifigkeit k und einer konzentrierten Masse m, die reibungsfrei gelagert ist ($\mu = 0$). Die Lagekoordinate x beschreibt die horizontale Auslenkung der Masse. Für $x = 0$ sei die Feder entspannt. Zur Herleitung der Bewegungsgleichung wenden wir das Newtonsche Grundgesetz auf die freigeschnittene Masse *m* an und erhalten unter Beachtung des Federgesetzes $F = kx$ zunächst $m\ddot{x} = -F = -kx$. Mit der Abkürzung $\omega^2 = k/m$ folgt daraus

$$\ddot{x} + \omega^2 x = 0\,.$$

Dies ist eine gewöhnliche homogene Differenzialgleichung 2. Ordnung mit konstanten Koeffizienten, zu deren Lösung in der Mathematik eine abgeschlossene Theorie existiert. Im Zusammenhang mit linearen Differenzialgleichungen gilt das Superpositionsprinzip, welches besagt, dass bei Kenntnis zweier linear unabhängiger Lösungen $x_1(t)$ und $x_2(t)$ auch jede Linearkombination

$$x(t) = C_1 x_1(t) + C_2 x_2(t)$$

mit beliebigen Konstanten C_1 und C_2 Lösung der Differenzialgleichung ist. Wie leicht gezeigt werden kann, ist

$$x(t) = C_1 \cos\omega t + C_2 \sin\omega t = A\cos(\omega t - \varphi)\,. \tag{7.18}$$

Die Ableitung von x(t) nach der Zeit *t* liefert die Geschwindigkeit

$$\dot{x}(t) = -C_1\omega\sin\omega t + C_2\omega\cos\omega t = -A\omega\sin(\omega t - \varphi)\,.$$

Die beiden noch freien Konstanten (C_1, C_2) oder (A, φ) werden aus den Anfangswerten des Systems bestimmt. Es sei

$$x(t=0) = x_0,\ \dot{x}(t=0) = v_0\,.$$

Damit sind

$$C_1 = x_0,\ C_2 = \frac{v_0}{\omega}$$

oder

$$A = \sqrt{C_1^2 + C_2^2} = \sqrt{x_0^2 + (v_0/\omega)^2}\,,\quad \cos\varphi = \frac{x_0}{A},\ \sin\varphi = \frac{v_0}{A\omega}.$$

Damit wird aus (7.18)

$$x(t) = x_0\cos\omega t + \frac{v_0}{\omega}\sin\omega t,\quad \dot{x}(t) = -x_0\omega\sin\omega t + v_0\cos\omega t\,.$$

Die Schwingungsdauer *T* und die Eigenfrequenz *f* ergeben sich zu

$$T = \frac{2\pi}{\omega} = 2\pi\sqrt{\frac{m}{k}}\,,\qquad f = \frac{1}{T} = \frac{\omega}{2\pi} = \frac{1}{2\pi}\sqrt{\frac{k}{m}}\,.$$

Da die Frequenz f nur von den Systemwerten abhängt – und nicht etwa von den Anfangsbedingungen wie das bei nichtlinearen Schwingungen der Fall ist – wird f auch *Eigenfrequenz* (engl. *eigen frequency, natural frequency*) genannt.

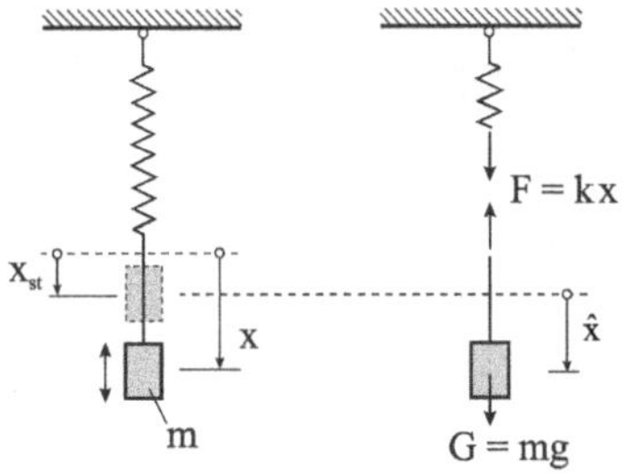

Abb. 7.20 *Berücksichtigung des Eigengewichts der Masse m*

Wirkt auf eine Masse m das Eigengewicht $G = mg$ in Bewegungssrichtung, dann ist wie folgt zu verfahren. Wir betrachten dazu den Einmassenschwinger in Abb. 7.20 mit einer masselosen Feder, die bei $x = 0$ entspannt ist. Zur Herleitung der Bewegungsgleichung wenden wir das Newtonsche Grundgesetz auf die freigeschnittene Masse an und erhalten

$$m\ddot{x} = -F + G = -kx + mg\,,$$

oder umgeformt

$$\ddot{x}(t) + \omega^2 x(t) = g\,. \tag{7.19}$$

Die in der obigen Beziehung auftretende konstante Erdbeschleunigung g können wir noch zum Verschwinden bringen, wenn wir die Bewegung durch die Transformation

$$x(t) = x_{st} + \hat{x}(t)$$

auf die statische Ruhelage x_{st} mit $\ddot{x}_{st} = 0$ beziehen, was

$$x_{st} = g/\omega^2 = mg/k = G/k$$

liefert. Damit geht (7.19) über in die bekannte homogene Bewegungsgleichung

$$\ddot{\hat{x}}(t) + \omega^2 \hat{x}(t) = 0\,.$$

Mit

$$\hat{x}(t) = K_1 \cos\omega t + K_2 \sin\omega t$$

und

$$\dot{\hat{x}}(t) = -K_1\omega\sin\omega t + K_2\omega\cos\omega t$$

führt die Masse *m* Schwingungen um die statische Ruhelage aus. Von besonderem Interesse ist noch die Federkraft

$$F(t) = kx(t) = k\left[x_{st} + \hat{x}(t)\right] = k\left[x_{st} + K_1\cos\omega t + K_2\sin\omega t\right].$$

Sie nimmt an den Umkehrpunkten von $\hat{x}(t)$ Extremwerte an. Wird beispielsweise die Masse bei entspannter Feder ($x = 0$) ohne Anfangsgeschwindigkeit losgelassen, so bestehen die Anfangsbedingungen $\hat{x}(0) = -x_{st}$ und $\dot{\hat{x}}(0) = 0$. Das erfordert $K_1 = -x_{st}$ sowie $K_2 = 0$ und damit unter Berücksichtigung von $x_{st} = G/k$

$$F(t) = k(x_{st} + K_1\cos\omega t) = G(1 - \cos\omega t).$$

Die Federkraft schwankt also zwischen den Werten $0 \le F(t) \le 2G$. Sie wächst im dynamischen Fall auf den doppelten Wert der statischen Belastung. Das trifft auch auf die Verschiebung zu. An dieser Stelle zeigt sich besonders deutlich der Unterschied zwischen statischer und dynamischer Beanspruchung. In statischen Berechnungen ist deshalb das plötzliche Aufbringen von Belastungen stets unter diesem Aspekt zu berücksichtigen.

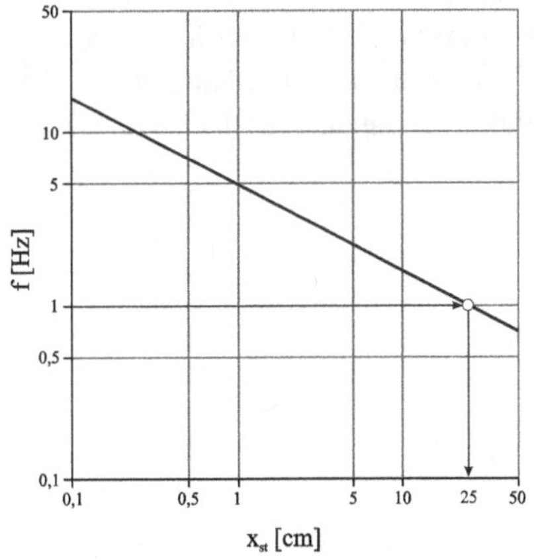

***Abb. 7.21** Eigenfrequenz f als Funktion der statischen Auslenkung x_{st}*

Wir wollen noch eine für praktische Anwendungen wichtige Näherungsformel herleiten, die bei Kenntnis der statischen Auslenkung, die oft leicht gemessen werden kann, eine näherungsweise Berechnung der 1. Eigenfrequenz *f* gestattet. Wir erhalten mit $x_{st} = G/k$

$$\omega = \sqrt{\frac{g}{x_{st}}}, \qquad f = \frac{\omega}{2\pi} = \frac{1}{2\pi}\sqrt{\frac{g}{x_{st}}},$$

und mit $g = 981\ \text{cm s}^{-2} \approx 100\,\pi^2$ sowie x_{st} in [cm] folgt

$$\omega \approx \frac{31{,}4}{\sqrt{x_{st}[\mathrm{cm}]}}\left[s^{-1}\right], \qquad f \approx \frac{5}{\sqrt{x_{st}[\mathrm{cm}]}}[\mathrm{Hz}]. \tag{7.20}$$

Mit (7.20) liegt eine einfache Abschätzung für die 1. Eigenfrequenz *f* eines Einmassenschwingers vor, sofern die Schwingung in Kraftrichtung erfolgt. Der Abb. 7.21 entnehmen wir, dass zur Erreichung niedriger Eigenfrequenzen relativ große Federwege erforderlich sind. Beispielsweise erfordert eine Eigenfrequenz von $f = 1$ Hz eine statische Auslenkung der Feder von 25cm. Hinzu kommt noch die Schwingungsamplitude

$$\hat{A} = \sqrt{(x_0 - mg/k)^2 + (v_0/\omega)^2}\ .$$

Hinweis: Dieser Sachverhalt ist bei der konstruktiven Auslegung von schwingungsfähigen Systemen zu berücksichtigen.

7.5.2 Kontinuierliche Systeme und ihre äquivalenten Einmassenschwinger

Auch elastischen Stäben können Federsteifigkeiten zugeordnet werden. Wir betrachten dazu die in Abb. 7.22 skizzierten masselosen Stäbe, die an ihren Enden jeweils eine konzentrierte Masse *m* tragen. Wir behandeln zuerst den in der Abbildung oben skizzierten Dehnstab der Länge ℓ und der Dehnsteifigkeit *EA*. Diese Masse *m* soll reibungsfreie Bewegungen in horizontaler Richtung ausführen können. Für $x = 0$ sei der Stab spannungsfrei, und nach Hooke gilt dann für den Dehnstab das lineare Werkstoffgesetz (σ_{xx} : Spannung , ε_{xx} : Dehnung)

$$\sigma_{xx} = E\varepsilon_{xx} = E\Delta\ell/\ell = Ex/\ell\ .$$

Die konstante Normalkraft im Stab ist dann

$$N = \sigma_{xx}A = \frac{EA}{\ell}x = k^* x$$

mit

$$k^* = \frac{EA}{\ell}, \qquad \rightarrow \omega = \sqrt{\frac{k^*}{m}} = \sqrt{\frac{EA}{m\ell}}\ .$$

Wir können also das Ersatzsystem als Äquivalent zum Ausgangssystem ansehen, wenn wir die Federkonstante entsprechend der obigen Beziehung wählen.

Eine gleichkommende Untersuchung kann auch für den Kragträger in Abb. 7.22 durchgeführt werden, der am rechten Rand um das Maß *w* verschoben wird. Aus dieser Verschiebung resultiert nach der elementaren Biegetheorie (I: Flächenträgheitsmoment) des geraden Balkens die Querkraft

$$Q = 3EIw/\ell^3 = k^* w$$

Der Träger wirkt also wie eine lineare Translationsfeder mit der Federkonstanten

$$k^* = \frac{3EI}{\ell^3}, \qquad \rightarrow \omega = \sqrt{\frac{k^*}{m}} = \sqrt{\frac{3EI}{m\ell^3}}.$$

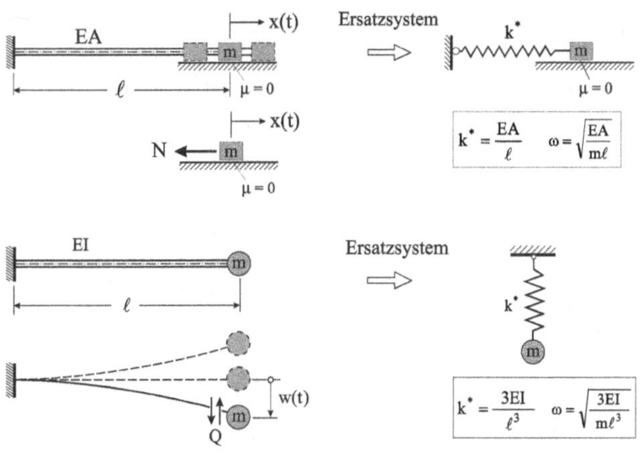

Abb. 7.22 *Dehnstab und Kragträger mit ihren äquivalenten Einmassenschwingern*

Neben der Längs- und Biegesteifigkeit ist noch die äquivalente Torsionssteifigkeit eines geraden Stabes von Interesse. Wir betrachten dazu das System in Abb. 7.23, das aus einem bei $x = 0$ eingespannten kreisförmigen Stab mit dem Radius a und der Länge ℓ besteht, der an seinem Ende eine starre Scheibe der Masse m mit dem Massenträgheitsmoment Θ trägt. Die Scheibe führt nur Drehbewegungen mit dem Torsionswinkel $\varphi(t)$ um die x-Achse aus.

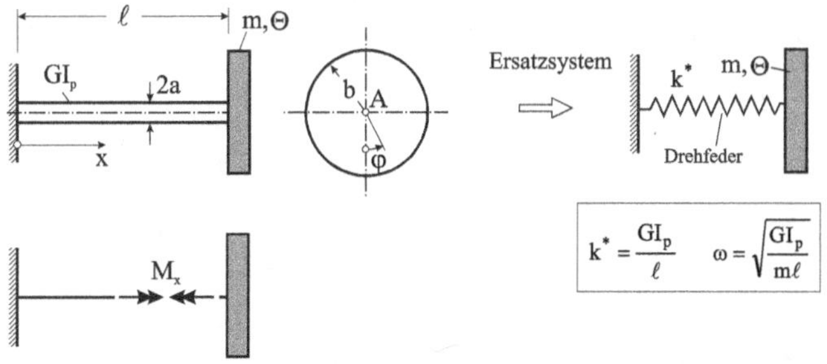

Abb. 7.23 *Äquivalenter Einmassenschwinger des Torsionsstabes*

Der Stab besitzt die Torsionssteifigkeit GI_p (G: Schubmodul, I_p: polares Flächenträgheitsmoment). Wird der Stab um den Drehwinkel φ verdreht, dann resultiert daraus das Rückstellmoment (Mathiak, 2013)

$$M_x = GI_p\varphi/\ell = k^*\varphi\,,$$

und er wirkt bei einer Torsion wie eine lineare Drehfeder mit der Federkonstanten

$$k^* = \frac{GI_p}{\ell}, \qquad \omega = \sqrt{\frac{k^*}{\Theta}} = \sqrt{\frac{GI_p}{\Theta\ell}}\,.$$

Das polare Flächenträgheitsmoment eines kreisförmigen Stabes mit dem Radius *a* ist $I_p = 1/2\pi a^4$, und für das Massenträgheitsmoment einer homogenen Kreisscheibe mit dem Radius *b* ist $\Theta = 1/2mb^2$. Bei dünnen Stäben kann der Schubmodul G noch durch G = E/2 ersetzt werden, womit für die Eigenkreisfrequenz

$$\omega = \sqrt{\frac{\pi E a^4}{2m\ell b^2}}$$

errechnet wird.

Hinweis: Bei den hier vorgestellten einfachen Betrachtungsweisen werden die Eigenfrequenzen *f* nur dann hinreichend genau bestimmt, wenn die Trägermasse wesentlich kleiner als die konzentrierte Einzelmasse *m* ist und damit unberücksichtigt bleiben kann.

7.5.3 Angenäherte Berücksichtigung der Federmasse bei Longitudinalschwingungen

Bei den bisherigen Untersuchungen zur Ermittlung der Eigenfrequenz *f* wurde die Federmasse m_F gegenüber der Einzelmasse *m* vernachlässigt. Wir werden sehen, dass der Fehler dann gering ausfällt, wenn $m_F << m$ ist.

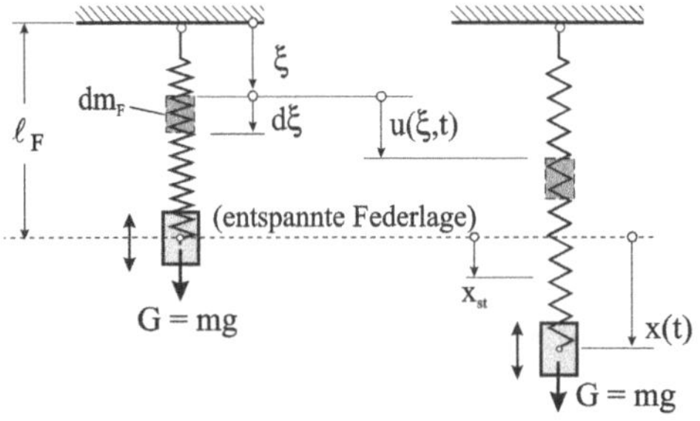

Abb. 7.24 *Näherungsweise Berücksichtigung der Federmasse*

Um eine Abschätzung im integralen Mittel vornehmen zu können, bietet sich wieder die Energiemethode an. Ausgangspunkt für unsere Untersuchungen ist der Energieerhaltungssatz in der differenziellen Form

$$\dot{E} + \dot{U} = 0 .$$

Die Koordinate x(t) bezeichnet die Auslenkung der Masse *m* aus der entspannten Federlage, und die vom Aufhängepunkt zählende Koordinate ξ legt die Lage des Massenelementes dm_F der Feder in der unausgelenkten Lage fest. Für die zeitabhängige Federverschiebung $u(\xi,t)$ wählen wir folgenden Näherungsansatz in Produktform

$$u(\xi, t) = x(t)\,h(\xi) .$$

Damit folgt für die Geschwindigkeit des Massenelementes

$$\dot{u}(t, \xi) = \dot{x}(t)\,h(\xi) .$$

Über die nur vom Ort abhängige Verteilungsfunktion $h(\xi)$ kann noch verfügt werden. Die kinetische Energie

$$E = 1/2(m\dot{x}^2 + \int_{(m_F)} dm_F \dot{u}^2)$$

des Systems resultiert aus der kinetischen Energie der Masse *m* und der Summe der kinetischen Energien der Massenelemente dm_F und damit folgt

$$E = 1/2\dot{x}^2[m + \int_{(m_F)} dm_F\, h^2(\xi)] .$$

Das Potenzial

$$U = U_F + U_G = 1/2kx^2 - mgx$$

wird aus den Potenzialen von Feder- und Gewichtskraft gebildet. Nach dem Energieerhaltungsatz folgt dann

$$\dot{E} + \dot{U} = \left\{ \ddot{x} \left[m + \int_{(m_F)} dm_F\, h^2(\xi) \right] + k\,x - mg \right\} \dot{x} = 0 ,$$

oder mit $\dot{x} \neq 0$:

$$\left[m + \int_{(m_F)} dm_F\, h^2(\xi) \right] \ddot{x} + k\,x - mg = 0 .$$

Das ist formal dieselbe Bewegungsgleichung wie (7.19), allerdings mit

$$\overline{\omega}=\sqrt{\frac{k}{m+\kappa m_F}} \quad \text{und} \quad \kappa=\frac{1}{m_F}\int\limits_{(m_F)} dm_F\, h^2(\xi)\,.$$

Unterstellen wir mit $h(\xi) = \xi/\ell_F$ eine lineare Verteilungsfunktion, dann ist

$$\kappa=\frac{1}{m_F}\int\limits_{(m_F)} dm_F\, h^2(\xi)=\frac{1}{m_F}\int\limits_{\xi=0}^{\ell_F}\frac{m_F}{\ell_F}\frac{1}{\ell_F^2}\xi^2 d\xi=\frac{1}{\ell_F^3}\int\limits_{\xi=0}^{\ell_F}\xi^2 d\xi=\frac{1}{3},$$

sodass wir mit dem Massenverhältnis $\lambda = m_F/m$ und

$$\overline{\omega}=\sqrt{\frac{k}{m+1/3m_F}}=\sqrt{\frac{k}{m}}\left[1-\frac{1}{6}\lambda+\frac{1}{24}\lambda^2+O(\lambda^3)\right]\approx\omega\left(1-\frac{1}{6}\lambda\right)<\omega$$

eine erste Abschätzung des Einflusses der Federmasse auf die Eigenkreisfrequenz des Einmassenschwingers vornehmen können. Um also bei Longitudinalschwingungen die Federmasse angenähert zu berücksichtigen, ist zur Einzelmasse *m* ein Drittel der Federmasse m_F hinzuzufügen. Die obige Beziehung gilt übrigens auch für $m = 0$. Dann schwingt die massebehaftete Feder so, als ob ein Drittel ihrer Masse am Federende befestigt wäre. Für den prismatischen Dehnstab in Abb. 7.22 ist dann $m_F = \rho A\ell$ zu setzen.

Hinweis: Die für die Longitudinalschwingungen einer Feder durchgeführten Untersuchungen lassen sich mit entsprechenden Näherungen auch auf die Transversalschwingungen eines Biegeträgers oder eines Torsionsstabes übertragen.

7.5.4 Der viskos gedämpfte Schwinger

Wird dem System während der Bewegung Energie entzogen, dann nehmen die Amplituden mit der Zeit ab. Ursache für die Dämpfung können äußere und/oder innere Kräfte sein. Ein einfacher Ansatz, der für viele praktische Anwendungen genügend genaue Ergebnisse liefert, ist die Annahme einer viskosen Dämpfung. Wir betrachten dazu das System in Abb. 7.25. Es besteht aus einer Masse *m*, die an ein *Kelvin-Modell* gefesselt ist.

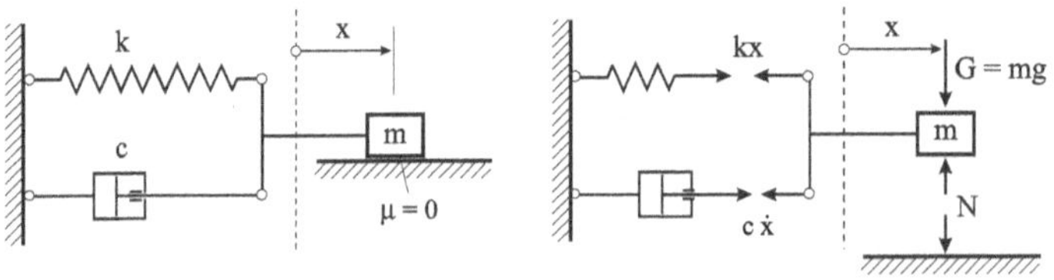

Abb. 7.25 Der viskos gedämpfte Einmassenschwinger

Zum Zeitpunkt $t = 0$ sei das Modell mit $x = 0$ entspannt. An der freigeschnittenen Masse m, die reibungsfrei gelagert sein soll ($\mu = 0$), greifen dann lediglich die Federkraft $F_F = kx$ und die Dämpferkraft $F_D = c\dot{x}$ an. Wir beschaffen uns zunächst die dem Problem zugeordnete Bewegungsgleichung. Indem wir die Masse m von der Unterlage freischneiden, dann das Newtonsche Grundgesetz in x-Richtung notieren, erhalten wir

$$m\ddot{x} = -kx - c\dot{x} \qquad \to m\ddot{x} + c\dot{x} + kx = 0\,.$$

Mit den Abkürzungen

$$\delta = \frac{c}{2m}, \quad \omega^2 = \frac{k}{m}$$

folgt die Normalform

$$\ddot{x} + 2\delta\dot{x} + \omega^2 x = 0\,. \tag{7.21}$$

Die Konstante δ wird *Abklingkonstante* (engl. *damping coefficient*) genannt. Eine weitere Darstellung der Bewegungsgleichung erhalten wir, wenn wir mit

$$\ddot{x} + 2D\omega\,\dot{x} + \omega^2 x = 0$$

nach Lehr den *Dämpfungsgrad* (engl. *Lehr's damping ratio*)

$$D = \frac{\delta}{\omega}$$

einführen. Zur Ermittlung der Fundamentallösungen von (7.21) wird der Ansatz

$$x(t) = e^{\zeta t}\,, \to \dot{x}(t) = \zeta e^{\zeta t} = \zeta x(t), \quad \ddot{x}(t) = \zeta^2 e^{\zeta t} = \zeta^2 x(t) \tag{7.22}$$

gemacht. Einsetzen von (7.22) in (7.21) führt auf

$$(\zeta^2 + 2\delta\zeta + \omega^2)e^{\zeta t} = 0\,.$$

Da die Exponentialfunktion keine Nullstelle besitzt, muss

$$\zeta^2 + 2\delta\zeta + \omega^2 = 0 \tag{7.23}$$

gefordert werden. Diese Beziehung wird in der Schwingungstechnik *charakteristische Gleichung* genannt. Sie hat die beiden Lösungen

$$\zeta_{1,2} = -\delta \pm \sqrt{\delta^2 - \omega^2} = -\delta \pm \lambda, \qquad (\lambda = \omega\sqrt{D^2 - 1})\,.$$

Nach dem Superpositionsprinzip für lineare Differenzialgleichungen ist dann

$$x(t) = C_1 e^{\zeta_1 t} + C_2 e^{\zeta_2 t} \qquad (\zeta_1 \neq \zeta_2) \tag{7.24}$$

die vollständige Lösung von (7.21). Die beiden noch freien Konstanten C_1 und C_2 werden aus den Anfangsbedingungen

$$x(t=0) \equiv x_0 = C_1 + C_2; \quad \dot{x}(t=0) \equiv v_0 = C_1(-\delta+\lambda) + C_2(-\delta-\lambda)$$

zu

$$C_1 = \frac{(\lambda+\delta)x_0 + v_0}{2\lambda}, \quad C_2 = \frac{(\lambda-\delta)x_0 - v_0}{2\lambda}, \quad \frac{C_2}{C_1} = \frac{(\lambda-\delta)x_0 - v_0}{(\lambda+\delta)x_0 + v_0} \tag{7.25}$$

ermittelt. Damit folgt für die Auslenkung

$$x(t) = \left\{ \frac{x_0[(\lambda+\delta)e^{\lambda t} + (\lambda-\delta)e^{-\lambda t}]}{2\lambda} + \frac{v_0(e^{\lambda t} - e^{-\lambda t})}{2\lambda} \right\} e^{-\delta t} \tag{7.26}$$

und die Geschwindigkeit

$$\dot{x}(t) = \left\{ \frac{x_0\omega^2(e^{-\lambda t} - e^{\lambda t})}{2\lambda} + \frac{v_0[(\lambda-\delta)e^{\lambda t} + (\lambda+\delta)e^{-\lambda t})]}{2\lambda} \right\} e^{-\delta t}. \tag{7.27}$$

Je nachdem, ob die Lösungen $\zeta_{1,2}$ der charakteristischen Gleichung (7.23) reell oder komplex sind, werden verschiedene Fälle unterschieden.

<u>1. Fall</u>: Starke Dämpfung ($D > 1$)

Dieser Fall liegt vor, wenn $\lambda = \omega\sqrt{D^2 - 1}$ reell und positiv ist. Es gelten dann unverändert die Lösungen (7.26) und (7.27). Die Auslenkungen nehmen mit wachsender Zeit *t* ab und für große *t* gehen $x(t)$ und $\dot{x}(t)$ gegen Null. Die Auslenkung $x(t)$ mit $t > 0$ besitzt nach (7.24) unter Beachtung von (7.23) höchstens einen Nulldurchgang für

$$t_1 = \frac{1}{2\lambda} \ln \frac{(\delta-\lambda)x_0 + v_0}{(\delta+\lambda)x_0 + v_0}.$$

Eine Lösung für positive Werte von t_1 ist nur möglich für

$$x_0 v_0 < -x_0^2(\delta+\lambda).$$

Auch der Ausschlag besitzt nur einen Extremwert, und zwar dort, wo die Geschwindigkeit $\dot{x}(t)$ verschwindet, und damit an der Stelle

$$t_2 = \frac{1}{2\lambda} \ln \frac{\omega^2 x_0 + (\delta+\lambda)v_0}{\omega^2 x_0 + (\delta-\lambda)v_0}.$$

Die Randpunkte sind gesondert zu untersuchen.

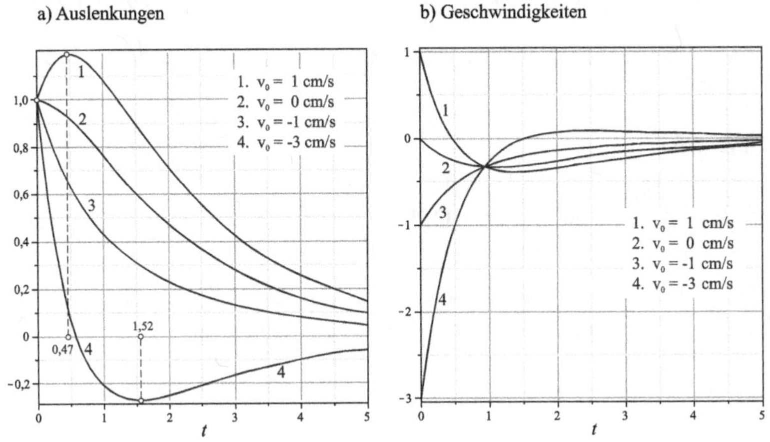

Abb. 7.26 *Auslenkungen und Geschwindigkeiten bei starker Dämpfung D > 1*

2. Fall: Der Grenzfall (D = 1)

Dieser Fall trennt die schwingenden Lösungen von den Kriechbewegungen mit D > 1. Er tritt für $\delta = \omega$ und damit $\lambda = 0$ auf. Eine Auswertung von x(t) nach (7.26) ist jetzt wegen der Unbestimmtheit 0/0 nicht möglich. Wir ersetzen deshalb diese Lösung durch ihren Grenzwert und verwenden dazu die Regel von Bernoulli-L'Hospital[1]

$$\lim_{\lambda \to 0} \frac{(\lambda + \omega)e^{\lambda t} + (\lambda - \omega)e^{-\lambda t}}{\lambda} = 2(1 + \omega t)$$

$$\lim_{\lambda \to 0} \frac{e^{\lambda t} - e^{-\lambda t}}{\lambda} = 2t$$

und damit

$$x(t) = [x_0(1 + \omega t) + v_0 t]e^{-\omega t}$$
$$\dot{x}(t) = [-\omega^2 x_0 t + (1 - \omega t)v_0]e^{-\omega t}.$$

Die Kurven x(t) haben einen ähnlichen Verlauf wie die in Abb. 7.26 im Fall der starken Dämpfung. Für $\delta / \omega = 1 = c_{krit}/(2m\omega)$ heißt $c_{krit} = 2m\omega$ *kritischer Dämpfungskoeffizient.*

---

[1] Guillaume Françoise Antoine Marquis de L'Hospital, franz. Mathematiker, 1661–1704 (Privatunterricht durch Johann Bernoulli)

3. Fall: Schwache Dämpfung (D < 1)

Im Fall $\omega^2 > \delta^2$ hat die charakteristische Gleichung (7.23) die beiden komplexen Wurzeln

$$\zeta_{1,2} = -\delta \pm i\omega_d \,. \tag{7.28}$$

In der obigen Beziehung heißt

$$\omega_d = \sqrt{\omega^2 - \delta^2} = \omega\sqrt{1-D^2} = \omega\left[1 - \frac{1}{2}D^2 + O(D^4)\right]$$

Eigenkreisfrequenz des gedämpften Schwingers. Im Vergleich zum ungedämpften System führt offensichtlich die Dämpfung zu einer kleineren Eigenkreisfrequenz ω.

Unter Beachtung der Eulerschen Formeln $e^{\pm i\varphi} = \cos\varphi \pm i\sin\varphi$ folgt mit (7.28) aus (7.24) das Bewegungsgesetz

$$x(t) = [C_1\cos\omega_d t + C_2\sin\omega_d t)]e^{-\delta t} = Ae^{-\delta t}\cos(\omega_d t - \varphi)\,,$$

wobei mit $C_1 = A\cos\varphi$ und $C_2 = A\sin\varphi$ die beiden neuen Konstanten A und φ eingeführt wurden. Durch Ableitung nach der Zeit *t* erhalten wird die Geschwindigkeit

$$\dot{x}(t) = -\omega_d e^{-\delta t}\left[C_1\left(\frac{\delta}{\omega_d}\cos\omega_d t + \sin\omega_d t\right) + C_2\left(\frac{\delta}{\omega_d}\sin\omega_d t - \cos\omega_d t\right)\right]$$
$$= -A\omega_d e^{-\delta t}\left[\frac{\delta}{\omega_d}\cos(\omega_d t - \varphi) + \sin(\omega_d t - \varphi)\right].$$

Die beiden noch freien Konstanten C_1 und C_2 bestimmen wir aus den Anfangsbedingungen

$$\left.\begin{aligned} x(t=0) &= x_0 = C_1 \\ \dot{x}(t=0) &= v_0 = -\delta C_1 + \omega_d C_2 \end{aligned}\right\} \rightarrow C_1 = x_0, \quad C_2 = \frac{1}{\omega_d}(v_0 + \delta x_0)$$

und damit

$$A = \sqrt{C_1^2 + C_2^2} = \sqrt{x_0^2 + \left(\frac{v_0 + \delta x_0}{\omega_d}\right)^2}, \quad \cos\varphi = \frac{C_1}{A}, \quad \sin\varphi = \frac{C_2}{A}.$$

Ein Vergleich dieser Lösung mit der freien ungedämpften Schwingung zeigt, dass wir die schwach gedämpfte Schwingung als Bewegung auffassen können, deren Amplitude mit dem Exponentialgesetz $e^{-\delta t}$ abnimmt (Abb. 7.27). Die Exponentialkurven $x_H(t) = \pm Ae^{-\delta t}$ hüllen gleichsam die Funktion x(t) ein. Die Berührungspunkte dieser Hüllkurven mit der Funktion x(t) fallen im Übrigen nicht mit den Extremalstellen von x(t) zusammen. Beide Kurven berühren sich zu Zeitpunkten, die aus der Gleichung $\cos(\omega_d t - \varphi) = \pm 1$ zu berechnen sind. Die Nullstellen von x(t) ergeben sich aus der Beziehung $\cos(\omega_d t - \varphi) = 0$. Im Gegensatz zur periodischen Bewegung gilt in diesem Fall $x(t+T) \neq x(t)$.

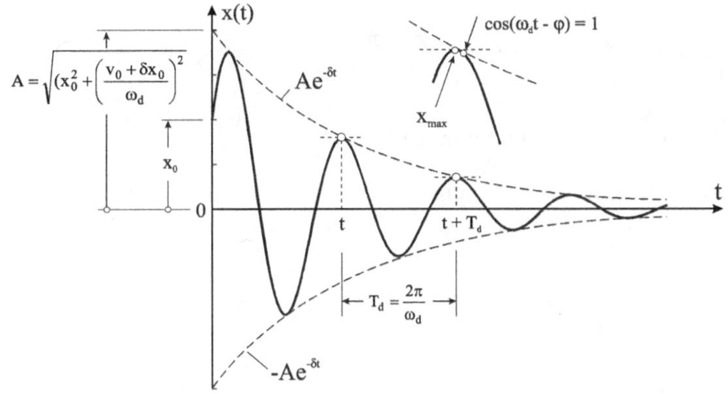

Abb. 7.27 Bewegung bei schwacher Dämpfung D < 1

In Abb. 7.28 ist die obere Hüllkurve $x_H(t) = Ae^{-\delta t}$ skizziert. Die Tangente $\dot{x}_H(t=0) = -A\delta$ im Punkte $t = 0$ schneidet die Zeitachse bei

$$t_0 = \frac{1}{\delta} = \frac{2m}{c}.$$

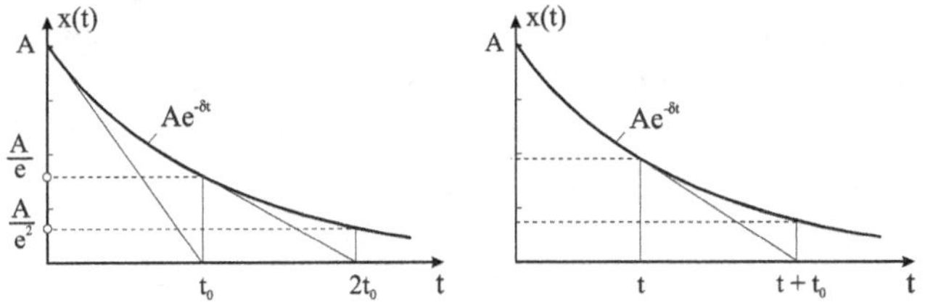

Abb. 7.28 Die Systemzeit t_0

Dieses Zeitmaß hängt nur von den Systemwerten *m* und *c* ab, nicht aber von den Anfangsbedingungen. Sie kann somit als *Systemzeit* bezeichnet werden. Zum Zeitpunkt t_0 besitzt die Hüllkurve nur noch den Wert $x_H(t_0) = A/e = 0{,}37A$, sie hat also in dieser Zeit um 63% abgenommen. Wie leicht zu zeigen ist, schneidet die Tangente in t_0 die Zeitachse bei $t = 2t_0$, und der Funktionswert der Hüllkurve ist $x_H = A/e^2 = 0{,}14A$. Ferner kann gezeigt werden, dass die Tangente an die Kurve $x_H(t)$ für jeden beliebigen Punkt *t* die Zeitachse im Punkt $t + t_0$ schneidet (Abb. 7.28, rechts), der zeitliche Abstand zum Punkt *t* beträgt damit ebenfalls t_0.

Eine weitere Kenngröße der gedämpften Schwingung ist die Schwingungszeit

$$T_d = \frac{2\pi}{\omega_d} = \frac{2\pi}{\omega\sqrt{1-D^2}} = \frac{2\pi}{\omega}\left[1 + \frac{1}{2}D^2 + O(D^4)\right] > \frac{2\pi}{\omega},$$

die immer größer ist als die der ungedämpften Schwingung.

Das Dämpfungsverhältnis ϑ als Quotient zweier aufeinander folgender gleichsinniger Extremwerte, errechnet sich dann unter Beachtung von $\omega_d T_d = 2\pi$ zu

$$\vartheta = \frac{x(t)}{x(t+T_d)} = \frac{e^{-\delta t}}{e^{-\delta(t+T_d)}} \frac{\cos(\omega_d t - \varphi)}{\cos(\omega_d t + \omega_d T_d - \varphi)} = e^{\delta T_d} = \text{const}.$$

Der natürliche Logarithmus des Dämpfungsverhältnisses ϑ wird nach Gauß[1] *logarithmisches Dekrement* genannt

$$\Lambda = \ln\vartheta = \delta T_d = \frac{2\pi\delta}{\omega_d} = \frac{2\pi\delta}{\sqrt{\omega^2 - \delta^2}} = \frac{2\pi D}{\sqrt{1-D^2}},$$

und die Auflösung nach *D* ergibt

$$D = \frac{\Lambda}{\sqrt{4\pi^2 + \Lambda^2}} = \frac{\Lambda}{2\pi} + O(\Lambda^3).$$

Die obige Beziehung kann zur experimentellen Bestimmung des Dämpfungsgrades *D* benutzt werden. Liegt aus einem Versuch ein Schwingungsdiagramm vor, dann sind lediglich jeweils zwei beliebige aufeinanderfolge Maxima x(t) und $x(t + T_d)$ auszumessen und ihre Quotienten zu bilden. Damit liegt Λ fest, und der Dämpfungsgrad *D* folgt dann aus der obigen Beziehung, womit wegen $c = 2D\sqrt{km}$ auch der Dämpfungskoeffizient *c* berechnet werden kann. Ergeben sich so für verschiedene Zeiten gleiche Dekremente Λ, dann kann praktisch von einer linearen Dämpfung ausgegangen werden.

Beispiel 7-2:

Stellen Sie eine Maple-Prozedur und ein MapleSim-Modell zur Verfügung, mit der die freien gedämpften Schwingungen eines Einmassenschwingers automatisiert berechnet werden können. Stellen Sie sämtliche Zustandsgrößen grafisch dar. ■

---

[1] Carl Friedrich Gauß, Mathematiker, Astronom und Physiker, 1777–1855

7.5.5 Erzwungene ungedämpfte Schwingungen

In den Differenzialgleichungen erzwungener Bewegungen treten immer zeitabhängige Funktionen auf, die mit den Zustandsgrößen des Schwingers, beispielsweise der Lagekoordinate x(t) einer Masse *m*, nicht in Verbindung stehen. Bei den Erregerfunktionen sind für die Praxis periodisch-harmonische Funktionen der Form

$$F(t) = F_0 \cos(\omega t + \varphi)$$

von besonderer Bedeutung. Für die Untersuchung allgemeiner Erregerfunktionen sind auch Sprung- und Stoßfunktionen von Interesse. Die Bewegungen können wieder ungedämpft oder auch gedämpft ablaufen. Die Abb. 7.29 zeigt den Fall der Felderregung mit einer an der Masse *m* angreifenden zeitabhängigen Erregerkraft $F_E(t)$. Die Anwendung des Newtonschen Grundgesetzes auf die freigeschnittene Masse führt auf

$$m\ddot{x} = -kx + F_E\,,$$

und die Division mit *m* ergibt

$$\ddot{x}(t) + \omega^2 x(t) = f_E(t)\,. \tag{7.29}$$

In (7.29) bezeichnet $f_E = F_E/m$ die auf die Masse bezogene Erregerkraft.

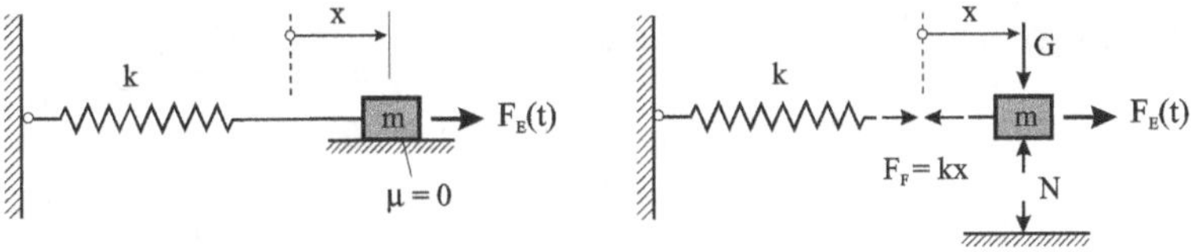

Abb. 7.29 *Der ungedämpfte Einmassenschwinger, zeitabhängige Erregerkraft $F_E(t)$*

Im Vergleich zur Bewegungsgleichung der freien ungedämpften Schwingung enthält (7.29) auf der rechten Seite mit $f_E(t)$ eine zeitabhängige Funktion. Diese lineare inhomogene Differenzialgleichung 2. Ordnung setzt sich additiv aus der Lösung x_h der homogenen Differenzialgleichung

$$\ddot{x}_h(t) + \omega^2 x_h(t) = 0$$

und einem Partikulärintegral x_p der inhomogenen Differenzialgleichung

$$\ddot{x}_p + \omega^2 x_p = f_E \tag{7.30}$$

zusammen, sodass wir für die Gesamtlösung

$$x(t) = x_h(t) + x_p(t)$$

erhalten. Ist die vollständige Lösung gefunden, dann wird diese an die Anfangswerte angepasst. Die Lösung der homogenen Differenzialgleichung ist mit $x_h(t) = A\cos(\Omega t - \varphi)$ bereits bekannt. Wir konzentrieren uns deshalb auf die Ermittlung eines Partikularintegrals. Dazu unterstellen wir eine auf die Masse *m* wirkende harmonisch-periodische Erregung

$$F_E(t) = F_0 \cos \Omega t$$

mit der Erregerkreisfrequenz Ω und der Kraftamplitude F_0. Die Gleichung (7.29) geht dann über in

$$\ddot{x}_p + \omega^2 x_p = f_0 \cos \Omega t, \qquad (f_0 = F_0/m). \tag{7.31}$$

Zur Lösung dieser Gleichung probieren wir, in Anlehnung an die rechte Seite, den Ansatz

$$x_p = C \cos \Omega t\,.$$

Die Konstante *C* ist zunächst noch unbekannt. Damit geht (7.29) über in

$$[C(\omega^2 - \Omega^2) - f_0] \cos \Omega t = 0\,.$$

Soll diese Gleichung für alle Zeiten *t* erfüllt sein, so muss

$$C = \frac{f_0}{\omega^2 - \Omega^2}$$

gefordert werden. Führen wir noch die *Abstimmung* $\eta = \Omega/\omega$ als bezogenes Frequenzverhältnis ein, dann erhalten wir

$$C = \frac{f_0}{\omega^2} \frac{1}{1-\eta^2} = \frac{F_0}{k} \frac{1}{1-\eta^2} = x_{st} \frac{1}{1-\eta^2}, \qquad x_{st} = \frac{F_0}{k}\,.$$

Die vollständige Lösung lautet dann

$$\begin{aligned} x(t) &= x_h(t) + x_p(t) = C_1 \cos \omega t + C_2 \sin \omega t + C \cos \Omega t \\ \dot{x}(t) &= \dot{x}_h(t) + \dot{x}_p(t) = -\omega(C_1 \sin \omega t - C_2 \cos \omega t) - C\Omega \cos \Omega t \end{aligned} \tag{7.32}$$

Die Ermittlung der Integrationskonstanten erfolgt für die vollständige Lösung aus den Anfangsbedingungen

$$\left.\begin{aligned} x(t=0) &= x_0 = C_1 + C \\ \dot{x}(t=0) &= v_0 = \omega C_2 \end{aligned}\right\} \quad C_1 = x_0 - C, \quad C_2 = \frac{v_0}{\omega}.$$

Einsetzen der Konstanten in (7.32) ergibt

$$x(t) = x_0 \cos\omega t + \frac{v_0}{\omega}\sin\omega t - \frac{f_0}{\omega^2 - \Omega^2}(\cos\omega t - \cos\Omega t). \tag{7.33}$$

Im Fall homogener Anfangsbedingungen ($x_0 = 0, v_0 = 0$) verbleibt

$$x(t) = -\frac{f_0}{\omega^2 - \Omega^2}(\cos\omega t - \cos\Omega t).$$

Die Schwingung nach (7.33) setzt sich aus Anteilen harmonischer Schwingungen unterschiedlicher Frequenzen und Amplituden zusammen. Das Bewegungsgesetz ist, wie bereits gezeigt wurde, jedoch nur dann periodisch, wenn ω und Ω in einem rationalen Verhältnis zueinander stehen.

Ist die Erregerkreisfrequenz Ω identisch mit der Eigenkreisfrequenz ω, dann ist die Beziehung (7.33) nicht direkt anwendbar, denn der Term

$$\frac{f_0}{\omega^2 - \Omega^2}(\cos\omega t - \cos\Omega t)$$

nimmt für diesen Fall die unbestimmte Form 0/0 an, womit der Ansatz für die partikuläre Lösung einem Integral der homogenen Differenzialgleichung entspricht und somit nichts Neues liefert. Wir ersetzen deshalb die Lösung nach der Regel von Bernoulli-L'Hospital unter Beachtung von $()' = d/d\Omega$ durch den Grenzwert

$$\lim_{\Omega\to\omega} \frac{f_0}{\omega^2 - \Omega^2}(\cos\omega t - \cos\Omega t) = f_0 \lim_{\Omega\to\omega} \frac{(\cos\omega t - \cos\Omega t)'}{\left(\omega^2 - \Omega^2\right)'} = -\frac{f_0}{2\omega} t \sin\omega t,$$

und die vollständige Lösung lautet damit für diesen Fall:

$$x(t) = x_0 \cos\omega t + \frac{v_0}{\omega}\sin\omega t + \frac{f_0}{2\omega} t \sin\omega t = x_0 \cos\omega t + (\frac{v_0}{\omega} + \frac{f_0}{2\omega} t)\sin\omega t$$

$$\dot{x}(t) = -(x_0\omega - \frac{f_0}{2\omega})\sin\omega t + (v_0 + \frac{f_0}{2} t)\cos\omega t.$$

Im Sonderfall homogener Anfangsbedingungen verbleiben

$$x(t) = \frac{f_0}{2\omega} t \sin\omega t, \ \dot{x}(t) = \frac{f_0}{2\omega}(\sin\omega t + \omega t \cos\omega t).$$

Diesen Fall bezeichnen wir als *Resonanzfall*[1], denn die Amplitude x(t) wächst mit der Teillösung $t\sin\omega t$ bei zunehmender Zeit *t* über alle Grenzen (Abb. 7.30, rechts). Das trifft auch auf die Geschwindigkeit $\dot{x}(t)$ zu. Mit den obigen Untersuchungen liegt die Lösung für den ungedämpften Einmassenschwinger bei beliebigen Anfangsbedingungen vor.

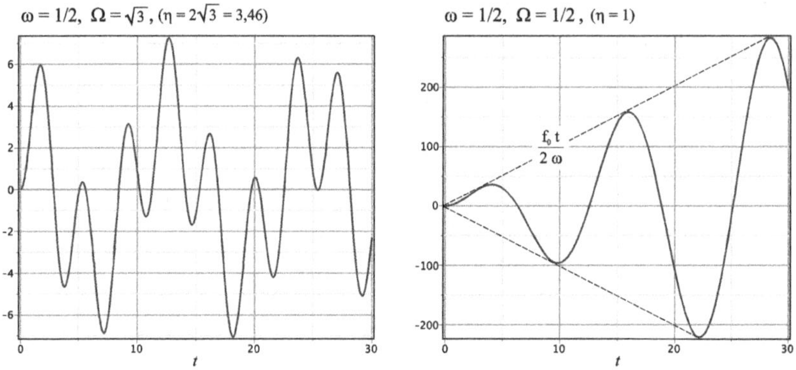

Abb. 7.30 *Auslenkungen x(t) für η = 3.46 und η = 1 (Resonanzfall), homogene Anfangsbedingungen (x_0 = v_0 =0)*

Hinweis: Bei realen Bewegungen, die in der Regel gedämpft ablaufen, nimmt die durch $x_h(t)$ gegebene Eigenlösung im Laufe der Zeit exponentiell ab. Das bedeutet, dass nach einer gewissen Zeit, die als *Einschwingzeit* bezeichnet wird, von der Gesamtlösung nur noch der partikuläre Lösungsanteil verbleibt. Dieser Anteil wird auch *stationäre Lösung* genannt.

Die Vergrößerungsfunktion

Wir hätten zur Beschaffung einer partikulären Lösung der Gleichung (7.31) auch sofort den Ansatz

$$x_p(t) = x_{st} V_1 \cos(\Omega t - \varphi_1), \qquad (x_{st} = F_0 / k) \tag{7.34}$$

machen können. Die Funktion V_1 wird *Vergrößerungsfunktion* oder auch *Amplitudenfrequenzgang* genannt. Sie hat offensichtlich die Bedeutung eines Faktors, mit dem die statische Auslenkung x_{st} multipliziert werden muss, um die dynamische Amplitude zu erhalten (engl. *dynamic magnification factor*). Einsetzen von (7.34) in (7.31) liefert

$$[V_1(\omega^2 - \Omega^2)\cos\varphi_1 - \omega^2]\cos\Omega t + [V_1(\omega^2 - \Omega^2)\sin\varphi_1]\sin\Omega t = 0\,.$$

Aufgrund der linearen Unabhängigkeit der trigonometrischen Funktionen $\cos\Omega t$ und $\sin\Omega t$ ist diese Gleichung für alle Zeiten *t* nur für

[1] von spätl. resonantia, ›Widerhall‹

$$0 = V_1(\omega^2 - \Omega^2)\cos\varphi_1 - \omega^2$$
$$0 = (\omega^2 - \Omega^2)\sin\varphi_1$$

erfüllt. Die Auflösung nach $\sin\varphi_1$ und $\cos\varphi_1$ ergibt

$$\sin\varphi_1 = 0, \quad \cos\varphi_1 = \frac{1}{V_1(1-\eta^2)}.$$

Quadrieren wir beide Beziehungen und addieren anschließend, so erhalten wir

$$V_1(\eta) = \frac{1}{\sqrt{(1-\eta^2)^2}}, \quad \sin\varphi_1 = 0, \quad \cos\varphi_1 = \frac{\sqrt{(1-\eta^2)^2}}{(1-\eta^2)}.$$

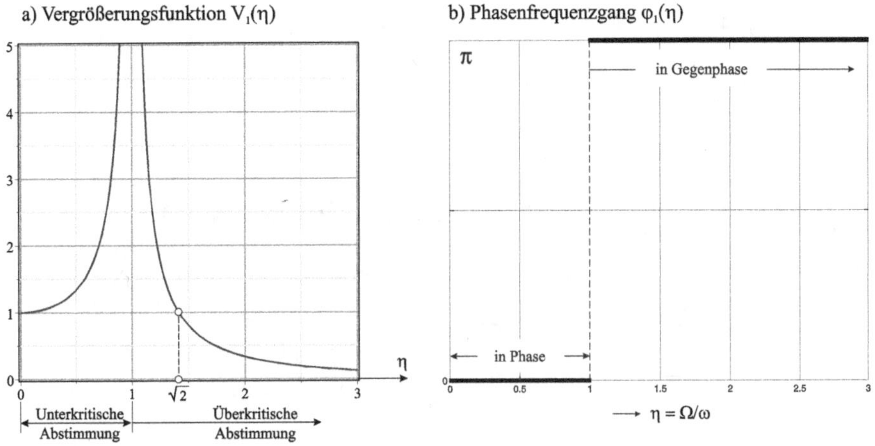

Abb. 7.31 Vergrößerungsfunktion $V_1(\eta)$ und Phasenfrequenzgang $\varphi_1(\eta)$

Für $\eta < 1$ ist $\varphi_1 = 0$. Dann hat die partikuläre Lösung dasselbe Vorzeichen wie die Erregerkraft F(t). In diesem Fall wird im Maschinenbau von einer unterkritischen Abstimmung gesprochen, und wir sagen, die Bewegung ist *in Phase* mit der Erregerkraft. Für $\eta > 1$ ist $\varphi_1 = \pi$ und

$$x_p(t) = x_{st}V_1\cos(\Omega t - \pi) = -x_{st}V_1\cos\Omega t$$

hat das umgekehrte Vorzeichen von F(t). Wir befinden uns im Bereich der *überkritischen Abstimmung*, und die Bewegung ist in *Gegenphase* zur Erregerkraft F(t). Die *Phasenlage* des Schwingers, also der Phasenwinkel φ_1, um den Erreger und Antwort gegeneinander verschoben sind, wird durch die Funktion $\varphi_1(\eta)$ beschrieben (Abb. 7.31), die *Phasenverschiebungsfrequenzgang* genannt wird.

Hinweis: Im Bauwesen werden die Bezeichnungen *hohe* und *tiefe* Abstimmung verwendet. Von einer *hohen Abstimmung* wird gesprochen, wenn die Eigenkreisfrequenz des abgefederten Schwingungssystems höher liegt als die Erregerkreisfrequenz ($\eta < 1$). Bei einer *tiefen Abstimmung* liegt die Eigenkreisfrequenz unterhalb der Erregerkreisfrequenz ($\eta > 1$).

Um Beeinträchtigungen des Systems auszuschließen, sollte der andauernde Betrieb im Bereich großer Amplituden vermieden werden, weswegen eine überkritische Abstimmung angestrebt wird. Dazu muss allerdings die Resonanzstelle $\eta = 1$ durchfahren werden. Das ist immer dann ungefährlich, wenn dieses Durchfahren relativ schnell erfolgt, denn wie der lineare Amplitudenanstieg in Abb. 7.30 zeigt, benötigt das System eine gewisse Zeit, um sich aufzuschaukeln, womit das zügige Durchfahren des kritischen Bereichs erst ermöglicht wird. Ferner ist

$$\lim_{\eta \to \infty} V_1(\eta) = 0 .$$

Bei einer sehr großen Erregerfrequenz findet demzufolge überhaupt keine Schwingung statt. Von Interesse ist noch die Federkraft. Im stationären Fall gilt $F_F(t) = k\,x_p(t)$ bzw.

$$F_F(t) = kx_{st} V_1(\eta)\cos(\Omega t - \varphi_1) = F_0 V_1(\eta)\cos(\Omega t - \varphi_1) .$$

7.5.6 Erzwungene viskos gedämpfte Bewegungen

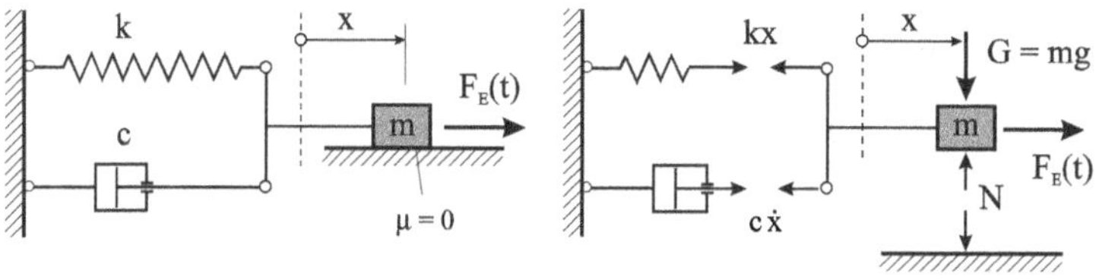

Abb. 7.32 *Gedämpfte Schwingungen*

Die Anwendung des Newtonschen Grundgesetzes auf die freigeschnittene Masse *m* liefert im Fall einer harmonisch-periodischen Störkraft $F_E(t) = F_0 \cos\Omega t$ die inhomogene Bewegungsgleichung

$$\ddot{x} + 2D\omega\dot{x} + \omega^2 x = f_0 \cos\Omega t , \qquad (f_0 = F_0/m). \tag{7.35}$$

Die vollständige Lösung setzt sich wieder zusammen aus der allgemeinen Lösung der homogenen Differenzialgleichung der freien gedämpften Bewegung

$$\ddot{x}_h + 2D\omega\dot{x}_h + \omega^2 x_h = 0 ,$$

deren Lösungsvielfalt wir bereits kennen, sowie einer partikulären Lösung der inhomogenen Differenzialgleichung

$$\ddot{x}_p + 2D\omega\dot{x}_p + \omega^2 x_p = x_{st}\omega^2 \cos\Omega t\,, \tag{7.36}$$

wobei $x_{st} = F_0/k$ diejenige Auslenkung beschreibt, die sich bei Aufbringung einer statischen Last F_0 einstellt. Zur Beschaffung einer partikulären Lösung machen wir den Ansatz

$$x_p = x_{st} V_2 \cos(\Omega t - \varphi_2) \tag{7.37}$$

mit noch unbekannter Vergrößerungsfunktion V_2 und unbekanntem Nullphasenverschiebungswinkel φ_2. Dieser Ansatz muss (7.36) erfüllen, was

$$\begin{aligned} &x_{st}\left\{V_2[(\omega^2-\Omega^2)\cos\varphi_2 + 2D\omega\Omega\sin\varphi_2] - \omega^2\right\}\cos\Omega t + \\ &x_{st}V_2[(\omega^2-\Omega^2)\sin\varphi_2 - 2D\omega\Omega\cos\varphi_2]\sin\Omega t = 0 \end{aligned}$$

erfordert. Aufgrund der linearen Unabhängigkeit der Funktionen $\cos\Omega t$ und $\sin\Omega t$ ist diese Gleichung für alle Zeiten *t* nur dann erfüllt, wenn

$$\begin{aligned} V_2[(\omega^2-\Omega^2)\cos\varphi_2 + 2D\omega\Omega\sin\varphi_2] - \omega^2 &= 0 \\ (\omega^2-\Omega^2)\sin\varphi_2 - 2D\omega\Omega\cos\varphi_2 &= 0 \end{aligned}$$

gilt. Die Auflösung ergibt

$$\sin\varphi_2 = \frac{2D\eta}{V_2[(1-\eta^2)^2+(2D\eta)^2]}, \quad \cos\varphi_2 = \frac{1-\eta^2}{V_2[(1-\eta^2)^2+(2D\eta)^2]}.$$

Quadrieren wir beide Beziehungen und addieren anschließend, so erhalten wir

$$V_2(\eta, D) = \frac{1}{\sqrt{(1-\eta^2)^2+(2D\eta)^2}} = 1 + (1-2D^2)\eta^2 + O(\eta^4)$$

und damit

$$\sin\varphi_2 = \frac{2D\eta}{\sqrt{(1-\eta^2)^2+(2D\eta)^2}}, \quad \cos\varphi_2 = \frac{1-\eta^2}{\sqrt{(1-\eta^2)^2+(2D\eta)^2}}.$$

Die Vergrößerungsfunktion $V_2(\eta,D)$ ist für die Beurteilung einer erzwungenen Schwingung von großer Bedeutung. Betrachten wir Abb. 7.33, dann nimmt V_2 bei festgehaltenem *D* dann ein Maximum an, wenn $\partial V_2(\eta, D)/\partial\eta = 0$ erfüllt ist. Diese Gleichung hat die beiden physikalisch sinnvollen Lösungen

$$\eta_1 = 0, \quad \eta_2 = \sqrt{1-2D^2} = 1 - D^2 + O(D^4).$$

Damit haben alle Kurven V_2 für $\eta_1 = 0$ einen Extremwert und beginnen dort mit einer horizontalen Tangente. Die Hochpunkte der Kurven liegen bei η_2, was

$$V_{2,\max} = \frac{1}{2D\sqrt{1-D^2}} = \frac{1}{2D} + \frac{1}{4}D + O(D^3)$$

liefert. Damit V_2 reell bleibt, muss $D < 1/\sqrt{2}$ erfüllt sein. Für $D > 1/\sqrt{2}$ wird η_2 imaginär; es existiert dann nur ein Maximum bei $\eta_1 = 0$ mit $V_2 = 1$. Die Hochpunkte der Vergrößerungsfunktion sind umso ausgeprägter, je kleiner die Dämpfung ist. Sie liegen mehr oder weniger links von der Geraden $\eta = 1$. Schwinger mit einem kleinen Dämpfungsgrad *D* sind also gegen Schwankungen der Erregerfrequenz Ω besonders empfindlich.

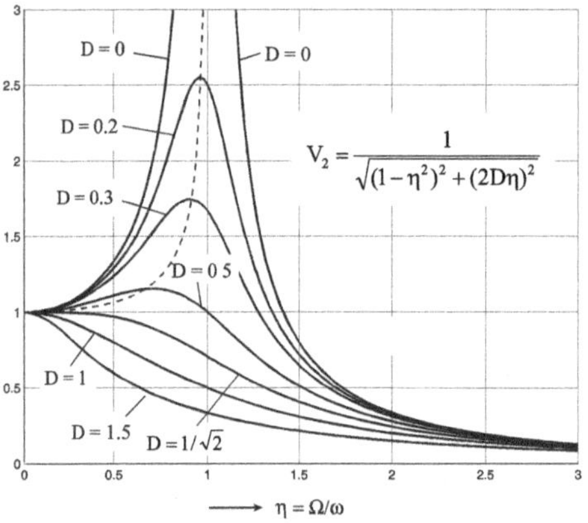

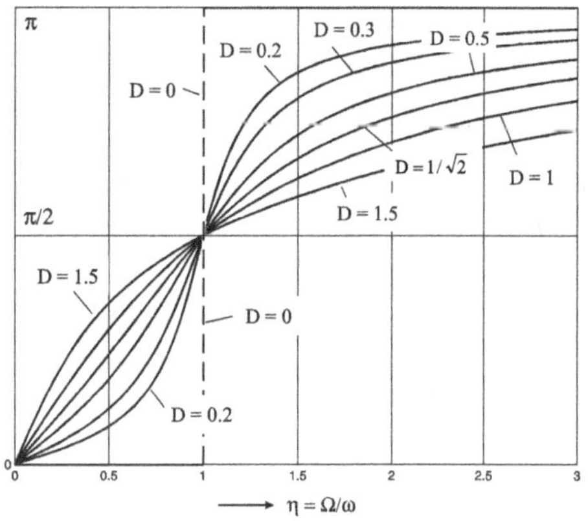

Abb. 7.33 *Vergrößerungsfunktion $V_2(\eta, D)$ und Phasenfrequenzgang $\varphi_2(\eta, D)$*

Hinweis: Ein Schwinger mit einem Dämpfungsgrad $D > 1/\sqrt{2}$ hat folgende Eigenschaften: Tiefe Eingangsfrequenzen Ω führen zu einer fast unveränderten Amplitude der Antwort. Die Frequenzen passieren das System praktisch ohne Veränderungen. Eingangssignale höherer Frequenzen geben dagegen eine nahezu verschwindende Antwort, werden also herausgefiltert. Dementsprechend wird ein *Filter*[1] mit diesen Eigenschaften als *Tiefpassfilter* bezeichnet. Bei einem idealen Tiefpassfilter verschwinden die Amplituden der Antwort oberhalb einer Eingangsfrequenz vollständig.

[1] Filter, die einen begrenzten Frequenzbereich übertragen, nennt man Pass. Nach Lage der Sperr- und Durchlassbereiche wird zwischen Tiefpass, Hochpass, Bandpass, Bandsperre und Allpass unterschieden.

Allgemeine Erregerkraftfunktionen
Wir betrachten die lineare inhomogene Differenzialgleichung zweiter Ordnung

$$\ddot{x}(t) + p(t)\,\dot{x} + q(t)\,x(t) = f(t)\,. \tag{7.38}$$

Die Koeffizientenfunktionen p(t), q(t) und die bezogene Erregerkraft f(t) sind mindestens abschnittsweise stetige Funktionen. Die (7.38) zugeordnete homogene Differenzialgleichung

$$\ddot{x}_h(t) + p(t)\,\dot{x}_h + q(t)\,x_h(t) = 0 \tag{7.39}$$

besitzt die linear unabhängigen Lösungen $x_{h,1}(t)$ und $x_{h,2}(t)$. Aufgrund der Linearität der Differenzialgleichung ist dann die Linearkombination

$$x_h(t) = C_1\,x_{h,1}(t) + C_2\,x_{h,2}(t) \tag{7.40}$$

mit beliebigen Konstanten C_1 und C_2 auch Lösung der homogenen Differenzialgleichung. Sind zwei linear unabhängige Lösungen von (7.39) bekannt, dann können wir auch eine partikuläre Lösung der Gleichung

$$\ddot{x}_p(t) + p(t)\,\dot{x}_p + q(t)\,x_p(t) = f(t) \tag{7.41}$$

und damit die allgemeine Lösung der Gleichung (7.38) finden. Dazu wenden wir das auf *Lagrange* zurückgehende Verfahren der *Variation der Konstanten* an (Bronstein & Semendjajew, 1991). Wir setzen die Lösung der Gleichung (7.41) in derselben Form an wie (7.40), allerdings nicht mit konstanten Koeffizienten C_1 und C_2, sondern als gesuchte Funktionen der Zeit *t*

$$x_p(t) = C_1(t)\,x_{h,1}(t) + C_2(t)\,x_{h,2}(t)\,.$$

Die obige Gleichung besitzt die Ableitung

$$\dot{x}_p = \dot{C}_1 x_{h,1} + C_1 \dot{x}_{h,1} + \dot{C}_2 x_{h,2} + C_2 \dot{x}_{h,2}\,.$$

Da der Ansatz mit $C_1(t)$ und $C_2(t)$ zwei Funktionen enthält, können wir eine zusätzliche Bedingung vorgeben. Wir fordern

$$\dot{C}_1 x_{h,1} + \dot{C}_2 x_{h,2} = 0\,, \tag{7.42}$$

was zu folgenden Ableitungen der partikulären Lösung führt:

$$\dot{x}_p = C_1 \dot{x}_{h,1} + C_2 \dot{x}_{h,2}, \quad \ddot{x}_p = \dot{C}_1 \dot{x}_{h,1} + C_1 \ddot{x}_{h,1} + \dot{C}_2 \dot{x}_{h,2} + C_2 \ddot{x}_{h,2}\,. \tag{7.43}$$

Setzen wir diese Ableitungen in (7.41) ein, dann erhalten wir unter Beachtung von (7.39)

$$\dot{C}_1\dot{x}_{h,1} + \dot{C}_2\dot{x}_{h,2} = f(t)\,. \qquad (7.44)$$

Da $x_{h,1}$ und $x_{h,2}$ je für sich die homogene Differenzialgleichung erfüllen, verbleibt mit (7.42) und (7.44) das lineare Gleichungssystem

$$\begin{bmatrix} x_{h,1} & x_{h,2} \\ \dot{x}_{h,1} & \dot{x}_{h,2} \end{bmatrix} \begin{bmatrix} \dot{C}_1 \\ \dot{C}_2 \end{bmatrix} = \begin{bmatrix} 0 \\ f(t) \end{bmatrix}$$

zur Bestimmung der beiden unbekannten Funktionen $\dot{C}_1$ und $\dot{C}_2$. Wegen der linearen Unabhängigkeit der beiden Teillösungen $x_{h,1}$ und $x_{h,2}$ gilt für die Koeffizientendeterminante

$$\Delta = x_{h,1}\dot{x}_{h,2} - \dot{x}_{h,1}x_{h,2} \neq 0\,,$$

womit das System immer die eindeutige Lösung

$$\dot{C}_1 = -\frac{x_{h,2}(t)}{\Delta(t)} f(t), \quad \dot{C}_2 = \frac{x_{h,1}(t)}{\Delta(t)} f(t)$$

besitzt. Wir schreiben die aus den obigen Beziehungen folgenden Stammfunktionen als Integrale mit veränderlichen oberen Grenzen und bezeichnen die Integrationsvariable mit τ, also

$$C_1(t) = -\int_{\tau=t_0}^{t} \frac{x_{h,2}(\tau)}{\Delta(\tau)} f(\tau)\,d\tau, \quad C_2(t) = \int_{\tau=t_0}^{t} \frac{x_{h,1}(\tau)}{\Delta(\tau)} f(\tau)\,d\tau\,. \qquad (7.45)$$

Dabei ist t_0 ein fester Wert, und die partikuläre Lösung genügt den Anfangsbedingungen

$$x_p(t = t_0) = 0, \quad \dot{x}_p(t = t_0) = 0\,,$$

da für $t = t_0$ obere und untere Grenze der Integrale (7.45) zusammenfallen und damit null werden. Das dies dann auch wegen $\dot{x}_p = C_1(t)\,\dot{x}_{h,1} + C_2(t)\,\dot{x}_{h,2}$ für die erste Ableitung gilt, folgt unmittelbar aus der ersten Gleichung in (7.43).

Wir konkretisieren die bisherigen Untersuchungen und betrachten dazu die inhomogene Differenzialgleichung der gedämpften Bewegung

$$\ddot{x} + 2\delta\dot{x} + \omega^2 x = f(t)$$

Ein Vergleich mit (7.38) zeigt: $p = 2\delta$ und $q = \omega^2$. Die homogene Differenzialgleichung

$$\ddot{x}_h + 2\delta\dot{x}_h + \omega^2 x_h = 0$$

besitzt die beiden linear unabhängigen Lösungen

$$x_{h,1} = e^{(-\delta+\lambda)t}, \quad x_{h,2} = e^{(-\delta-\lambda)t}, \quad (\lambda = \sqrt{\delta^2 - \omega^2}).$$

Deren Ableitungen sind

$$\dot{x}_{h,1} = (-\delta+\lambda)e^{(-\delta+\lambda)t} = (-\delta+\lambda)x_{h,1}, \ddot{x}_{h,1} = (-\delta+\lambda)^2 e^{(-\delta+\lambda)t} = (-\delta+\lambda)^2 x_{h,1}$$

$$\dot{x}_{h,2} = -(\delta+\lambda)e^{(-\delta-\lambda)t} = -(\delta+\lambda)x_{h,2}, \ddot{x}_{h,2} = (\delta+\lambda)^2 e^{(-\delta-\lambda)t} = (\delta+\lambda)^2 x_{h,2}.$$

Die Koeffizientendeterminante errechnet sich zu $\Delta = -2\lambda e^{-2\delta t} \neq 0$ und damit sind

$$\dot{C}_1 = -\frac{1}{\Delta} x_{h,2} f(t) = \frac{f(t)\, e^{(\delta-\lambda)t}}{2\lambda}, \quad \dot{C}_2 = \frac{1}{\Delta} x_{h,1} f(t) = -\frac{f(t)\, e^{(\delta+\lambda)t}}{2\lambda},$$

und mit (7.44) folgen

$$C_1(t) = \frac{1}{2\lambda} \int_{\tau=t_0}^{t} f(\tau)\, e^{(\delta-\lambda)\tau}\, d\tau, \quad C_2(t) = \frac{1}{2\lambda} \int_{\tau=t_0}^{t} f(\tau)\, e^{(\delta+\lambda)\tau}\, d\tau.$$

Somit erhalten wir die partikuläre Lösung

$$x_p(t) = \frac{e^{-(\delta-\lambda)t}}{2\lambda} \int_{\tau=t_0}^{t} f(\tau)\, e^{(\delta-\lambda)\tau}\, d\tau + \frac{e^{-(\delta+\lambda)t}}{2\lambda} \int_{\tau=t_0}^{t} f(\tau)\, e^{(\delta+\lambda)\tau}\, d\tau.$$

Ziehen wir noch die von der Integrationsvariablen τ unabhängigen Funktionen unter das Integral, dann liefert die Zusammenfassung

$$x_p(t) = \frac{1}{2\lambda} \int_{\tau=t_0}^{t} [e^{-(t-\tau)(\delta-\lambda)} - e^{-(t-\tau)(\delta+\lambda)}] f(\tau)\, d\tau. \tag{7.46}$$

In der obigen Lösung tritt auf der rechten Seite die Variable *t* einerseits als obere Grenze des Integrals und andererseits unter dem Integral als Parameter auf. Führen wir zur Abkürzung die *Gewichtsfunktion*

$$g(t-\tau) = \frac{e^{-(t-\tau)(\delta-\lambda)} - e^{-(t-\tau)(\delta+\lambda)}}{2\lambda} \tag{7.47}$$

ein, dann erscheint (7.46) in der kompakten Form

$$x_p(t) = \int_{\tau=t_0}^{t} f(\tau)\, g(t-\tau)\, d\tau. \tag{7.48}$$

Die durch diese Beziehung definierte Funktion $x_p(t)$ wird *Faltung* (engl. *convolution*) der beiden Funktionen $f(\tau)$ und $g(t-\tau)$ genannt und dafür folgende Schreibweise gewählt:

$$x_p(t) = \int_{\tau=t_0}^{t} f(\tau)\, g(t-\tau)\, d\tau = f(\tau) * g(t-\tau)\,. \tag{7.49}$$

Befindet sich das System zum Zeitpunkt $t = t_0$ nicht in Ruhe, dann ist dem Partikularintegral (7.48) ein Integral der homogenen Differenzialgleichung hinzuzufügen. Mit den beiden Konstanten aus der homogenen Lösung lässt sich dann die Gesamtlösung an beliebige inhomogene Anfangsbedingungen anpassen.

Abhängig von der Dämpfungsart liefert (7.47) folgende Gewichtsfunktionen:

1.) Ungedämpfte Schwingung: ($D = 0$).

$$g(t-\tau) = \frac{\sin \omega(t-\tau)}{\omega}\,.$$

2.) Schwache Dämpfung: ($D < 1$)

$$g(t-\tau) = \frac{e^{-\delta(t-\tau)} \sin \omega_d (t-\tau)}{\omega_d}\,.$$

3.) Starke Dämpfung: ($D > 1$). Die Lösung liegt mit (7.47) bereits vor.

4.) Der Grenzfall: ($D = 1$). Damit scheitert zunächst die Auswertung von (7.47). Nach der Regel von Bernoulli-L'Hospital ersetzen wir die Gewichtsfunktion durch den Grenzwert

$$g(t-\tau) = \lim_{\lambda \to 0} \frac{e^{-(t-\tau)(\delta-\lambda)} - e^{-(t-\tau)(\delta+\lambda)}}{2\lambda} = (t-\tau)e^{-\delta(t-\tau)}\,.$$

5.) Allgemeine Kriechbewegung: ($k = 0$).

$$g(t-\tau) = \frac{1-e^{-2\delta(t-\tau)}}{2\delta}\,.$$

Beispiel 7-3:

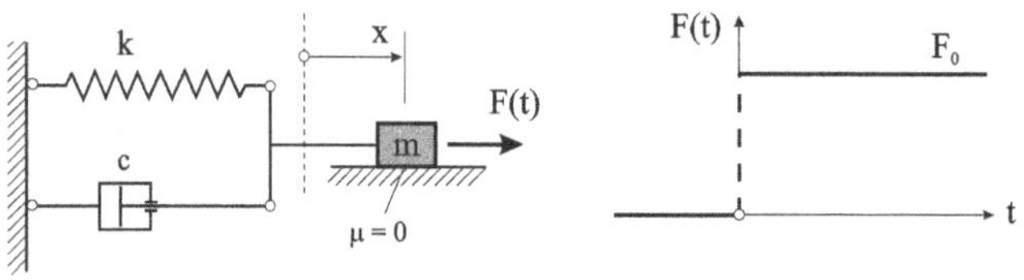

Abb. 7.34 Erregerkraft in Form einer Sprungfunktion

Das System in Abb. 7.34 wird zum Zeitpunkt t = 0 aus der Ruhe heraus durch eine sprunghafte Belastung der Intensität F_0 beansprucht. Solche Belastungen können beispielsweise dann auftreten, wenn sich durch den Ausfall von Unterstützungen in Baukonstruktionen das statische System plötzlich ändert (Herausschlagen einer Stütze, Erdbeben).

Lösung: Aufgrund der vorgegebenen homogenen Anfangsbedingungen ist die partikuläre Lösung $x_p(t)$ mit t = 0 und $f(\tau) = f_0 = F_0 / m$ dann auch die vollständige Lösung. Je nach Dämpfungsgrad erhalten wir folgende Lösungen

1. Schwache Dämpfung (D < 1)

$$x_p(t) = \frac{F_0}{m\omega_d} \int_{\tau=0}^{t} e^{-\delta(t-\tau)} \sin \omega_d (t-\tau)\, d\tau = \frac{F_0}{m\omega^2}\left[1 - e^{-\delta t}\left(\cos \omega_d t + \frac{\delta}{\omega_d} \sin \omega_d t\right)\right]$$

2. Starke Dämpfung (D > 1)

$$x_p(t) = \frac{F_0}{2m\lambda} \int_{\tau=0}^{t} [e^{-(t-\tau)(\delta-\lambda)} - e^{-(t-\tau)(\delta+\lambda)}]\, d\tau = \frac{F_0}{m} \frac{e^{-(\delta-\lambda)t}(\delta/\lambda + 1) - e^{-(\delta+\lambda)t}(\delta/\lambda - 1) - 2}{2(\lambda^2 - \delta^2)}$$

3. Grenzfall (D = 1)

$$x_p(t) = \frac{F_0}{m} \int_{\tau=0}^{t} [(t-\tau) e^{-\delta(t-\tau)}]\, d\tau = \frac{F_0}{m} \frac{1 - e^{-\delta t}(1 + \delta t)}{\delta^2}$$

■

Beispiel 7-4:

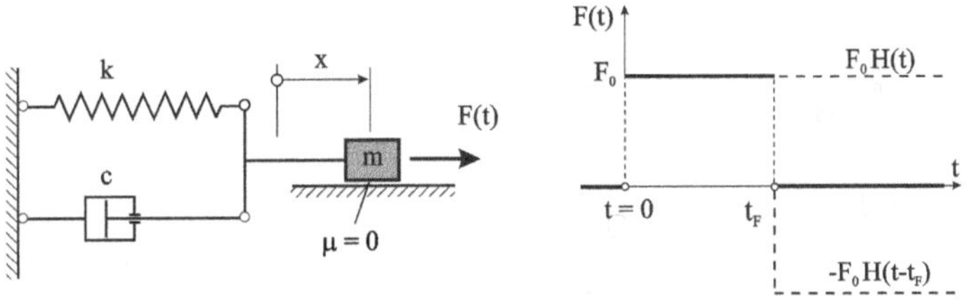

Abb. 7.35 Erregung durch einen Rechteckstoß

Das System in Abb. 7.35 wird durch einen Rechteckstoß der Intensität F_0 und der Dauer t_F belastet. Gesucht wird die dynamische Antwort, wenn das System zum Zeitpunkt t = 0 in Ruhe war.

Geg.: k = 50 kN/m, m = 400 kg, D = 0,05, t_F = 2 s.

Lösung: Wegen D < 1 ist das System schwach gedämpft. Um eine einheitliche Darstellung der Belastung über den gesamten Wertebereich von *t* zu erhalten, kann die Sprungfunktion formal mittels der *Heaviside-Funktion*[1]

$$H(t) = \begin{cases} 0 & \text{für} \quad t < 0 \\ 1 & \text{für} \quad t > 0 \end{cases}$$

ausgedrückt werden. Denken wir uns die Erregerkraft durch zwei zeitversetzte Sprungfunktionen zusammengesetzt, dann erhalten wir mit $f_0 = F_0/m$:

$$f(t) = f_0\,[H(t) - H(t - t_F)], \quad g(t-\tau) = \frac{e^{-\delta(t-\tau)}\sin\omega_d(t-\tau)}{\omega_d},$$

und für die partikuläre Lösung folgt

$$x_p(t) = \int\limits_{\tau=t_0}^{t} f(\tau)\,g(t-\tau)\,d\tau = \frac{f_0}{\omega_d}\int\limits_{\tau=t_0}^{t} [H(\tau) - H(\tau - t_F)]\,e^{-\delta(t-\tau)}\sin\omega_d(t-\tau)\,d\tau\,.$$

Die Auswertung dieses Integrals überlassen wir Maple bzw. MapleSim und verweisen auf das entsprechende Maple-Arbeitsblatt bzw. MapleSim-Modell. ■

7.6 Schwingungen für Systeme mit endlich vielen Freiheitsgraden

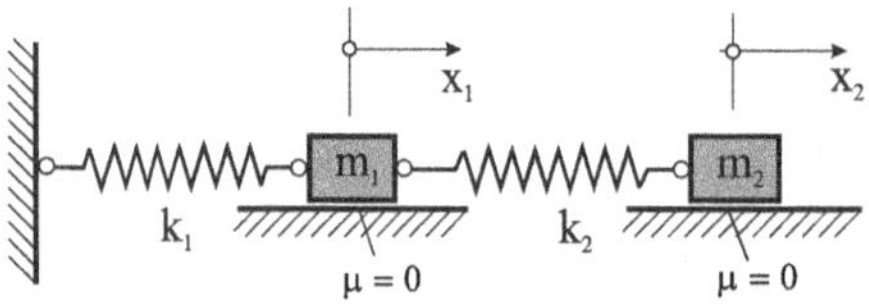

Abb. 7.36 Freie ungedämpfte Schwingungen mit zwei Freiheitsgraden

Grundlegende Untersuchungen schwingungsfähiger Systeme lassen sich bereits an Modellen mit einem Freiheitsgrad durchführen. Werden die Systeme jedoch komplexer, dann müssen die Modelle verfeinert werden. Dies bedeutet in der Regel eine Erhöhung der Anzahl der Freiheitsgrade oder auch den Übergang zu Kontinuumsmodellen. Die Modellverfeinerung führt dazu, dass der Rechenaufwand erheblich zunimmt. Aus diesem Grunde ist es erforderlich, die

---

1 Oliver Heaviside, brit. Physiker und Elektroingenieur, 1850-1925

Rechnungen mit Unterstützung von Computerprogrammen durchzuführen. Die Problemaufbereitung ist dann rechnergerecht vorzunehmen, um die zur Verfügung stehenden Gleichungslöser effektiv einsetzen zu können.

7.6.1 Freie ungedämpfte Schwingungen

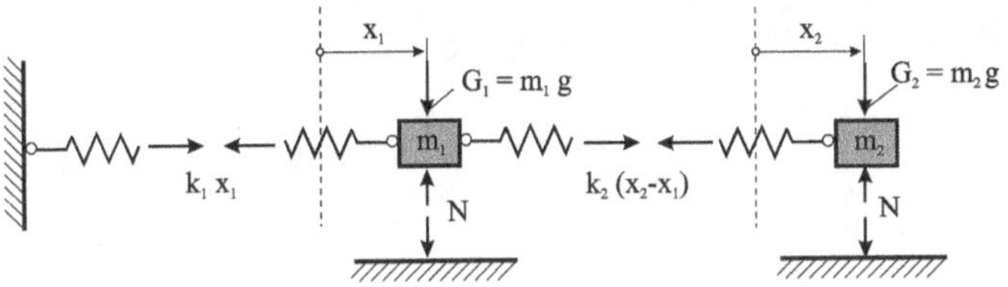

Abb. 7.37 *Freie ungedämpfte Schwingungen mit zwei Freiheitsgraden, freigeschnittenes System*

Wir erweitern das Modell des Einmassenschwingers, indem wir der Masse m_1 über eine zusätzliche Feder mit der Federsteifigkeit k_2 eine zweite Masse m_2 hinzufügen (Abb. 7.36). Diese Anordnung wird als Schwingerkette[1] bezeichnet. Die Koordinaten werden dabei so gewählt, dass für $x_1 = 0$ und $x_2 = 0$ beide Federn entspannt sind. Dieses System kann als Vorstudie zur Berechnung von Systemen mit einer größeren Anzahl von Freiheitsgraden angesehen werden. Der Vorteil der Abhandlung eines Systems mit lediglich zwei Freiheitsgraden liegt darin, dass alle auftretenden Gleichungen analytisch gelöst und die charakteristischen Begriffe wie *Eigenwerte* und *Eigenvektoren* eines Mehrmassenschwingers grundsätzlich diskutiert werden können. Das vorliegende System kann durch Auslenkungen der Massen aus der Ruhelage zu *Eigenschwingungen* angeregt werden.

Zur Herleitung der Bewegungsgleichungen werden die Teilmassen m_1 und m_2 freigeschnitten und anschließend für jede dieser Teilmassen das Newtonsche Grundgesetz in x-Richtung angeschrieben, also

$$\begin{aligned} m_1\ddot{x}_1 &= -k_1 x_1 + k_2(x_2 - x_1) \\ m_2\ddot{x}_2 &= -k_2(x_2 - x_1). \end{aligned} \tag{7.50}$$

Für unser System mit zwei Freiheitsgraden erhalten wir auch genau zwei Bewegungsgleichungen, die in den Lagekoordinaten x_1 und x_2 gekoppelt sind. Zur weiteren Behandlung formen wir (7.50) noch etwas um. Mit den Abkürzungen

$$\lambda_1^2 = \frac{k_1 + k_2}{m_1}, \quad \lambda_2^2 = \frac{k_2}{m_2},$$

---

1 Die in Reihe geschalteten Einmassenschwinger besitzen im Ingenieurwesen eine große praktische Bedeutung

erhalten wir

$$\begin{aligned} \ddot{x}_1 + \lambda_1^2 x_1 - \frac{k_2}{m_1} x_2 &= 0 \\ \ddot{x}_2 + \lambda_2^2 (x_2 - x_1) &= 0. \end{aligned} \tag{7.51}$$

Da wir für das vorliegende System harmonische Schwingungen vermuten, versuchen wir in Anlehnung an den freien Schwinger mit einem Freiheitsgrad den Lösungsansatz

$$\begin{aligned} x_1(t) &= a_1 \cos(\omega_1 t - \alpha_1) \\ x_2(t) &= a_2 \cos(\omega_2 t - \alpha_2). \end{aligned} \tag{7.52}$$

Einsetzen von (7.52) in (7.51) ergibt

$$\begin{aligned} a_1(\lambda_1^2 - \omega_1^2)\cos(\omega_1 t - \alpha_1) - a_2 \frac{k_2}{m_1} \cos(\omega_2 t - \alpha_2) &= 0 \\ a_1 \lambda_2^2 \cos(\omega_1 t - \alpha_1) - a_2(\lambda_2^2 - \omega_2^2)\cos(\omega_2 t - \alpha_2) &= 0. \end{aligned}$$

Dieses Gleichungssystem ist für alle Zeiten t nur dann erfüllt, wenn wir $\omega_1 = \omega_2 = \omega$ und $\alpha_1 = \alpha_2 = \alpha$ fordern, womit (7.52) weiter konkretisiert werden kann:

$$x_1(t) = a_1 \cos(\omega t - \alpha), \quad x_2(t) = a_2 \cos(\omega t - \alpha). \tag{7.53}$$

Einsetzen von (7.53) in (7.51) liefert das lineare homogene Gleichungssystem zur Bestimmung der Unbekannten a_1 und a_2

$$\begin{bmatrix} \lambda_1^2 - \omega^2 & -k_2/m_1 \\ -\lambda_2^2 & \lambda_2^2 - \omega^2 \end{bmatrix} \cdot \begin{bmatrix} a_1 \\ a_2 \end{bmatrix} = \begin{bmatrix} 0 \\ 0 \end{bmatrix}. \tag{7.54}$$

Neben der Triviallösung $a_1 = a_2 = 0$ besitzt (7.54) nur dann eine nichttriviale Lösung, wenn die Determinante

$$D = \det \begin{bmatrix} \lambda_1^2 - \omega^2 & -k_2/m_1 \\ -\lambda_2^2 & \lambda_2^2 - \omega^2 \end{bmatrix} = (\lambda_1^2 - \omega^2)(\lambda_2^2 - \omega^2) - \lambda_2^2 (k_2/m_1) = 0 \tag{7.55}$$

der Koeffizientenmatrix verschwindet. Diese als *Frequenzgleichung* bezeichnete Beziehung hat die beiden uns interessierenden positiven Lösungen

$$\left.\begin{matrix} \omega_1 \\ \omega_2 \end{matrix}\right\} = \frac{\sqrt{2}}{2} \sqrt{(\lambda_1^2 + \lambda_2^2) \mp \sqrt{(\lambda_1^2 - \lambda_2^2)^2 + \frac{4k_2}{m_1} \lambda_2^2}} \,. \tag{7.56}$$

Aus (7.54) folgt, dass mit den Systemwerten auch das Verhältnis der beiden Amplituden[1]

$$\kappa = \frac{a_2}{a_1} = \frac{\lambda_1^2 - \omega^2}{k_2} m_1 = \frac{\lambda_2^2}{\lambda_2^2 - \omega^2}$$

festliegt. Dieses Frequenzverhältnis muss für beide Werte von ω erfüllt sein, sodass wir zwei Amplitudenverhältnisse

$$\kappa_1 = \frac{a_{2,1}}{a_{1,1}} = \frac{\lambda_1^2 - \omega_1^2}{k_2} m_1 = \frac{\lambda_2^2}{\lambda_2^2 - \omega_1^2}, \quad \kappa_2 = \frac{a_{2,2}}{a_{1,2}} = \frac{\lambda_1^2 - \omega_2^2}{k_2} m_1 = \frac{\lambda_2^2}{\lambda_2^2 - \omega_2^2} \tag{7.57}$$

erhalten. Die beiden Bewegungsgleichungen (7.53) gestatten somit die Angabe von jeweils zwei Zeitfunktionen $x_{1,1}(t)$, $x_{1,2}(t)$ und $x_{2,1}(t)$, $x_{2,2}(t)$. Aufgrund des Superpositionsprinzips für lineare Differenzialgleichungen lassen sich diese Teillösungen zur Gesamtlösung

$$\begin{aligned} x_1(t) &= x_{1,1}(t) + x_{1,2}(t) = a_{1,1}\cos(\omega_1 t - \alpha_1) + a_{1,2}\cos(\omega_2 t - \alpha_2) \\ x_2(t) &= x_{2,1}(t) + x_{2,2}(t) = a_{2,1}\cos(\omega_1 t - \alpha_1) + a_{2,2}\cos(\omega_2 t - \alpha_2) \end{aligned}$$

oder mit (7.57) zu

$$\begin{aligned} x_1(t) &= x_{1,1}(t) + x_{1,2}(t) = a_{1,1}\cos(\omega_1 t - \alpha_1) + a_{1,2}\cos(\omega_2 t - \alpha_2) \\ x_2(t) &= x_{2,1}(t) + x_{2,2}(t) = \kappa_1 a_{1,1}\cos(\omega_1 t - \alpha_1) + \kappa_2 a_{1,2}\cos(\omega_2 t - \alpha_2) \end{aligned} \tag{7.58}$$

zusammenfassen. Damit besteht zwischen den Zeitfunktionen der folgende lineare Zusammenhang

$$x_{2,1}(t) = \kappa_1 x_{1,1}(t), \quad x_{2,2}(t) = \kappa_2 x_{1,2}(t).$$

Durch Ableitung nach der Zeit *t* folgen die Geschwindigkeiten

$$\begin{aligned} \dot{x}_1(t) &= -\omega_1 a_{1,1}\sin(\omega_1 t - \alpha_1) - \omega_2 a_{1,2}\sin(\omega_2 t - \alpha_2) \\ \dot{x}_2(t) &= -\kappa_1\omega_1 a_{1,1}\sin(\omega_1 t - \alpha_1) - \kappa_2\omega_2 a_{1,2}\sin(\omega_2 t - \alpha_2). \end{aligned}$$

Zur kleineren Eigenkreisfrequenz ω_1 gehört das positive Amplitudenverhältnis

$$\kappa_1 = \frac{m_1}{k_2}(\lambda_1^2 - \omega_1^2) = \frac{m_1}{2k_2}\left[(\lambda_1^2 - \lambda_2^2) + \sqrt{(\lambda_1^2 - \lambda_2^2)^2 + \frac{4k_2}{m_1}\lambda_2^2}\right] > 0$$

und zur größeren Eigenkreisfrequenz ω_2 das negative Amplitudenverhältnis

$$\kappa_2 = \frac{m_1}{k_2}(\lambda_1^2 - \omega_2^2) = \frac{m_1}{2k_2}\left[(\lambda_1^2 - \lambda_2^2) - \sqrt{(\lambda_1^2 - \lambda_2^2)^2 + \frac{4k_2}{m_1}\lambda_2^2}\right] < 0.$$

---

[1] Die Größen der Amplituden a_1 und a_2 lassen sich aufgrund des Rangabfalls im Gleichungssystem nicht berechnen

Mit den noch vier freien Konstanten in (7.58) kann die Lösung an die Anfangswerte angepasst werden. Sind zum Zeitpunkt t = 0 die Anfangswerte für die Auslenkungen x_{10} und x_{20} und die Geschwindigkeiten v_{10} und v_{20} der Massen m_1 und m_2 gegeben, dann sind die unbekannten Amplituden und Phasenverschiebungen aus dem Gleichungssystem

$$\begin{aligned} x_1(t=0) &= x_{10} = a_{1,1}\cos\alpha_1 + \quad a_{1,2}\cos\alpha_2 \\ x_2(t=0) &= x_{20} = \kappa_1 a_{1,1}\cos\alpha_1 + \kappa_2 a_{1,2}\cos\alpha_2 \\ \dot{x}_1(t=0) &= v_{10} = \omega_1 a_{1,1}\sin\alpha_1 + \omega_2 a_{1,2}\sin\alpha_2 \\ \dot{x}_2(t=0) &= v_{20} = \kappa_1\omega_1 a_{1,1}\sin\alpha_1 + \kappa_2\omega_2 a_{1,2}\sin\alpha_2 . \end{aligned} \tag{7.59}$$

zu bestimmen. Die Lösung von (7.59) überlassen wir Maple. Im Sonderfall verschwindender Anfangsgeschwindigkeiten ($v_{10} = 0$, $v_{20} = 0$) erhalten wir

$$a_{1,1} = -\frac{\kappa_2 x_{10} - x_{20}}{\kappa_1 - \kappa_2}, \quad a_{1,2} = \frac{\kappa_1 x_{10} - x_{20}}{\kappa_1 - \kappa_2}, \quad \alpha_1 = 0, \quad \alpha_2 = 0.$$

Beispiel 7-5:

Es sollen die freien ungedämpften Schwingungen eines Systems mit *n* Freiheitsgraden untersucht werden. Stellen Sie dazu eine Maple-Prozedur zur Verfügung, mit deren Hilfe die obigen Beziehungen für die Zustandsgrößen automatisiert ausgewertet und grafisch dargestellt werden. Dazu stehen die symmetrische Massenmatrix **M** und die symmetrische Steifigkeitsmatrix **K** zur Verfügung. Das System startet zum Zeitpunkt t = 0 mit den Anfangswerten $\mathbf{x}_0$ und $\dot{\mathbf{x}}_0$. Wenden Sie die Prozedur auf folgendes Anfangswertproblem an: $m_0 = 10^4$ kg, $k_0 = 10^7$ N/m,

$$\mathbf{M} = m_0\begin{bmatrix} 4 & 0 \\ 0 & 1 \end{bmatrix}, \ \mathbf{K} = k_0\begin{bmatrix} 1{,}5 & -1 \\ -1 & 1 \end{bmatrix}, \ \mathbf{x}_0 = \begin{bmatrix} 0{,}02 \\ 0{,}01 \end{bmatrix} \text{[m]}, \ \dot{\mathbf{x}}_0 = \mathbf{v}_0 = \begin{bmatrix} 0 \\ 0 \end{bmatrix} \text{[m/s]}.$$

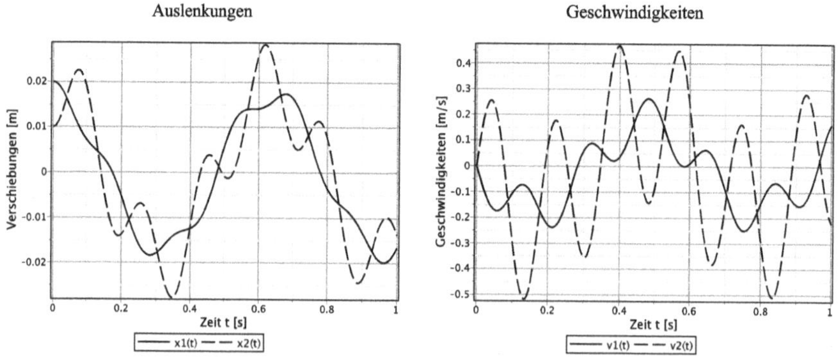

Abb. 7.38 Freie ungedämpfte Schwingungen mit zwei Freiheitsgraden, Auslenkungen und Geschwindigkeiten

Wir beschränken uns bei der Ergebnisausgabe auf die grafischen Darstellungen der Zustandsgrößen (Abb. 7.38). Weitere Einzelheiten können dem entsprechenden Maple-Arbeitsblatt entnommen werden.

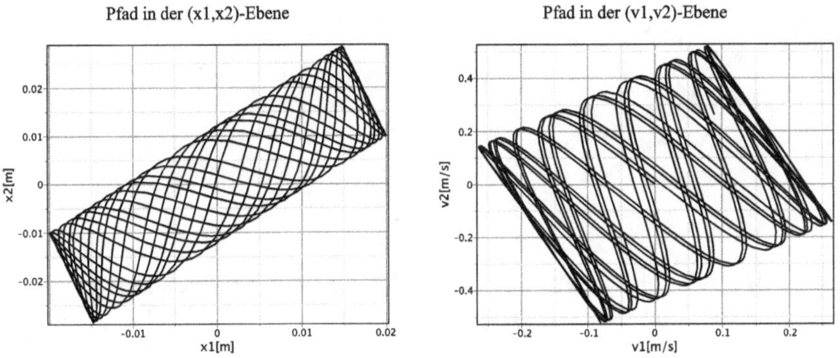

Abb. 7.39 *Freie ungedämpfte Schwingungen mit zwei Freiheitsgraden, Pfaddarstellungen*

Beachtenswert sind auch die Darstellungen der Pfade in der (x_1,x_2)-Ebene sowie der (v_1,v_2)-Ebene (Abb. 7.39). Hinsichtlich weiterer Details wird auf das entsprechende Maple-Arbeitsblatt verwiesen. ■

Im Hinblick auf die Lösung von Systemen mit einer größeren Anzahl von Freiheitsgraden fassen wir die *n* Freiheitsgrade des Systems im *Freiheitsgradvektor*

$$\mathbf{q}(t) = [q_1(t) \quad \cdots \quad q_n(t)]^T$$

mit den *generalisierten Koordinaten* $q_j(t)$ $(j = 1,...,n)$ zusammen. Wir beachten (Trostel, 1984), dass die potenzielle Federenergie immer als *Bilinearform*[1]

$$U_F = \frac{1}{2}\mathbf{q}^T \cdot \mathbf{K} \cdot \mathbf{q} = \frac{1}{2}\sum_{j,k=1}^{n} k_{jk} q_j q_k$$

geschrieben werden kann, wobei die symmetrische *Steifigkeitsmatrix* (engl. *stiffness matrix*)

$$\mathbf{K} = \mathbf{K}^T = \begin{bmatrix} k_{11} & k_{12} & \cdots & k_{1n} \\ k_{21} & k_{22} & \cdots & k_{2n} \\ \vdots & \vdots & \vdots & \vdots \\ k_{n1} & \cdots & \cdots & k_{nn} \end{bmatrix}, \quad k_{jk} = k_{kj} = \frac{\partial^2 U_F}{\partial q_j \partial q_k}$$

1 Bei symmetrischen Matrizen heißen die Bilinearformen auch *quadratische Formen.*

eingeführt wurde. Entsprechend lässt sich die kinetische Energie *E* des Systems immer als Bilinearform der generalisierten Geschwindigkeiten $\dot{\mathbf{q}}$ wie folgt darstellen:

$$E = \frac{1}{2}\dot{\mathbf{q}}^T \cdot \mathbf{M} \cdot \dot{\mathbf{q}} = \frac{1}{2}\sum_{j,k=1}^{n} m_{jk}\dot{q}_j\dot{q}_k ,$$

wobei

$$\mathbf{M} = \mathbf{M}^T = \begin{bmatrix} m_{11} & m_{12} & \cdots & m_{1n} \\ m_{21} & m_{22} & \cdots & m_{2n} \\ \vdots & \vdots & \vdots & \vdots \\ m_{n1} & \cdots & \cdots & m_{nn} \end{bmatrix}, \quad m_{jk} = m_{kj} = \frac{\partial^2 E}{\partial \dot{q}_j \partial \dot{q}_k}$$

die symmetrische *Massenmatrix* (engl. *mass matrix, inertia matrix*) bezeichnet. Die potenzielle Lageenergie (beispielsweise von Gewichtskräften) führen wir als lineare Funktion

$$U_L = \mathbf{q}^T \cdot \mathbf{g}$$

der Freiheitsgradparameter q_j ein. Darin wird

$$\mathbf{g} = [g_1, \cdots, g_n]^T, \quad g_j = \frac{\partial U_L}{\partial q_j}$$

Totlastvektor genannt. Aus der Summe von kinetischer und potenzieller Energie

$$E + U = E + U_F + U_L = \frac{1}{2}\dot{\mathbf{q}}^T \cdot \mathbf{M} \cdot \dot{\mathbf{q}} + \frac{1}{2}\mathbf{q}^T \cdot \mathbf{K} \cdot \mathbf{q} + \mathbf{q}^T \cdot \mathbf{g}$$

folgt aus dem *Energieerhaltungssatz* unter Beachtung der Symmetrie von **M** und **K**

$$\dot{E} + \dot{U} = \dot{\mathbf{q}}^T \cdot (\mathbf{M} \cdot \ddot{\mathbf{q}} + \mathbf{K} \cdot \mathbf{q} + \mathbf{g}) = 0 .$$

Für beliebige Geschwindigkeiten $\dot{\mathbf{q}}$ ist obige Beziehung nur dann erfüllt, wenn

$$\mathbf{M} \cdot \ddot{\mathbf{q}} + \mathbf{K} \cdot \mathbf{q} = -\mathbf{g} \tag{7.60}$$

gilt. Die Inhomogenität auf der rechten Seite können wir noch zum Verschwinden bringen, wenn wir den Bewegungszustand auf die statische Ruhelage beziehen. Befindet sich das System mit $\mathbf{q}(t) = \mathbf{q}_{st}$ in Ruhe, dann ist $\ddot{\mathbf{q}}(t) = \mathbf{0}$, und aus (7.60) folgt die *statischen Ruhelage*

$$\mathbf{q}_{st} = -\mathbf{K}^{-1} \cdot \mathbf{g} .$$

Setzen wir in (7.60)

$$\mathbf{q}(t) = \mathbf{q}_{st} + \hat{\mathbf{q}}(t) ,$$

so verbleibt die homogene Bewegungsgleichung

$$\mathbf{M}\cdot\ddot{\hat{\mathbf{q}}}+\mathbf{K}\cdot\hat{\mathbf{q}}=\mathbf{0}\,, \tag{7.61}$$

und der Vektor $\hat{\mathbf{q}}$ beschreibt die Bewegung des Systems um die statische Ruhelage. Zur Lösung von (7.61) wird der Ansatz

$$\hat{\mathbf{q}}=\mathbf{a}\cos(\omega t-\alpha) \tag{7.62}$$

gemacht, wobei die Komponenten a_j (j = 1,...,n) des Vektors **a** konstant sind. Einsetzen von (7.62) in (7.61) liefert

$$(\mathbf{K}-\omega^2\mathbf{M})\cdot\mathbf{a}=\mathbf{0}\,, \tag{7.63}$$

was für dieses lineare homogene Gleichungssystem nur dann von null verschiedene Lösungen $\mathbf{a}_j$ (j = 1,...,n) liefern kann, wenn

$$\det(\mathbf{K}-\omega^2\mathbf{M})=0$$

erfüllt ist. Diese *Eigenwertgleichung* liefert genau *n* reelle und positive Eigenkreisfrequenzen ω_ℓ (ℓ = 1,…,n), womit wir dann mit (7.62) weiter konkretisieren können

$$\hat{\mathbf{q}}=\mathbf{a}_\ell\cos(\omega_\ell t-\alpha_\ell)\,. \tag{7.64}$$

Die Eigenkreisfrequenzen ω_ℓ legen diejenigen *Eigenformen* $\mathbf{a}_\ell$ des Mehrmassenschwingers fest, die während der Bewegung ihre Konfiguration nur proportional ändern. Wegen (7.62) können die Konstanten $\mathbf{a}_{j,\ell}$ (j = 1,...,n) nicht unabhängig voneinander sein, denn, wie wir beim Schwinger mit zwei Freiheitsgraden gesehen haben, stehen die Koordinaten der Eigenvektoren in dem festen Verhältnis

$$\frac{a_{j,\ell}}{a_{k,\ell}}=\kappa_{jk}(\omega_\ell,\mathbf{K},\mathbf{M})$$

zueinander, das vom jeweiligen Eigenwert ω_ℓ und der Steifigkeits- und Massenverteilung des Systems abhängt. Der ℓ-te Eigenvektor lässt sich dann letztlich immer in der Form

$$\mathbf{a}_\ell=A_\ell\,\mathbf{e}_\ell$$

mit einer beliebigen Konstante A_ℓ darstellen. Die passend *normierten Eigenvektoren*[1]

[1] etwa $|\mathbf{e}_\ell|=1$

$$\mathbf{e}_\ell = h(\omega_\ell, \mathbf{K}, \mathbf{M})$$

sind dabei Funktionen, die vom jeweiligen Eigenwert ω_ℓ und den Systemwerten **K** und **M** abhängen. Sie besitzen übrigens die wichtigen *Orthogonalitätseigenschaften*

$$\mathbf{e}_\ell^T \cdot \mathbf{M} \cdot \mathbf{e}_m = 0 \qquad \text{für } \ell \neq m \tag{7.65}$$

und

$$\mathbf{e}_\ell^T \cdot \mathbf{K} \cdot \mathbf{e}_m = 0 \qquad \text{für } \ell \neq m. \tag{7.66}$$

Wie bereits beim Zweimassenschwinger nachgewiesen wurde, lässt sich auch beim Mehrmassenschwinger eine durch die Anfangswerte

$$\hat{\mathbf{q}}(t=0) = \hat{\mathbf{q}}_0, \quad \dot{\hat{\mathbf{q}}}(t=0) = \dot{\hat{\mathbf{q}}}_0$$

eingeleitete freie Schwingung durch Superposition der *Synchronbewegungen* darstellen[1]:

$$\begin{aligned} \hat{\mathbf{q}}(t) &= \sum_{\ell=1}^{n} \mathbf{a}_\ell \cos(\omega_\ell t - \alpha_\ell) = \sum_{\ell=1}^{n} A_\ell \mathbf{e}_\ell \cos(\omega_\ell t - \alpha_\ell) \\ \dot{\hat{\mathbf{q}}}(t) &= -\sum_{\ell=1}^{n} \mathbf{a}_\ell \omega_\ell \sin(\omega_\ell t - \alpha_\ell) = -\sum_{\ell=1}^{n} A_\ell \omega_\ell \mathbf{e}_\ell \sin(\omega_\ell t - \alpha_\ell). \end{aligned} \tag{7.67}$$

Aus den obigen Gleichungen folgen die Anfangswerte zum Zeitpunkt t = 0

$$\hat{\mathbf{q}}_0 = \sum_{\ell=1}^{n} A_\ell \mathbf{e}_\ell \cos\alpha_\ell \qquad \dot{\hat{\mathbf{q}}}_0 = \sum_{\ell=1}^{n} A_\ell \omega_\ell \mathbf{e}_\ell \sin\alpha_\ell\,. \tag{7.68}$$

Multiplizieren wir diese Gleichungen von links mit $\mathbf{e}_j^T \cdot \mathbf{M}$ und beachten die Orthogonalitätsbedingung (7.65), dann erhalten wir

$$\cos\alpha_j = \frac{1}{A_j} \frac{\mathbf{e}_j^T \cdot \mathbf{M} \cdot \hat{\mathbf{q}}_0}{\mathbf{e}_j^T \cdot \mathbf{M} \cdot \mathbf{e}_j}, \qquad \sin\alpha_j = \frac{1}{A_j \omega_j} \frac{\mathbf{e}_j^T \cdot \mathbf{M} \cdot \dot{\hat{\mathbf{q}}}_0}{\mathbf{e}_j^T \cdot \mathbf{M} \cdot \mathbf{e}_j} \tag{7.69}$$

und

---

[1] Das ist der wichtige *Entwicklungssatz*, der besagt, dass sich ein beliebiger *n*-dimensionaler Vektor immer als Linearkombination der Eigenvektoren einer *n*-reihigen reellen Matrix darstellen lässt.

$$A_j = \frac{\sqrt{(\mathbf{e}_j^T \cdot \mathbf{M} \cdot \hat{\mathbf{q}}_0)^2 + 1/\omega_j^2 \, (\mathbf{e}_j^T \cdot \mathbf{M} \cdot \dot{\hat{\mathbf{q}}}_0)^2}}{\mathbf{e}_j^T \cdot \mathbf{M} \cdot \mathbf{e}_j} . \tag{7.70}$$

Wir zeigen noch, dass die Eigenvektoren tatsächlich den Orthogonalitätsbedingungen genügen, wobei sich der folgende Beweis auf (7.65) beschränkt. Mit (7.63) ist nämlich

$$\mathbf{K} \cdot \mathbf{e}_\ell = \omega_\ell^2 \, \mathbf{M} \cdot \mathbf{e}_\ell \tag{7.71}$$

und für einen anderen Eigenvektor

$$\mathbf{K} \cdot \mathbf{e}_m = \omega_m^2 \, \mathbf{M} \cdot \mathbf{e}_m \tag{7.72}$$

Multiplizieren wir (7.71) von links mit $\mathbf{e}_m^T$ sowie (7.72) entsprechend mit $\mathbf{e}_\ell^T$, also

$$\mathbf{e}_m^T \cdot \mathbf{K} \cdot \mathbf{e}_\ell = \omega_\ell^2 \, \mathbf{e}_m^T \cdot \mathbf{M} \cdot \mathbf{e}_\ell$$
$$\mathbf{e}_\ell^T \cdot \mathbf{K} \cdot \mathbf{e}_m = \omega_m^2 \, \mathbf{e}_\ell^T \cdot \mathbf{M} \cdot \mathbf{e}_m = \mathbf{e}_m^T \cdot \mathbf{K} \cdot \mathbf{e}_\ell = \omega_m^2 \, \mathbf{e}_m^T \cdot \mathbf{M} \cdot \mathbf{e}_\ell$$

und ziehen beide Gleichungen voneinander ab, dann erhalten wir

$$(\omega_\ell^2 - \omega_m^2) \, \mathbf{e}_m^T \cdot \mathbf{M} \cdot \mathbf{e}_\ell = 0 ,$$

was für $\omega_\ell \neq \omega_m$ nur dann möglich ist, wenn (7.65) besteht.

Berechnen wir die Eigenkreisfrequenzen mittels (7.63) aus $\mathbf{e}_\ell^T \cdot (\mathbf{K} - \omega_\ell^2 \, \mathbf{M}) \cdot \mathbf{e}_\ell = 0$, also

$$\omega_\ell^2 = \frac{\mathbf{e}_\ell^T \cdot \mathbf{K} \cdot \mathbf{e}_\ell}{\mathbf{e}_\ell^T \cdot \mathbf{M} \cdot \mathbf{e}_\ell} > 0 , \tag{7.73}$$

dann sehen wir, dass aufgrund der positiv definiten[1] Matrizen **M** und **K** die Eigenwerte alle reell und positiv sein müssen. Die Beziehung (7.73) wird *Rayleighscher*[2] *Quotient* genannt; er liefert zum ℓ-ten Eigenvektor das Quadrat der ℓ-ten Eigenkreisfrequenz. Dieser Quotient kann zur näherungsweisen Berechnung der Eigenkreisfrequenzen benutzt werden, wenn bei vorgegebenen Systemwerten **K** und **M** für den entsprechenden Eigenvektor eine brauchbare Abschätzung möglich ist.

---

1 Eine Matrix **A** heißt positiv definit, wenn für beliebige Vektoren $\mathbf{p}^T = [p_1, \ldots, p_n]$ die Beziehung $\mathbf{p}^T \cdot \mathbf{A} \cdot \mathbf{p} > 0$ erfüllt ist.

2 John William *Strutt*, 3. Baron Rayleigh (seit 1873), brit. Physiker, 1842–1919

Beispiel 7-6:

In diesem Beispiel sollen näherungsweise die torsionskritischen Drehzahlen von Maschinenwellen mit Schwungmassen berechnet werden. Dazu verwenden wir ein vereinfachtes mechanisches Modell, welches aus *n* Schwungmassen besteht, die durch *n-1* Wellenabschnitte verbunden sind (Abb. 7.40)

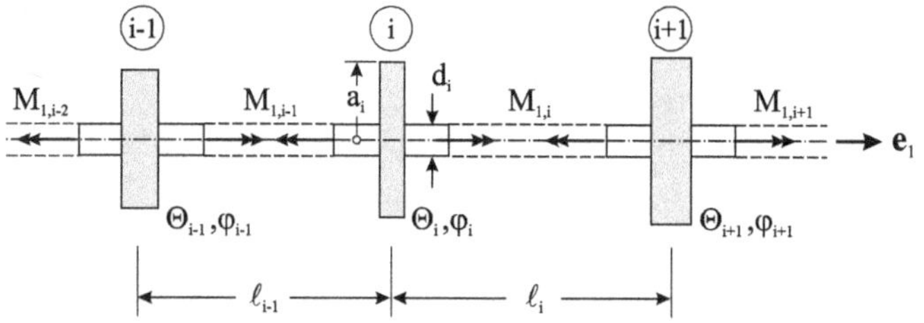

Abb. 7.40 *Rotor mit freigeschnittenen Schwungmassen*

Die Scheibe mit dem Index *i* besitzt den Drehwinkel φ_i und das Massenträgheitsmoment Θ_i. Die Wellenabschnitte haben einen Vollkreisquerschnitt mit dem Durchmesse d_i und dem polaren Flächenträgheitsmoment

$$I_{p,i} = \frac{\pi d_i^4}{32}.$$

Ansonsten werden die einzelnen Wellenabschnitte als masselos betrachtet. Die Schwungmassen denken wir uns verbunden durch Drehfedern mit der Federsteifigkeit

$$k_i = \frac{GI_{p,i}}{\ell_i} = \frac{G\pi d_i^4}{32\ell_i}.$$

Darin ist *G* der konstante Schubmodul und ℓ_i die Länge des i-ten Wellenabschnitts. Befinden sich auf der Welle *n* Einzelmassen, dann besitzt der Rotor auch genau *n* Freiheitsgrade. Wird der Drehwinkel der Schwungmasse um die positive $\mathbf{e}_1$-Achse mit φ bezeichnet, dann ist das Torsionsmoment im Wellenabschnitt *i*

$$M_{1,i} = \frac{GI_{p,i}}{\ell_i}(\varphi_{i+1} - \varphi_i) = k_i(\varphi_{i+1} - \varphi_i).$$

Besitzt die Schwungmasse *i* das Massenträgheitsmoment Θ_i um die Wellenachse, dann liefert der Drallsatz die Schwingungsgleichung

$$\Theta_i \ddot{\varphi}_i = M_{1,i} - M_{1,i-1} = k_i(\varphi_{i+1} - \varphi_i) - k_{i-1}(\varphi_i - \varphi_{i-1}) = k_{i-1}\varphi_{i-1} - (k_{i-1} + k_i)\varphi_i + k_i\varphi_{i+1}.$$

Zur Lösung dieser Differenzialgleichung wählen wir den *Eigenfunktionsansatz*

$$\varphi_i(t) = A_i \cos \omega t$$

mit noch unbekannter Amplitude A_i und Eigenkreisfrequenz ω. Dieser Ansatz liefert für jede Schwungmasse die Gleichung

$$-A_{i-1}k_{i-1} + A_i(k_{i-1} + k_i) - A_{i+1}k_i - \omega^2\Theta_i A_i = 0\,, \qquad (i = 1,\ldots,n\text{-}1).$$

Besitzt beispielsweise der Rotor drei Schwungmassen (n = 3), dann erhalten wir folgendes homogene Gleichungssystem:

$$i = 1: \quad 0 = A_1k_1 - A_2k_1 - \omega^2\Theta_1A_1$$

$$i = 2: \quad 0 = -A_1k_1 + A_2(k_1 + k_2) - A_3k_2 - \omega^2\Theta_2A_2$$

$$i = 3: \quad 0 = -A_2k_2 + A_3k_3 - \omega^2\Theta_3A_3\,.$$

Diese Gleichungen können als Matrizengleichung notiert werden:

$$\left\{\underbrace{\begin{bmatrix} k_1 & -k_1 & 0 \\ -k_1 & k_1+k_2 & -k_2 \\ 0 & -k_2 & k_3 \end{bmatrix}}_{=\mathbf{K}} - \omega^2 \underbrace{\begin{bmatrix} \Theta_1 & 0 & 0 \\ 0 & \Theta_2 & 0 \\ 0 & 0 & \Theta_3 \end{bmatrix}}_{=\mathbf{\Theta}}\right\} \cdot \underbrace{\begin{bmatrix} A_1 \\ A_2 \\ A_3 \end{bmatrix}}_{=\mathbf{a}} = \begin{bmatrix} 0 \\ 0 \\ 0 \end{bmatrix},$$

oder auch symbolisch $(\mathbf{K} - \lambda\mathbf{\Theta})\cdot\mathbf{a} = \mathbf{0}$ mit $\lambda = \omega^2$. Mit dieser Beziehung liegt abermals ein *allgemeines Eigenwertproblem* vor. Die Steifigkeitsmatrix $\mathbf{K}$ ist eine symmetrische *Tridiagonalmatrix*, und die Massenmatrix $\mathbf{\Theta}$ ist eine *Diagonalmatrix*.

Zu diesem allgemeinen Eigenwertproblem soll eine Maple-Prozedur entworfen werden, die es gestattet, die Eigenwerte $\omega_i = \sqrt{\lambda_i}$, die kritischen Drehzahlen $n_i = \omega_i/(2\pi)$ sowie die Eigenvektoren $\mathbf{a}_i$ eines Rotors mit allgemein n Schwungmassen automatisiert zu berechnen. Als Eingabe werden der für alle Wellenabschnitte gleiche Schubmodul G, die Durchmesser d_i und Längen ℓ_i der einzelnen Abschnitte und die Massenträgheitsmomente Θ_i der Schwungmassen erwartet. Sollen die Massenträgheitsmomente der Wellenabschnitte berücksichtigt werden, dann wird zusätzlich die Dichte ρ des Wellenmaterials benötigt, wobei das Massenmoment des i-ten Wellenabschnitts

$$J_i = \frac{1}{2}\rho(\ell_i I_{p,i} + \ell_{i-1} I_{p,i-1})$$

dem Massenmoment Θ_i der Schwungmasse zugeschlagen werden kann. Wie Vergleichsrechnungen an realen Modellen zeigen, ist die Berücksichtigung dieser Anteile i. Allg. gering. Wir wenden die Prozedur auf ein System bestehend aus vier Scheiben an. Die Welle bestehe aus Stahl mit dem Schubmodul G = 79300 N/mm^2 und der Dichte ρ = 7,85 10^{-6} kg/mm^3. Die Massenträgheitsmomente der einzelnen Scheiben sind:

$\Theta_1 = 20$ kg mm^2, $\Theta_2 = 30$ kg mm^2, $\Theta_3 = 20$ kg mm^2, $\Theta_4 = 30$ kg mm^2.

Die Längen und die Durchmesser der drei Wellenabschnitte sind:

$\ell_1 = 120$ mm, $d_1 = 8$ mm, $\ell_2 = 100$ mm, $d_2 = 5$ mm, $\ell_3 = 120$ mm, $d_3 = 8$ mm.

Maple liefert uns bei berücksichtigung der Massenträgheitsmomente der Wellenabschnitte folgende Eigenwerte $\boldsymbol{\Lambda}$, Eigenkreisfrequenzen $\boldsymbol{\omega}$ und Eigenvektoren $\boldsymbol{\Phi}$

$$\boldsymbol{\Lambda} = \begin{bmatrix} 24219{,}21 \\ 21954{,}82 \\ 0 \\ 1749{,}98 \end{bmatrix}, \quad \boldsymbol{\omega} = \begin{bmatrix} 155{,}63 \\ 148{,}17 \\ 0 \\ 41{,}83 \end{bmatrix}, \quad \boldsymbol{\Phi} = \begin{bmatrix} 0{,}573 & -1{,}000 & 1{,}000 & 1{,}000 \\ -0{,}482 & 0{,}668 & 1{,}000 & 0{,}867 \\ 1{,}000 & 0{,}671 & 1{,}000 & -0{,}801 \\ -0{,}571 & -0{,}449 & 1{,}000 & -1{,}000 \end{bmatrix}.$$

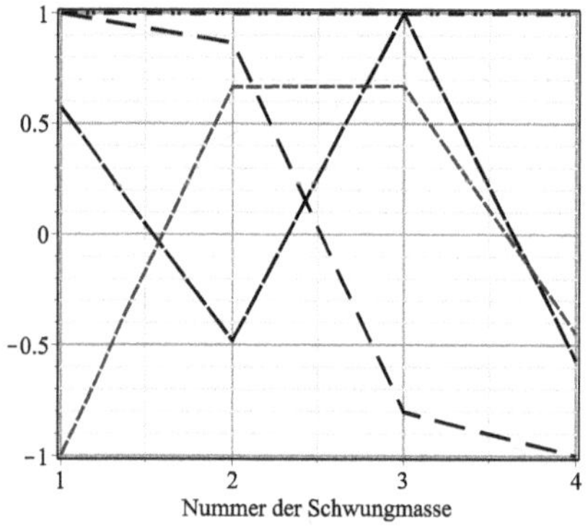

Abb. 7.41 *Torsions-Eigenschwingungsformen*

Da die Welle gegen eine Verdrehung nicht gefesselt ist, muss die Lösung einen Eigenvektor enthalten, die eine Starrkörperdrehung des gesamten Systems beschreibt. Die ist offensichtlich mit dem dritten Eigenvektor und dem Eigenwert $\omega_3 = 0$ und damit $\cos \omega_3 = 1$ gegeben, womit die Verdrehung zeitlich konstant ist.

Die Abb. 7.41 zeigt die Torsionseigenschwingungsformen für einen Rotor mit vier Schwungmassen. Dieser Schwinger mit vier Freiheitsgraden kann genau vier verschiedenen Eigenschwingungen mit hier auch vier verschiedenen Eigenkreisfrequenzen durchführen. Die allgemeinste Schwingungsform dieses Systems kann dann immer durch eine Überlagerung der Eigenschwingungsformen beschrieben werden. ■

7.6.2 Freie viskos gedämpfte Schwingungen

Wir beschränken uns auf den Fall der linearen viskosen Dämpfung. Dann kann die Dissipationsleistung immer als positiv-definite *Bilinearform* der Parametergeschwindigkeiten in der Form (Trostel, 1984)

$$\dot{R} = \dot{\mathbf{q}}^T \cdot \mathbf{C} \cdot \dot{\mathbf{q}}$$

mit einer symmetrischen konstanten Dämpfungsmatrix

$$\mathbf{C} = \mathbf{C}^T = \begin{bmatrix} c_{11} & c_{12} & \cdots & c_{1n} \\ c_{21} & c_{22} & \cdots & c_{2n} \\ \vdots & \vdots & \vdots & \vdots \\ c_{n1} & \cdots & \cdots & c_{nn} \end{bmatrix}, \qquad c_{jk} = c_{kj} = \frac{\partial^2 \dot{R}}{\partial \dot{q}_j \partial \dot{q}_k},$$

geschrieben werden. Bezeichnet E die kinetische Energie und $U = U_F + U_L$ die Feder- bzw. Lageenergie sowie $\dot{A}_k = \dot{\mathbf{q}}^T(t) \cdot \mathbf{k}(t)$ die Leistung der Erregerkräfte, dann lautet der Arbeitssatz

$$\dot{E} + \dot{U} + \dot{R} - \dot{A}_k = 0 .$$

Beachten wir weiterhin

$$\dot{E} + \dot{U} = \dot{\mathbf{q}}^T \cdot (\mathbf{M} \cdot \ddot{\mathbf{q}} + \mathbf{K} \cdot \mathbf{q} + \mathbf{g}) = 0 ,$$

dann erhalten wir

$$\dot{\mathbf{q}}^T \cdot [\mathbf{M} \cdot \ddot{\mathbf{q}} + \mathbf{C} \cdot \dot{\mathbf{q}} + \mathbf{K} \cdot \mathbf{q} + \mathbf{g} - \mathbf{k}(t)] = 0 .$$

Diese Gleichung ist für beliebige Parametergeschwindigkeiten $\dot{\mathbf{q}}$ nur dann erfüllt, wenn die Bewegungsgleichung

$$\mathbf{M} \cdot \ddot{\mathbf{q}} + \mathbf{C} \cdot \dot{\mathbf{q}} + \mathbf{K} \cdot \mathbf{q} = -\mathbf{g} + \mathbf{k}(t) \tag{7.74}$$

besteht. Handelt es sich um freie gedämpfte Bewegungen, dann verbleibt

$$\mathbf{M} \cdot \ddot{\mathbf{q}} + \mathbf{C} \cdot \dot{\mathbf{q}} + \mathbf{K} \cdot \mathbf{q} = -\mathbf{g} . \tag{7.75}$$

Beziehen wir die Bewegung auf die statische Ruhelage $\mathbf{q}_{st} = -\mathbf{K}^{-1} \cdot \mathbf{g}$, so verbleibt die homogene Bewegungsgleichung

$$\mathbf{M} \cdot \ddot{\hat{\mathbf{q}}} + \mathbf{C} \cdot \dot{\hat{\mathbf{q}}} + \mathbf{K} \cdot \hat{\mathbf{q}} = \mathbf{0} . \tag{7.76}$$

Um zu einer Lösung dieser Gleichung zu kommen, wird die Auslenkung $\hat{\mathbf{q}}(t)$ mittels der Transformation

$$\hat{\mathbf{q}}(t) = \mathbf{M}^{-1/2} \cdot \hat{\mathbf{p}}(t) \tag{7.77}$$

in $\hat{\mathbf{p}}(t)$ übergeführt. Einsetzen von (7.77) in (7.76) und anschließende Linksmultiplikation mit $\mathbf{M}^{-1/2}$ liefert dann die homogene Bewegungsgleichung

$$\ddot{\hat{\mathbf{p}}} + 2\,\mathbf{\Delta} \cdot \dot{\hat{\mathbf{p}}} + \mathbf{\Omega}^2 \cdot \hat{\mathbf{p}} = \mathbf{0}\,. \tag{7.78}$$

In die obige Beziehung wurden zur Abkürzung die symmetrischen Matrizen

$$\mathbf{\Delta} = \frac{1}{2}\mathbf{M}^{-1/2} \cdot \mathbf{C} \cdot \mathbf{M}^{-1/2}, \qquad \mathbf{\Omega}^2 = \mathbf{M}^{-1/2} \cdot \mathbf{K} \cdot \mathbf{M}^{-1/2} \tag{7.79}$$

eingeführt. Sollen von (7.78) wieder *Synchronlösungen* gesucht werden, dann wird folgender Ansatz gemacht:

$$\hat{\mathbf{p}}(t) = \mathbf{c}\exp(\zeta t) \quad \text{mit} \quad \dot{\hat{\mathbf{p}}}(t) = \mathbf{c}\,\zeta\exp(\zeta t)\,,\; \ddot{\hat{\mathbf{p}}}(t) = \mathbf{c}\,\zeta^2\exp(\zeta t)\,. \tag{7.80}$$

Einsetzen von (7.80) in (7.78) liefert

$$(\zeta^2\mathbf{1} + 2\,\zeta\mathbf{\Delta} + \mathbf{\Omega}^2) \cdot \mathbf{c} = \mathbf{0}\,.$$

Die noch unbekannten charakteristischen Exponenten ζ_j ($j = 1,...,2n$) sind aus

$$\det(\zeta^2\mathbf{1} + 2\,\zeta\mathbf{\Delta} + \mathbf{\Omega}^2) = 0$$

und die den *2n* Eigenwerten[1] charakteristischen *2n* Eigenvektoren $\mathbf{e}_j$ aus

$$(\zeta_k^2\mathbf{1} + 2\,\zeta_k\,\mathbf{\Delta} + \mathbf{\Omega}^2) \cdot \mathbf{e}_k = \mathbf{0} \tag{7.81}$$

mit einer passenden Normierungsbedingung (etwa $\mathbf{e}_k^2 = 1$) zu berechnen. Die Beziehungen (7.80) können dann entsprechend

$$\hat{\mathbf{p}}(t) = \sum_{k=1}^{2n} a_k \exp(\zeta_k t)\,\mathbf{e}_k, \quad \dot{\hat{\mathbf{p}}}(t) = \sum_{k=1}^{2n} a_k \zeta_k \exp(\zeta_k t)\,\mathbf{e}_k\,,$$

verallgemeinert werden, wobei die skalaren Konstanten a_k ($k = 1,\ldots,n$) noch aus den Anfangsbedingungen

---

[1] Im Vergleich zum ungedämpften Fall enthält die charakteristische Gleichung jetzt auch ungerade Potenzen von ζ. Damit gibt es genau *2n* Eigenwerte, die aufgrund der reellen Koeffizienten des charakteristischen Polynoms entweder reell oder paarweise konjugiert komplex sind.

$$\hat{\mathbf{p}}(t=0)=\hat{\mathbf{p}}_0=\sum_{k=1}^{2n} a_k\,\mathbf{e}_k,\quad \dot{\hat{\mathbf{p}}}(t=0)=\dot{\hat{\mathbf{p}}}_0=\sum_{k=1}^{2n} a_k\zeta_k\mathbf{e}_k$$

zu bestimmen sind. Zur Lösung dieses Anfangswertproblems beschaffen wir uns zwei *Orthogonalitätsbedingungen*. Aus (7.81) folgt durch Linksmultiplikation mit $\mathbf{e}_j^T$

$$\mathbf{e}_j^T\cdot(\zeta_k^2\mathbf{1}+2\,\zeta_k\,\boldsymbol{\Delta}+\boldsymbol{\Omega}^2)\cdot\mathbf{e}_k=\zeta_k^2\,\mathbf{e}_j^T\cdot\mathbf{e}_k+2\,\zeta_k\,\mathbf{e}_j^T\cdot\boldsymbol{\Delta}\cdot\mathbf{e}_k+\mathbf{e}_j^T\cdot\boldsymbol{\Omega}^2\cdot\mathbf{e}_k=0 \tag{7.82}$$

Vertauschen wir in der obigen Gleichung *j* mit *k* und ziehen diese unter Beachtung von

$$\mathbf{e}_k^T\cdot\boldsymbol{\Delta}\cdot\mathbf{e}_j=\mathbf{e}_j^T\cdot\boldsymbol{\Delta}\cdot\mathbf{e}_k\quad\text{und}\quad \mathbf{e}_k^T\cdot\boldsymbol{\Omega}^2\cdot\mathbf{e}_j=\mathbf{e}_j^T\cdot\boldsymbol{\Omega}^2\cdot\mathbf{e}_k$$

von (7.82) ab, dann erhalten wir nach dem Herauskürzen von $(\zeta_j-\zeta_k)$

$$(\zeta_j+\zeta_k)\,\mathbf{e}_j^T\cdot\mathbf{e}_k+2\,\mathbf{e}_j^T\cdot\boldsymbol{\Delta}\cdot\mathbf{e}_k=0,\qquad(\zeta_j\neq\zeta_k).$$

Andererseits folgt durch Linksmultiplikation von (7.81) mit $\mathbf{e}_j^T/\zeta_k$

$$\frac{1}{\zeta_k}\mathbf{e}_j^T\cdot(\zeta_k^2\mathbf{1}+2\,\zeta_k\,\boldsymbol{\Delta}+\boldsymbol{\Omega}^2)\cdot\mathbf{e}_k=\zeta_k\mathbf{e}_j^T\cdot\mathbf{e}_k+2\,\mathbf{e}_j^T\cdot\boldsymbol{\Delta}\cdot\mathbf{e}_k+\frac{1}{\zeta_k}\mathbf{e}_j^T\cdot\boldsymbol{\Omega}^2\cdot\mathbf{e}_k=0\,. \tag{7.83}$$

Vertauschen wir auch hier wieder *j* mit *k* und ziehen diese von (7.83) ab, dann erhalten wir

$$\zeta_j\zeta_k\mathbf{e}_j^T\cdot\mathbf{e}_k-\mathbf{e}_j^T\cdot\boldsymbol{\Omega}^2\cdot\mathbf{e}_k=0,\qquad(\zeta_j\neq\zeta_k). \tag{7.84}$$

Zur Berechnung der Konstanten a_k werten wir vorab die folgende Bedingung aus

$$\boldsymbol{\Omega}^2\cdot\hat{\mathbf{p}}_0-\zeta_j\dot{\hat{\mathbf{p}}}_0=\sum_{k=1}^{2n}a_k(\boldsymbol{\Omega}^2\cdot\mathbf{e}_k-\zeta_j\,\zeta_k\mathbf{e}_k),\qquad(j=1,\ldots,2n)\,.$$

Skalarmultiplikation von links mit $\mathbf{e}_j^T$ ergibt unter Beachtung von (7.84)

$$a_k=\frac{\mathbf{e}_k^T\cdot\boldsymbol{\Omega}^2\cdot\hat{\mathbf{p}}_0-\zeta_k\mathbf{e}_k^T\cdot\dot{\hat{\mathbf{p}}}_0}{\mathbf{e}_k^T\cdot\boldsymbol{\Omega}^2\cdot\mathbf{e}_k-\zeta_k^2\,\mathbf{e}_k^2}=\frac{\mathbf{e}_k^T\cdot\boldsymbol{\Omega}^2\cdot\hat{\mathbf{p}}_0-\zeta_k\mathbf{e}_k^T\cdot\dot{\hat{\mathbf{p}}}_0}{2\mathbf{e}_k^T\cdot(\zeta_k\,\boldsymbol{\Delta}+\boldsymbol{\Omega}^2)\cdot\mathbf{e}_k}\,.$$

In der obigen Gleichung folgt die rechts stehende Beziehung aus (7.81) durch Skalarmultiplikation von links mit $\mathbf{e}_k^T$, also

$$\mathbf{e}_k^T\cdot(\zeta_k^2\mathbf{1}+2\,\zeta_k\,\boldsymbol{\Delta}+\boldsymbol{\Omega}^2)\cdot\mathbf{e}_k=0\qquad\text{oder}\qquad-\zeta_k^2\mathbf{e}_k^2=2\,\zeta_k\,\mathbf{e}_k^T\cdot\boldsymbol{\Delta}\cdot\mathbf{e}_k+\mathbf{e}_k^T\cdot\boldsymbol{\Omega}^2\cdot\mathbf{e}_k\,.$$

Damit sind die freien Bewegungen eines gedämpften Mehrmassenschwingers bekannt und es gilt:

$$\hat{\mathbf{p}}(t) = \sum_{k=1}^{2n} a_k \exp(\zeta_k t)\, \mathbf{e}_k = \sum_{k=1}^{2n} \frac{\mathbf{e}_k^T \cdot \boldsymbol{\Omega}^2 \cdot \hat{\mathbf{p}}_0 - \zeta_k \mathbf{e}_k^T \cdot \dot{\hat{\mathbf{p}}}_0}{\mathbf{e}_k^T \cdot \boldsymbol{\Omega}^2 \cdot \mathbf{e}_k - \zeta_k^2 \mathbf{e}_k^2} \exp(\zeta_k t)\, \mathbf{e}_k\,,$$

oder kürzer

$$\hat{\mathbf{p}}(t) = \mathbf{Z}_0(t) \cdot \hat{\mathbf{p}}_0 + \mathbf{Z}_1(t) \cdot \dot{\hat{\mathbf{p}}}_0$$

mit

$$\mathbf{Z}_0 = \mathbf{Z}_0(\boldsymbol{\Delta}, \boldsymbol{\Omega}^2, t) = \left[\sum_{k=1}^{2n} \frac{\mathbf{e}_k \otimes \mathbf{e}_k}{\mathbf{e}_k^T \cdot \boldsymbol{\Omega}^2 \cdot \mathbf{e}_k - \zeta_k^2 \mathbf{e}_k^2} \exp(\zeta_k t) \right] \cdot \boldsymbol{\Omega}^2$$

$$\mathbf{Z}_1 = \mathbf{Z}_1(\boldsymbol{\Delta}, \boldsymbol{\Omega}^2, t) = -\sum_{k=1}^{2n} \frac{\zeta_k \mathbf{e}_k \otimes \mathbf{e}_k}{\mathbf{e}_k^T \cdot \boldsymbol{\Omega}^2 \cdot \mathbf{e}_k - \zeta_k^2 \mathbf{e}_k^2} \exp(\zeta_k t) = -\frac{d\mathbf{Z}_0}{dt} \cdot \boldsymbol{\Omega}^{-2}.$$

Unter Beachtung von (7.78) genügen die Funktionen $\mathbf{Z}_0$ und $\mathbf{Z}_1$ den homogenen Differenzialgleichungen

$$\ddot{\mathbf{Z}}_0 + 2\boldsymbol{\Delta} \cdot \dot{\mathbf{Z}}_0 + \boldsymbol{\Omega}^2 \cdot \mathbf{Z}_0 = \mathbf{0}, \quad \ddot{\mathbf{Z}}_1 + 2\boldsymbol{\Delta} \cdot \dot{\mathbf{Z}}_1 + \boldsymbol{\Omega}^2 \cdot \mathbf{Z}_1 = \mathbf{0}\,,$$

und angesichts der Anfangsbedingungen müssen

$$\mathbf{Z}_0(\boldsymbol{\Delta}, \boldsymbol{\Omega}^2, t=0) = \mathbf{1}, \qquad \dot{\mathbf{Z}}_0\big|_{t=0} = \mathbf{0}$$

$$\mathbf{Z}_1(\boldsymbol{\Delta}, \boldsymbol{\Omega}^2, t=0) = \mathbf{0}, \qquad \dot{\mathbf{Z}}_1\big|_{t=0} = \mathbf{1}.$$

erfüllt sein. Ist $\hat{\mathbf{p}}(t)$ berechnet, dann folgt mit (7.77) die Rücktransformation

$$\hat{\mathbf{q}}(t) = \mathbf{M}^{-1/2} \cdot \hat{\mathbf{p}}(t)$$

in physikalische Koordinaten.

Hinweis: In (7.77) und (7.79) sind $\mathbf{M}^{-1/2}$ bzw. $\mathbf{M}^{1/2}$ als *Matrizenfunktionen* zu verstehen, zu deren Berechnung die Eigenwerte m_j (j = 1,…,n) und Eigenvektoren $\mathbf{e}_j$ aus dem speziellen Eigenwertproblem $(\mathbf{M} - m\mathbf{1}) \cdot \mathbf{e}$ benötigt werden.

Fassen wir die Eigenvektoren von $\mathbf{M}$ spaltenweise in der Eigenvektormatrix $\boldsymbol{\Phi}$ zusammen und bilden damit die *Spektralmatrix*

$$\mathbf{D} = \boldsymbol{\Phi}^{-1} \cdot \mathbf{M} \cdot \boldsymbol{\Phi} = \operatorname{diag}[m_j]\,,$$

dann stehen auf der Hauptdiagonalen von $\mathbf{D}$ die Eigenwerte von $\mathbf{M}$. Damit ist

$$\mathbf{M} = \boldsymbol{\Phi} \cdot \mathbf{D} \cdot \boldsymbol{\Phi}^{-1} = \mathbf{M}^{1/2} \cdot \mathbf{M}^{1/2} = \boldsymbol{\Phi} \cdot \mathbf{D}^{1/2} \cdot \mathbf{D}^{1/2} \cdot \boldsymbol{\Phi}^{-1}$$
$$= (\boldsymbol{\Phi} \cdot \mathbf{D}^{1/2} \cdot \boldsymbol{\Phi}^{-1}) \cdot (\boldsymbol{\Phi} \cdot \mathbf{D}^{1/2} \cdot \boldsymbol{\Phi}^{-1}),$$

und der Koeffizientenvergleich ergibt:

$$\mathbf{M}^{1/2} = \mathbf{\Phi} \cdot \mathbf{D}^{1/2} \cdot \mathbf{\Phi}^{-1} .$$

Entsprechend erhalten wir

$$\mathbf{M}^{-1} = \mathbf{\Phi} \cdot \mathbf{D}^{-1} \cdot \mathbf{\Phi}^{-1} = \mathbf{M}^{-1/2} \cdot \mathbf{M}^{-1/2} = \mathbf{\Phi} \cdot \mathbf{D}^{-1/2} \cdot \mathbf{D}^{-1/2} \cdot \mathbf{\Phi}^{-1}$$
$$= (\mathbf{\Phi} \cdot \mathbf{D}^{-1/2} \cdot \mathbf{\Phi}^{-1}) \cdot (\mathbf{\Phi} \cdot \mathbf{D}^{-1/2} \cdot \mathbf{\Phi}^{-1})$$

und damit

$$\mathbf{M}^{-1/2} = \mathbf{\Phi} \cdot \mathbf{D}^{-1/2} \cdot \mathbf{\Phi}^{-1} ,$$

wobei $\mathbf{D}^{1/2} = \text{diag}\left[\sqrt{m_j}\right]$ und $\mathbf{D}^{-1/2} = \text{diag}\left[1/\sqrt{m_j}\right]$ zu setzen sind.

Beispiel 7-7:

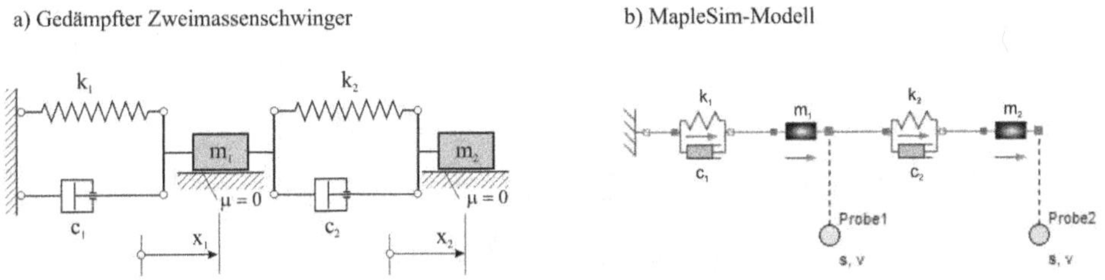

Abb. 7.42 Viskos gedämpfter Zweimassenschwinger, System und MapleSim-Modell

Für das System in Abb. 7.42 sind sämtliche Zustandsgrößen zu berechnen. Die Massen m_1 und m_2 erhalten zum Zeitpunkt $t = 0$ die Anfangsauslenkungen $x_{10} = 1$ cm und $x_{20} = 5$ cm sowie die Anfangsgeschwindigkeiten $v_{10} = 1$ m/s und $v_{20} = -1$ m/s. Stellen Sie zur automatisierten Auswertung der Bewegungsgleichungen eine Maple-Prozedur zur Verfügung, und geben Sie die Zustandsgrößen grafisch aus. Überprüfen Sie die mit Maple erzielten Ergebnisse durch das in der obigen Abbildung skizzierte MapleSim-Modell.

Geg.: $m_1 = 20$ kg, $m_2 = 5$ kg, $c_1 = 10$ Ns/m, $c_2 = 3$ Ns/m, $k_1 = 1600$ N/m, $k_2 = 1000$ N/m.

Lösung: Wenden wir das Newton*sche* Grundgesetz auf die freigeschnittenen Massen m_1 und m_2 an, dann erhalten wir die beiden Bewegungsgleichungen

$$m_1 \ddot{x}_1 = -k_1 x_1 - c_1 \dot{x}_1 + k_2(x_2 - x_1) + c_2(\dot{x}_2 - \dot{x}_1)$$
$$m_2 \ddot{x}_2 = -k_2(x_2 - x_1) - c_2(\dot{x}_2 - \dot{x}_1).$$

Mit dem Verschiebungsvektor $\mathbf{x}^T = [x_1 \quad x_2]$,

der Massenmatrix $\mathbf{M} = \begin{bmatrix} m_1 & 0 \\ 0 & m_2 \end{bmatrix} = \begin{bmatrix} 20 & 0 \\ 0 & 5 \end{bmatrix}$, der Dämpfungsmatrix $\mathbf{C} = \begin{bmatrix} c_1 + c_2 & -c_2 \\ -c_2 & c_2 \end{bmatrix} = \begin{bmatrix} 13 & -3 \\ -3 & 3 \end{bmatrix}$

und der Steifigkeitsmatrix $\mathbf{K} = \begin{bmatrix} k_1 + k_2 & -k_2 \\ -k_2 & k_2 \end{bmatrix} = \begin{bmatrix} 2600 & -1000 \\ -1000 & 1000 \end{bmatrix}$

folgt symbolisch $\mathbf{M} \cdot \ddot{\mathbf{x}} + \mathbf{C} \cdot \dot{\mathbf{x}} + \mathbf{K} \cdot \mathbf{x} = \mathbf{0}$.

1. Berechnung von $\mathbf{M}^{1/2}$ und $\mathbf{M}^{-1/2}$:

$$\mathbf{M}^{1/2} = \begin{bmatrix} 4{,}4721 & 0 \\ 0 & 2{,}2361 \end{bmatrix}, \; \mathbf{M}^{-1/2} = \begin{bmatrix} 0{,}2236 & 0 \\ 0 & 0{,}4472 \end{bmatrix}.$$

2. Berechnung von $\boldsymbol{\Delta}$ und $\boldsymbol{\Omega}^2$:

$$\boldsymbol{\Delta} = \begin{bmatrix} 0{,}3250 & -0{,}1500 \\ -0{,}1500 & 0{,}3000 \end{bmatrix}, \; \boldsymbol{\Omega}^2 = \begin{bmatrix} 130 & -100 \\ -100 & 200 \end{bmatrix}.$$

3. Berechnung der Eigenwerte:

$$\det(\zeta^2 \mathbf{1} + 2\,\zeta \boldsymbol{\Delta} + \boldsymbol{\Omega}^2) = 0 = (\zeta^2 + 0{,}8999\zeta + 270{,}9288)(\zeta^2 + 0{,}3501\zeta + 59{,}0561),$$

$$\zeta_{1,2} = -0{,}1751 \pm i\,7{,}6828, \quad \zeta_{3,4} = -0{,}4499 \pm i\,16{,}4538.$$

4. Berechnung der Eigenvektoren. Aus $(\zeta_k^2 \mathbf{1} + 2\,\zeta_k\,\boldsymbol{\Delta} + \boldsymbol{\Omega}^2) \cdot \mathbf{e_k} = \mathbf{0}$ folgen

$$\mathbf{e}_{1,2} = \begin{bmatrix} 0{,}8155 \\ 0{,}5786 \end{bmatrix} \mp i \begin{bmatrix} 0{,}0077 \\ 0 \end{bmatrix}, \; \mathbf{e}_{3,4} = \begin{bmatrix} -0{,}5787 \\ 0{,}8155 \end{bmatrix} \mp i \begin{bmatrix} 0{,}0117 \\ 0 \end{bmatrix}.$$

5. Transformation der Anfangswerte:

$$\mathbf{x}_0 = \begin{bmatrix} 0{,}05\text{m} \\ 0{,}05\text{m} \end{bmatrix}, \; \mathbf{v}_0 = \begin{bmatrix} 1\,\text{m/s} \\ -1\,\text{m/s} \end{bmatrix}, \; \hat{\mathbf{p}}_\mathbf{0} = \mathbf{M}^{1/2} \cdot \mathbf{x}_0 = \begin{bmatrix} 0{,}0447 \\ 0{,}1118 \end{bmatrix}, \; \dot{\hat{\mathbf{p}}}_0 = \mathbf{M}^{1/2} \cdot \dot{\mathbf{x}}_0 = \begin{bmatrix} 4{,}4721 \\ -2{,}2361 \end{bmatrix}.$$

6. Berechnung der Matrizen $\mathbf{Z}_0$ und $\mathbf{Z}_1$: (s.h. Maple Arbeitsblatt)

$$\mathbf{Z}_0(t) = \left[\sum_{k=1}^{2n} \frac{\mathbf{e}_k \otimes \mathbf{e}_k}{\mathbf{e}_k^T \cdot \boldsymbol{\Omega}^2 \cdot \mathbf{e}_k - \zeta_k^2 \mathbf{e}_k^2} \exp(\zeta_k t) \right] \cdot \boldsymbol{\Omega}^2$$

$$\mathbf{Z}_1(t) = -\sum_{k=1}^{2n} \frac{\zeta_k\, \mathbf{e}_k \otimes \mathbf{e}_k}{\mathbf{e}_k^T \cdot \boldsymbol{\Omega}^2 \cdot \mathbf{e}_k - \zeta_k^2 \mathbf{e}_k^2} \exp(\zeta_k t).$$

7. Berechnung von $\hat{\mathbf{p}}(t) = \mathbf{Z}_0(t) \cdot \hat{\mathbf{p}}_\mathbf{0} + \mathbf{Z}_1(t) \cdot \dot{\hat{\mathbf{p}}}_\mathbf{0}$:

$$\hat{\mathbf{p}}(t) = e^{-0,1751\,t}\left\{\begin{bmatrix}0,0797\\0,0582\end{bmatrix}\cos(7,6828\,t)+\begin{bmatrix}0,2509\\0,1775\end{bmatrix}\sin(7,6828\,t)\right\}+$$
$$e^{-0,4499\,t}\left\{\begin{bmatrix}-0,0349\\0,0536\end{bmatrix}\cos(16,4538\,t)+\begin{bmatrix}0,1545\\-0,2167\end{bmatrix}\sin(16,4538\,t)\right\}.$$

8. Rücktransformation in physikalische Koordinaten: $\mathbf{x}(t) = \mathbf{M}^{-1/2}\cdot\hat{\mathbf{p}}(t)$

$$\mathbf{x}(t) = e^{-0,1751\,t}\left\{\begin{bmatrix}0,0178\\0,0260\end{bmatrix}\cos(7,6828\,t)+\begin{bmatrix}0,0561\\0,0794\end{bmatrix}\sin(7,6828\,t)\right\}+$$
$$e^{-0,4499\,t}\left\{\begin{bmatrix}-0,0078\\0,0240\end{bmatrix}\cos(16,4538\,t)+\begin{bmatrix}0,0346\\-0,0969\end{bmatrix}\sin(16,4538\,t)\right\}.$$

9. Berechnung der Geschwindigkeiten. Durch Ableitung von $\mathbf{x}(t)$ nach der Zeit folgt:

$$\dot{\mathbf{x}}(t) = e^{-0,1751t}\left\{\begin{bmatrix}0,4279\\0,6052\end{bmatrix}\cos(7,6828\,t)-\begin{bmatrix}0,1467\\0,2138\end{bmatrix}\sin(7,6828\,t)\right\}+$$
$$e^{-0,4499t}\left\{\begin{bmatrix}-0,5721\\-1,6052\end{bmatrix}\cos(16,4538\,t)+\begin{bmatrix}0,1130\\-0,3509\end{bmatrix}\sin(16,4538\,t)\right\}.$$

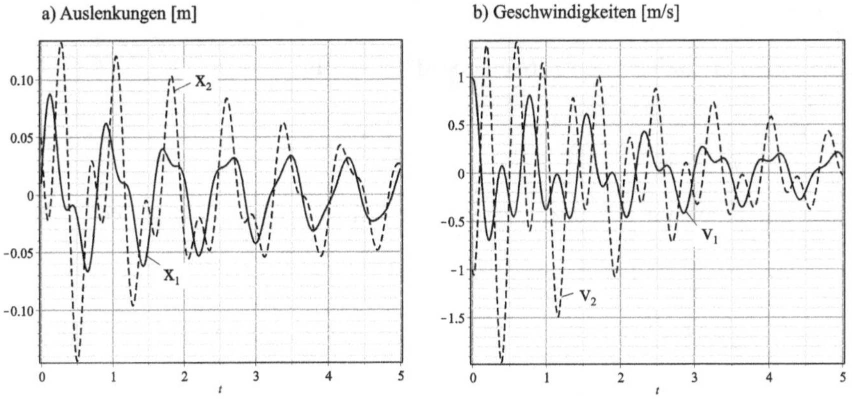

Abb. 7.43 *Viskos gedämpfter Zweimassenschwinger, Auslenkungen und Geschwindigkeiten*

In Abb. 7.43 sind die Auslenkungen und Geschwindigkeiten beider Massen dargestellt, wobei in beiden Abbildungen deutlich der Einfluss der Dämpfung zu erkennen ist. Abb. 7.43 (rechts) zeigt das Modell des Zweimassenschwingers, wie es im MapleSim-Arbeitsbereich (*Model Workspace*) erzeugt wurde. Die mechanischen Komponenten befinden sich in der Bibliothek *1-D Mechanical*. Das Modell besteht aus einer Reihenschaltung von zwei Kelvin-Modellen (*Translational Spring Damper*) und zwei gleitenden Massen (*Mass*), die links durch ein Festlager (*Fixed Flange*) gefesselt sind. Nach Festlegung sämtlicher System- und Anfangswerte folgen die nummerischen Berechnungsergebnisse und deren grafische Darstellungen durch Auswahl eines geeigneten Gleichungslösers (*Solvers*). ■

7.6.3 Erzwungene ungedämpfte Schwingungen

Sie werden entweder durch an den einzelnen Massen angreifende zeitabhängige Kräfte verursacht, wir sprechen dann von *Felderregungen*, oder aber durch Lagerverschiebungen, wobei im letzten Fall auch von *Randerregungen* gesprochen wird. Zur Formulierung des Problems wird der *Arbeitssatz* benötigt, den wir hier in der Form

$$\dot{A}_f = \dot{E} + \dot{U} \tag{7.85}$$

notieren. $\dot{A}_f$ ist dabei die am System erbrachte Leistung der Erregerbelastung. Sie kann immer als Skalarprodukt

$$\dot{A}_f = \dot{\mathbf{q}}^T(t) \cdot \mathbf{f}(t)$$

der Parametergeschwindigkeiten $\dot{\mathbf{q}}(t)$ und der allgemeinen Erregerkraftfunktion

$$\mathbf{f}^T(t) = [F_1(t), \ldots, F_n(t)], \qquad F_j(t) = \frac{\partial \dot{A}_f}{\partial \dot{q}_j}$$

dargestellt werden. In Erweiterung zur freien ungedämpften Bewegung in Kap. 7.6.1 erhalten wir aus (7.85)

$$\dot{\mathbf{q}}^T(t) \cdot [\mathbf{M} \cdot \ddot{\mathbf{q}}(t) + \mathbf{K} \cdot \mathbf{q}(t) + \mathbf{g} - \mathbf{f}(t)] = 0$$

und wegen der Beliebigkeit der Parametergeschwindigkeiten $\dot{\mathbf{q}}(t)$ die Bewegungsgleichung

$$\mathbf{M} \cdot \ddot{\mathbf{q}}(t) + \mathbf{K} \cdot \mathbf{q}(t) = -\mathbf{g} + \mathbf{f}(t).$$

Beziehen wir den Bewegungszustand auf die statische Ruhelage, dann verbleibt die Bewegungsgleichung

$$\mathbf{M} \cdot \ddot{\hat{\mathbf{q}}}(t) + \mathbf{K} \cdot \hat{\mathbf{q}}(t) = \mathbf{f}(t), \tag{7.86}$$

deren Lösung an die Anfangswerte

$$\hat{\mathbf{q}}(t=0) = \hat{\mathbf{q}}_0, \quad \dot{\hat{\mathbf{q}}}(t=0) = \dot{\hat{\mathbf{q}}}_0$$

anzupassen ist. Zur Lösung von (7.86) verwenden wir die Eigenvektoren der freien ungedämpften Schwingung aus Kap. 7.6.1 in der Form

$$\hat{\mathbf{q}}(t) = \sum_{m=1}^{n} h_m(t)\mathbf{e}_m \tag{7.87}$$

mit zunächst noch unbekannten Zeitfunktionen $h_m(t)$. Einsetzen von (7.87) in (7.86) liefert

$$\sum_{m=1}^{n} \left[\ddot{h}_m(t)\,\mathbf{M}\cdot\mathbf{e}_m + h_m(t)\,\mathbf{K}\cdot\mathbf{e}_m\right] = \mathbf{f}(t)\,.$$

Durch Skalarmultiplikation von links mit $\mathbf{e}_j^T$ folgt zunächst

$$\sum_{m=1}^{n} \left[\ddot{h}_m(t)\,\mathbf{e}_j^T\cdot\mathbf{M}\cdot\mathbf{e}_m + h_m(t)\,\mathbf{e}_j^T\cdot\mathbf{K}\cdot\mathbf{e}_m\right] = \mathbf{e}_j^T\cdot\mathbf{f}(t)\,.$$

Beachten wir die Orthogonalitätsrelationen (7.65), dann verbleibt von der links stehenden Summe lediglich der Term

$$\ddot{h}_j(t)\,\mathbf{e}_j^T\cdot\mathbf{M}\cdot\mathbf{e}_j + h_j(t)\,\mathbf{e}_j^T\cdot\mathbf{K}\cdot\mathbf{e}_j = \mathbf{e}_j^T\cdot\mathbf{f}(t)\,, \qquad (j = 1,\ldots n).$$

Berücksichtigen wir außerdem die aus dem Rayleighschen Quotienten (7.73) resultierende Beziehung

$$\mathbf{e}_j^T\cdot\mathbf{K}\cdot\mathbf{e}_j = \omega_j^2\,\mathbf{e}_j^T\cdot\mathbf{M}\cdot\mathbf{e}_j\,,$$

dann erhalten wir die entkoppelten inhomogenen Bewegungsgleichungen für die gesuchten Zeitfunktionen $h_j(t)$

$$\ddot{h}_j(t) + \omega_j^2\,h_j(t) = \frac{\mathbf{e}_j^T\cdot\mathbf{f}(t)}{\mathbf{e}_j^T\cdot\mathbf{M}\cdot\mathbf{e}_j} = \bar{f}_j(t), \quad (j = 1,\ldots,n). \tag{7.88}$$

Diese linearen inhomogenen Differenzialgleichungen besitzen die Lösungen

$$h_j(t) = h_{j,h}(t) + h_{j,p}(t) = A_j\cos(\omega_j t - \alpha_j) + \frac{1}{\omega_j}\left\{\int \bar{f}_j(\tau)\sin\omega_j(t-\tau)\,d\tau\right\}_{\tau=t}\,.$$

Die Integrationskonstanten A_j und α_j der Lösung der homogenen Differenzialgleichung $h_{j,h}(t)$ dienen der Erfüllung allgemeiner Anfangswerte. Wir interessieren uns im Folgenden für die partikuläre Lösung, die wir in Anlehnung an die Ausführungen zu den allgemeinen Erregerkraftbelastungen wie folgt notieren können:

$$h_{j,p}(t) = \frac{1}{\omega_j}\left\{\int \bar{f}_j(\tau)\sin\omega_j(t-\tau)\,d\tau\right\}_{\tau=t}\,.$$

Werden die Schwingungen speziell durch periodische Erregerbelastungen $\mathbf{f}(t) = \mathbf{f}(t + \tau_E)$ erzeugt, dann können wir diese im Sinne von *Fourier*[1] mit den Konstanten $\mathbf{a}_k$ und $\mathbf{b}_k$ immer in der Form

$$\mathbf{f}(t) = \sum_{k=1}^{\infty} \mathbf{a}_k \cos\Omega_k t + \mathbf{b}_k \sin\Omega_k t, \qquad \Omega_k = k\,\Omega = k\frac{2\pi}{\tau_E},$$

$$\mathbf{a}_k = \frac{2}{\tau_E}\int_{t=0}^{\tau_E} \mathbf{f}(t)\cos\Omega_k t\,dt, \quad \mathbf{b}_k = \frac{2}{\tau_E}\int_{t=0}^{\tau_E} \mathbf{f}(t)\sin\Omega_k t\,dt$$

darstellen. Beachten wir

$$\left\{\int \sin\omega_j(t-\tau)\begin{bmatrix}\cos\Omega_k\tau\\ \sin\Omega_k\tau\end{bmatrix}d\tau\right\}_{\tau=t} = -\frac{\omega_j}{\Omega_k^2-\omega_j^2}\begin{bmatrix}\cos\Omega_k t\\ \sin\Omega_k t\end{bmatrix},$$

dann erhalten wir mit (7.87) die partikuläre Lösung der Bewegung

$$\hat{\mathbf{q}}_p(t) = \sum_{m=1}^{n} h_{m,p}(t)\mathbf{e}_m = -\sum_{m=1}^{n}\left\{\sum_{k=1}^{\infty}\frac{\mathbf{e}_m^T\cdot\mathbf{a}_k\cos\Omega_k t + \mathbf{e}_m^T\cdot\mathbf{b}_k\sin\Omega_k t}{(\Omega_k^2-\omega_m^2)\mathbf{e}_m^T\cdot\mathbf{M}\cdot\mathbf{e}_m}\right\}\mathbf{e}_m.$$

Der obigen Beziehung entnehmen wir, dass der Partikularanteil der Bewegung $\hat{\mathbf{q}}_p(t)$ über alle Grenzen wachsen kann – wir sprechen dann vom *Resonanzfall* – wenn ein ganzzahliges Vielfaches der Erregerkraftfrequenz Ω_k mit einer Eigenkreisfrequenz ω_m übereinstimmt und nicht gleichzeitig die Erregerkraftamplituden $\mathbf{a}_k$ und $\mathbf{b}_k$ zum *m*-ten Eigenvektor $\mathbf{e}_m$ orthogonal sind, womit die Skalarprodukte $\mathbf{e}_m^T\cdot\mathbf{a}_k$ und $\mathbf{e}_m^T\cdot\mathbf{b}_k$ dann verschwinden würden.

Beispiel 7-8:

a) System und Belastung b) MapleSim-Modell

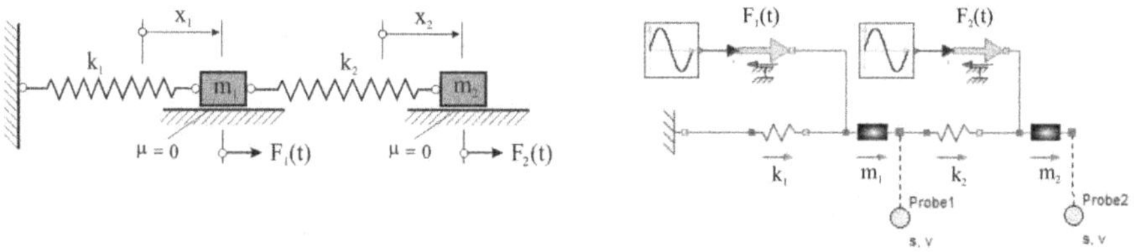

Abb. 7.44 *Erzwungene ungedämpfte Schwingungen, Schwingerkette mit zwei Freiheitsgraden*

Stellen Sie eine Maple-Prozedur zur Verfügung, mit der die erzwungenen ungedämpften Bewegungen des Zweimassenschwingers in Abb. 7.44 automatisiert berechnet werden können.

[1] Jan-Baptiste Joseph Fourier, frz. Mathematiker und Physiker, 1768–1830

Geben Sie sämtliche Zustandsgrößen grafisch aus. Stellen Sie die Massen- und Steifigkeitsmatrix auf, und lösen Sie das zugehörige Eigenwertproblem (Eigenwerte, Eigenvektoren). Anschließend sind die Zeitfunktionen $h_j(t)$ ($j = 1,2$) mit homogenen Anfangswerten aus dem Differenzialgleichungssytem (7.88) zu berechnen. Sind die Funktionen $h_j(t)$ bekannt, dann folgen die Bewegungsgleichungen aus der Beziehung (7.87). Verifizieren Sie die Ergebnisse mittels des MapleSim-Modells in Abb. 7.44 (rechts).

Geg.: $m_1 = 10$ kg, $m_2 = 5$ kg, $k_1 = 17$ N/m, $k_2 = 3$ N/m, $F_1 = 3 \sin t$, $F_2 = 5 \sin 2t$, und damit

$$\mathbf{M} = \begin{bmatrix} 10 & 0 \\ 0 & 5 \end{bmatrix}, \quad \mathbf{K} = \begin{bmatrix} 20 & -3 \\ -3 & 3 \end{bmatrix}.$$

Maple liefert uns folgende Eigenkreisfrequenzen und Eigenvektoren:

$$\boldsymbol{\omega} = \begin{bmatrix} 1{,}456 \\ 0{,}694 \end{bmatrix}, \mathbf{e}_1 = \begin{bmatrix} 0{,}930 \\ -0{,}368 \end{bmatrix}, \mathbf{e}_2 = \begin{bmatrix} 0{,}194 \\ 0{,}981 \end{bmatrix}.$$

Die Auswertung von (7.88) führt auf das Differenzialgleichungssystem

$$\ddot{h}_1(t) + 2{,}1185\, h_1(t) = 0{,}2992 \sin t - 0{,}1970 \sin 2t$$
$$\ddot{h}_2(t) + 0{,}4815\, h_2(t) = 0{,}1121 \sin t + 0{,}9455 \sin 2t,$$

mit den Lösungen

$$h_1(t) = -0{,}3277 \sin(1{,}4555\, t) + 0{,}1047 \sin(2t) + 0{,}2675 \sin(t)$$
$$h_2(t) = \quad 1{,}0861 \sin(0{,}6939 t) - 0{,}2687 \sin(2t) - 0{,}2161 \sin(t).$$

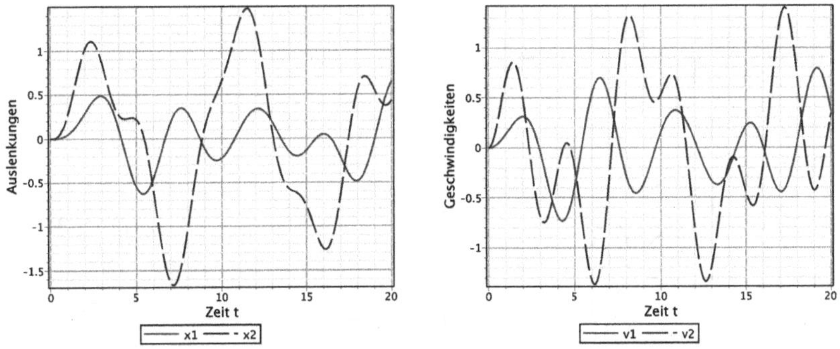

Abb. 7.45 *Erzwungene ungedämpfte Schwingungen, Auslenkungen und Geschwindigkeiten*

Aus der Gleichung (7.87) folgen mit den Eigenvektoren die Bewegungsgleichungen

$$\hat{\mathbf{q}}(t) = \sum_{m=1}^{n} h_j(t)\mathbf{e}_j$$
$$= \begin{bmatrix} -0{,}3048\sin(1{,}4555t) + 0{,}0453\sin(2t) + 0{,}2069\sin(t) + 0{,}2105\sin(0{,}6939t) \\ 0{,}1204\sin(1{,}4555t) - 0{,}3021\sin(2t) - 0{,}3103\sin(t) + 1{,}0655\sin(0{,}6939t) \end{bmatrix}.$$

Die Geschwindigkeiten erhalten wir durch Ableitung nach der Zeit *t* (Abb. 7.45). Die Abb. 7.44 (rechts) zeigt das MapleSim-Modell zur Berechnung der erzwungenen ungedämpften Schwingung eines Zweimassenschwingers. Die Komponente *SIN* erzeugt ein reelles Sinus-Signal, und die zum Eingangssignal proportionale Kraft wird durch die Komponente *Translational Force* zur Verfügung gestellt. Die mechanischen Komponenten befinden sich in der Bibliothek *1-D Mechanical*. Das Modell besteht aus einer Reihenschaltung von zwei Federn (*Translational Spring*) und zwei gleitenden Massen (*Mass*), die links durch ein Festlager (*Fixed Flange*) gefesselt sind. Im Abschnitt *Simulation* kann der Nutzer die Simulationsdauer, den zu verwendenden Löser und weitere Parameter spezifizieren, die den Löser betreffen. Gewählt wurde ein Runge-Kutta-Verfahren 4. Ordnung mit variabler Schrittweite und einer Simulationsdauer t_d von 20 *s* bei einer Startzeit von $t_s = 0\ s$. Die Ergebnisse der Simulation werden mittels der Komponente *Attach probe* (hier Geschwindigkeit und Weg) auf dem Bildschirm dargestellt. ■

8 Literaturverzeichnis

Backhaus, G., 1983. *Deformationsgesetze.* Berlin: Akademie-Verlag.

Bronstein, I. & Semendjajew, K., 1991. *Taschenbuch der Mathematik.* Leipzig: Harri Deutsch, Zürich und Frankfurt/Main.

Hauger, W., Lippmann, H. & Mannl, V., 1994. *Aufgaben zu Technische Mechanik 1-3.* 2. Auflage Hrsg. Berlin-Heidelberg-NewYork: Springer-Verlag.

Kellogg, O. D., 1967. *Foundations of Potential Theory.* Berlin Heidelberg New York: Springer Verlag.

Krawietz, A., 1986. *Materialtheorie, Mathematische Beschreibung des phänomenologischen thermomechanischen Verhaltens.* Berlin Heidelberg NewYork Tokyo: Springer-Verlag.

Lagally, M. O., 1956. *Vorlesungen über Vektorrechnung.* Leipzig: Akademische Verlagsgesellschaft Geest & Portig K.-G..

Magnus, K., 1971. *Kreisel, Theorie und Anwendungen.* Berlin Heidelberg New York: Springer-Verlag.

Maplesoft, 2015. [Online]
Available at: http://www.maplesoft.com/
[Zugriff am Juni 2015].

Mathiak, F. U., 2010. *Strukturdynamik diskreter Systeme.* München: Oldenbourg Wissenschaftsverlag GmbH.

Mathiak, F. U., 2012. *Technische Mechanik 1: Statik mit Maple-Anwendungen.* München: Oldenbourg Wissenschaftsverlag GmbH.

Mathiak, F. U., 2013. *Technische Mechanik 2: Festigkeitslehre mit Maple-Anwendungen.* München: Oldenbourg Wissenschaftsverlag GmbH.

Nitschke, M. & Knickmeyer, E. H., 2000. Rotation parameters - a survey of techniques. *Journal of Surveying Engineering 126 (3)*, August.

Trostel, R., 1984. *Mechanik II, Grundlagen der klassischen Kinetik.* Berlin: Universitätsbibliothek der Technischen Universität Berlin, Abt. Publikationen.

Trostel, R., 1993. *Mathematische Grundlagen der Technischen Mechanik I: Vektor- und Tensoralgebra.* Braunschweig/Wiesbaden: Friedr. Vieweg & Sohn Verlagsgesellschaft mbH.

Volmer, J. & Autorenkollektiv, 1979. *Getriebetechnik, Lehrbuch.* 4. Auflage Hrsg. Berlin: VEB Verlag Technik.

Sachregister

A

B

F

G

H

I

J

K

Z

www.ingramcontent.com/pod-product-compliance
Lightning Source LLC
LaVergne TN
LVHW080112070326
832902LV00015B/2543
9783110438048